（買い手） 手）	1 農林水産業	2 鉱業	3 製造業	〔生産される財・サービス〕	計 A	家計外消費支出	消費	固定資本形成	在庫	輸出	計 B	（控除）輸入 C	国内生産額 A＋B－C
産業	↓列												
業				生産物の販路構成（産出）									
業	→行	原材料及び粗付加価値の費用構成（投入）											
る													
ビス〕													
D													
支出													
所得													
剰													
引当													
税													
助金													
E													
D＋E													

・行生産額（A＋B－C）と列生産額（D＋E）は一致する。

・粗付加価値の合計と最終需要－輸入の合計は一致する。

産業連関表

まえがき

本書は，主に，大学において理工系分野等を学ぶ学生のために，その数学的な基本となる線形代数学の基礎がきちんと無理なく学習できるように書かれています。現代数学において，線形代数学は，理工系に限らず多くの科学分野においても必要不可欠となっており，それを学ぶことを必要とする多くの大学生にとって，より適切な学習の助けとなるような工夫を凝らしてあります。

ここで，本書の内容を簡単に紹介しておきましょう。

第 0 章は，本書を学ぶ上で必要となる高校内容の復習や，大学数学を学ぶのに知っておくべき記号や言い回しなどをまとめています。適宜，必要なときに参照するとよいでしょう。

第 1 章は，ベクトルと行列を学びます。幾何ベクトルを抽象化し，数学的に扱えるようにした後，行列の概念を導入します。

第 2 章は，行列を用いた計算アルゴリズムの修得に向け，行列を用いた連立 1 次方程式の解法などを学びます。また，第 3 章では，第 2 章で学んだことをもとに，行列に関するさまざまなアルゴリズム的な計算手法や証明方法について学習を進めます。

第 4 章は，行列の行列式について学びます。行列式は，与えられた行列の正則性の判定，1 次変換の拡大・縮小率，連立 1 次方程式の解の公式を導くことなど，さまざまな場面で有用です。

第 5 章は，より抽象的なベクトル空間という概念を導入し，その理論的な側面を学びます。第 6 章は，第 5 章で学んだベクトル空間の概念をもとに，ベクトル空間からベクトル空間への写像である線形写像を学びます。

また，第 7 章は，ベクトル空間における内積を定義して，その性質を学びます。

第 8 章は，ここまでに学んできたことをもとに，一般の線形写像や行列について，固有値，固有空間，固有ベクトルを定義し，その性質や計算方法を学びます。

本書での学習をもとに，これから大学でより深く広く学び，多くの知識を身に付けること，また，さまざまな学びの経験が，これからのより豊かな人生へつながっていってくれることを心より願っています。

市原一裕

目 次

手引き

章トビラ　各章のはじめにその章で扱う話題を抜粋した。
そして，その章で扱われる主題への導入をはかった。

例 1　本文の理解を助けるための具体例である。

例題 1　基本的な問題，および重要で代表的な問題である。
「解答」や「証明」は，解答の簡潔な一例である。

練習 1　例・例題の内容を反復学習するための問題である。
よって，例・例題を学んだ後，まず学習者自身で練習することが望ましい。

補充問題　項や節の終わりにある問題で，本文の内容を補充する問題である。

章末問題　各章の終わりにある。その章で学習した内容の全体問題である。

補足　**注意**　本文解説を補い，注意喚起を促す。

研究　本文の内容に関連したやや程度の高い内容を扱った。初めて学ぶ際には，省略してもよい。

発展　ベクトルの成分や定数について，特に複素数全体の集合を定数とする場合の用語や定理をまとめた（一部の 研究 も同様）。

コラム　本文の内容に関連した話題を取り上げた。

＊本文中の練習，補充問題や章末問題の答えは巻末に記載してある。そこでは証明問題などの解は略されているが，これらも本書の姉妹書『チャート式シリーズ 大学教養 線形代数の基礎』の中では詳しく解説されている。

学習の目安

本書は，クオータ制，および半期制の講義に対応する「線形代数学」の教科書である。まえがきにもあるように，大学1年生から，大学卒業後に日常的に読むような人まで，すべての読者の要求にこたえられるようになっている。
以下に，その読書や学習の進度の目安を示す。

半期2回の講義の場合

前期　第1章から第4章

目安：4回で第1章まで，8回で2章，3章まで。8回目の周辺で小テスト。12回以降で4章。15回で前期テスト。

後期　第5章から第8章

目安：20回で5章，24回で6章まで。9回周辺で小テスト。27回で7章まで，29回で8章まで。
30回で期末テスト。

半期講義の場合

目安：2回で，1章を行う。3，4回で，2章を行う。
5回で3章，6回で4章，7回で5章。
8，9回で6章。10回目以降で7，8章を行う。

＊クオータ制の場合，第2クオータ終了時までに，全章を行い，第3，第4クオータで，重要性が高いと判断される箇所を復習してもよい。

＊第0章は，線形代数学を含む大学数学の学習について関連する高校数学の話題であるため，適宜振り返るとよい。

用語英訳表

第 1 章　ベクトルから行列へ

線形性 (linearity)
行列 (matrix)
成分 (entry)
行 (row)
列 (column)

第 2 章　連立 1 次方程式と行列の基本変形

ピボット成分 (pivot)
階数 (rank)

第 4 章　行列式

行列式 (determinant)
$(i,\ j)$ 小行列式 ($(i,\ j)$-minor)
余因子 (cofactor)

第 5 章　ベクトル空間

部分空間 (subspace)
基底 (basis)
次元 (dimension)

第 6 章　線形写像

写像 (map, mapping)
逆像 (inverse image)
恒等写像 (identity map)
線形写像 (linear map)
同型写像 (isomorphism mapping)
核 (kernel)

第 7 章　内積

内積 (inner product)
ノルム (norm)
直交基底 (orthogonal basis)
正規直交基底 (orthonormal basis)
随伴行列 (adjoint matrix)

第 8 章　固有値と固有ベクトル

固有値 (eigen value)
固有ベクトル (eigen vector)
固有方程式 (characteristic equation)
固有多項式 (characteristic polynomial)

付　ギリシャ文字一覧

大文字	小文字	読み方	大文字	小文字	読み方	大文字	小文字	読み方
A	α	アルファ	I	ι	イオタ	P	ρ	ロー
B	β	ベータ	K	κ	カッパ	Σ	σ	シグマ
Γ	γ	ガンマ	Λ	λ	ラムダ	T	τ	タウ
Δ	δ	デルタ	M	μ	ミュー	Υ	υ	ユプシロン
E	ε	エプシロン	N	ν	ニュー	Φ	ϕ	ファイ
Z	ζ	ゼータ	Ξ	ξ	クシー	X	χ	カイ
H	η	エータ	O	o	オミクロン	Ψ	ψ	プサイ
Θ	θ	シータ	Π	π	パイ	Ω	ω	オメガ

第 0 章　高校数学＋大学数学の準備

第 0 章は，高等学校の復習，および大学数学の準備のまとめである。

ここで簡単に復習することは，いずれも，第 1 章以降で本格的に学ぶ，行列，ベクトル空間，線形写像など，線形代数学の学習における最重要事項の基礎と関連するものである。

第 1 節　数学の議論に必要な取り決め

線形代数学に限らず，何らかの数学的な事柄を示す文章を読み解く際，その作法や議論の取り決めを把握しておくことは必須である。ここでは，そのうち最も基本的な事柄を示す。

定義　概念，記号や用語の意味を明確に規定するために作られた文章や式を **定義** という。定義を出発点として，さまざまな議論を行い，最終的な主張を導く。その主張のことを，定理，補題，系などと呼び，第 2 節で説明する命題と合わせ以下のように区別する。

公理　証明なしに認められる事柄を **公理** という。無証明命題ともいわれる。現在の数学は，基本的には，公理から組み立てられている。

ユークリッドの『原論』における公準，共通概念に由来する。

例えば，『原論』には，「2 点が与えられたとき，その 2 点を通るような直線を引くことができる」などのいくつかの公準が示されている。

ただし，本書では，公理について明確に述べていない。

定理　数学的論証によって正しいと証明された結果（事実）を述べたものを **定理** という。数学的な主張のゴールである。

補題　定理や命題を証明するための補助として，必要な事実を述べた主張を **補題** という。補助定理ともいわれる。補題の後に登場する定理の証明のポイントになっていることが多い。

系　証明済みの定理，命題，または補題の証明の過程で得られる事実や，その事実から比較的すぐに得られる主張を **系** という。系が現れたら，どの定理，命題や補題に関するものなのかを読み取るとよい。

第 2 節　命題・条件

命題・条件についてまとめる。

命題　正しいか正しくないかが明確に決まる式や文章を **命題** という。また，命題が正しいことを **真** であるといい，正しくないことを **偽** であるという。

(例)　整数 4 は偶数である。(真)　　(例)　$\sqrt{2}+\sqrt{5}=\sqrt{7}$ である。(偽)

条件　変数 x，y，…… を含んだ式や文章で，変数 x，y，…… の値が決まると真偽が決まるものを，x，y，…… に関する **条件** という。

(例)　$x>3$ という x に関する不等式は，x に関する条件である。この条件は，$x=5$ のとき真であるが，$x=1$ のときは偽である。

仮定と結論　命題は，2 つの条件 p，q を用いて「p ならば q」の形に表されるものが多い。命題「p ならば q」を $\boldsymbol{p} \Longrightarrow \boldsymbol{q}$ と書き，p をこの命題の **仮定**，q をこの命題の **結論** という。

また，命題「$p \Longrightarrow q$ かつ $q \Longrightarrow p$」を $\boldsymbol{p} \Longleftrightarrow \boldsymbol{q}$ と書く。

(例)　命題 $x>3$ ならば $x>1$ において，$x>3$ が仮定，$x>1$ が結論である。

条件の否定　条件 p に対して，「p でない」という条件を p の **否定** といい，$\overline{\boldsymbol{p}}$ で表す。$\overline{\overline{p}}$，すなわち $\overline{p}$ の否定は，p である。

(例)　x を実数とする。「x は有理数である」の否定は「x は有理数でない」，すなわち「x は無理数である」

「かつ」，「または」の否定　2 つの条件 p，q について次のことが成り立つ（命題におけるド・モルガンの法則）。

$$\overline{\boldsymbol{p}\text{ かつ }\boldsymbol{q}} \Longleftrightarrow \overline{\boldsymbol{p}}\text{ または }\overline{\boldsymbol{q}} \qquad \overline{\boldsymbol{p}\text{ または }\boldsymbol{q}} \Longleftrightarrow \overline{\boldsymbol{p}}\text{ かつ }\overline{\boldsymbol{q}}$$

(例)　x，y は実数とする。「$x=0$ かつ $y=0$」の否定は「$x \neq 0$ または $y \neq 0$」

「すべての」と「ある」の否定　条件 p に対して

「すべての x について $\boldsymbol{p}$」の否定は「ある x について $\overline{\boldsymbol{p}}$」

「ある x について $\boldsymbol{p}$」の否定は「すべての x について $\overline{\boldsymbol{p}}$」

(例)　命題「ある実数 x について $x^2=4$」の否定は「すべての実数について $x^2 \neq 4$」である。
命題「ある素数 n について $n+2$ は素数である」の否定は
　「すべての素数 n について $n+2$ は素数でない」である。

第3節　集合

集合についてまとめる。

数学では，範囲がはっきりしたものの集まりを **集合** という。また，集合を構成しているものの1つ1つを，その集合の **要素**，もしくは **元**《げん》 という。なお，集合は A，B などを用いて表すことが多い。

和集合と共通部分については，下の集合に関する記号のまとめを参照。

(例)　実数全体の集合を $\mathbb{R}$ で表す。

$A=\{x \mid -1<x<2,\ x\in\mathbb{R}\}$，$B=\{x \mid 0\leqq x\leqq 4,\ x\in\mathbb{R}\}$　とすると

$A\cap B=\{x \mid 0\leqq x<2,\ x\in\mathbb{R}\}$，$A\cup B=\{x \mid -1<x\leqq 4,\ x\in\mathbb{R}\}$

2つの集合 A，B において，A のどの要素も B の要素であるとき，すなわち，$x\in A$ ならば $x\in B$ が成り立つとき，A は B の **部分集合** であるといい，記号 $A\subset B$ と表す。このとき A は B に **含まれる**，または B は A を **含む** という。A 自身も A の部分集合である。すなわち，$A\subset A$ である。$A\subset B$ かつ $B\subset A$ が成り立つとき，A と B は **等しい** といい，$A=B$ と表す。$A=B$ が成り立つことは，2つの集合 A，B の要素が完全に一致していることと同じである。

(例)　$A=\{1,\ 2,\ 3,\ 6\}$，$B=\{x \mid x$ は 12 の正の約数$\}$，$C=\{x \mid x$ は 6 の正の約数$\}$

について　　$B=\{1,\ 2,\ 3,\ 4,\ 6,\ 12\}$，$C=\{1,\ 2,\ 3,\ 6\}$ であるから，$A\subset B$，$C\subset B$，$A=C$ が成り立つ。

集合に関する記号を，右の表のようにまとめることができる。集合に関しても，ド・モルガンの法則が成り立つ。

記号	意味
$a\in A$	a が集合 A の要素である
$a\notin A$	a が集合 A の要素でない
$A\subset B$	集合 A が集合 B の部分集合である
$A=B$	集合 A，B の要素が完全に一致する
$A\cap B\cap\cdots\cdots$	集合 A，B，…… のすべてに属する要素全体の集合
$A\cup B\cup\cdots\cdots$	集合 A，B，…… の少なくとも1つに属する要素全体の集合

$\overline{A\cup B}=\overline{A}\cap\overline{B}$，$\overline{A\cap B}=\overline{A}\cup\overline{B}$

含まれる要素の個数が有限個の集合を **有限集合**，含まれる要素の個数が有限個ではない集合を **無限集合** という。

第 4 節 数列の和の計算

高等学校で学習した数列と和記号・漸化式について復習する。

A 数列

一般に，数を一列に並べたものを **数列** といい，数列における各数を **項** という。本書では，実数のみからなる **実数列** をおもに扱う。数列を一般的に表すには，a_1，a_2，……，a_n，…… のように書く。この数列を
$\{a_n\}$ と略記する。

数列 $\{a_n\}$ について，初項 a_1 から第 n 項までの和 $a_1+a_2+\cdots\cdots+a_n$ を和の記号である Σ を用いて $\displaystyle\sum_{k=1}^{n} a_k$ と書く。ここで Σ は，和を意味する英単語 sum に対応するギリシャ文字（大文字）で，「シグマ」と読む。

B 和記号

和記号 Σ の性質　数列 $\{a_n\}$，$\{b_n\}$ に対して次の式が成り立つ。ただし，p，q は k に無関係な定数とする。

1　$\displaystyle\sum_{k=1}^{n}(a_k+b_k)=\sum_{k=1}^{n}a_k+\sum_{k=1}^{n}b_k$　　2　$\displaystyle\sum_{k=1}^{n}pa_k=p\sum_{k=1}^{n}a_k$

特に　$\displaystyle\sum_{k=1}^{n}(pa_k+qb_k)=p\sum_{k=1}^{n}a_k+q\sum_{k=1}^{n}b_k$

注意　$\displaystyle\sum_{k=1}^{n}a_k=\sum_{i=1}^{n}a_i$　（添え字によらない）

数列の和の公式

1　$\displaystyle\sum_{k=1}^{n}c=nc$　（c は定数）　特に　$\displaystyle\sum_{k=1}^{n}1=n$　　2　$\displaystyle\sum_{k=1}^{n}k=\frac{1}{2}n(n+1)$

3　$\displaystyle\sum_{k=1}^{n}k^2=\frac{1}{6}n(n+1)(2n+1)$　　4　$\displaystyle\sum_{k=1}^{n}k^3=\left\{\frac{1}{2}n(n+1)\right\}^2$

C 漸化式

数列 $\{a_n\}$ が a_1，a_2，……，a_n，…… で与えられているとき，a_k $(k\leqq n)$ のいくつかを用いて a_{n+1} を導く法則を与える式を **漸化式《ぜんかしき》** という。

第 5 節　幾何ベクトル

ここでは，高等学校で学習したベクトルを復習する。ベクトルの直観的（図形的）な解釈や理解のために，まずはベクトルを見直してみよう。

A　有向線分と幾何ベクトル

例えば，数学における平面上の平行移動や，物理学におけるある点に働く力，また地球科学におけるある地点の風の状況など，さまざまな状況において，事象を記述するのに矢印を用いると便利なことが多い。

（例）　ある地点の風の状況を矢印で表す場合，その矢印の向きで風の向きを表し，その矢印の長さで風の強さを表す。

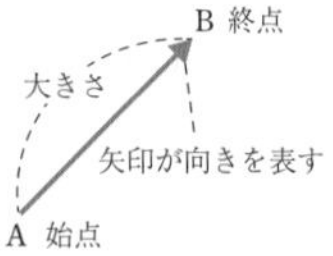

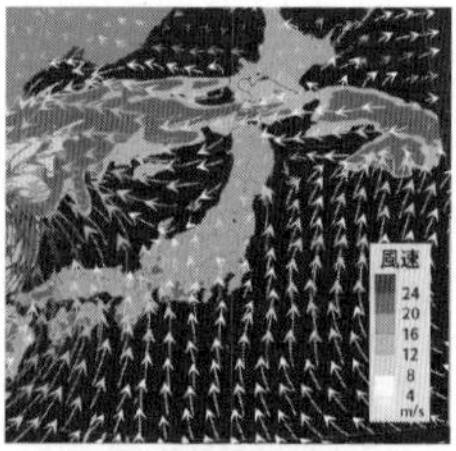

例の図のような矢印を，線分に向きを与えたものとみなして，**有向線分** と呼ぶ。点Aと点Bを端点とする線分に「AからBへ向かって」向きを付けた有向線分 AB に対して，Aをその **始点**，Bをその **終点** という。また線分 AB の長さを，有向線分 AB の **大きさ**（または長さ）という。

平面上，または空間内の 2 つの有向線分が，平行で大きさが等しいとき，それらを同一視する。これをここでは **幾何ベクトル** と呼ぶことにする。より正確には，2 つの有向線分が平行移動により向きも含めて重なるとき，それらは同じ幾何ベクトルを表すとする。

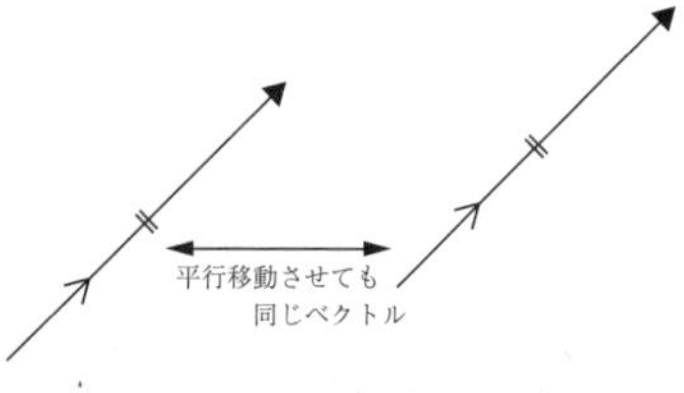

AからBへの有向線分で表される幾何ベクトルを $\overrightarrow{\mathrm{AB}}$ で表す。特に始点と終点を明示しないで表す場合には，$\vec{a}$，$\vec{u}$ のように表す。

幾何ベクトル $\vec{a}$ の **大きさ** $|\vec{a}|$ とは，幾何ベクトルに同一視した有向線分の大きさのこととする。

また，以降では混乱のない限り，幾何ベクトルとそれを表す有向線分を区別せずに説明する。

B　幾何ベクトルの演算

例えば，物体にかかる力を有向線分で表すとき，ある物体に働く複数の力を合わせた働きはどのように表されるであろうか。有向線分で表される幾何ベクトルについて，その演算と実数倍を考えてみよう。

幾何ベクトル $\vec{a}$ と $\vec{b}$ の和 $\vec{a}+\vec{b}$ を，図のように平行四辺形の対角線で表される幾何ベクトルとして定義する。

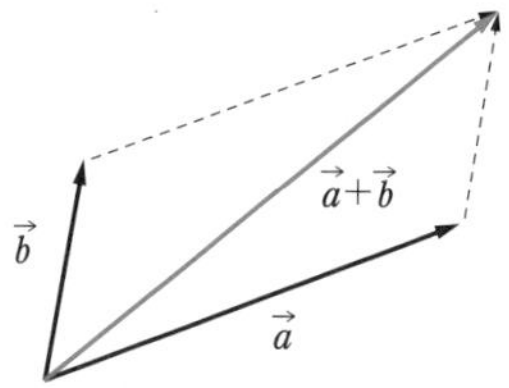

ここで，平行四辺形の 2 辺は $\vec{a}$，$\vec{b}$ を表す有向線分である。これにより，幾何ベクトルの加法が定義される。

また，幾何ベクトル $\overrightarrow{\mathrm{AB}}$ と大きさは等しく向きが逆の幾何ベクトル $\overrightarrow{\mathrm{BA}}$ を，$\overrightarrow{\mathrm{AB}}$ の **逆ベクトル** といい，$-\overrightarrow{\mathrm{AB}}$ と表すことにする。すなわち，$\overrightarrow{\mathrm{BA}}=-\overrightarrow{\mathrm{AB}}$ が成り立つ。

これにより，2 つの幾何ベクトルの差は，次のように定義される。

$$\overrightarrow{\mathrm{OA}}-\overrightarrow{\mathrm{OB}}=\overrightarrow{\mathrm{OA}}+(-\overrightarrow{\mathrm{OB}})=\overrightarrow{\mathrm{OA}}+\overrightarrow{\mathrm{BO}}=\overrightarrow{\mathrm{BA}}$$

また，幾何ベクトル $\vec{a}$ の実数倍を次のように定義する。

定義　幾何ベクトル $\vec{a}$ の実数倍

実数 k と幾何ベクトル $\vec{a}$ に対して，その k 倍の幾何ベクトル $k\vec{a}$ を次のように定義する。

$k>0$ のとき，$\vec{a}$ と向きが同じで大きさが k 倍の幾何ベクトル

$k<0$ のとき，$\vec{a}$ と向きが逆で大きさが k 倍の幾何ベクトル

$k=0$ のとき，始点と終点が一致した有向線分 $\overrightarrow{\mathrm{AA}}$ が表すベクトル $0\vec{a}$ を **零ベクトル（ゼロベクトル）** と呼び $\vec{0}$ で表す。

この定義から，$\vec{a}$ の逆ベクトル $-\vec{a}$ は $(-1)\vec{a}$ と一致することがわかる。

また，零ベクトル $\vec{0}$ については，次の等式が成り立つ。

$$\vec{a}+\vec{0}=\vec{0}+\vec{a}=\vec{a}$$

$$\vec{a}+(-\vec{a})=\vec{0}$$

さらに，幾何ベクトルの加法・実数倍については，$\vec{a}$，$\vec{b}$，$\vec{c}$ を幾何ベクトル，k，l を実数とすると，次ページの定理が成り立つ。

定理　幾何ベクトルの演算の性質

[1]　$\vec{a}+\vec{b}=\vec{b}+\vec{a}$　（交換律）

[2]　$(\vec{a}+\vec{b})+\vec{c}=\vec{a}+(\vec{b}+\vec{c})$　（結合律）

[3]　$k(l\vec{a})=(kl)\vec{a}$

[4]　$(k+l)\vec{a}=k\vec{a}+l\vec{a}$　（分配法則）

[5]　$k(\vec{a}+\vec{b})=k\vec{a}+k\vec{b}$　（分配法則）

これらの等式が成り立つことは，図を用いて確かめることができる。

C　幾何ベクトルの成分表示

座標平面上の幾何ベクトルを考えるとき，そのベクトルを座標を用いて表すことができる。座標空間内でも同様である。これにより，図形的な幾何ベクトルを，より数学的に扱うことができる。座標平面上の幾何ベクトル $\overrightarrow{\mathrm{AB}}$ について，$\mathrm{A}(a_1,\ a_2)$，$\mathrm{B}(b_1,\ b_2)$ のとき

$$\overrightarrow{\mathrm{AB}}=\begin{pmatrix} b_1-a_1 \\ b_2-a_2 \end{pmatrix}$$

と表し，このような表し方を $\overrightarrow{\mathrm{AB}}$ の **成分表示** という。

また，b_1-a_1 を x 成分，b_2-a_2 を y 成分などという。

注意　高校までは，ベクトルの成分表示を $(b_1-a_1,\ b_2-a_2)$ と，成分を横に並べて書いていたが，座標との混同を避けるためと，後で学ぶ行列との統一性のため，大学では成分を縦に並べて書くことが多い。特にこのようなベクトルの表示の仕方を，**列ベクトル表示** という。

ベクトルの成分表示を用いると，幾何ベクトルの大きさや演算は次のように表せる。

幾何ベクトルの大きさと演算

平面上の幾何ベクトル $\vec{a}=\begin{pmatrix} a_1 \\ a_2 \end{pmatrix}$，$\vec{b}=\begin{pmatrix} b_1 \\ b_2 \end{pmatrix}$，実数 k，l について，次が成り立つ。

[1]　$|\vec{a}|=\sqrt{a_1{}^2+a_2{}^2}$

[2]　$k\vec{a}\pm l\vec{b}=\begin{pmatrix} ka_1\pm lb_1 \\ ka_2\pm lb_2 \end{pmatrix}$

補足　有向線分 AB，有向線分 CD が同じ幾何ベクトルを表すとき，すなわち，$\overrightarrow{\mathrm{AB}}=\overrightarrow{\mathrm{CD}}$ であるとき，その成分表示は一致する。なぜなら，$\overrightarrow{\mathrm{AB}}$ と $\overrightarrow{\mathrm{CD}}$ が同じ幾何ベクトルを表すとき，有向線分 AB，CD は平行移動により重なる。有向線分 AB を有向線分 CD に重ねる平行移動を，x 軸方向に p，y 軸方向に q の平行移動とするとき，点 $\mathrm{A}(a_1,\ a_2)$，$\mathrm{B}(b_1,\ b_2)$，$\mathrm{C}(c_1,\ c_2)$，$\mathrm{D}(d_1,\ d_2)$ の座標について，$c_1=a_1+p$，$c_2=a_2+q$，$d_1=b_1+p$，$d_2=b_2+q$ が成り立つ（p，q は実数）。

したがって，$\begin{pmatrix} d_1-c_1 \\ d_2-c_2 \end{pmatrix}=\begin{pmatrix} (b_1+p)-(a_1+p) \\ (b_2+q)-(a_2+q) \end{pmatrix}=\begin{pmatrix} b_1-a_1 \\ b_2-a_2 \end{pmatrix}$ となる。

コラム　ベクトルについて

ベクトルという読み方はドイツ語：Vektor に由来する。英語で表すと vector であり，ベクターもしくはベクタなどと読まれる。元々の語源はラテン語の動詞 vehĕre であり「運ぶ」という意味であった。同じラテン語からの派生語として「vehicle（乗り物）」などという単語もある。この vector は，もともと天文学などで使われ，英国の辞典に初めて現れたのが 1704 年とされる。

現在の数学用語として vector を初めて使ったのは，アイルランド生まれの英国の数学者ハミルトン[1)] で，1868 年ごろであるとされる。

ハミルトン

ただし，ハミルトンは，物理学や電磁気学を記述するのに，ベクトルではなく，彼の構築した四元数という数の理論を用いた。

現在，使われているようなベクトルの表記に，最も大きな影響を与えたのは，米国の数学者・物理学者ギブス[2)] であると言われる。

ギブス

ギブスは空間ベクトルの考え方を用いて，3 次元空間内の物理現象を記述するために，ベクトル解析という理論を創出した。ギブスの講義録をもとにした教科書『ベクトル解析』（1901 年出版）によって，その表記法などは広く知られるようになった。

1）ウィリアム・ローワン・ハミルトン（1805 年–1865 年）

2）ジョサイア・ウィラード・ギブズ（1839 年–1903 年）　熱力学，熱化学，統計力学などの分野に重要な貢献をした。

第 I 部　ベクトルと行列

線形代数学とは，「線形性」と呼ばれる性質をもった数学的対象を研究する数学の一分野だということができる。

線形性とは，元々は，グラフが直線である 1 次関数の性質から考えられたが，その後，より一般の数学的対象に対して拡張され，研究されてきている。大学数学を学ぶ上で，線形性をもつ数学的対象として，まず最初に考えられるのは，ベクトルと行列である。これらは，これから学んでいく多くの数学分野の基礎として非常に重要な役割を果たす。

この第 1 部では，ベクトルから導入し，その一般化として行列を導入する。さらに，行列の性質と，その性質を利用した計算などを中心に学ぶ。

第1章　ベクトル，行列

第1章では，まずは準備として直観的な幾何ベクトルを，一般の n 次元の数ベクトルへ抽象化し，より数学的に扱えるようにする。次に，数を縦に並べて表す数ベクトルを拡張して，縦横に数を並べて表したものである行列と呼ばれる概念を導入し，その基本的な性質を学ぶ。線形代数学で学ぶ数学的内容を記述するのに行列は不可欠であり，さらに，大学数学を学ぶ上で行列の性質や計算法を知っておくことは必須ともいえる。そして，行列の積を定義するために，平面上の1次変換について説明する。平面上の1次変換は，以前は高等学校で学んでいた内容であり，第6章で学ぶ線形写像の雛形ともいえるものである。この平面上の1次変換を行列で表すことから，行列の積が自然に定義される。その後，いくつかの特徴的な行列について説明する。

線形代数学の形成史を語るうえで欠くことのできない業績をあげたのは，イギリスの数学者ケーリーである。多項式への正方行列の代入についての有名な定理であるケーリー・ハミルトンの定理を導出した。

ケーリー，1821-1895

第0節 数ベクトル

幾何ベクトルの成分表示をもとにして，一般次元（n 次元）のベクトル（これを数ベクトルという）を定義しよう。

A 数ベクトルとは

平面上のベクトルは，実数2つの組で表されるので，その全体の集合は

$$\left\{\begin{pmatrix} x \\ y \end{pmatrix} \middle| x\in\mathbb{R},\ y\in\mathbb{R}\right\}$$

と表すことができる（ここで，$\mathbb{R}$ は実数全体の集合を表す）。同様に，空間内のベクトルは，実数3つの組で表されるので，その全体の集合は

$$\left\{\begin{pmatrix} x \\ y \\ z \end{pmatrix} \middle| x\in\mathbb{R},\ y\in\mathbb{R},\ z\in\mathbb{R}\right\}$$

と表すことができる。

現実世界への応用のためではなく，より抽象的な数学の世界で考えるとき，座標平面上，座標空間内で扱った図形的な幾何ベクトルから離れて，上のような抽象的な集合を考えて，その要素をベクトルとみなすことにしてみよう。

そこで，一般に n 次元のベクトル（数ベクトル）を次のように定義する。

定義 1-1　n 次元数ベクトル

n を自然数とする。実数 n 個の組の集合

$$\left\{\begin{pmatrix} a_1 \\ \vdots \\ a_n \end{pmatrix} \middle| a_1\in\mathbb{R},\ \cdots\cdots,\ a_n\in\mathbb{R}\right\}$$

を $\mathbb{R}^n$ と書き，その要素を **n 次元数ベクトル** という。

注意　実数でなく複素数を用いても定義することができる。

数ベクトル $\begin{pmatrix} a_1 \\ \vdots \\ a_n \end{pmatrix}$ についても，幾何ベクトルと同様に各 a_1，……，a_n をその数ベクトルの **成分** といい，k 番目の成分 a_k を第 k 成分という。幾何ベクトルと区別するため，本書では数ベクトルを $\boldsymbol{a}$，$\boldsymbol{x}$，$\boldsymbol{u}$ のように太字で表す。

補足　数ベクトルは，成分である実数を縦に並べて表記する。このことから，$\begin{pmatrix} a_1 \\ \vdots \\ a_n \end{pmatrix}$ の形で表されたベクトルを **列ベクトル** ともいう。これは，第 2 節で学ぶ行列の表記とも関連する。

例 1　数ベクトル

$\boldsymbol{a}=\begin{pmatrix} 2 \\ -3 \\ 5 \end{pmatrix}$, $\boldsymbol{b}=\begin{pmatrix} 7 \\ 6 \\ -5 \\ -4 \end{pmatrix}$, $\boldsymbol{c}=\begin{pmatrix} -1 \\ 1 \\ 4 \\ 3 \\ -2 \end{pmatrix}$ は，いずれも数ベクトルである。

$\boldsymbol{a}$ は 3 次元数ベクトルであり，その第 1 成分は 2，第 2 成分は -3，第 3 成分は 5 である。

$\boldsymbol{b}$ は 4 次元数ベクトルであり，その第 3 成分は -5，第 4 成分は -4 である。

$\boldsymbol{c}$ は 5 次元数ベクトルであり，その第 2 成分は 1，第 5 成分は -2 である。

「4 次元」，「5 次元」といっても，物理的な意味は全くなく，単に実数 4 個，実数 5 個の組で表されている抽象的な数学的対象である。

練習 1　数ベクトル $\begin{pmatrix} 1 \\ -1 \\ 0 \end{pmatrix}$, $\begin{pmatrix} x \\ y \\ z \\ w \end{pmatrix}$ の第 3 成分をそれぞれ答えよ。

数ベクトルは，幾何ベクトルとは異なり抽象的な概念である。例えば，2 つの数ベクトルが等しいことを，平行で大きさが等しいというような幾何的な直観によって定義するのではなく，次のように数学的に定義する。

定義 1-2　数ベクトルの相等

2 つの n 次元数ベクトル $\begin{pmatrix} a_1 \\ \vdots \\ a_n \end{pmatrix}$, $\begin{pmatrix} a_1' \\ \vdots \\ a_n' \end{pmatrix}$ が等しいとは，すべての i $(1 \leqq i \leqq n)$ に対して，$a_i = a_i'$ が成り立つこととする。

B　数ベクトルの演算

幾何ベクトルにおける定義の拡張として，数ベクトルの和と実数倍を次のように定義する。

定義 1-3　数ベクトルの和・実数倍

[1]　$\boldsymbol{a}=\begin{pmatrix} a_1 \\ \vdots \\ a_n \end{pmatrix}$, $\boldsymbol{b}=\begin{pmatrix} b_1 \\ \vdots \\ b_n \end{pmatrix}$ の和 $\boldsymbol{a}+\boldsymbol{b}$ は　　$\boldsymbol{a}+\boldsymbol{b}=\begin{pmatrix} a_1+b_1 \\ \vdots \\ a_n+b_n \end{pmatrix}$　$(n\in\mathbb{N})$

[2]　実数 k に対して，$\boldsymbol{a}=\begin{pmatrix} a_1 \\ \vdots \\ a_n \end{pmatrix}$ の k 倍は　　$k\boldsymbol{a}=\begin{pmatrix} ka_1 \\ \vdots \\ ka_n \end{pmatrix}$　$(n\in\mathbb{N})$

例題 1　$\boldsymbol{a}=\begin{pmatrix} 2 \\ -3 \\ 5 \end{pmatrix}$, $\boldsymbol{b}=\begin{pmatrix} -1 \\ 2 \\ 4 \end{pmatrix}$ とするとき，以下を計算せよ。

(1)　$2\boldsymbol{a}+\boldsymbol{b}$　　　　(2)　$-\boldsymbol{a}+3\boldsymbol{b}$

解答

(1)　$2\boldsymbol{a}+\boldsymbol{b}=2\begin{pmatrix} 2 \\ -3 \\ 5 \end{pmatrix}+\begin{pmatrix} -1 \\ 2 \\ 4 \end{pmatrix}=\begin{pmatrix} 2\cdot 2 \\ 2\cdot(-3) \\ 2\cdot 5 \end{pmatrix}+\begin{pmatrix} -1 \\ 2 \\ 4 \end{pmatrix}$

$$=\begin{pmatrix} 4+(-1) \\ -6+2 \\ 10+4 \end{pmatrix}=\begin{pmatrix} 3 \\ -4 \\ 14 \end{pmatrix}$$

(2)　$-\boldsymbol{a}+3\boldsymbol{b}=-\begin{pmatrix} 2 \\ -3 \\ 5 \end{pmatrix}+3\begin{pmatrix} -1 \\ 2 \\ 4 \end{pmatrix}=\begin{pmatrix} (-1)\cdot 2 \\ (-1)\cdot(-3) \\ (-1)\cdot 5 \end{pmatrix}+\begin{pmatrix} 3\cdot(-1) \\ 3\cdot 2 \\ 3\cdot 4 \end{pmatrix}$

$$=\begin{pmatrix} -2+(-3) \\ 3+6 \\ -5+12 \end{pmatrix}=\begin{pmatrix} -5 \\ 9 \\ 7 \end{pmatrix}$$

練習 2　$\boldsymbol{a}=\begin{pmatrix} 1 \\ 2 \\ 3 \\ 4 \end{pmatrix}$, $\boldsymbol{b}=\begin{pmatrix} 2 \\ -1 \\ -3 \\ 4 \end{pmatrix}$ とするとき，次を計算せよ。

(1)　$2\boldsymbol{a}+\boldsymbol{b}$　　　　(2)　$-\boldsymbol{a}+3\boldsymbol{b}$

次に，数ベクトルの零ベクトルと逆ベクトルを，次のように定義する。

定義 1-4　零ベクトル，逆ベクトル

[1]　自然数 n に対して，n 次元数ベクトル $\mathbf{0}=\begin{pmatrix} 0 \\ \vdots \\ 0 \end{pmatrix}$ を **$\boldsymbol{n}$ 次元零ベクトル** という。

[2]　数ベクトル $\boldsymbol{a}=\begin{pmatrix} a_1 \\ \vdots \\ a_n \end{pmatrix}$ に対して，$-\boldsymbol{a}=\begin{pmatrix} -a_1 \\ \vdots \\ -a_n \end{pmatrix}$ を $\boldsymbol{a}$ の **逆ベクトル** という。

例 2　零ベクトル，逆ベクトル

2 次元零ベクトルは　$\begin{pmatrix} 0 \\ 0 \end{pmatrix}$　　4 次元零ベクトルは　$\begin{pmatrix} 0 \\ 0 \\ 0 \\ 0 \end{pmatrix}$

$\begin{pmatrix} 5 \\ -2 \\ 3 \end{pmatrix}$ の逆ベクトルは　$\begin{pmatrix} -5 \\ 2 \\ -3 \end{pmatrix}$

数ベクトルの零ベクトルと逆ベクトルに対して，次の性質が成り立つ。

定理　零ベクトル，逆ベクトルの性質

[1]　$\boldsymbol{a}+\mathbf{0}=\mathbf{0}+\boldsymbol{a}=\boldsymbol{a}$　　[2]　$\boldsymbol{a}+(-\boldsymbol{a})=\mathbf{0}$

証明　[2] が成り立つことは，次のように示せる。

$$\boldsymbol{a}=\begin{pmatrix} a_1 \\ \vdots \\ a_n \end{pmatrix} \text{として} \quad \boldsymbol{a}+(-\boldsymbol{a})=\begin{pmatrix} a_1 \\ \vdots \\ a_n \end{pmatrix}+\begin{pmatrix} -a_1 \\ \vdots \\ -a_n \end{pmatrix}$$

$$=\begin{pmatrix} a_1+(-a_1) \\ \vdots \\ a_n+(-a_n) \end{pmatrix}=\begin{pmatrix} 0 \\ \vdots \\ 0 \end{pmatrix}=\mathbf{0} \quad \blacksquare$$

練習 3　上の零ベクトルの性質 [1] が成り立つことを示せ。

例題 2 数ベクトル$\boldsymbol{a}$に対して，$\boldsymbol{a}$の -1 倍 $(-1)\boldsymbol{a}$ が，$\boldsymbol{a}$の逆ベクトル $-\boldsymbol{a}$ になることを示せ。

証明

$\boldsymbol{a}=\begin{pmatrix} a_1 \\ \vdots \\ a_n \end{pmatrix}$ とする。数ベクトルの実数倍の性質より

$$(-1)\boldsymbol{a}=\begin{pmatrix} (-1)a_1 \\ \vdots \\ (-1)a_n \end{pmatrix}=\begin{pmatrix} -a_1 \\ \vdots \\ -a_n \end{pmatrix}=-\boldsymbol{a} \quad ■$$

20, 21 ページの解説から，数ベクトルの演算について，次の定理が成り立つ。

定理　数ベクトルの演算規則

n 次元数ベクトル $\boldsymbol{u}$，$\boldsymbol{v}$，$\boldsymbol{w}$ と実数 k，l に対して，次が成り立つ。

[1]　$(\boldsymbol{u}+\boldsymbol{v})+\boldsymbol{w}=\boldsymbol{u}+(\boldsymbol{v}+\boldsymbol{w})$　（結合法則）

[2]　$\boldsymbol{v}+\boldsymbol{w}=\boldsymbol{w}+\boldsymbol{v}$　（交換法則）　　[3]　$k(l\boldsymbol{v})=(kl)\boldsymbol{v}$

[4]　$(k+l)\boldsymbol{v}=k\boldsymbol{v}+l\boldsymbol{v}$　（分配法則）

[5]　$k(\boldsymbol{v}+\boldsymbol{w})=k\boldsymbol{v}+k\boldsymbol{w}$　（分配法則）　　[6]　$1\boldsymbol{v}=\boldsymbol{v}$

証明　(2), (5) のみの証明を与える。$\boldsymbol{v}=\begin{pmatrix} v_1 \\ \vdots \\ v_n \end{pmatrix}$，$\boldsymbol{w}=\begin{pmatrix} w_1 \\ \vdots \\ w_n \end{pmatrix}$ とする。

(2)　$$\boldsymbol{v}+\boldsymbol{w}=\begin{pmatrix} v_1 \\ \vdots \\ v_n \end{pmatrix}+\begin{pmatrix} w_1 \\ \vdots \\ w_n \end{pmatrix}=\begin{pmatrix} v_1+w_1 \\ \vdots \\ v_n+w_n \end{pmatrix}=\begin{pmatrix} w_1+v_1 \\ \vdots \\ w_n+v_n \end{pmatrix}=\begin{pmatrix} w_1 \\ \vdots \\ w_n \end{pmatrix}+\begin{pmatrix} v_1 \\ \vdots \\ v_n \end{pmatrix}$$

$$=\boldsymbol{w}+\boldsymbol{v} \quad ■$$

(5)　$$k(\boldsymbol{v}+\boldsymbol{w})=k\begin{pmatrix} v_1+w_1 \\ \vdots \\ v_n+w_n \end{pmatrix}=\begin{pmatrix} k(v_1+w_1) \\ \vdots \\ k(v_n+w_n) \end{pmatrix}$$

$$=\begin{pmatrix} kv_1+kw_1 \\ \vdots \\ kv_n+kw_n \end{pmatrix}=\begin{pmatrix} kv_1 \\ \vdots \\ kv_n \end{pmatrix}+\begin{pmatrix} kw_1 \\ \vdots \\ kw_n \end{pmatrix}=k\begin{pmatrix} v_1 \\ \vdots \\ v_n \end{pmatrix}+k\begin{pmatrix} w_1 \\ \vdots \\ w_n \end{pmatrix}$$

$$=k\boldsymbol{v}+k\boldsymbol{w} \quad ■$$

練習 4　上の定理の [1]，[3]，[4]，[6] が成り立つことを示せ。

第 1 節　行列とは

数ベクトルの一般化として行列を導入し，行列について基本的な用語を説明する。

A　行列

数ベクトルの拡張として，次のように行列を定義する。

定義 1-5　行列

いくつかの数を縦横に長方形状に並べたものを **行列** という。また，このそれぞれの数を，その行列の **成分** または **要素** という。行列において，成分の横の並びを **行** といい，縦の並びを **列** という。行の数が m，列の数が n の行列を，**m 行 n 列の行列**，**$(m,\ n)$ 型行列**，**$m\times n$ 行列** などという。特に，行と列の数が等しい行列を **正方行列** といい，その行（列）の数を正方行列の **次数** という。行と列の数がともに n の正方行列を，**n 次正方行列** という。

$$\begin{pmatrix} 2 & -1 & 3 & 6 \\ 9 & 0 & 3 & 8 \\ 0 & 1 & 1 & -2 \\ -1 & 1 & 0 & 5 \end{pmatrix}$$

上から i 番目の行を第 i 行，左から j 番目の列を第 j 列といい，それらの交わるところにある成分を第 $(i,\ j)$ 成分という。m 行 n 列の行列 A に対して，第 $(i,\ j)$ 成分を a_{ij} のように表すことが多い。このとき，行列 A は右のように表される。

$$\begin{pmatrix} a_{11} & a_{12} & \cdots & a_{1n} \\ a_{21} & a_{22} & \cdots & a_{2n} \\ \vdots & \vdots & & \vdots \\ a_{m1} & a_{m2} & \cdots & a_{mn} \end{pmatrix}$$

例 3　いくつかの行列

(1) $\begin{pmatrix} 3 & -4 \\ 1 & 5 \end{pmatrix}$ は，2×2 行列，$(2,\ 2)$ 型行列，2 行 2 列の行列，2 次正方行列である。

(2) $\begin{pmatrix} 4 & 3 & -2 \\ 1 & 5 & 0 \end{pmatrix}$ は，2×3 行列，$(2,\ 3)$ 型行列，2 行 3 列の行列である。

(3) $\begin{pmatrix} 1 & 2 & 3 \\ 4 & 5 & 6 \\ 7 & 8 & 8 \end{pmatrix}$ は，3×3 行列，$(3,\ 3)$ 型行列，3 行 3 列の行列，3 次正方行列である。

本書では，行列をアルファベットの A，B，X などを用いて表す。

また，単に第 $(i,\ j)$ 成分だけ取り出して $A=(a_{ij})$ と略記することもある。

補足 $m\times n$ 行列と書いたとき，m が行の数，n が列の数であり，また，第 $(i,\ j)$ 成分 a_{ij} と書いたときも，i が行の数，j が列の数であり，「行－列」の順になっている。

例 4　行列の成分

行列 $\begin{pmatrix} a & b & c \\ d & e & f \\ g & h & i \end{pmatrix}$ の第 $(1,\ 2)$ 成分は b，$(3,\ 1)$ 成分は g である。

定義 1-6　列ベクトル，行ベクトル

2×2 行列 $A=\begin{pmatrix} a & b \\ c & d \end{pmatrix}$ に対し，1 列目に現れる 2×1 行列 $\begin{pmatrix} a \\ c \end{pmatrix}$ と，2 列目に現れる 2×1 行列 $\begin{pmatrix} b \\ d \end{pmatrix}$ を A の **列ベクトル** という。同様に，1 行目に現れる 1×2 行列 $(a \quad b)$ と，2 行目に現れる 1×2 行列 $(c \quad d)$ を A の **行ベクトル** という。

一般に，$m\times n$ 行列に対しても，同様に定義する。

注意 前項で学んだ数ベクトルは，列の数が 1 の行列とみなすことができる。

例 5　列ベクトル，行ベクトル 1

行列 $\begin{pmatrix} 4 & 3 & -2 \\ 1 & 5 & 0 \end{pmatrix}$ において，列ベクトルは　$\begin{pmatrix} 4 \\ 1 \end{pmatrix}$，$\begin{pmatrix} 3 \\ 5 \end{pmatrix}$，$\begin{pmatrix} -2 \\ 0 \end{pmatrix}$

行ベクトルは　$(4 \quad 3 \quad -2)$，$(1 \quad 5 \quad 0)$

例 6　列ベクトル，行ベクトル 2

例 4 の行列 $\begin{pmatrix} a & b & c \\ d & e & f \\ g & h & i \end{pmatrix}$ において，列ベクトルは　$\begin{pmatrix} a \\ d \\ g \end{pmatrix}$，$\begin{pmatrix} b \\ e \\ h \end{pmatrix}$，$\begin{pmatrix} c \\ f \\ i \end{pmatrix}$

行ベクトルは　$(a \quad b \quad c)$，$(d \quad e \quad f)$，$(g \quad h \quad i)$

練習 5 行列 $\begin{pmatrix} 3 & -4 \\ 1 & 5 \end{pmatrix}$ と行列 $\begin{pmatrix} 1 & 2 & 3 \\ 4 & 5 & 6 \\ 7 & 8 & 9 \end{pmatrix}$ における行ベクトルと列ベクトルをすべて書き出せ。

最後に2つの行列が等しいとはどういうことか，きちんとした定義を与える。

定義 1-7　行列の相等

2つの行列 A，B に対して，Aの行の数とBの行の数が等しく，Aの列の数とBの列の数が等しく，そしてすべての対応する成分が等しいとき，行列 A，B は等しいといい，$A=B$ と表す。

$$A=\begin{pmatrix} a_{11} & \cdots & a_{1n} \\ \vdots & & \vdots \\ a_{m1} & \cdots & a_{mn} \end{pmatrix},\ B=\begin{pmatrix} b_{11} & \cdots & b_{1n'} \\ \vdots & & \vdots \\ b_{m'1} & \cdots & b_{m'n'} \end{pmatrix} \text{のとき}$$

$$A=B \iff \begin{array}{l} m=m' \ \text{かつ}\ n=n' \ \text{かつ} \\ a_{ij}=b_{ij}\ (i=1,\ \cdots\cdots,\ m(=m'),\ j=1,\ \cdots\cdots,\ n(=n')) \end{array}$$

例 7　行列の相等

$\begin{pmatrix} a & b \\ c & d \end{pmatrix}=\begin{pmatrix} p & q \\ r & s \end{pmatrix}$ であるとき　$a=p$，$b=q$，$c=r$，$d=s$

注意　行の数，または列の数が一致しないときは行列が等しくなることはない。

例えば，$\begin{pmatrix} 0 & 0 \\ 0 & 0 \end{pmatrix}$ と $\begin{pmatrix} 0 & 0 & 0 \\ 0 & 0 & 0 \\ 0 & 0 & 0 \end{pmatrix}$ は，すべての成分が同じ0であるが等しい行列とは言わない。

練習 6　等式 $\begin{pmatrix} -3 & a \\ 3-b & 0 \end{pmatrix}=\begin{pmatrix} 3c & -2 \\ 2b & d-1 \end{pmatrix}$ が成り立つように，a，b，c，d の値を定めよ。

B　行列の和・定数倍

数ベクトルの和と差の拡張として，行列の和と差を次のように定義する。

定義 1-8　行列の和と差

2つの $m\times n$ 行列 $A=\begin{pmatrix} a_{11} & \cdots & a_{1n} \\ \vdots & & \vdots \\ a_{m1} & \cdots & a_{mn} \end{pmatrix}$，$B=\begin{pmatrix} b_{11} & \cdots & b_{1n} \\ \vdots & & \vdots \\ b_{m1} & \cdots & b_{mn} \end{pmatrix}$ に対して，

AとBの和 $A+B$ および差 $A-B$ を次のように定める。

$$A\pm B=\begin{pmatrix} a_{11}\pm b_{11} & \cdots & a_{1n}\pm b_{1n} \\ \vdots & & \vdots \\ a_{m1}\pm b_{m1} & \cdots & a_{mn}\pm b_{mn} \end{pmatrix} \quad \text{(複号同順)}$$

例 8　行列の和・定数倍

$$\begin{pmatrix} a & b \\ c & d \end{pmatrix}+\begin{pmatrix} p & q \\ r & s \end{pmatrix}=\begin{pmatrix} a+p & b+q \\ c+r & d+s \end{pmatrix}$$

$$k\begin{pmatrix} a & b \\ c & d \end{pmatrix}=\begin{pmatrix} ka & kb \\ kc & kd \end{pmatrix}$$

注意　2つの行列の和や差は，その2つの行列の型が等しい場合にしか定義されない。

補足　行列の和に対して，$P+Q=Q+P$ が成り立つ。

数ベクトルの定数倍の拡張として，行列の定数倍を次のように定義する。

定義 1-9　行列の定数倍

$m\times n$ 行列 $A=\begin{pmatrix} a_{11} & \cdots & a_{1n} \\ \vdots & & \vdots \\ a_{m1} & \cdots & a_{mn} \end{pmatrix}$ と実数 k に対して，A の k 倍である kA を

次のように定める。　$kA=\begin{pmatrix} ka_{11} & \cdots & ka_{1n} \\ \vdots & & \vdots \\ ka_{m1} & \cdots & ka_{mn} \end{pmatrix}$

注意　特に，A の (-1) 倍 $(-1)A$ を，$-A$ で表す。

例 9　行列の和，差，定数倍

$A=\begin{pmatrix} -1 & 4 \\ -3 & 5 \end{pmatrix}$，$B=\begin{pmatrix} 0 & 4 \\ 2 & -2 \end{pmatrix}$ とする。

$$A+B=\begin{pmatrix} -1 & 4 \\ -3 & 5 \end{pmatrix}+\begin{pmatrix} 0 & 4 \\ 2 & -2 \end{pmatrix}=\begin{pmatrix} -1+0 & 4+4 \\ -3+2 & 5+(-2) \end{pmatrix}=\begin{pmatrix} -1 & 8 \\ -1 & 3 \end{pmatrix}$$

$$A-B=\begin{pmatrix} -1 & 4 \\ -3 & 5 \end{pmatrix}-\begin{pmatrix} 0 & 4 \\ 2 & -2 \end{pmatrix}=\begin{pmatrix} -1-0 & 4-4 \\ -3-2 & 5-(-2) \end{pmatrix}=\begin{pmatrix} -1 & 0 \\ -5 & 7 \end{pmatrix}$$

$$-2B=-2\begin{pmatrix} 0 & 4 \\ 2 & -2 \end{pmatrix}=\begin{pmatrix} (-2)\cdot 0 & (-2)\cdot 4 \\ (-2)\cdot 2 & (-2)\cdot(-2) \end{pmatrix}=\begin{pmatrix} 0 & -8 \\ -4 & 4 \end{pmatrix}$$

練習 7　次の行列の計算をせよ。

(1)　$2\begin{pmatrix} 3 & -1 \\ -2 & 1 \end{pmatrix}-\begin{pmatrix} -6 & 3 \\ 1 & 0 \end{pmatrix}$　　(2)　$\dfrac{1}{3}\begin{pmatrix} 1 & 6 \\ -3 & 0 \end{pmatrix}+\dfrac{1}{2}\begin{pmatrix} 1 & -4 \\ 2 & -1 \end{pmatrix}$

例題 3　行列Aに対して，$A+(-A)$ で得られる行列は，すべての成分が 0 である行列になることを示せ。

証明

$$A=\begin{pmatrix} a_{11} & \cdots & a_{1n} \\ \vdots & & \vdots \\ a_{m1} & \cdots & a_{mn} \end{pmatrix}$$ とすると

$$\begin{aligned} A+(-A)&=\begin{pmatrix} a_{11} & \cdots & a_{1n} \\ \vdots & & \vdots \\ a_{m1} & \cdots & a_{mn} \end{pmatrix}+(-1)\cdot\begin{pmatrix} a_{11} & \cdots & a_{1n} \\ \vdots & & \vdots \\ a_{m1} & \cdots & a_{mn} \end{pmatrix} \\ &=\begin{pmatrix} a_{11} & \cdots & a_{1n} \\ \vdots & & \vdots \\ a_{m1} & \cdots & a_{mn} \end{pmatrix}+\begin{pmatrix} -a_{11} & \cdots & -a_{1n} \\ \vdots & & \vdots \\ -a_{m1} & \cdots & -a_{mn} \end{pmatrix} \\ &=\begin{pmatrix} a_{11}+(-a_{11}) & \cdots & a_{1n}+(-a_{1n}) \\ \vdots & & \vdots \\ a_{m1}+(-a_{m1}) & \cdots & a_{mn}+(-a_{mn}) \end{pmatrix}=\begin{pmatrix} 0 & \cdots & 0 \\ \vdots & & \vdots \\ 0 & \cdots & 0 \end{pmatrix} \end{aligned}$$ ■

成分がすべて 0 である行列を **零行列**（ゼロ行列）という。

例 10　零行列

$\begin{pmatrix} 0 & 0 \\ 0 & 0 \end{pmatrix}$, $\begin{pmatrix} 0 \\ 0 \end{pmatrix}$ は，いずれも零行列である。

例題 4　$m\times n$ 零行列をOとするとき，任意の $m\times n$ 行列Aに対して，$A+O=O+A=A$ が成り立つことを示せ。

証明

$$A=\begin{pmatrix} a_{11} & \cdots & a_{1n} \\ \vdots & & \vdots \\ a_{m1} & \cdots & a_{mn} \end{pmatrix}$$ とすると

$$\begin{aligned} A+O&=\begin{pmatrix} a_{11} & \cdots & a_{1n} \\ \vdots & & \vdots \\ a_{m1} & \cdots & a_{mn} \end{pmatrix}+\begin{pmatrix} 0 & \cdots & 0 \\ \vdots & & \vdots \\ 0 & \cdots & 0 \end{pmatrix} \\ &=\begin{pmatrix} a_{11}+0 & \cdots & a_{1n}+0 \\ \vdots & & \vdots \\ a_{m1}+0 & \cdots & a_{mn}+0 \end{pmatrix}=\begin{pmatrix} a_{11} & \cdots & a_{1n} \\ \vdots & & \vdots \\ a_{m1} & \cdots & a_{mn} \end{pmatrix}=A \end{aligned}$$

$O+A=A$ も同様に示せる。 ■

例題3，4から，次の定理が成り立つことがわかる。

定理　零行列と行列の演算

Oを $m\times n$ 零行列とする。任意の $m\times n$ 行列Aに対して，次が成り立つ。

[1]　$A+O=O+A=A$

[2]　$A+(-A)=(-A)+A=O$

練習8　Oを $m\times n$ 零行列とするとき，任意の $m\times n$ 行列Aに対して，$O+A=A$ を示せ。

補充問題

1　行列 $\begin{pmatrix} 2 & -1 & 3 & 6 \\ 9 & 0 & 3 & 8 \\ 0 & 1 & 1 & -2 \\ -1 & 1 & 0 & 5 \end{pmatrix}$ の (2, 3) 成分と (4, 1) 成分を答えよ。

2　等式 $\begin{pmatrix} a & c+2 \\ b-3 & -4 \end{pmatrix}=\begin{pmatrix} 1 & -3c \\ 0 & 2d \end{pmatrix}$ が成り立つように，a，b，c，d の値を定めよ。

3　$B=\begin{pmatrix} -1 & 3 \\ 0 & 0 \end{pmatrix}$，$C=\begin{pmatrix} 2 & 0 \\ 1 & 4 \end{pmatrix}$，$D=\begin{pmatrix} 1 & 0 \\ -1 & 1 \end{pmatrix}$ とするとき，次を計算せよ。

(1)　$B+C-D$

(2)　$B-2C+3D$

4　$F=\begin{pmatrix} 0 & 1 \\ -1 & 3 \end{pmatrix}$，$G=\begin{pmatrix} -5 & -7 \\ 2 & -1 \end{pmatrix}$ に対して，次の等式を満たす行列Xを求めよ。

$$2X-F=\frac{1}{3}\{2G-(4F-X)\}$$

第 2 節　行列の積

ここでは，2 つの行列の積を定義し，その性質を説明する。そのため，まず抽象的に定義された行列が，幾何的に何を表すことができるのかを観察する。

A　行列と移動

第 0 節では，2 次元と 3 次元の場合に矢印（有向線分）から直観的に定義された幾何ベクトルを，数を縦に並べて抽象的に定義された数ベクトルへ拡張した。前節では，その数ベクトルの拡張として，抽象的に数を縦横に並べた行列を定義した。では，この行列は幾何的に何を表すことができるのであろうか。

ここではまず，高校数学に戻り，直観的（幾何的）に考えてみよう。

原点を O とする座標平面上の点 P を考える。点 $\mathrm{P}(x,\ y)$ が x 軸に関する対称移動によって点 $\mathrm{P}'(x',\ y')$ に移るとき，$(x',\ y')=(x,\ -y)$ が成り立つ。

同様に，点 $\mathrm{P}(x,\ y)$ が y 軸に関する対称移動によって点 $\mathrm{P}'(x',\ y')$ に移るとき，$(x',\ y')=(-x,\ y)$ が成り立つ。

さらに，原点に関する対称移動によって点 $\mathrm{P}(x,\ y)$ が $\mathrm{P}'(x',\ y')$ に移るとき，$(x',\ y')=(-x,\ -y)$ が成り立つ。

このような対称移動により，点 P の位置ベクトル $\overrightarrow{\mathrm{OP}}$ が点 P′ の位置ベクトル $\overrightarrow{\mathrm{OP'}}$ に写されたとすると，その対称移動を F と表して $F(\overrightarrow{\mathrm{OP}})=\overrightarrow{\mathrm{OP'}}$ という表し方が考えられる。この F を行列を用いて表してみよう。

x 軸に関する対称移動に対して，$(x',\ y')=(x,\ -y)$ が成り立つことから

$$\begin{cases} x'=1\cdot x+0\cdot y \\ y'=0\cdot x+(-1)\cdot y \end{cases}$$

が成り立つ。　$\overrightarrow{\mathrm{OP}}=\begin{pmatrix} x \\ y \end{pmatrix}$，$\overrightarrow{\mathrm{OP'}}=\begin{pmatrix} x' \\ y' \end{pmatrix}$　および　$F\left(\begin{pmatrix} x \\ y \end{pmatrix}\right)=\begin{pmatrix} x' \\ y' \end{pmatrix}$

であるから，x 軸に関する対称移動を $\begin{pmatrix} 1 & 0 \\ 0 & -1 \end{pmatrix}$ という行列で表すとよいと考えられる。

すなわち，$\begin{pmatrix} 1 & 0 \\ 0 & -1 \end{pmatrix}\begin{pmatrix} x \\ y \end{pmatrix}=\begin{pmatrix} x' \\ y' \end{pmatrix}$ と表すことにする。

練習 9　ここまでの説明と同様に考えて，y 軸に関する対称移動と原点Oに関する対称移動を行列を用いて表せ。

B　1次変換と行列・ベクトルの積

ここまでは特別な対称移動のみを考えたが，以降では，この考え方を一般化する。平面上の点を平面上の点に移す移動（対応）を，平面の **変換** という。これから対称移動の一般化である次のような変換を考える。

定義 1-10　1次変換

座標平面上の点 $\mathrm{P}(x,\ y)$ を点 $\mathrm{P}'(x',\ y')$ に移し，その座標について次の式が成り立つような変換を（平面上の）**1次変換** という。

$$\begin{cases} x'=px+qy \\ y'=rx+sy \end{cases} \qquad p,\ q,\ r,\ s \text{ は実数の定数}$$

この1次変換を f とするとき，f は行列 $\begin{pmatrix} p & q \\ r & s \end{pmatrix}$ で表される。

この行列を **1次変換 f を表す行列**，または **f の表現行列** という。

注意　1次関数 $y=ax$ をRの要素からRの要素への対応とみると，1次変換は R^2 の要素から R^2 の要素への対応として，自然な拡張になっている。R，R^2，R^3 は，高等学校までの数直線，座標平面，座標空間と同じものとみなすことができる。

補足　3次元空間（R^3）においても同様に1次変換を定義することができる。また，より一般の n 次元空間（R^n），さらに抽象的なベクトル空間に対しても，その一般化を考えることができる。それを一般に線形写像といい，第6章で詳しく学ぶことになる。

例 11　1次変換と行列

直線 $y=x$ に関する対称移動が点 $\mathrm{P}(x,\ y)$ を点 $\mathrm{P}'(x',\ y')$ に移すとすると，$x'=y$，$y'=x$ であるから，$\begin{cases} x'=0\cdot x+1\cdot y \\ y'=1\cdot x+0\cdot y \end{cases}$ が成り立つ。

よって，直線 $y=x$ に関する対称移動による変換は1次変換である。

また，この1次変換を表す行列は $\begin{pmatrix} 0 & 1 \\ 1 & 0 \end{pmatrix}$ となる。

練習 10　直線 $y=-x$ に関する対称移動による変換が1次変換であることを示し，その1次変換を表す行列を求めよ。

1 次変換 f を表す行列を $A=\begin{pmatrix} p & q \\ r & s \end{pmatrix}$ とし，f が点 $\mathrm{P}(x,\ y)$ を点 $\mathrm{P}'(x',\ y')$ に移すとき，P と P′ の位置ベクトルを考えて

$$\begin{pmatrix} p & q \\ r & s \end{pmatrix}\begin{pmatrix} x \\ y \end{pmatrix}=\begin{pmatrix} px+qy \\ rx+sy \end{pmatrix}=\begin{pmatrix} x' \\ y' \end{pmatrix}$$

と表すことができる。この左側の等号が成り立つように，行列とベクトルの積を，次のように定義する。

定義 1-11　行列と数ベクトルの積

$A=\begin{pmatrix} a_{11} & \cdots & a_{1n} \\ \vdots & & \vdots \\ a_{m1} & \cdots & a_{mn} \end{pmatrix}$ と n 次元数ベクトル $\boldsymbol{v}=\begin{pmatrix} v_1 \\ \vdots \\ v_n \end{pmatrix}$ との積 $A\boldsymbol{v}$ を，次のように定義する。

$$A\boldsymbol{v}=\begin{pmatrix} a_{11} & \cdots & a_{1n} \\ \vdots & & \vdots \\ a_{m1} & \cdots & a_{mn} \end{pmatrix}\begin{pmatrix} v_1 \\ \vdots \\ v_n \end{pmatrix}=\begin{pmatrix} a_{11}v_1+\cdots\cdots+a_{1n}v_n \\ \vdots \\ a_{m1}v_1+\cdots\cdots+a_{mn}v_n \end{pmatrix}$$

例 12　行列と数ベクトルの積

$$\begin{pmatrix} p & q \\ r & s \end{pmatrix}\begin{pmatrix} x \\ y \end{pmatrix}=\begin{pmatrix} px+qy \\ rx+sy \end{pmatrix}$$

特に，2×2 行列と 2 次元数ベクトルとの積は 2 次元数ベクトルである。

注意　$m\times n$ 行列に右から掛けて積を計算できる数ベクトルは n 次元数ベクトルのみであり，その積は n 次元数ベクトルになる。また，行列とベクトルの積については，×や・などの記号は使わず，$A\boldsymbol{v}$ のように続けて書くことで表す。

補足　行列とベクトルの積を用いると，次のように連立 1 次方程式を簡潔に表すことができる。例えば，$\begin{cases} 4x+5y=9 \\ 6x+7y=2 \end{cases}$ を $\begin{pmatrix} 4 & 5 \\ 6 & 7 \end{pmatrix}\begin{pmatrix} x \\ y \end{pmatrix}=\begin{pmatrix} 9 \\ 2 \end{pmatrix}$ のように表せる。この表し方によると，$\begin{pmatrix} 4 & 5 \\ 6 & 7 \end{pmatrix}=A$，$\begin{pmatrix} x \\ y \end{pmatrix}=\boldsymbol{x}$，$\begin{pmatrix} 9 \\ 2 \end{pmatrix}=\boldsymbol{b}$ とおけば，上の連立 1 次方程式は $A\boldsymbol{x}=\boldsymbol{b}$ と表される。
連立 1 次方程式を行列を用いて調べることは，行列の応用として，第 2 章で詳しく学習する。

練習 11　$A=(a\quad b)$，$B=\begin{pmatrix} p \\ r \end{pmatrix}$，$C=(c\quad d\quad e)$，$D=\begin{pmatrix} s \\ t \\ u \end{pmatrix}$ に対して，積 AB，CD をそれぞれ求めよ。

練習 12 次を計算せよ。

(1) $\begin{pmatrix} 1 & 4 \\ 2 & 3 \end{pmatrix}\begin{pmatrix} 1 \\ 3 \end{pmatrix}$　　(2) $\begin{pmatrix} 1 & -2 \\ -3 & 4 \\ 5 & -6 \end{pmatrix}\begin{pmatrix} 7 \\ 8 \end{pmatrix}$

1次変換を表す行列と位置ベクトルの積を考えることにより，次のように1次変換による点の移動先（1次変換による点の **像** という）を計算することもできる。

例題 5 次の行列 A，B で表される1次変換による点P，Qの像を求めよ。

(1) $A=\begin{pmatrix} 1 & -2 \\ 1 & 2 \end{pmatrix}$，P(3, 2)　　(2) $B=\begin{pmatrix} 0 & -1 \\ -1 & 1 \end{pmatrix}$，Q(2, 1)

解答

(1) 1次変換 $\begin{pmatrix} 1 & -2 \\ 1 & 2 \end{pmatrix}$ による点Pの像を点 $\mathrm{P}'(x,\ y)$ とすると

$\begin{cases} x=1\cdot3+(-2)\cdot2 \\ y=1\cdot3+2\cdot2 \end{cases}$ で表すことができるから　$\begin{cases} x=-1 \\ y=\ \ 7 \end{cases}$

行列で表すと

$$\begin{pmatrix} x \\ y \end{pmatrix}=\begin{pmatrix} 1 & -2 \\ 1 & 2 \end{pmatrix}\begin{pmatrix} 3 \\ 2 \end{pmatrix}=\begin{pmatrix} -1 \\ 7 \end{pmatrix}$$

したがって，求める点 P' の座標は $(-1,\ 7)$ である。

(2) 1次変換 $\begin{pmatrix} 0 & -1 \\ -1 & 1 \end{pmatrix}$ による点Qの像を点 $\mathrm{Q}'(x,\ y)$ とすると

$\begin{cases} x=0\cdot2+(-1)\cdot1 \\ y=-1\cdot2+1\cdot1 \end{cases}$ で表すことができるから　$\begin{cases} x=-1 \\ y=-1 \end{cases}$

行列で表すと

$$\begin{pmatrix} x \\ y \end{pmatrix}=\begin{pmatrix} 0 & -1 \\ -1 & 1 \end{pmatrix}\begin{pmatrix} 2 \\ 1 \end{pmatrix}=\begin{pmatrix} -1 \\ -1 \end{pmatrix}$$

したがって，求める点 Q' の座標は $(-1,\ -1)$ である。

練習 13 次の行列 A で表される1次変換による点Pの像を求めよ。

(1) $A=\begin{pmatrix} 1 & 2 \\ -2 & 1 \end{pmatrix}$，P(3, 4)　　(2) $A=\begin{pmatrix} 0 & -1 \\ -1 & 0 \end{pmatrix}$，P(1, 2)

C　合成変換と行列の積

次に，2つの行列の積を定義するために，1次変換の合成について調べる。平面上の2つの1次変換 f と g を考える。座標平面上の任意の点Pについて，Pを $g(f(\mathrm{P}))$ に写す変換を，f，g の **合成変換** といい，$g\circ f$ で表す。すなわち

$$g\circ f(\mathrm{P})=g(f(\mathrm{P}))$$

である。

1次変換 f を表す行列が $\begin{pmatrix} a & b \\ c & d \end{pmatrix}$ であり，1次変換 g を表す行列が $\begin{pmatrix} p & q \\ r & s \end{pmatrix}$ であるとし，$\mathrm{P}(x,\ y)$ の $g\circ f$ による像 $g\circ f(\mathrm{P})$ を求めてみよう。

まず，$f(\mathrm{P})$ の位置ベクトルは

$$\begin{pmatrix} a & b \\ c & d \end{pmatrix}\begin{pmatrix} x \\ y \end{pmatrix}=\begin{pmatrix} ax+by \\ cx+dy \end{pmatrix}$$

となる。

よって，$g\circ f(\mathrm{P})$，すなわち $g(f(\mathrm{P}))$ の位置ベクトルは，次のように表される。

$$\begin{aligned}
&\begin{pmatrix} p & q \\ r & s \end{pmatrix}\begin{pmatrix} ax+by \\ cx+dy \end{pmatrix}\\
&=\begin{pmatrix} p(ax+by)+q(cx+dy) \\ r(ax+by)+s(cx+dy) \end{pmatrix}\\
&=\begin{pmatrix} pax+pby+qcx+qdy \\ rax+rby+scx+sdy \end{pmatrix}=\begin{pmatrix} (pa+qc)x+(pb+qd)y \\ (ra+sc)x+(rb+sd)y \end{pmatrix}
\end{aligned}$$

ここで，得られたベクトルを，行列とベクトルの積で表すと

$$\begin{pmatrix} (pa+qc)x+(pb+qd)y \\ (ra+sc)x+(rb+sd)y \end{pmatrix}=\begin{pmatrix} pa+qc & pb+qd \\ ra+sc & rb+sd \end{pmatrix}\begin{pmatrix} x \\ y \end{pmatrix}$$

となるから，変換 $g\circ f$ は行列 $\begin{pmatrix} pa+qc & pb+qd \\ ra+sc & rb+sd \end{pmatrix}$ で表されている。

すなわち，$g\circ f$ は1次変換になっていることがわかる。

さらに，上の等式と見比べると，次が成り立っている。

$$\begin{pmatrix} p & q \\ r & s \end{pmatrix}\begin{pmatrix} ax+by \\ cx+dy \end{pmatrix}=\begin{pmatrix} pa+qc & pb+qd \\ ra+sc & rb+sd \end{pmatrix}\begin{pmatrix} x \\ y \end{pmatrix}$$

そこで，行列の積 BA を $\quad BA=\begin{pmatrix} p & q \\ r & s \end{pmatrix}\begin{pmatrix} a & b \\ c & d \end{pmatrix}=\begin{pmatrix} pa+qc & pb+qd \\ ra+sc & rb+sd \end{pmatrix}$

と定義すると $\quad B\left(A\begin{pmatrix} x \\ y \end{pmatrix}\right)=BA\begin{pmatrix} x \\ y \end{pmatrix}$

が成り立ち，合成変換を表すのに便利だと考えられる。

したがって，2×2 行列の積を，次のように定義する。

定義 1-12　2×2 行列の積

$B=\begin{pmatrix} p & q \\ r & s \end{pmatrix}$，$A=\begin{pmatrix} a & b \\ c & d \end{pmatrix}$ の積 BA を次で定義する。

$$BA=\begin{pmatrix} p & q \\ r & s \end{pmatrix}\begin{pmatrix} a & b \\ c & d \end{pmatrix}=\begin{pmatrix} pa+qc & pb+qd \\ ra+sc & rb+sd \end{pmatrix}$$

例 13　2×2 行列の積 1

$$\begin{pmatrix} 0 & 2 \\ 1 & 4 \end{pmatrix}\begin{pmatrix} 5 & -1 \\ 0 & 3 \end{pmatrix}=\begin{pmatrix} 0\cdot5+2\cdot0 & 0\cdot(-1)+2\cdot3 \\ 1\cdot5+4\cdot0 & 1\cdot(-1)+4\cdot3 \end{pmatrix}=\begin{pmatrix} 0 & 6 \\ 5 & 11 \end{pmatrix}$$

練習 14　次の計算をせよ。

(1) $\begin{pmatrix} 1 & 4 \\ 2 & 3 \end{pmatrix}\begin{pmatrix} 1 & 4 \\ 2 & 3 \end{pmatrix}$　　(2) $\begin{pmatrix} 1 & 2 \\ 3 & 4 \end{pmatrix}\begin{pmatrix} -1 & 3 \\ 4 & 0 \end{pmatrix}$

一般に，$A=\begin{pmatrix} a & b \\ c & d \end{pmatrix}$，$B=\begin{pmatrix} p & q \\ r & s \end{pmatrix}$ とすると

$$AB=\begin{pmatrix} a & b \\ c & d \end{pmatrix}\begin{pmatrix} p & q \\ r & s \end{pmatrix}=\begin{pmatrix} ap+br & aq+bs \\ cp+dr & cq+ds \end{pmatrix}$$

であり，定義 1-12 の積 BA と見比べると一致しないことがわかる。

すなわち，2×2 行列の積において，$AB=BA$ は，一般に成り立たない。

例 14　2×2 行列の積 2

$$\begin{pmatrix} 1 & 1 \\ 0 & 1 \end{pmatrix}\begin{pmatrix} 0 & 1 \\ 2 & 3 \end{pmatrix}=\begin{pmatrix} 1\cdot0+1\cdot2 & 1\cdot1+1\cdot3 \\ 0\cdot0+1\cdot2 & 0\cdot1+1\cdot3 \end{pmatrix}=\begin{pmatrix} 2 & 4 \\ 2 & 3 \end{pmatrix}$$

$$\begin{pmatrix} 0 & 1 \\ 2 & 3 \end{pmatrix}\begin{pmatrix} 1 & 1 \\ 0 & 1 \end{pmatrix}=\begin{pmatrix} 0\cdot1+1\cdot0 & 0\cdot1+1\cdot1 \\ 2\cdot1+3\cdot0 & 2\cdot1+3\cdot1 \end{pmatrix}=\begin{pmatrix} 0 & 1 \\ 2 & 5 \end{pmatrix}$$

練習 15　A，B を 2×2 行列とするとき，$AB=BA$ が成り立つ A，B をみつけよ。

2 行 2 列の場合を一般化して，一般の行列の積を次のように定義する。

定義 1-13　一般の行列の積

P を $l\times m$ 行列，Q を $m\times n$ 行列とし，次のようにする。

$$P=\begin{pmatrix} p_{11} & \cdots & p_{1m} \\ \vdots & & \vdots \\ p_{l1} & \cdots & p_{lm} \end{pmatrix} \qquad Q=\begin{pmatrix} q_{11} & \cdots & q_{1n} \\ \vdots & & \vdots \\ q_{m1} & \cdots & q_{mn} \end{pmatrix}$$

このとき，P，Q の積 PQ を次のように定義する。

$$PQ=\begin{pmatrix} p_{11}q_{11}+\cdots\cdots+q_{1m}q_{m1} & \cdots & p_{11}q_{1n}+\cdots\cdots+p_{1m}q_{mn} \\ \vdots & & \vdots \\ p_{l1}q_{11}+\cdots\cdots+p_{lm}q_{m1} & \cdots & p_{l1}q_{1n}+\cdots\cdots+p_{lm}q_{mn} \end{pmatrix}$$

すなわち，積 PQ の第 $(i,\ j)$ 成分 r_{ij} は次のようになる。

$$r_{ij}=p_{i1}q_{1j}+\cdots\cdots+p_{im}q_{mj}=\sum_{k=1}^{m} p_{ik}q_{kj}$$

一般に，$l\times m$ 行列と $m\times n$ 行列の積は，$l\times n$ 行列になる。

例 15　一般の行列の積

$$\begin{pmatrix} 2 & 3 \end{pmatrix}\begin{pmatrix} 4 \\ 5 \end{pmatrix}=(2\cdot4+3\cdot5)=(23)$$

1×2 行列と 2×1 列の行列の積：1×1 行列

$$\begin{pmatrix} 3 \\ -1 \end{pmatrix}\begin{pmatrix} 4 & 0 \end{pmatrix}=\begin{pmatrix} 3\cdot4 & 3\cdot0 \\ (-1)\cdot4 & (-1)\cdot0 \end{pmatrix}$$
$$=\begin{pmatrix} 12 & 0 \\ -4 & 0 \end{pmatrix}$$

2×1 行列と 1×2 行列の積：2×2 行列

$$\begin{pmatrix} 1 & -2 & 3 \end{pmatrix}\begin{pmatrix} 0 & -1 \\ 3 & 2 \\ 4 & 1 \end{pmatrix}=\begin{pmatrix} 1\cdot0+(-2)\cdot3+3\cdot4 & 1\cdot(-1)+(-2)\cdot2+3\cdot1 \end{pmatrix}$$
$$=\begin{pmatrix} 6 & -2 \end{pmatrix}$$

1×3 行列と 3×2 行列の積：1×2 行列

例題 6

$A=\begin{pmatrix} 0 & 1 & 2 \\ -1 & -2 & 0 \\ 3 & 2 & 1 \end{pmatrix}$，$B=\begin{pmatrix} 5 & 0 & 4 \\ -4 & 6 & -5 \\ -6 & 5 & 0 \end{pmatrix}$ とするとき，AB を求めよ。また，AB はどのような型の行列になるか答えよ。

解答

$$AB=\begin{pmatrix} 0 & 1 & 2 \\ -1 & -2 & 0 \\ 3 & 2 & 1 \end{pmatrix}\begin{pmatrix} 5 & 0 & 4 \\ -4 & 6 & -5 \\ -6 & 5 & 0 \end{pmatrix}$$

$$=\begin{pmatrix} 0\cdot5+1\cdot(-4)+2\cdot(-6) & 0\cdot0+1\cdot6+2\cdot5 & 0\cdot4+1\cdot(-5)+2\cdot0 \\ (-1)\cdot5+(-2)\cdot(-4)+0\cdot(-6) & (-1)\cdot0+(-2)\cdot6+0\cdot5 & (-1)\cdot4+(-2)\cdot(-5)+0\cdot0 \\ 3\cdot5+2\cdot(-4)+1\cdot(-6) & 3\cdot0+2\cdot6+1\cdot5 & 3\cdot4+2\cdot(-5)+1\cdot0 \end{pmatrix}$$

$$=\begin{pmatrix} -16 & 16 & -5 \\ 3 & -12 & 6 \\ 1 & 17 & 2 \end{pmatrix}$$ AB は 3×3 行列になる。

前ページの例 15 の行列について $A=\begin{pmatrix} 1 & -2 & 3 \end{pmatrix}$，$B=\begin{pmatrix} 0 & -1 \\ 3 & 2 \\ 4 & 1 \end{pmatrix}$ とすると，積 AB は定義されるが，積 BA は定義されない。

一般に，2 つの行列 A，B の積 AB が定義されるのは

（行列 A の列の数）と（行列 B の行の数）が一致

するときだけである。

練習 16 以下を計算せよ。

(1) $\begin{pmatrix} 1 & 2 & 3 \\ 4 & 5 & 6 \\ 3 & 2 & 1 \end{pmatrix}\begin{pmatrix} 3 & 2 & 1 \\ 6 & 5 & 4 \\ 1 & 2 & 3 \end{pmatrix}$

(2) $\begin{pmatrix} 1 & 2 & 0 & 1 \\ -1 & 0 & 2 & 1 \\ 0 & 1 & 2 & 3 \\ 1 & 1 & 0 & 1 \end{pmatrix}\begin{pmatrix} -2 & 1 \\ 0 & 1 \\ 1 & 3 \\ 2 & -2 \end{pmatrix}$

練習 17 次のうち，行列の積 AB が計算できるものはどれか答えよ。また，行列の積 AB を計算できるものについては求めよ。

(1) $A=\begin{pmatrix} 0 & 2 & -3 \\ 1 & 1 & -1 \\ 1 & 3 & 2 \end{pmatrix}$，$B=\begin{pmatrix} 2 \\ 1 \\ -2 \end{pmatrix}$

(2) $A=\begin{pmatrix} 0 & 0 \\ 0 & 0 \end{pmatrix}$，$B=\begin{pmatrix} 0 & 0 & 0 \\ 0 & 0 & 0 \\ 0 & 0 & 0 \end{pmatrix}$

(3) $A=\begin{pmatrix} 4 \\ 5 \\ 6 \end{pmatrix}$，$B=\begin{pmatrix} 1 & 2 & 3 \end{pmatrix}$

研究　回転移動と 1 次変換

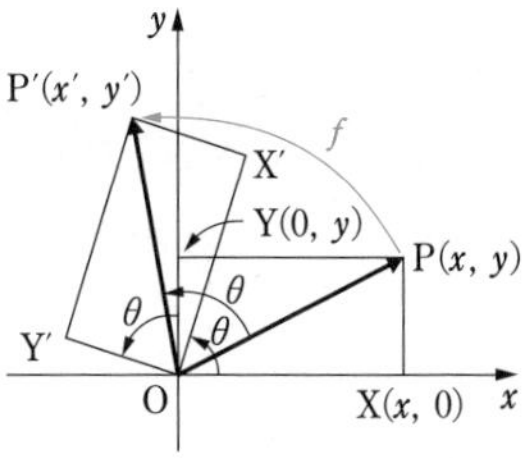

$\mathbb{R}^2$ の点 P$(x,\ y)$ を原点Oの周りに角度 θ だけ回転して，点 P′$(x',\ y')$ に移す回転移動 f について考えよう*)。

図中の 2 点 X$(x,\ 0)$ と Y$(y,\ 0)$ が，角 θ の回転によって，それぞれ X′ と Y′ に移るものとする。

$\angle \mathrm{XOX'}=\angle \mathrm{YOY'}=\theta$ であるから，X′ と Y′ の座標は，それぞれ X′$(x\cos\theta,\ x\sin\theta)$，Y′$(-y\sin\theta,\ y\cos\theta)$ である。

このとき，$\overrightarrow{\mathrm{OP'}}=\overrightarrow{\mathrm{OX'}}+\overrightarrow{\mathrm{OY'}}$ を成分で表すと以下のようになる。

$$\begin{aligned}(x',\ y')&=(x\cos\theta,\ x\sin\theta)+(-y\sin\theta,\ y\cos\theta)\\&=(x\cos\theta-y\sin\theta,\ x\sin\theta+y\cos\theta)\end{aligned}$$

よって　$\begin{cases}x'=x\cos\theta-y\sin\theta\\ y'=x\sin\theta+y\cos\theta\end{cases}$

したがって，この原点Oの周りに角度 θ だけ回転した回転移動は*)，行列を含んだ等式 $\begin{pmatrix}x'\\ y'\end{pmatrix}=\begin{pmatrix}\cos\theta & -\sin\theta\\ \sin\theta & \cos\theta\end{pmatrix}\begin{pmatrix}x\\ y\end{pmatrix}$ で表される 1 次変換である。

例題 7　原点を中心として，回転角が -45°，210° である回転移動を示す行列を，それぞれ求めよ。

解答

$$\begin{pmatrix}\cos(-45^\circ) & -\sin(-45^\circ)\\ \sin(-45^\circ) & \cos(-45^\circ)\end{pmatrix}=\begin{pmatrix}\cos 45^\circ & \sin 45^\circ\\ -\sin 45^\circ & \cos 45^\circ\end{pmatrix}=\begin{pmatrix}\dfrac{1}{\sqrt{2}} & \dfrac{1}{\sqrt{2}}\\ -\dfrac{1}{\sqrt{2}} & \dfrac{1}{\sqrt{2}}\end{pmatrix}$$

$$\begin{pmatrix}\cos 210^\circ & -\sin 210^\circ\\ \sin 210^\circ & \cos 210^\circ\end{pmatrix}=\begin{pmatrix}-\dfrac{\sqrt{3}}{2} & \dfrac{1}{2}\\ -\dfrac{1}{2} & -\dfrac{\sqrt{3}}{2}\end{pmatrix}$$

*）ただし，角度 θ は一般角で考え，反時計回りを正とする。

D　行列の積の性質

行列の積について，数の場合と同様な次の定理が成り立つ。

定理　行列の積の演算法則

$(AB)C=A(BC)$　　(結合法則)

$A(B+C)=AB+AC$,　　$(A+B)C=AC+BC$　　(分配法則)

例題 8　$A=\begin{pmatrix} 2 & 3 \end{pmatrix}$, $B=\begin{pmatrix} 4 & -3 \\ -2 & 1 \end{pmatrix}$, $C=\begin{pmatrix} -1 \\ -4 \end{pmatrix}$ とするとき，$(AB)C=A(BC)$ が成り立つことを確かめよ。

解答

$$(AB)C=\left\{\begin{pmatrix} 2 & 3 \end{pmatrix}\begin{pmatrix} 4 & -3 \\ -2 & 1 \end{pmatrix}\right\}\begin{pmatrix} -1 \\ -4 \end{pmatrix}$$

$$=\begin{pmatrix} 2\cdot4+3\cdot(-2) & 2\cdot(-3)+3\cdot1 \end{pmatrix}\begin{pmatrix} -1 \\ -4 \end{pmatrix}$$

$$=\begin{pmatrix} 2 & -3 \end{pmatrix}\begin{pmatrix} -1 \\ -4 \end{pmatrix}=(10)$$

$$A(BC)=\begin{pmatrix} 2 & 3 \end{pmatrix}\left\{\begin{pmatrix} 4 & -3 \\ -2 & 1 \end{pmatrix}\begin{pmatrix} -1 \\ -4 \end{pmatrix}\right\}=\begin{pmatrix} 2 & 3 \end{pmatrix}\begin{pmatrix} 8 \\ -2 \end{pmatrix}=(10)$$

練習 18　$A=\begin{pmatrix} 1 & 2 \\ 0 & 1 \end{pmatrix}$, $B=\begin{pmatrix} 3 & -2 \\ -1 & 1 \end{pmatrix}$, $C=\begin{pmatrix} -2 & 2 \\ 0 & -1 \end{pmatrix}$ とするとき，$A\{(CB-A)-B\}$ を計算せよ。

結合法則が成り立つことより，以降，$(AB)C$ を ABC のように表す。また，正方行列 A に対して，$AA\cdots\cdots A$ (n 個の積) を A^n で表し，A の n 乗 (A のべき乗) という。

一方で，34 ページの例 14 でも示したように，数の積とは異なり，AB, BA として得られる行列は一般に等しくない。

練習 19　$A=\begin{pmatrix} 1 & 0 & 3 \\ 0 & -1 & 2 \\ 2 & 1 & -1 \end{pmatrix}$, $B=\begin{pmatrix} 2 & 3 & -2 \\ 1 & -2 & -1 \\ 0 & 1 & 1 \end{pmatrix}$ とするとき，AB, BA を計算し，$AB=BA$ が成り立つか調べよ。

$AB=BA$ が成り立つ場合のみ，通常の数の場合と同じ計算ができる。

例 16　行列の積の演算法則

A，B を n 次正方行列とするとき，$AB\neq BA$ に注意して式の展開を行う。

$(A+B)^2=(A+B)(A+B)=A^2+AB+BA+B^2$

$(A+B)(A-B)=A^2-AB+BA-B^2$

練習 20　n 次正方行列について次の式を計算し，簡単にせよ。

(1)　$(A-B)^2$　　(2)　$2(A+B)^2+2(A-C)^2-(B-A+C)^2$

零行列については，数の 0 と同じ，次の性質が成り立つ。

定理　零行列を含む行列の積

行列 A と積が計算できる型の零行列を O とするとき，$AO=O$，$OA=O$ が成り立つ。

ただし，数の場合と異なり，$AB=O$ であるからといって，$A=O$ または $B=O$ が成り立つとは限らない。

例 17　零行列を含む行列の積

$A=\begin{pmatrix} 1 & 0 \\ 1 & 0 \end{pmatrix}$，$B=\begin{pmatrix} 0 & 0 \\ 1 & 1 \end{pmatrix}$ に対して，

$$AB=\begin{pmatrix} 1 & 0 \\ 1 & 0 \end{pmatrix}\begin{pmatrix} 0 & 0 \\ 1 & 1 \end{pmatrix}=\begin{pmatrix} 1\cdot0+0\cdot1 & 1\cdot0+0\cdot1 \\ 1\cdot0+0\cdot1 & 1\cdot0+0\cdot1 \end{pmatrix}=\begin{pmatrix} 0 & 0 \\ 0 & 0 \end{pmatrix}$$

$A\neq O$, $B\neq O$ であるにも関わらず $AB=O$ となる行列 A, B を **零因子** という。

練習 21　O_2 を 2 次零行列，O_3 を 3 次零行列，$O_{2\times3}$ を 2×3 零行列とするとき，2×3 行列 A に対して，$AO_3=O_{2\times2}$，$O_2A=O_{2\times3}$ が成り立つことを示せ。

補充問題

1　$A=\begin{pmatrix} 1 & 0 & 1 \\ -1 & 0 & -2 \\ 1 & 2 & 2 \end{pmatrix}$，$B=\begin{pmatrix} -2 & 1 & -5 \\ 3 & 1 & 2 \\ 4 & 2 & 1 \end{pmatrix}$，$C=\begin{pmatrix} 0 & 0 & 2 \\ 1 & -1 & 0 \\ 1 & 1 & -1 \end{pmatrix}$ に対して，

$A\{(CB-A)-B\}$ を計算せよ。

2　$A=\begin{pmatrix} -2 & 3 \\ a & 6 \end{pmatrix}$，$B=\begin{pmatrix} 3 & -6 \\ 2 & b \end{pmatrix}$ であるとき，A，B が零因子となるように a，b を定めよ。

第3節　いろいろな行列

前節までで，行列の定義，基本的な演算（和，差，スカラー（実数）倍，積）を学んだ。ここでは，逆行列，正則行列，転置行列，対角行列などを説明する。

A　単位行列

平面上の移動の中でも特に，「任意の点Pを点Pそれ自身に移す」（すなわち，点を動かさない）変換を **恒等変換** という。

恒等変換では点 $(x,\ y)$ が点 $(x,\ y)$ に移されるから，次が成り立つ。

$$\begin{cases} x=1\cdot x+0\cdot y \\ y=0\cdot x+1\cdot y \end{cases}$$

これを行列を用いて表すと，次のようになる。

$$\begin{pmatrix} x \\ y \end{pmatrix}=\begin{pmatrix} 1 & 0 \\ 0 & 1 \end{pmatrix}\begin{pmatrix} x \\ y \end{pmatrix}$$

よって，恒等変換は1次変換である。

恒等変換は点を動かさないことから，任意の変換 f との合成変換は，また f になる。すなわち，恒等変換を e としたとき，次が成り立つ。

$$e\circ f=f\circ e=f$$

このことから，変換 f を表す行列を F としたとき，次が成り立つ。

$$EF=FE=F \qquad \text{ただし} \qquad E=\begin{pmatrix} 1 & 0 \\ 0 & 1 \end{pmatrix}$$

このように，この恒等変換を表す行列は，行列の積に関して特別な性質をもつ。

定義 1-14　単位行列

$n\times n$ 行列で，$1\leqq i\leqq n$ の $(i,\ i)$ 成分がすべて1で，その他の成分がすべて0である行列を n 次 **単位行列**（または n 次の単位行列）という。

$$\begin{pmatrix} 1 & 0 & \cdots & 0 \\ 0 & 1 & \cdots & 0 \\ \vdots & \vdots & \ddots & \vdots \\ 0 & 0 & \cdots & 1 \end{pmatrix}$$

以降，n 次単位行列を E_n で表す（特に問題がない場合は単に E で表す）。

例18　2×2 行列と単位行列の積1

$X=\begin{pmatrix} x & y \\ z & w \end{pmatrix}$ とすると

$$XE_2=\begin{pmatrix} x & y \\ z & w \end{pmatrix}\begin{pmatrix} 1 & 0 \\ 0 & 1 \end{pmatrix}=\begin{pmatrix} x\cdot 1+y\cdot 0 & x\cdot 0+y\cdot 1 \\ z\cdot 1+w\cdot 0 & z\cdot 0+w\cdot 1 \end{pmatrix}$$

$$=\begin{pmatrix} x & y \\ z & w \end{pmatrix}=X$$

$$E_2X=\begin{pmatrix} 1 & 0 \\ 0 & 1 \end{pmatrix}\begin{pmatrix} x & y \\ z & w \end{pmatrix}=\begin{pmatrix} 1\cdot x+0\cdot z & 1\cdot y+0\cdot w \\ 0\cdot x+1\cdot z & 0\cdot y+1\cdot w \end{pmatrix}$$

$$=\begin{pmatrix} x & y \\ z & w \end{pmatrix}=X$$

練習22　任意の3次正方行列 Y に対して $E_3Y=Y$ を確かめよ。

同様にして，一般に次の定理が成り立つ。

定理　単位行列の性質

n 次正方行列 A に対して $AE_n=E_nA=A$ が成り立つ。すなわち，任意の正方行列と単位行列は，積に関して交換法則が成り立つ。

補足　積に関して交換法則が成り立つことを，積に関して **可換** であるともいう。

例19　単位行列を含む計算

$$\begin{aligned}(A+E)^3&=(A+E)^2(A+E)\\&=(A^2+2A+E)(A+E)\\&=A^3+A^2E+2AA+2AE+EA+E^2\\&=A^3+3A^2+3A+E\end{aligned}$$

練習23　$A=\begin{pmatrix} 1 & -2 & 3 \\ 0 & 3 & 0 \\ -3 & 2 & 1 \end{pmatrix}$，$B=\begin{pmatrix} 1 & 0 & 1 \\ 2 & 0 & -2 \\ 1 & -1 & 3 \end{pmatrix}$，$E=\begin{pmatrix} 1 & 0 & 0 \\ 0 & 1 & 0 \\ 0 & 0 & 1 \end{pmatrix}$ とするとき，

次を計算せよ。

(1)　$A(3B-5E)+EB$　　(2)　$BAB-E^3$　　(3)　$(2A-2E)(A-5E)$

B　逆行列と正則行列

前節で定義した行列の積について，40ページで定義した単位行列は，数の乗法で言えば1に対応する。すなわち，実数aに対して$a\cdot 1=1\cdot a=a$が成り立つように，正方行列Aと単位行列Eに対して$AE=EA=A$が成り立つ。

では，数の除法（割り算）についてはどうであろうか。実数aについては，$a\neq 0$のとき，$a\cdot x=x\cdot a=1$が成り立つ数，すなわちaの逆数$x=\dfrac{1}{a}=a^{-1}$が存在し，「aで割る」ことは「a^{-1}を掛ける」ことに対応した。

実は行列についても同じように考えることができ，次のように定義する。

定義 1-15　逆行列

n次正方行列Aに対して，$XA=AX=E$となる行列Xが存在するとき，これを**逆行列**といい，A^{-1}で表す。

注意　例えば，行列$A=\begin{pmatrix} a & b \\ c & d \end{pmatrix}$に対して，その逆行列$A^{-1}$を$\begin{pmatrix} a & b \\ c & d \end{pmatrix}^{-1}$とも書く。

n次正方行列Aに対して，その逆行列A^{-1}は**存在すれば**またn次正方行列になる。ただし一般には，逆行列が存在するかはわからない。

例 20　逆行列の存在 1

行列$A=\begin{pmatrix} 4 & 2 \\ 5 & 3 \end{pmatrix}$に対して，$X=\begin{pmatrix} x & y \\ z & w \end{pmatrix}$として$XA=AX=E$を書き出すと

$$4x+5y=4x+2z=1,\ 2x+3y=4y+2w=0$$
$$4z+5w=5x+3z=0,\ 2z+3w=5y+3w=1$$

これを解くと　$x=\dfrac{3}{2}$，$y=-1$，$z=-\dfrac{5}{2}$，$w=2$

よって，Aは逆行列$A^{-1}=\begin{pmatrix} \dfrac{3}{2} & -1 \\ -\dfrac{5}{2} & 2 \end{pmatrix}$をもつ。

3つの正方行列A，B，Cに対して等式$BA=C$が成り立っているとする。

さらに，行列Aに対して逆行列 A^{-1} が存在するとする。等式 $BA=C$ の両辺に右から A^{-1} を掛けると　$(BA)A^{-1}=CA^{-1} \Longrightarrow B(AA^{-1})=CA^{-1} \Longrightarrow B=CA^{-1}$
よって，$B=CA^{-1}$ が得られる。

これは数の除法 (割り算) の性質「$ba=c$ ならば $b=c\div a=c\times a^{-1}$」に対応している。

練習 24　例 20 で A^{-1} がAの逆行列であることを，定義に基づいて確かめよ。

例 21　逆行列の存在 2

行列 $A=\begin{pmatrix} 2 & 4 \\ 3 & 6 \end{pmatrix}$ に対して，$X=\begin{pmatrix} x & y \\ z & w \end{pmatrix}$ として $XA=AX=E$ を書き出すと

$$2x+3y=2x+4z=1 \quad \cdots\cdots \text{①}$$
$$4x+6y=2y+4w=0 \quad \cdots\cdots \text{②}$$
$$2z+3w=3x+6z=0 \quad \cdots\cdots \text{③}$$
$$4z+6w=3y+6z=1 \quad \cdots\cdots \text{④}$$

左辺より ①×2=② とならなければいけないが，右辺をみると $2=0$ となって矛盾である。よって，①～④ を満たす x，y，z，w は存在しない。
したがって，Aの逆行列は存在しない。

練習 25　42 ページ，および例 21 のように，次の行列が逆行列をもつか調べ，もつ場合にはそれを求めよ。

(1)　$A=\begin{pmatrix} 0 & 1 \\ -1 & 1 \end{pmatrix}$　　(2)　$B=\begin{pmatrix} 1 & 0 & 1 \\ -2 & 1 & 0 \\ 2 & -1 & 1 \end{pmatrix}$

注意　逆行列の求め方は，第 3 章と第 4 章で詳しく学ぶ。

このように，n次正方行列Aが与えられたとき，それが逆行列をもつとは限らないが，もしもつなら，その逆行列はただ 1 つである。このことを示してみよう。

X，YをともにAの逆行列とする。すなわち，$XA=AX=E$ かつ $YA=AY=E$ がともに成り立っているとする。このとき

$$X=XE=X(AY)=(XA)Y=EY=Y \qquad \text{すなわち} \qquad X=Y$$

よって，Aの逆行列はただ 1 つに定まる。

練習 26 n 次正方行列 A，B がそれぞれ逆行列 A^{-1}，B^{-1} をもつとする。もし $A=2B$ が成り立つならば，$2A^{-1}=B^{-1}$ が成り立つことを示せ。

逆行列をもつ正方行列は，多くのよい性質をもち，以降の章で重要な役割を果たす。

定義 1-16　正則行列

n 次正方行列 A が逆行列をもつとき，すなわち，$XA=AX=E$ となる n 次正方行列 X が存在するとき，A を **正則行列** という。

例題 9 n 次零行列 O は正則行列でないことを示せ。

解答 n 次零行列 O が正則行列でない，すなわち逆行列をもたないことを背理法で証明する。
背理法の仮定として，O が逆行列をもつ，すなわち，ある n 次正方行列 X が存在して，$XO=OX=E$ が成り立っていると仮定する。
ここで定理（零行列を含む行列の積）（39 ページ）より

$$XO=OX=O$$

しかし，上の式の右辺は E であり，$E\neq O$ に矛盾する。
よって，O は逆行列をもたない。 ■

練習 27 零行列でない正方行列 A，B について，$AB=O$ が成り立つならば，A は正則でないことを示せ。

逆行列については，次の定理が成り立つ。

定理　逆行列の性質

[1] $AA^{-1}=A^{-1}A=E$

[2] $AB=BA=E$ ならば $B=A^{-1}$，$A=B^{-1}$

[3] $(A^{-1})^{-1}=A$

[4] $(AB)^{-1}=B^{-1}A^{-1}$

[5] $k\neq 0$ のとき　$(kA)^{-1}=\dfrac{1}{k}A^{-1}$

証明　[1], [2] は逆行列の定義 (42 ページ) より従う。

[3]　A の逆行列を X とすると，逆行列の定義より $XA=AX=E$ が成り立つ。これは行列 X からみると，A が X の逆行列であることを示している。

すなわち　$X^{-1}=A$

また　$X=A^{-1}$

したがって，$(A^{-1})^{-1}=A$ が成り立つ。■

[4]　行列 A, B の積 AB の逆行列を X とする。

すなわち，$(AB)X=X(AB)=E$ が成り立っているとする。

A の逆行列を A^{-1}，B の逆行列を B^{-1} とすると，

$$A^{-1}(AB)X=A^{-1} \Longrightarrow BX=A^{-1}$$

$$\Longrightarrow B^{-1}BX=B^{-1}A^{-1} \Longrightarrow X=B^{-1}A^{-1}$$ ■

[5]　$k \neq 0$，A の逆行列を A^{-1} とすると

$$\left(\frac{1}{k}A^{-1}\right)(kA)=\frac{1}{k}\cdot k(A^{-1}A)$$

$$=1\cdot E=E$$

同様に，$(kA)\left(\frac{1}{k}A^{-1}\right)=E$ も示すことができるので，

$(kA)^{-1}=\frac{1}{k}A^{-1}$ が成り立つ。■

練習 28　行列 A, B, C が逆行列をもつとき，積 ABC の逆行列が $C^{-1}B^{-1}A^{-1}$ であることを示せ。

2次正方行列の逆行列については，特に次が成り立つ。

定理　2次正方行列の逆行列の性質

$A=\begin{pmatrix} a & b \\ c & d \end{pmatrix}$ とするとき，次が成り立つ。

(1)　$ad-bc \neq 0$ のとき，A は正則である。すなわち A の逆行列が存在し，$A^{-1}=\frac{1}{ad-bc}\begin{pmatrix} d & -b \\ -c & a \end{pmatrix}$ が成り立つ。

(2)　$ad-bc=0$ のとき，A は正則でない。すなわち A の逆行列は存在しない。

証明 (1) 行列Aに対し，$X=\begin{pmatrix} p & q \\ r & s \end{pmatrix}$として，$AX=E$とすると，以下が成り立つ。

$$ap+br=1 \quad \cdots\cdots ① \qquad aq+bs=0 \quad \cdots\cdots ②$$
$$cp+dr=0 \quad \cdots\cdots ③ \qquad cq+ds=1 \quad \cdots\cdots ④$$

①$\times d-$③$\times b$ から　$(ad-bc)p=d$ ······ ⑤

②$\times d-$④$\times b$ から　$(ad-bc)q=-b$ ······ ⑥

$ad-bc\neq 0$ のとき

$$p=\frac{d}{ad-bc},\ q=-\frac{b}{ad-bc},\ r=-\frac{c}{ad-bc},\ s=\frac{a}{ad-bc}$$

よって　$X=\dfrac{1}{ad-bc}\begin{pmatrix} d & -b \\ -c & a \end{pmatrix}$

このとき XA を計算すると，$XA=E$ も成り立ち，このXがAの逆行列である。■

(2) $ad-bc=0$ のとき，⑤，⑥ より $d=b=0$ となるが，これを ①～④ に代入すると矛盾が生じる。

したがって，$AX=E$ が成り立つようなXは存在しない。すなわち，Aの逆行列は存在しない。■

補足 上の証明のように，2次正方行列 $A=\begin{pmatrix} a & b \\ c & d \end{pmatrix}$ に対して，$ad-bc$ の値によりAの正則性を判別することができる。このような値をAの **行列式** という。一般のn次正方行列に対する行列式は第4章で詳しく学ぶ。

練習 29 次の行列に逆行列は存在するか答えよ。また，逆行列が存在する場合は求めよ。

$A=\begin{pmatrix} 2 & 3 \\ 4 & 5 \end{pmatrix}$　　$B=\begin{pmatrix} 6 & 9 \\ -4 & -6 \end{pmatrix}$

研究　逆行列と逆変換

例えば，原点Oを中心として角度 θ だけ回転する回転移動 f を，平面上の変換として考える[*)] (37ページの研究も参照)。この変換 f で点Pが点 P' に移されるとする。このとき，原点Oを中心として角度 $-\theta$ だけ回転する回転移動 g により，点 P' は点Pに移される。すなわち，$g\circ f(\mathrm{P})=\mathrm{P}$ が成り立つ。

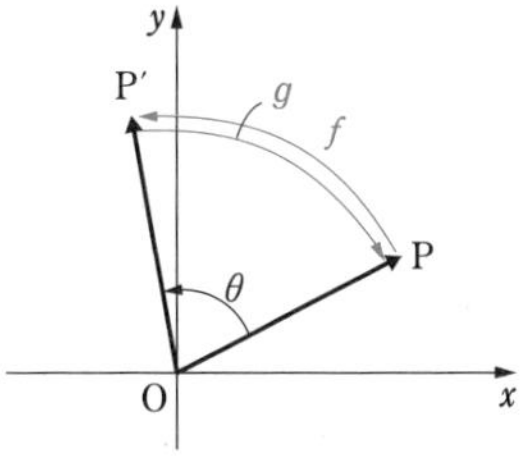

回転写像とその逆写像

これは平面上の任意の点について成り立つから $g\circ f$ は恒等変換になることがわかる。同様に，$f\circ g$ も恒等変換になることがわかる。

このように，平面上の変換 f に対して，$g\circ f$ と $f\circ g$ がともに恒等写像になるような変換 g を，f の **逆変換** といい，f^{-1} で表す。

注意　f^{-1} は「エフインバース」と読む。f の -1 乗ではない。

例 22　対称移動の逆変換

x 軸に関する対称移動 f の逆変換は f 自身になる。すなわち，$f^{-1}=f$ である。

練習 30　y 軸に関する対称移動を f とすると，f の逆変換は f 自身である，すなわち，$f^{-1}=f$ であることを，点の座標を用いて示せ。

37ページの研究で触れたように平面上の回転移動は1次変換である。したがって，回転移動である1次変換の逆変換も1次変換である。

---

*）ただし，角度 θ は一般角で考え，反時計回りを正とする。

C　転置行列

37 ページの研究によれば，平面上の原点を中心とし，角度 θ の回転移動は 1 次変換であり，それを表す行列を A とすると $A=\begin{pmatrix} \cos\theta & -\sin\theta \\ \sin\theta & \cos\theta \end{pmatrix}$ である。これを（角度 θ の）**回転行列** と呼ぶ。この回転行列の逆変換は原点中心の角度 $-\theta$ の回転移動なので，それを表す行列は $\begin{pmatrix} \cos(-\theta) & -\sin(-\theta) \\ \sin(-\theta) & \cos(-\theta) \end{pmatrix}$ のようになる。

ここで，$\cos(-\theta)=\cos\theta$，$\sin(-\theta)=-\sin\theta$ に注意すると

$$\begin{pmatrix} \cos(-\theta) & -\sin(-\theta) \\ \sin(-\theta) & \cos(-\theta) \end{pmatrix}=\begin{pmatrix} \cos\theta & \sin\theta \\ -\sin\theta & \cos\theta \end{pmatrix}$$

さらに，47 ページの研究によれば，1 次変換の逆変換を表す行列は，もとの 1 次変換を表す行列の逆行列になる。すなわち，次の等式が成り立つ。

$$A^{-1}=\begin{pmatrix} \cos(-\theta) & -\sin(-\theta) \\ \sin(-\theta) & \cos(-\theta) \end{pmatrix}=\begin{pmatrix} \cos\theta & \sin\theta \\ -\sin\theta & \cos\theta \end{pmatrix}$$

練習 31　$\begin{pmatrix} \cos\theta & \sin\theta \\ -\sin\theta & \cos\theta \end{pmatrix}$ が $\begin{pmatrix} \cos\theta & -\sin\theta \\ \sin\theta & \cos\theta \end{pmatrix}$ の逆行列であることを，行列の積を計算することにより示せ。

上の最後の式で，もとの行列とその逆行列を見比べると，行と列を入れ替えた形になっていることがわかる。もとの行列と行と列を入れ替えた行列は，以降でもたびたび使われる重要なものであり，次のように定義する。

定義 1-17　転置行列

行列 $A=\begin{pmatrix} a_{11} & a_{12} & \cdots & a_{1n} \\ a_{21} & a_{22} & \cdots & a_{2n} \\ \vdots & \vdots & & \vdots \\ a_{m1} & a_{m2} & \cdots & a_{mn} \end{pmatrix}$ に対し，その行と列を入れ替えた

行列 $\begin{pmatrix} a_{11} & a_{21} & \cdots & a_{m1} \\ a_{12} & a_{22} & \cdots & a_{m2} \\ \vdots & \vdots & & \vdots \\ a_{1n} & a_{2n} & \cdots & a_{mn} \end{pmatrix}$ を A の **転置行列** といい，${}^tA$ で表す。

補足 ${}^tA$ の $(i,\ j)$ 成分は，A の $(j,\ i)$ 成分である。

例 23 転置行列

$A=\begin{pmatrix} 1 & 0 & 2 \\ 3 & 2 & 1 \end{pmatrix}$ とすると　${}^tA=\begin{pmatrix} 1 & 3 \\ 0 & 2 \\ 2 & 1 \end{pmatrix}$

$B=\begin{pmatrix} 2 & 0 \\ 1 & -1 \\ 1 & 2 \end{pmatrix}$ とすると　${}^tB=\begin{pmatrix} 2 & 1 & 1 \\ 0 & -1 & 2 \end{pmatrix}$

$C=\begin{pmatrix} 3 & 1 & 2 \end{pmatrix}$ とすると　${}^tC=\begin{pmatrix} 3 \\ 1 \\ 2 \end{pmatrix}$

$D=\begin{pmatrix} 0 \\ 1 \\ 1 \end{pmatrix}$ とすると　${}^tD=\begin{pmatrix} 0 & 1 & 1 \end{pmatrix}$

一般に，$m\times n$ 行列 A，B とその転置行列 ${}^tA$，${}^tB$ について，次の定理が成り立つ。

定理　転置行列の性質

[1]　${}^t({}^tA)=A$

[2]　${}^t(A+B)={}^tA+{}^tB$

[3]　${}^t(kA)=k{}^tA$　（k は実数の定数）

[4]　${}^t(AB)={}^tB{}^tA$

行と列の入れ替えを 2 回行えばもとの行列に戻ることから，[1] は転置行列の定義より成り立つことがわかる。[2] の証明を与える。

証明　行列 A，B の $(i,\ j)$ 成分が a_{ij}，b_{ij} であるとき，行列 A の転置行列 ${}^tA$ の $(i,\ j)$ 成分は a_{ji}，行列 B の転置行列 ${}^tB$ の $(i,\ j)$ 成分は b_{ji} である。
また，行列 $A+B$ の $(i,\ j)$ 成分は $a_{ij}+b_{ij}$ であるので，行列 $A+B$ の転置行列 ${}^t(A+B)$ の $(i,\ j)$ 成分は $a_{ji}+b_{ji}$ である。
以上より，${}^t(A+B)={}^tA+{}^tB$ が成り立つ。 ■

練習 32　前ページの定理 [2] の証明を参考にして，定理 [3] の証明を与えよ。

2×2 行列の場合について，定理 [4] の証明を与える。一般の場合も同様に示すことができる。

証明　$A=\begin{pmatrix} a_{11} & a_{12} \\ a_{21} & a_{22} \end{pmatrix}$，$B=\begin{pmatrix} b_{11} & b_{12} \\ b_{21} & b_{22} \end{pmatrix}$ とし，積 AB で得られた行列を

$X=\begin{pmatrix} x_{11} & x_{12} \\ x_{21} & x_{22} \end{pmatrix}$ とする。

$X=AB$ であるから，Xの $(i,\ j)$ 成分 x_{ij} $(i=1,\ 2,\ j=1,\ 2)$ は，Aの第 i 行ベクトルとBの第 j 列ベクトルの積である。

すなわち　　$x_{ij}=(\,a_{i1}\quad a_{i2}\,)\begin{pmatrix} b_{1j} \\ b_{2j} \end{pmatrix}=a_{i1}b_{1j}+a_{i2}b_{2j}$

よって，X (すなわち AB) の転置行列 ${}^tX$ の第 $(i,\ j)$ 成分は

$$x_{ji}=a_{j1}b_{1i}+a_{j2}b_{2i}\quad \cdots\cdots ①$$

となる。

一方で，BとAの転置行列 ${}^tB$ と ${}^tA$ を考え，その積 ${}^tB{}^tA$ で得られた行列を $Y=\begin{pmatrix} y_{11} & y_{12} \\ y_{21} & y_{22} \end{pmatrix}$ とする。

行列Yの第 $(i,\ j)$ 成分 y_{ij} は，$Y={}^tB{}^tA$ より，${}^tB$ の第 i 行ベクトルと ${}^tA$ の第 j 列ベクトルの積である。

${}^tB$ の第 i 行ベクトルはBの第 i 列ベクトルの転置行列であるから

$$(\,b_{1i}\quad b_{2i}\,)$$

${}^tA$ の第 j 列ベクトルはAの第 j 行ベクトルの転置行列であるから

$$\begin{pmatrix} a_{j1} \\ a_{j2} \end{pmatrix}$$

したがって，Yの第 $(i,\ j)$ 成分 y_{ij} は，次のようになる。

$$y_{ij}=(\,b_{1i}\quad b_{2i}\,)\begin{pmatrix} a_{j1} \\ a_{j2} \end{pmatrix}=b_{1i}a_{j1}+b_{2i}a_{j2}\quad \cdots\cdots ②$$

以上，①，② より，$x_{ji}=y_{ij}$ が成り立つので，${}^t(AB)={}^tB{}^tA$ が成り立つ。 ■

例題 10　$A=\begin{pmatrix} 1 & 0 & 2 \\ 3 & 2 & 1 \end{pmatrix}$，$B=\begin{pmatrix} 2 & 0 \\ 1 & -1 \\ 1 & 2 \end{pmatrix}$ であるとき，${}^t(AB)={}^tB\,{}^tA$ であることを確かめよ。

解答

$$AB=\begin{pmatrix} 1 & 0 & 2 \\ 3 & 2 & 1 \end{pmatrix}\begin{pmatrix} 2 & 0 \\ 1 & -1 \\ 1 & 2 \end{pmatrix}$$

$$=\begin{pmatrix} 1\cdot 2+0\cdot 1+2\cdot 1 & 1\cdot 0+0\cdot(-1)+2\cdot 2 \\ 3\cdot 2\cdot+2\cdot 1+1\cdot 1 & 3\cdot 0+2\cdot(-1)+1\cdot 2 \end{pmatrix}=\begin{pmatrix} 4 & 4 \\ 9 & 0 \end{pmatrix}$$

よって　${}^t(AB)=\begin{pmatrix} 4 & 9 \\ 4 & 0 \end{pmatrix}$

また　${}^tB\,{}^tA=\begin{pmatrix} 2 & 1 & 1 \\ 0 & -1 & 2 \end{pmatrix}\begin{pmatrix} 1 & 3 \\ 0 & 2 \\ 2 & 1 \end{pmatrix}$

$$=\begin{pmatrix} 2\cdot 1+1\cdot 0+1\cdot 2 & 2\cdot 3+1\cdot 2+1\cdot 1 \\ 0\cdot 1+(-1)\cdot 0+2\cdot 2 & 0\cdot 3+(-1)\cdot 2+2\cdot 1 \end{pmatrix}$$

$$=\begin{pmatrix} 4 & 9 \\ 4 & 0 \end{pmatrix}$$

ゆえに　${}^t(AB)={}^tB\,{}^tA$

練習 33　${}^t(ABC)={}^tC\,{}^tB\,{}^tA$ を示せ。

例題 11　A が正則行列であるとき，${}^t(A^{-1})=({}^tA)^{-1}$ が成り立つことを示せ。

解答

$AA^{-1}=E$ より　${}^t(AA^{-1})={}^tE$

ここで，定理（転置行列の性質）[4] より　${}^t(AA^{-1})={}^t(A^{-1})\,{}^tA$

また　${}^tE=E$

よって，定理（逆行列の性質 [2]）（44 ページ）より　${}^t(A^{-1})\,{}^tA=E$

同様に，${}^tA\,{}^t(A^{-1})=E$ であるから　$({}^tA)^{-1}={}^t(A^{-1})$ ■

37 ページの回転行列を見直す。角度 θ の回転行列 $A=\begin{pmatrix} \cos\theta & -\sin\theta \\ \sin\theta & \cos\theta \end{pmatrix}$ は，その転置行列が逆行列である。

すなわち，次が成り立つ。

$$A^{-1}=\begin{pmatrix} \cos\theta & \sin\theta \\ -\sin\theta & \cos\theta \end{pmatrix}$$

この性質を満たす行列と，その行列が表す変換は，特別な性質をもち重要である。詳しくは第7章で学ぶ。

D　三角行列，対角行列

次の行列は，後の証明などで使われる重要なものである。

定義 1-18　上三角行列・下三角行列，対角行列

$(i,\ j)$ 成分 a_{ij} $(1\leqq i,\ j\leqq n)$ である n 次正方行列を A とする。$i>j$ であるすべての a_{ij} が 0 であるような n 次正方行列 A を **上三角行列** という。同様に，$i<j$ であるすべての a_{ij} が 0 であるような n 次正方行列 A を **下三角行列** という。さらに，上三角行列でも下三角行列でもある行列，つまり a_{11}，a_{22}，……，a_{nn} 以外の成分がすべて 0 である行列を **対角行列** という。n 次正方行列 $A=(a_{ij})$ の成分 a_{11}，a_{22}，……，a_{nn} を **対角成分** という。

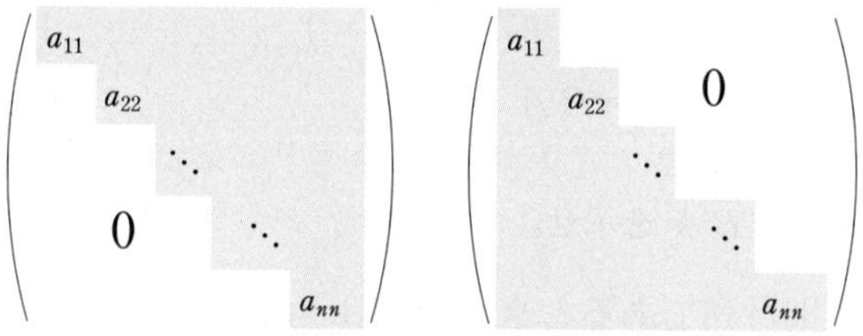

上三角行列（左）と下三角行列（右）

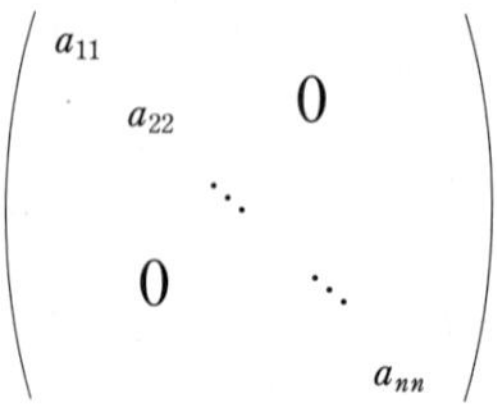

対角行列

例24　上三角行列，下三角行列，対角行列

行列 $\begin{pmatrix} 1 & 3 & -1 \\ 0 & 2 & 1 \\ 0 & 0 & -3 \end{pmatrix}$ は上三角行列である。

行列 $\begin{pmatrix} 1 & 0 & 0 \\ 3 & 2 & 0 \\ -1 & 1 & -3 \end{pmatrix}$ は下三角行列である。

行列 $\begin{pmatrix} 1 & 0 & 0 \\ 0 & 2 & 0 \\ 0 & 0 & -3 \end{pmatrix}$ は対角行列である。

練習34　A，B が2次の上三角行列であるとき，AB も上三角行列であることを示せ。また，A，B が2次の下三角行列であるとき，AB も下三角行列であることを示せ。

例25　対角行列のべき乗

対角行列 $A=\begin{pmatrix} s & 0 \\ 0 & t \end{pmatrix}$ に対して，A のべき乗 A^5（5個の積）を計算すると

$$A^5=\begin{pmatrix} s & 0 \\ 0 & t \end{pmatrix}\begin{pmatrix} s & 0 \\ 0 & t \end{pmatrix}\begin{pmatrix} s & 0 \\ 0 & t \end{pmatrix}\begin{pmatrix} s & 0 \\ 0 & t \end{pmatrix}\begin{pmatrix} s & 0 \\ 0 & t \end{pmatrix}$$

$$=\begin{pmatrix} s^2 & 0 \\ 0 & t^2 \end{pmatrix}\begin{pmatrix} s & 0 \\ 0 & t \end{pmatrix}\begin{pmatrix} s & 0 \\ 0 & t \end{pmatrix}\begin{pmatrix} s & 0 \\ 0 & t \end{pmatrix}$$

$$=\cdots\cdots=\begin{pmatrix} s^5 & 0 \\ 0 & t^5 \end{pmatrix}$$

一般に，次が成り立つ。

定理　対角行列のべき乗

d_1，d_2，……，d_n を対角成分とする n 次対角行列 A の m 乗 A^m は，$d_1{}^m$，$d_2{}^m$，……，$d_n{}^m$ を対角成分とする n 次対角行列である。

章末問題

1 A を 2 次正方行列とする。$E+A$，$E-A$ がともに逆行列をもたなければ，$A^2=E$ であることを示せ。

2 O でない 2 次正方行列 A に関して，A が正則でなければ，$AB=O$ を満たす O でない行列 B が存在することを証明せよ。

3 次のような行列の例をあげよ。

(1) 和は計算できるが積は計算できない 2 つの行列。

(2) 積は計算できるが和は計算できない 2 つの行列。

(3) 2 つの行列 A，B で，AB は計算できるが BA は計算できない行列。

(4) 2 つの行列 A，B で，AB と BA が共に計算できるが $AB \neq BA$ となる行列。

4 2 次の上三角行列の逆行列は，上三角行列であることを示せ。同じことが下三角行列についても成り立つことを示せ。

5 $2l\times 2m$ 行列 $A=\begin{pmatrix} a_{11} & \cdots & a_{1m} & 0 & \cdots & 0 \\ \vdots & & \vdots & \vdots & & \vdots \\ a_{l1} & \cdots & a_{lm} & 0 & \cdots & 0 \\ 0 & \cdots & 0 & a_{l+1\,m+1} & \cdots & a_{l+1\,2m} \\ \vdots & & \vdots & \vdots & & \vdots \\ 0 & \cdots & 0 & a_{2l\,m+1} & \cdots & a_{2l\,2m} \end{pmatrix}$ に対して，

$A_1=\begin{pmatrix} a_{11} & \cdots & a_{1m} \\ \vdots & & \vdots \\ a_{l1} & \cdots & a_{lm} \end{pmatrix}$，$A_2=\begin{pmatrix} a_{l+1\,m+1} & \cdots & a_{l+1\,2m} \\ \vdots & & \vdots \\ a_{2l\,m+1} & \cdots & a_{2l\,2m} \end{pmatrix}$ とする。

同様に，$2m\times 2n$ 行列 $B=\begin{pmatrix} b_{11} & \cdots & b_{1n} & 0 & \cdots & 0 \\ \vdots & & \vdots & \vdots & & \vdots \\ b_{m1} & \cdots & b_{mn} & 0 & \cdots & 0 \\ 0 & \cdots & 0 & b_{m+1\,n+1} & \cdots & b_{m+1\,2n} \\ \vdots & & \vdots & \vdots & & \vdots \\ 0 & \cdots & 0 & b_{2m\,n+1} & \cdots & b_{2m\,2n} \end{pmatrix}$ に対して，

$B_1=\begin{pmatrix} b_{11} & \cdots & b_{1n} \\ \vdots & & \vdots \\ b_{m1} & \cdots & b_{mn} \end{pmatrix}$，$B_2=\begin{pmatrix} b_{m+1\,n+1} & \cdots & b_{m+1\,2n} \\ \vdots & & \vdots \\ b_{2m\,n+1} & \cdots & b_{2m\,2n} \end{pmatrix}$ とする。

このとき，$AB=\begin{pmatrix} A_1B_1 & O \\ O & A_2B_2 \end{pmatrix}$ となることを示せ。

6 n 次正方行列 $A=(a_{ij})$ に対し，$\mathrm{tr}(A)=a_{11}+a_{22}+\cdots\cdots+a_{nn}$ とする[*)]。P，Q を n 次正方行列とするとき，次を示せ。

(1) $\mathrm{tr}(P+Q)=\mathrm{tr}(P)+\mathrm{tr}(Q)$

(2) $\mathrm{tr}(cP)=c\,\mathrm{tr}(P)$ （c は実数）

(3) $\mathrm{tr}({}^tP)=\mathrm{tr}(P)$

(4) $\mathrm{tr}(PQ)=\mathrm{tr}(QP)$

＊）$\mathrm{tr}(A)$ と書いて，行列 A のトレースという。

7 A，B がともに n 次正方行列で，$AB=BA$ が成り立つとき，次の等式が成り立つことを証明せよ。ただし，$A^0=E$，$B^0=E$ とし，m は自然数とする。

$$(A+B)^m=\sum_{k=0}^{m} {}_m\mathrm{C}_k A^k B^{m-k}$$

8 $A=\begin{pmatrix} a & 1 & 0 \\ 0 & a & 1 \\ 0 & 0 & a \end{pmatrix}$（$a$ は実数）とする。

(1) A^3 を計算せよ。

(2) A^{100} を求めよ。

9 A が n 次対角行列でその対角成分が相異なるとき，行列 A と可換な行列をすべて求めよ。

第2章　連立1次方程式

線形代数学を学ぶ1つの（前半の）目的である「行列を用いた計算アルゴリズム」の習得に向けて，この章ではまず行列と連立1次方程式について学ぶ。2変数の連立1次方程式の解き方については，中学校から学んできているが，ここでは解が無限にある場合，存在しない場合も含めた連立1次方程式の一般的な解法を学ぶ。この章で導入した行列の基本変形を用いて，第3章では，行列に関するアルゴリズム的な計算手法や証明方法を学ぶ。

多変数を含む整数係数方程式で，解が不定となるような方程式をディオファントス方程式といい，古くから深く研究されている。
ディオファントスは「代数学の父」とも呼ばれる2～3世紀のエジプトの数学者である。13巻に及ぶ著書『算術』が有名である。

ディオファントス

第1節　連立1次方程式と行列

ここでは，行列と数ベクトルの積を用いた連立1次方程式の解法を学ぼう。

A　連立1次方程式の行列を用いた書き方

行列とベクトルの積を用いることにより，次のように連立1次方程式を簡潔に表すことができた (31 ページ補足)。

$$\begin{cases} 4x+5y=9 \\ 6x+7y=2 \end{cases} \iff \begin{pmatrix} 4 & 5 \\ 6 & 7 \end{pmatrix}\begin{pmatrix} x \\ y \end{pmatrix}=\begin{pmatrix} 9 \\ 2 \end{pmatrix}$$

上の左の等式は，2つの変数 (未知数) をもつ2本の1次方程式の組であり，いわゆる2元連立1次方程式である。同様に，x，y，z の3つの変数からなる場合は3元連立1次方程式といい，一般に，n 個の変数をもつ2本以上の1次方程式の組を，**n 元連立1次方程式** という (n は2以上の自然数)。

上の例をもとに，連立1次方程式を行列を用いて表すために，いくつかの用語を導入する。以下，簡単のため，$n=3$ で定義をする。$n \geqq 4$ の場合も同様である。

定義 2-1　係数行列，未知数ベクトル，定数項ベクトル

連立1次方程式 $\begin{cases} a_{11}x_1+a_{12}x_2+a_{13}x_3=b_1 \\ a_{21}x_1+a_{22}x_2+a_{23}x_3=b_2 \\ a_{31}x_1+a_{32}x_2+a_{33}x_3=b_3 \end{cases}$ に対し，行列 $\begin{pmatrix} a_{11} & a_{12} & a_{13} \\ a_{21} & a_{22} & a_{23} \\ a_{31} & a_{32} & a_{33} \end{pmatrix}$ を連立1次方程式の **係数行列**，$\begin{pmatrix} b_1 \\ b_2 \\ b_3 \end{pmatrix}$ を連立1次方程式の **定数項ベクトル** という。ただし，a_{11}，……，a_{33} は9個の実数の定数，b_1，b_2，b_3 は3個の実数の定数である。連立1次方程式の係数行列を A，定数項ベクトルを $\boldsymbol{b}$ とし，

$\boldsymbol{x}=\begin{pmatrix} x_1 \\ x_2 \\ x_3 \end{pmatrix}$ とおくと，連立1次方程式は $A\boldsymbol{x}=\boldsymbol{b}$ と表され，これを連立1次方程式の **行列表示** と呼ぶ。

注意　ベクトル $\boldsymbol{x}=\begin{pmatrix} x_1 \\ x_2 \\ x_3 \end{pmatrix}$ を **未知数ベクトル** ということもある。

例1　行列を用いた連立1次方程式の表し方

$$\begin{cases} 2x-\ \ y=0 \\ \ \ x+2y=5 \end{cases} \longrightarrow \begin{pmatrix} 2 & -1 \\ 1 & 2 \end{pmatrix}\begin{pmatrix} x \\ y \end{pmatrix}=\begin{pmatrix} 0 \\ 5 \end{pmatrix}$$

練習1　次の連立1次方程式を，行列を用いて書き表せ。

(1) $\begin{cases} x+y=2 \\ 2x-y=1 \end{cases}$　(2) $\begin{cases} 3x-\ \ y+2z=0 \\ -x+4y-\ \ z=2 \end{cases}$　(3) $\begin{cases} x+2y+\ \ z=-4 \\ 2x-\ \ y+3z=\ \ 1 \\ 3x-5y+7z=\ \ 6 \end{cases}$

B　連立1次方程式を解く

連立1次方程式を解くには，高校までで学習したように，基本的には未知数を1つ1つ消去していけばよい。しかし，未知数や式の数が多い場合，うまく式変形を行わないと，なかなか解まで到達できない。

そこで，どんなに未知数や式の数が多くても，必ず解まで到達できるような，系統的な解法を考えてみよう。

(0)　例えば，以下の連立1次方程式の解法について考えてみよう。

$$\begin{cases} 3x+\ \ y-5z=-4 & \cdots\cdots ① \\ -x+2y-3z=-1 & \cdots\cdots ② \\ -2x+6y-9z=-2 & \cdots\cdots ③ \end{cases}$$

(1)　まず，② の両辺に -1 を掛けて，これを改めて ② とする。

$$\begin{cases} 3x+\ \ y-5z=-4 & \cdots\cdots ① \\ x-2y+3z=\ \ 1 & \cdots\cdots ② \\ -2x+6y-9z=-2 & \cdots\cdots ③ \end{cases}$$

注意　最初の式 ② と区別するため，新しい式 ② は，②′ 等としたいが，記号の煩雑さを避けるため，このようにしている。

(1) で行った操作「② の両辺に -1 を掛けて，これを改めて ② とする」を，以降では ②×(-1) という記号で簡潔に表す。

(2) ① と ② を入れ替えて，改めて上から番号を振り直す。

$$\begin{cases} x-2y+3z=\ \ 1 & \cdots\cdots \text{①} \\ 3x+\ y-5z=-4 & \cdots\cdots \text{②} \\ -2x+6y-9z=-2 & \cdots\cdots \text{③} \end{cases}$$

(2) で行った操作を ① ⟺ ② と表す。

(1)，(2) の操作で行いたかったことは，左辺の 1 番上の係数，すなわち式① の x の係数を 1 にすることである。

注意 与えられた連立 1 次方程式の ① の両辺に $\frac{1}{3}$ を掛けても，左辺の 1 番上の係数を 1 にできる。しかし，方程式の係数に分数が現れるのを避けるため，このような 2 段階の操作を行った。

(3) ① の -3 倍を ② に足し，① の 2 倍を ③ に足す。結果は次のようになる。

$$\begin{cases} x-2y+\ 3z=\ \ 1 & \cdots\cdots \text{①} \\ \quad 7y-14z=-7 & \cdots\cdots \text{②} \\ \quad 2y-\ 3z=\ \ 0 & \cdots\cdots \text{③} \end{cases}$$

(3) で行った操作を，①×(−3)+②，①×2+③ と表す。(3) の操作で行いたかったことは式 ②，③ の x の項を消去するということである。この目的のため，(2) で ① の x の係数を 1 にしていたのである。

(4) 次に，②$\times\frac{1}{7}$ $\left(\text{②を } \frac{1}{7} \text{ 倍する}\right)$ を行う。

$$\begin{cases} x-2y+3z=\ \ 1 & \cdots\cdots \text{①} \\ \quad\ \ y-2z=-1 & \cdots\cdots \text{②} \\ \quad 2y-3z=\ \ 0 & \cdots\cdots \text{③} \end{cases}$$

(4) で行いたかったことは，② の y の係数を 1 にすることである。

(5) 次に，②×2+① (② を 2 倍して①に足す) と，②×(−2)+③ (②を -2 倍して ③ に足す) を行う。

$$\begin{cases} x-\qquad z=-1 & \cdots\cdots \text{①} \\ \quad y-2z=-1 & \cdots\cdots \text{②} \\ \qquad\quad z=\ \ 2 & \cdots\cdots \text{③} \end{cases}$$

(5) で行いたかったことは，①，② の y の項を消去するということである。

(6)　最後に，③×1＋①（③ を1倍して ① に足す）と，③×2＋②（③ を2倍して ② に足す）を行う。

$$\begin{cases} x \qquad = 1 & \cdots\cdots ① \\ \quad y \quad = 3 & \cdots\cdots ② \\ \qquad z = 2 & \cdots\cdots ③ \end{cases}$$

こうして，最終的に $\begin{cases} x=1 \\ y=3 \\ z=2 \end{cases}$ という解が得られた。

注意　変形を行った前後の連立1次方程式の形は変わるが，その解は変わらない。

練習 2　次の連立1次方程式を，(1)〜(6) の解法にならって解け。

$$\begin{cases} x+2y+3z=3 \\ 2x+y+3z=0 \\ -2x+3y+2z=1 \end{cases}$$

C　拡大係数行列と行基本変形

行列を用いて表した連立1次方程式 $A\boldsymbol{x}=\boldsymbol{b}$ において，係数行列 A と定数項ベクトル $\boldsymbol{b}$ を並べてできる行列

$$(A\mid\boldsymbol{b})=\left(\begin{array}{cccc|c} a_{11} & a_{12} & \cdots & a_{1n} & b_1 \\ a_{21} & a_{22} & \cdots & a_{2n} & b_2 \\ \vdots & \vdots & & \vdots & \vdots \\ a_{m1} & a_{m2} & \cdots & a_{mn} & b_m \end{array}\right)$$

を，この連立1次方程式の **拡大係数行列** という。

一般に，前項で行ったような連立1次方程式の解法は，拡大係数行列の変形によってシミュレーション（代替計算）できる。

前項の連立1次方程式は　$\begin{pmatrix} 3 & 1 & -5 \\ -1 & 2 & -3 \\ -2 & 6 & -9 \end{pmatrix}\begin{pmatrix} x \\ y \\ z \end{pmatrix}=\begin{pmatrix} -4 \\ -1 \\ -2 \end{pmatrix}$

と表されるので，その拡大係数行列は　$(A\mid\boldsymbol{b})=\left(\begin{array}{ccc|c} 3 & 1 & -5 & -4 \\ -1 & 2 & -3 & -1 \\ -2 & 6 & -9 & -2 \end{array}\right)$

という 3×4 行列である。

この行列の1行目，2行目，3行目を，それぞれ①，②，③で表せば，上で行った操作は，次のように拡大係数行列の行についての操作の形ですべて書き表すことができる。

$$\left\{\begin{array}{l} 3x+y-5z=-4 \\ -x+2y-3z=-1 \\ -2x+6y-9z=-2 \end{array}\right. \qquad \left(\begin{array}{ccc|c} 3 & 1 & -5 & -4 \\ -1 & 2 & -3 & -1 \\ -2 & 6 & -9 & -2 \end{array}\right) \qquad (0)$$

↓　②×(−1)　↓

$$\left\{\begin{array}{l} 3x+y-5z=-4 \\ x-2y+3z=1 \\ -2x+6y-9z=-2 \end{array}\right. \qquad \left(\begin{array}{ccc|c} 3 & 1 & -5 & -4 \\ 1 & -2 & 3 & 1 \\ -2 & 6 & -9 & -2 \end{array}\right) \qquad (1)$$

↓　①⟺②　↓

$$\left\{\begin{array}{l} x-2y+3z=1 \\ 3x+y-5z=-4 \\ -2x+6y-9z=-2 \end{array}\right. \qquad \left(\begin{array}{ccc|c} 1 & -2 & 3 & 1 \\ 3 & 1 & -5 & -4 \\ -2 & 6 & -9 & -2 \end{array}\right) \qquad (2)$$

↓　①×(−3)+②，①×2+③　↓

$$\left\{\begin{array}{l} x-2y+3z=1 \\ 7y-14z=-7 \\ 2y-3z=0 \end{array}\right. \qquad \left(\begin{array}{ccc|c} 1 & -2 & 3 & 1 \\ 0 & 7 & -14 & -7 \\ 0 & 2 & -3 & 0 \end{array}\right) \qquad (3)$$

↓　②×$\frac{1}{7}$　↓

$$\left\{\begin{array}{l} x-2y+3z=1 \\ y-2z=-1 \\ 2y-3z=0 \end{array}\right. \qquad \left(\begin{array}{ccc|c} 1 & -2 & 3 & 1 \\ 0 & 1 & -2 & -1 \\ 0 & 2 & -3 & 0 \end{array}\right) \qquad (4)$$

↓　②×2+①，②×(−2)+③　↓

$$\left\{\begin{array}{l} x-z=-1 \\ y-2z=-1 \\ z=2 \end{array}\right. \qquad \left(\begin{array}{ccc|c} 1 & 0 & -1 & -1 \\ 0 & 1 & -2 & -1 \\ 0 & 0 & 1 & 2 \end{array}\right) \qquad (5)$$

↓　③×1+①，③×2+②　↓

$$\left\{\begin{array}{l} x=1 \\ y=3 \\ z=2 \end{array}\right. \qquad \left(\begin{array}{ccc|c} 1 & 0 & 0 & 1 \\ 0 & 1 & 0 & 3 \\ 0 & 0 & 1 & 2 \end{array}\right) \qquad (6)$$

例えば，1番最初の ②×(−1) という操作は，連立1次方程式の上では，「式②の両辺の −1 倍を②におき換える」というものであるが，これは行列の上では，「2行目を −1 倍する」という操作と解釈できる。また，①⇔②が行列の「1行目と2行目を入れ替える」と，①×(−3)+② は行列の「1行目の −3 倍を2行目に足す」という操作であると，それぞれ解釈できる。

このようにして連立1次方程式の解法におけるそれぞれの操作を，行列の行の操作におき換えることで，連立1次方程式の解法を，拡大係数行列の操作によってシミュレーションできる。

練習3　練習2の連立1次方程式を，拡大係数行列 $\left(\begin{array}{ccc|c} 1 & 2 & 3 & 3 \\ 2 & 1 & 3 & 0 \\ -2 & 3 & 2 & 1 \end{array}\right)$ を前ページのように変形して解け。

前項で連立1次方程式を解いたときと同じように，これらの変形操作によって拡大係数行列が変わっても，対応する連立1次方程式は，同じ解をもつことがわかる。

補充問題

1　次の連立1次方程式を，行列を用いて書き表せ。

(1) $\begin{cases} x+3y-z=0 \\ -2x-y+3z=-4 \end{cases}$　　(2) $\begin{cases} -x+2y=0 \\ x-y+3z=-1 \\ 3x+y-2z=0 \end{cases}$

2　次の連立1次方程式を，拡大係数行列を用いて解け。

(1) $\begin{cases} 3x-y+2z=1 \\ x-y+6z=5 \\ 2x-y+6z=7 \end{cases}$　　(2) $\begin{cases} 2x+3y-z=-3 \\ x-2y-2z=-1 \\ -x-y+z=2 \end{cases}$

(3) $\begin{cases} x+y+2z+3w=2 \\ 3y+3z-4w=-4 \\ x+2y+3z+2w=1 \\ x+3y+5z+2w=-1 \end{cases}$

第2節　行基本変形と行列の階数

連立1次方程式は拡大係数行列の変形を用いて解くことができた。解法における行列の操作は，いくつかの決まったものであり，これからいろいろな場面で活用される。ここでは，これらの操作を学ぶ。

A　行基本操作と行基本変形

前節で学習した連立1次方程式の解法における拡大係数行列の変形では，次の3つの操作を行っていた。

(R1)：i 行目と j 行目を入れ替える（ただし，$i \neq j$）。

(R2)：i 行目を c 倍する（c は0でない定数）。

(R3)：j 行目の a 倍を i 行目に足す（a は定数で $i \neq j$）。

本書では，これらの操作を以下の記号で表す*)。(前節も参照)

$$\text{(R1)}:\ \xrightarrow{\textcircled{i} \Leftrightarrow \textcircled{j}} \qquad \text{(R2)}:\ \xrightarrow{\textcircled{i} \times c} \qquad \text{(R3)}:\ \xrightarrow{\textcircled{j} \times a + \textcircled{i}}$$

例2　行列の操作

$$\begin{pmatrix} 2 & 3 \\ -4 & 5 \end{pmatrix} \xrightarrow{\textcircled{1} \Leftrightarrow \textcircled{2}} \begin{pmatrix} -4 & 5 \\ 2 & 3 \end{pmatrix} \qquad \begin{pmatrix} 2 & 3 \\ -4 & 5 \end{pmatrix} \xrightarrow{\textcircled{2} \times 3} \begin{pmatrix} 2 & 3 \\ -12 & 15 \end{pmatrix}$$

$$\begin{pmatrix} 2 & 3 \\ -4 & 5 \end{pmatrix} \xrightarrow{\textcircled{1} \times 2 + \textcircled{2}} \begin{pmatrix} 2 & 3 \\ 0 & 11 \end{pmatrix}$$

前節で行った行列の操作は，すべてこの形の変形である。上の (R1)，(R2)，(R3) の3つの操作を行列の **行基本操作** という。一般の $m \times n$ 行列に対する行基本操作は次のように表される。

$$\begin{pmatrix} & \cdots & \cdots & \\ a_{i1} & a_{i2} & \cdots & a_{in} \\ & \cdots & \cdots & \\ a_{j1} & a_{j2} & \cdots & a_{jn} \\ & \cdots & \cdots & \end{pmatrix} \xrightarrow{\textcircled{i} \Leftrightarrow \textcircled{j}} \begin{pmatrix} & \cdots & \cdots & \\ a_{j1} & a_{j2} & \cdots & a_{jn} \\ & \cdots & \cdots & \\ a_{i1} & a_{i2} & \cdots & a_{in} \\ & \cdots & \cdots & \end{pmatrix} \begin{matrix} \\ \leftarrow i\ \text{行目} \\ \\ \leftarrow j\ \text{行目} \\ \\ \end{matrix} \qquad \text{(R1)}$$

*）Rは「行」を表す英語 Row による。

$$\begin{pmatrix} & \cdots & \cdots & \\ a_{i1} & a_{i2} & \cdots & a_{in} \\ & \cdots & \cdots & \end{pmatrix} \xrightarrow{\text{ⓘ}\times c} \begin{pmatrix} & \cdots & \cdots & \\ ca_{i1} & ca_{i2} & \cdots & ca_{in} \\ & \cdots & \cdots & \end{pmatrix} \qquad \text{(R2)}$$

$$\begin{pmatrix} & \cdots & \cdots & \\ a_{i1} & a_{i2} & \cdots & a_{in} \\ & \cdots & \cdots & \\ a_{j1} & a_{j2} & \cdots & a_{jn} \\ & \cdots & \cdots & \end{pmatrix} \xrightarrow{\text{ⓙ}\times a+\text{ⓘ}} \begin{pmatrix} & \cdots & \cdots & \\ a_{i1}+aa_{j1} & a_{i2}+aa_{j2} & \cdots & a_{in}+aa_{jn} \\ & \cdots & \cdots & \\ a_{j1} & a_{j2} & \cdots & a_{jn} \\ & \cdots & \cdots & \end{pmatrix} \qquad \text{(R3)}$$

行基本操作を有限回繰り返して行列を変形することを **行基本変形** という。

練習 4　次の行列に，それぞれ括弧内で示された行基本変形を行った結果を答えよ。

(1) $\begin{pmatrix} 1 & 2 & 3 \\ 3 & 4 & -1 \\ -2 & 4 & 7 \end{pmatrix}$ (①×2+③)　(2) $\begin{pmatrix} 1 & 0 \\ 2 & -1 \\ -3 & 2 \end{pmatrix}$ (①×(−2)+②，①×3+③)

例題 1　$\begin{pmatrix} 1 & 2 \\ 3 & 4 \end{pmatrix}$ を行基本変形によって $\begin{pmatrix} 1 & 0 \\ 0 & 1 \end{pmatrix}$ に変形せよ。

解答

例　$\begin{pmatrix} 1 & 2 \\ 3 & 4 \end{pmatrix} \xrightarrow{①\times(-3)+②} \begin{pmatrix} 1 & 2 \\ 0 & -2 \end{pmatrix} \xrightarrow{②\times\left(-\frac{1}{2}\right)} \begin{pmatrix} 1 & 2 \\ 0 & 1 \end{pmatrix}$

$\xrightarrow{②\times(-2)+①} \begin{pmatrix} 1 & 0 \\ 0 & 1 \end{pmatrix}$

練習 5　$\begin{pmatrix} 3 & 4 \\ -2 & 0 \end{pmatrix}$ を行基本変形によって $\begin{pmatrix} 1 & 0 \\ 0 & 1 \end{pmatrix}$ に変形せよ。

行基本操作の逆の操作も行基本操作である。すなわち，行列に行基本操作を行うとき，逆の操作に対応する行基本操作を行うことによって，もとに戻すことができる。このことから，行基本操作は **可逆** であるという。具体的には，次のようになっている。

[1]　ⓘ ⟺ ⓙ は，自分自身 ⓘ ⟺ ⓙ が逆操作

[2]　ⓘ×c ($c\neq 0$) は，ⓘ×$\dfrac{1}{c}$ が逆操作

[3]　ⓙ×a+ⓘ は，ⓙ×$(-a)$+ⓘ が逆操作

注意　i 行目を 0 倍する，j 行目を i 行目でおき換える，j 番目の a 倍を i 行目に足したものを k 行目 ($i\neq k$) とするは，いずれも行基本変形ではない。実際，これらの操作は可逆でない。

練習 6 行列 $\begin{pmatrix} 3 & 2 & -1 \\ -1 & 1 & 1 \\ 4 & 1 & 2 \end{pmatrix}$ に行基本操作を施すと行列 $\begin{pmatrix} 3 & 2 & -1 \\ -1 & 1 & 1 \\ 0 & 5 & 6 \end{pmatrix}$ に変形できる。この行基本操作が可逆であることを示せ。

B 簡約階段形

前節（59 ページ）で連立 1 次方程式 $\begin{cases} 3x+\ \ y-5z=-4 \\ -x+2y-3z=-1 \\ -2x+6y-9z=-2 \end{cases}$ を解くために，拡大係数行列に行基本変形を施し，最終的に次のような行列を得た。

$$\left(\begin{array}{ccc|c} 1 & 0 & 0 & 1 \\ 0 & 1 & 0 & 3 \\ 0 & 0 & 1 & 2 \end{array}\right)$$

この拡大係数行列に対応する連立 1 次方程式は $\begin{cases} x \qquad =1 \\ \quad y \quad =3 \\ \qquad z=2 \end{cases}$ となり，もとの連立 1 次方程式の解が得られている（拡大係数行列を行基本変形により変形しても，対応する連立 1 次方程式の解は変わらないことに注意する）。

この最終形の行列は，特徴的な形をしていることがわかる。このような形の行列は，この後さまざまな場面で有用であり，特に計算過程においてたびたび現れる。この最終形の行列は，一般には次の形のような行列である。

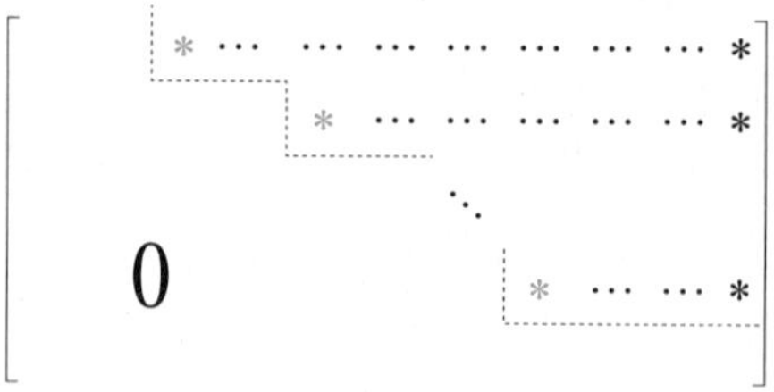

最終形の行列

例 3 最終形の行列

$\begin{pmatrix} -3 & 1 & 2 \\ 0 & 5 & 0 \\ 0 & 0 & -1 \end{pmatrix}$ $\begin{pmatrix} -1 & 0 & 2 & 0 \\ 0 & 0 & 1 & -3 \\ 0 & 0 & 0 & 2 \end{pmatrix}$ $\begin{pmatrix} 0 & 1 & 2 & 0 & -4 \\ 0 & 0 & 5 & 3 & 1 \\ 0 & 0 & 0 & 0 & 0 \end{pmatrix}$

これらの行列に対して，次のように定義する。

定義 2-2　階段形

m，n を正の整数とする。$m\times n$ 行列 $\begin{pmatrix} a_{11} & \cdots & a_{1n} \\ \vdots & & \vdots \\ a_{m1} & \cdots & a_{mn} \end{pmatrix}$ が次の条件を満たすとき，**階段形** であるという。整数 r $(0\leqq r\leqq m)$ と，r 個の整数 c_1，……，c_r（ただし，$1\leqq c_1<\cdots\cdots<c_r\leqq n$）が存在して

[1]　$1\leqq i\leqq r$ かつ $1\leqq j\leqq c_i-1$ のとき　　$a_{ij}=0$

[2]　$r+1\leqq i\leqq m$ のとき　　$a_{ij}=0$　$(j=1,\ \cdots\cdots,\ n)$

[3]　$1\leqq i\leqq r$ のとき　　$a_{ic_i}\neq 0$

階段形の行列を **階段行列** ということもある。

補足　定義 2-2 の 3 つの条件は，それぞれ次の図の陰影部分に関する条件である。

[1]

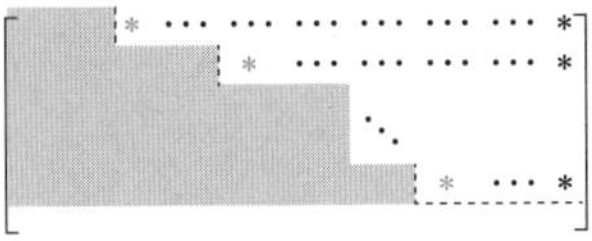

[2]

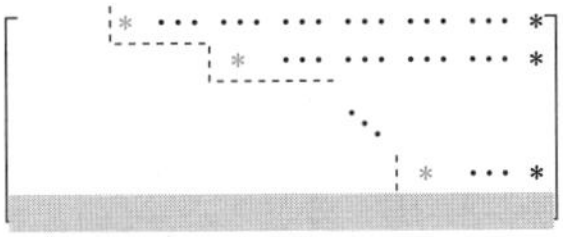

[3]

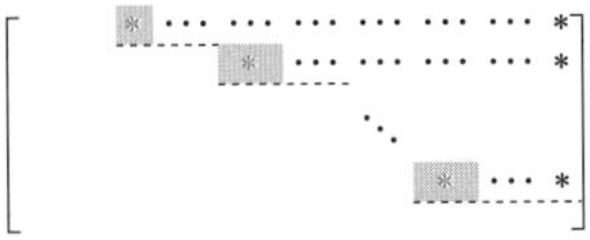

注意　$r=0$ のとき階段形行列は，零行列になる。

例 4　階段形の行列

$$\begin{pmatrix} 2 & 0 & 4 \\ 0 & 1 & 5 \\ 0 & 0 & 1 \end{pmatrix},\ \begin{pmatrix} 1 & 2 & -7 \\ 0 & 1 & 4 \\ 0 & 0 & 0 \end{pmatrix},\ \begin{pmatrix} 4 & 8 & 1 \\ 0 & 0 & 2 \\ 0 & 0 & 0 \end{pmatrix},\ \begin{pmatrix} 0 & 5 & 3 \\ 0 & 0 & 1 \\ 0 & 0 & 0 \end{pmatrix},\ \begin{pmatrix} -1 & -1 & 0 \\ 0 & 0 & 0 \\ 0 & 0 & 0 \end{pmatrix}$$

例 5　階段形でない行列

$$\begin{pmatrix} 3 & 1 & 1 \\ 0 & -1 & 7 \\ 1 & 0 & 0 \end{pmatrix},\ \begin{pmatrix} 2 & 0 & 1 \\ 0 & 0 & 0 \\ 0 & 1 & 0 \end{pmatrix},\ \begin{pmatrix} 1 & 2 & 1 \\ 0 & 1 & 0 \\ 0 & 1 & 0 \end{pmatrix},\ \begin{pmatrix} 0 & 1 & -1 \\ 0 & 1 & 2 \\ 0 & 0 & 1 \end{pmatrix}$$

階段形の行列（階段行列）について，次のように用語を定義する。

定義 2-3　主成分（ピボット），主番号，主列ベクトル

$m\times n$ の階段形の行列 A について，定義 2-2 の条件で与えられた

[1]　$(i,\ c_i)$ 成分を i 番目の **主成分**（もしくはピボット成分）

[2]　r 個の整数 $c_1,\ c_2,\ \cdots\cdots,\ c_r$ を **主番号**

[3]　各 c_i 番目の列（または列ベクトル）を i 番目の **主列**（または **主列ベクトル**）

という。

補足　・主列とは「段が落ちる列」のことであり，その列の番号が主番号である。

・i 番目の主列ベクトルの上から c_i 番目の成分，すなわち $(i,\ c_i)$ 成分が i 番目の主成分である。

例題 2　行列 $\begin{pmatrix} 2 & 0 & 4 \\ 0 & 1 & 5 \\ 0 & 0 & 1 \end{pmatrix}$ の主番号，主列ベクトルとその主列の成分を答えよ。

解答

$\begin{pmatrix} 2 & 0 & 4 \\ 0 & 1 & 5 \\ 0 & 0 & 1 \end{pmatrix}$ の主番号は 1，2，3 である。

主番号 1 の主列ベクトルは $\begin{pmatrix} 2 \\ 0 \\ 0 \end{pmatrix}$ で主成分は 2 である。

主番号 2 の主列ベクトルは $\begin{pmatrix} 0 \\ 1 \\ 0 \end{pmatrix}$ で主成分は 1 である。

主番号 3 の主列ベクトルは $\begin{pmatrix} 4 \\ 5 \\ 1 \end{pmatrix}$ で主成分は 1 である。

練習 7　例 4 において階段形とされた行列（上の例題で扱った行列以外）について，主番号，主列ベクトルとその主成分を答えよ。

階段行列について，次の定義は重要である。

定義 2-4　階数

階段行列Aについて，定義 2-2 で与えられた整数rを，行列Aの **階数** という。いい換えると，整数rとは，階段行列Aの階段の段の数のことである。

後で学習するように，階段行列の階数と連立 1 次方程式の解の個数（自由度）とは密接に関係している（85 ページ）。

例 6　行列の階数

$\begin{pmatrix} 2 & 0 & 4 \\ 0 & 1 & 5 \\ 0 & 0 & 1 \end{pmatrix}$ の階数は　3　　　$\begin{pmatrix} 1 & 2 & -7 \\ 0 & 1 & 4 \\ 0 & 0 & 0 \end{pmatrix}$ の階数は　2

練習 8　例 4 の階段形の行列のうち，例 6 で扱った行列以外の階数を答えよ。

例題 3　2×2 行列Aと 2×1 行列Bを横に並べてできた 2×3 行列をCとする。Cが階段形ならばAも階段形であることを示せ。

解答　行列Cの $(i,\ j)$ 成分を d_{ij} とする。行列Cが階段形であるから，$0\leqq r\leqq 2$ となる整数rと，r個の整数 c_1，c_2，……，c_r $(1\leqq c_1<c_2<\cdots\cdots<c_r\leqq 3)$ が存在して，次を満たす。

[1]　$1\leqq i\leqq r$ かつ $1\leqq j\leqq c_i-1$ のとき　　$d_{ij}=0$

[2]　$r+1\leqq i\leqq 2$ のとき　　$d_{ij}=0$　$(j=1,\ 2,\ 3)$

[3]　$1\leqq i\leqq r$ のとき　　$d_{ic_i}\neq 0$

[a]　$r=0$ のとき

Aは零行列であり，階数 0 の階段形である。

[b]　$r=1$ のとき　　$c_1=1$　または　$c_1=2$　または　$c_1=3$

また，2 行目の成分はすべて 0 である。

$c_1=1$ または $c_1=2$ のとき，Aは階数 1 の階段形である。

$c_1=3$ のとき，Aは零行列であり，階数 0 の階段形である。

[c]　$r=2$ のとき　　$(c_1,\ c_2)=(1,\ 2)$，$(1,\ 3)$，$(2,\ 3)$

$(c_1,\ c_2)=(1,\ 2)$ のとき，Aは階数 2 の階段形である。

$(c_1,\ c_2)=(1,\ 3)$，$(2,\ 3)$ のとき，Aは階数 1 の階段形である。

[a]，[b]，[c] から，Cが階段形ならば，Aも階段形である。 ■

練習 9 A を $m\times l$ 行列，B を $m\times n$ 行列とし，C を行列 A，B を横に並べてできた $m\times(l+n)$ 行列とする。行列 C が階段形ならば，行列 A も階段形であることを示せ。

この節の冒頭で扱った行列 $\left(\begin{array}{ccc|c} 1 & 0 & 0 & 1 \\ 0 & 1 & 0 & 3 \\ 0 & 0 & 1 & 2 \end{array}\right)$ は定義より階段形であり，拡大係数行列がこの形になっていれば，もとの連立 1 次方程式のただ 1 組の解が求められたことになる。

しかし，一般には連立 1 次方程式の解はただ 1 つとは限らない。また，拡大係数行列が常にこのように簡単にできるとは限らない。

一般に与えられた行列に行基本変形を施すとき，まず階段形までは常に変形でき，さらに次節で学習するように，より簡単な次の形にまで常に変形することが可能である。

定義 2-5　簡約階段形

m，n を正の整数とする。$m\times n$ 行列 A が次の条件を満たすとき，簡約階段形であるという。

[1]　A は階段形である。

[2]　主成分はすべて 1 である。

[3]　各主列ベクトルにおいて，主成分以外の上下の成分はすべて 0 である。

補足　簡約階段形の行列の形から，主番号（段の落ちる列の番号）の数と階数（段の数）は一致することがわかる。

与えられた連立 1 次方程式から拡大係数行列を作り，行基本変形を行って簡約階段形にまで変形をすることにより，その連立 1 次方程式を一般的に解くことができる。

この方法については，第 3 節（79 ページ以降）で詳しく説明する。

例えば，簡約階段形の 5×6 行列には，下のようなものがある。

$$\begin{pmatrix} 1 & 0 & 0 & 0 & 0 & 0 \\ 0 & 1 & 0 & 0 & 0 & 0 \\ 0 & 0 & 1 & 0 & 0 & 0 \\ 0 & 0 & 0 & 1 & 0 & 0 \\ 0 & 0 & 0 & 0 & 1 & 0 \end{pmatrix}$$

簡約階段形の行列は，まず階段形であって，その主成分はすべて 1 であり，かつ主成分が属する列（主列）において，その主成分以外の成分はすべて 0 である。特に，主成分の上の成分も 0 であることに注意しよう。行列Aはそもそも階段形であるので，主列において，主成分より下にある成分は 0 である。定義 2-2 の [3] は，主成分よりも上にある成分も 0 でなければならないということを意味する条件である。

例 7　簡約階段形の行列

$$\begin{pmatrix} 1 & 0 & 0 \\ 0 & 1 & 0 \\ 0 & 0 & 1 \end{pmatrix},\ \begin{pmatrix} 1 & 0 & -1 \\ 0 & 1 & 4 \\ 0 & 0 & 0 \end{pmatrix},\ \begin{pmatrix} 0 & 1 & 0 \\ 0 & 0 & 1 \\ 0 & 0 & 0 \end{pmatrix}$$

例 8　階段形であるが簡約階段形でない行列

$$\begin{pmatrix} 2 & 0 \\ 0 & 1 \end{pmatrix},\ \begin{pmatrix} 1 & 2 \\ 0 & 1 \end{pmatrix},\ \begin{pmatrix} -1 & 1 \\ 0 & 1 \end{pmatrix},\ \begin{pmatrix} 0 & 2 \\ 0 & 0 \end{pmatrix}$$

練習 10　階段形であるが簡約階段形でない 3×2 行列の例を 2 つあげよ。

練習 11　例 4 の階段形の行列は，簡約階段形の行列か答えよ。また，簡約階段形でない場合は，定義 2-5 のどの条件が満たされていないか答えよ。

例題 4　3 次正方行列Aが簡約階段形であり，かつその階数が 3 であるならば，$A=E$（単位行列）であることを示せ。

解答　3 次正方行列Aが階段形であり，かつその階数が 3 であれば，A は $\begin{pmatrix} a & b & c \\ 0 & d & e \\ 0 & 0 & f \end{pmatrix}$ (a，b，c，d，e，f は定数で $a\neq0$，$d\neq0$，$f\neq0$)

と表される。

これが簡約階段形であるとき，定義 2-5 の条件 [2] より

$a=d=f=1$，また，定義 2-5 の条件 [3] より $b=c=e=0$ となる。

よって

$$A=\begin{pmatrix} 1 & 0 & 0 \\ 0 & 1 & 0 \\ 0 & 0 & 1 \end{pmatrix}=E \quad ■$$

例題 5 2×2 行列Aと 2×1 行列Bを並べてできた 2×3 行列Cが簡約階段形ならば，Aも簡約階段形であることを示せ。

解答 行列Cの $(i,\ j)$ 成分を d_{ij} とする。行列Cが簡約階段形であるから，次を満たす。

[1]　行列Cは階段形である。

[2]　主成分はすべて 1 である。

[3]　各主列ベクトルにおいて，主成分の上下の成分はすべて 0 である。

[1] より，Cは階段形であるから，$0\leqq r\leqq2$ となる整数rと，r個の整数 c_1，c_2，……，c_r $(1\leqq c_1\leqq c_2\leqq\cdots\cdots\leqq c_r\leqq3)$ が存在して，次を満たす。

[a]　$1\leqq i\leqq r$ かつ $1\leqq j\leqq c_i-1$ のとき　　$d_{ij}=0$

[b]　$r+1\leqq i\leqq3$ のとき　　$d_{ij}=0$ $(j=1,\ 2,\ 3)$

[c]　$1\leqq i\leqq r$ のとき　　$d_{ic_i}\neq0$

例題 3 より，行列Aは階段形である。
行列Aの主成分は行列Cの主成分でもあり，行列Aの主列ベクトルは行列Cの主列ベクトルである。
よって，条件 [2]，[3] より，行列Aも簡約階段形である。
[a]，[b]，[c] から，Cが簡約階段形ならば，Aも簡約階段形である。 ■

C　行基本変形と簡約階段形

与えられた行列に行基本変形を施すとき，まず階段形までは常に変形でき，さらに，簡約階段形にまで常に変形することが可能である。このことを保証するのが，次の定理である。

定理　行基本変形と簡約階段形

任意の行列は，行基本変形によって，簡約階段形に変形できる。

簡約階段形に変形された行列を，**簡約階段化された行列**（簡約階段化行列）ともいう。

行基本操作を繰り返し，行列を簡約階段形にまで変形していく手順（プロセス）を **掃き出し法** または消去法（ガウスの消去法）という。上の定理は，掃き出し法を実際に実行するアルゴリズムを示すことによって証明される。

以下では，上の定理について，具体例を用いて説明する。一般的な証明は 75 ページ以降を参照。

例 9　掃き出し法による行列の簡約階段化

行列 $\begin{pmatrix} 1 & 2 & 1 \\ 2 & 2 & 2 \\ 1 & 0 & 1 \end{pmatrix}$ を簡約階段化してみよう。

$$\begin{pmatrix} 1 & 2 & 1 \\ 2 & 2 & 2 \\ 1 & 0 & 1 \end{pmatrix} \xrightarrow{\text{①}\times(-2)+\text{②}} \begin{pmatrix} 1 & 2 & 1 \\ 0 & -2 & 0 \\ 1 & 0 & 1 \end{pmatrix} \xrightarrow{\text{①}\times(-1)+\text{③}} \begin{pmatrix} 1 & 2 & 1 \\ 0 & -2 & 0 \\ 0 & -2 & 0 \end{pmatrix}$$

$$\xrightarrow{\text{②}\times\left(-\frac{1}{2}\right)} \begin{pmatrix} 1 & 2 & 1 \\ 0 & 1 & 0 \\ 0 & -2 & 0 \end{pmatrix} \xrightarrow{\text{②}\times(-2)+\text{①}} \begin{pmatrix} 1 & 0 & 1 \\ 0 & 1 & 0 \\ 0 & -2 & 0 \end{pmatrix} \xrightarrow{\text{②}\times 2+\text{③}} \begin{pmatrix} 1 & 0 & 1 \\ 0 & 1 & 0 \\ 0 & 0 & 0 \end{pmatrix}$$

この例 9 の手順は，ある一定の決まった順番に決まったことをする手続きである。このような「明確に記述された機械的な手続き（形式的な手順）」を一般に，「アルゴリズム」という。後の定理の証明からわかるように，例 9 で示したような手順（アルゴリズム）により，任意の行列を簡約階段形にすることができる。しかし，実際に変形を行う場合は，より早い手順があることも多い。

上に示した方法の利点は，（実際には遠回りになるかもしれないが）どんな行列（入力）に対しても必ず有限回の機械的な操作（行基本操作）によって，簡約階段形にまで変形ができる，ということである。

例題 6　行列 $\begin{pmatrix} 1 & -1 & 2 \\ 2 & -1 & 1 \\ -1 & 1 & 2 \end{pmatrix}$ を簡約階段化せよ。

解答

$$\begin{pmatrix} 1 & -1 & 2 \\ 2 & -1 & 1 \\ -1 & 1 & 2 \end{pmatrix} \xrightarrow[\text{①}\times 1+\text{③}]{\text{①}\times(-2)+\text{②}} \begin{pmatrix} 1 & -1 & 2 \\ 0 & 1 & -3 \\ 0 & 0 & 4 \end{pmatrix}$$

$$\xrightarrow{\text{②}\times 1+\text{①}} \begin{pmatrix} 1 & 0 & -1 \\ 0 & 1 & -3 \\ 0 & 0 & 4 \end{pmatrix} \xrightarrow{\text{③}\times\frac{1}{4}} \begin{pmatrix} 1 & 0 & -1 \\ 0 & 1 & -3 \\ 0 & 0 & 1 \end{pmatrix} \xrightarrow[\text{③}\times 3+\text{②}]{\text{③}\times 1+\text{①}} \begin{pmatrix} 1 & 0 & 0 \\ 0 & 1 & 0 \\ 0 & 0 & 1 \end{pmatrix}$$

練習 12　次の行列を簡約階段化せよ。

(1) $\begin{pmatrix} 3 & 1 & 2 \\ 2 & 1 & 3 \end{pmatrix}$　　(2) $\begin{pmatrix} 1 & 2 & -2 \\ 0 & 1 & 3 \\ 0 & 2 & 1 \end{pmatrix}$

(3) $\begin{pmatrix} 0 & 1 & 2 & 3 \\ 1 & 0 & 0 & 0 \\ 0 & 0 & 0 & 1 \\ 3 & 2 & 1 & 0 \end{pmatrix}$　　(4) $\begin{pmatrix} -2 & 2 & -2 & 4 & -2 \\ 1 & -1 & 2 & 0 & 2 \\ -1 & 2 & -2 & 1 & 0 \\ 0 & 0 & 0 & 1 & -3 \end{pmatrix}$

実際に与えられた行列を簡約階段形に変形する方法は，一通りとは限らない。しかし，どのような方法（手順）で変形しても，最後に得られる簡約階段形の行列は，ただ1つ（一意）に定まる。

定理　簡約階段化行列の一意性

与えられた行列を行基本変形するとき，最終的にはある1つの簡約階段形の行列に定まる。

この定理[*)] から，与えられた行列Aに対して，行基本変形により得られた簡約階段形の行列は一通りに定まる。

この簡約階段形の行列を，行列Aの **簡約階段化行列** と呼ぶことにする。

*）ベクトル空間論を用いた定理の証明は，『数研講座シリーズ　大学教養　線形代数』のインターネットサイトを参照。

研究　行基本変形と簡約階段形の定理の証明

任意の $m\times n$ 行列Aが入力されたとする。我々のアルゴリズムは，入力Aから出発して，Aを機械的な手順で行基本変形して，最終的にAの簡約階段形を出力するというものである。

(1)　Aが零行列Oなら，最初から簡約階段形なので，何もする必要はない（A自身を出力する）。
$A\neq O$ ならば，0 でない成分がある。0 でない成分を含む一番左にある列を考え，それを c_1 列目 $(1\leqq c_1\leqq n)$ とする。

$$\begin{pmatrix} & \overset{c_1}{*} & * & \cdots & \cdots & * \\ & * & * & \cdots & \cdots & * \\ \mathbf{0} & \vdots & \vdots & \vdots & \vdots & \vdots \\ & * & * & \cdots & \cdots & * \end{pmatrix}$$

(2)　c_1 列目の成分で 0 でないものを $a=a_{ic_1}\neq 0$ とする。基本操作　　ⓘ $\longleftrightarrow$ ①
によって，c_1 列目の一番上（つまり $(1,\ c_1)$ 成分）をaにする。

$$\begin{pmatrix} & \overset{c_1}{a} & * & \cdots & \cdots & * \\ & * & * & \cdots & \cdots & * \\ \mathbf{0} & \vdots & \vdots & \vdots & \vdots & \vdots \\ & * & * & \cdots & \cdots & * \end{pmatrix}$$

(3)　基本操作　　①$\times\dfrac{1}{a}$
により，$(1,\ c_1)$ 成分を 1 にする。

$$\begin{pmatrix} & \overset{c_1}{1} & * & \cdots & \cdots & * \\ & * & * & \cdots & \cdots & * \\ \mathbf{0} & \vdots & \vdots & \vdots & \vdots & \vdots \\ & * & * & \cdots & \cdots & * \end{pmatrix}$$

★ここまでの変形の目的は，60 ページ(2)および62 ページ(2)までの（連立 1 次方程式の）変形と同様に，（0 でない）左上の成分を 1 にすることにある。この時点でこの形になっていれば，どのような手順を用いてもよい（60 ページ(2)の後の注意を参照）。

(4)　$i=2,\ 3,\ \cdots\cdots,\ m$ について，基本操作
①$\times(-a_{ic_1})+$ⓘ
によって，$(i,\ c_i)$ 成分を 0 にする。これによって，c_1 列目の 1 の下がすべて 0 になる。

$$\begin{pmatrix} & \overset{c_1}{1} & * & \cdots & \cdots & * \\ & 0 & * & \cdots & \cdots & * \\ \mathbf{0} & \vdots & \vdots & \vdots & \vdots & \vdots \\ & 0 & * & \cdots & \cdots & * \end{pmatrix}$$

★この変形は，60 ページ(3)および62 ページ(3)の変形に対応している。

(5)　次に，$(2,\ c_1+1)$ 成分よりも右下のブロックからなる $(m-1)\times(n-c_1)$ 行列 A_1 を考える。

$$\begin{pmatrix} & \overset{c_1}{1} & * & \cdots & \cdots & * \\ & 0 & * & \cdots & \cdots & * \\ \mathbf{0} & \vdots & \vdots & \vdots & \vdots & \vdots \\ & 0 & * & \cdots & \cdots & * \end{pmatrix}$$

(6)　このブロック A_1 が零行列ならば，ここまでで簡約階段形となっているので，操作を終わる（現在の結果を出力する）。
そうでないなら，0でない成分をもつ A_1 の一番左の列を考える。その列の A 全体における列番号を c_2 とする。

$$\begin{pmatrix} & \overset{c_1}{1} & * \cdots * & \overset{c_2}{*} & \cdots & * \\ & & & * & \cdots & * \\ 0 & & \mathbf{0} & \vdots & \vdots & \vdots \\ & & & * & \cdots & * \end{pmatrix}$$

(7)　c_2 列目の成分で，ブロック A_1 に入るものの中で0でないものを $b=a_{ic_2}\neq 0$ とする。
基本操作　ⓘ ⟷ ②
によって，$(2,\ c_2)$ 成分を b にする。

$$\begin{pmatrix} & \overset{c_1}{1} & * \cdots * & \overset{c_2}{*} & \cdots & * \\ & & & b & \cdots & * \\ & & & * & \cdots & * \\ 0 & & \mathbf{0} & \vdots & \vdots & \vdots \\ & & & * & \cdots & * \end{pmatrix}$$

(8)　基本操作　$② \times \dfrac{1}{b}$
により，$(2,\ c_2)$ 成分を1にする。

★ここまでで，60ページ(4)および62ページ(4)のように，ブロック部分の（0でない）左上の成分を1にしている。上と同様に，この形にするためならば，どのような手順を用いてもよい。

$$\begin{pmatrix} & \overset{c_1}{1} & * \cdots * & \overset{c_2}{*} & \cdots & * \\ & & & 1 & \cdots & * \\ & & & * & \cdots & * \\ 0 & & \mathbf{0} & \vdots & \vdots & \vdots \\ & & & * & \cdots & * \end{pmatrix}$$

(9)　$i=3,\ \cdots\cdots,\ m$ について，基本操作
$② \times (-a_{ic_2}) + ⓘ$
によって，$(i,\ c_2)$ 成分を0にする。これによって，c_2 列目の1の下がすべて0になる。

$$\begin{pmatrix} & \overset{c_1}{1} & * \cdots * & \overset{c_2}{*} & \cdots & * \\ & & & 1 & \cdots & * \\ & & & 0 & \cdots & * \\ 0 & & \mathbf{0} & \vdots & \vdots & \vdots \\ & & & 0 & \cdots & * \end{pmatrix}$$

(10)　基本操作　$② \times (-a_{1c_2}) + ①$
によって，$(1,\ c_2)$ 成分を0にする。これによって，c_2 列目の1の上が0になる。

★この変形は，60ページ(5)および62ページ(5)に対応している。

$$\begin{pmatrix} & \overset{c_1}{1} & * \cdots * & \overset{c_2}{0} & \cdots & * \\ & & & 1 & \cdots & * \\ & & & 0 & \cdots & * \\ 0 & & \mathbf{0} & \vdots & \vdots & \vdots \\ & & & 0 & \cdots & * \end{pmatrix}$$

(11)　次に，$(3,\ c_2+1)$ 成分よりも右下のブロックからなる $(m-2)\times(n-c_2)$ 行列 A_2 を考える。このブロックが零行列なら，ここまでで簡約階段形が完成しているので，それを出力して操作を終える。

$$\begin{pmatrix} \overset{c_1}{1} & * \cdots * & \overset{c_2}{0} & * & \cdots & * \\ & & 1 & * & \cdots & * \\ & & & * & \cdots & * \\ 0 & & & \vdots & \cdots & \vdots \\ & & & * & \cdots & * \end{pmatrix}$$

(12) そうでないなら，このブロック A_2 に関して，今までと同様の操作を繰り返す。これを残りのブロックがなくなるか，または零行列になるまで繰り返せば，最終的に A の簡約階段形が完成する。

$$\begin{pmatrix} \overset{c_1}{1} & * & \cdots & * & \overset{c_2}{0} & * & \cdots & * & \overset{c_3}{0} & * & \cdots & * \\ & & & & 1 & * & \cdots & * & 0 & * & \cdots & * \\ & & & & & & & & 1 & * & \cdots & * \\ & \mathbf{0} & & & & & & & & * & \cdots & * \\ & & & & & & & & & * & \cdots & * \end{pmatrix}$$

D　行列の階数

定理（簡約階段化行列の一意性）（74 ページ）により，任意の行列に対して，ただ 1 つの簡約階段形が定まる。このことから，次のように定義する。

定義 2-6　行列の階数

行列 A の簡約階段化行列の階数（階段の段の個数）を，A の **階数**（ランク）といい，$\operatorname{rank} A$ と書く。

例 10　行列の階数

例 9 の行列について $A=\begin{pmatrix} 1 & 2 & 1 \\ 2 & 2 & 2 \\ 1 & 0 & 1 \end{pmatrix}$ とすると，行基本変形により

$\begin{pmatrix} 1 & 0 & 1 \\ 0 & 1 & 0 \\ 0 & 0 & 0 \end{pmatrix}$ に変形される。

よって，階段の段の数は 2 であり，$\operatorname{rank} A=2$ である。

練習 13　次の行列の階数を求めよ。

(1) $\begin{pmatrix} 1 & 2 \\ 3 & 4 \end{pmatrix}$　　(2) $\begin{pmatrix} 3 & 1 & 2 \\ 0 & -1 & 4 \end{pmatrix}$

(3) $\begin{pmatrix} 1 & 2 & -3 \\ 1 & 1 & 1 \\ 2 & 2 & 2 \end{pmatrix}$　　(4) $\begin{pmatrix} 1 & 2 & -1 & 0 & -1 \\ 0 & 1 & 1 & -1 & -1 \\ 0 & -2 & 2 & 2 & 2 \\ 1 & 2 & -1 & 2 & 1 \end{pmatrix}$

最後に，行列の階数についての性質を 1 つ確認しておく。簡約階段形の行列に対して，階数とは階段の段数であるから，当然，その行列の行数および列数以下である（定義 2-2（階段形の行列）（67 ページ）も参照せよ）。

このことから，次の定理が成り立つ。

定理　階数の性質

$m\times n$ 行列Aについて，次の不等式が成り立つ*)。

$$\operatorname{rank} A \leqq \min\{m,\ n\}$$

例題 7　行列 $A=\begin{pmatrix}1 & a\\ a & 1\end{pmatrix}$（$a$ は定数）の階数を求めよ。

解答

Aに行基本変形を施すと　$\begin{pmatrix}1 & a\\ a & 1\end{pmatrix} \xrightarrow{①\times(-a)+②} \begin{pmatrix}1 & a\\ 0 & 1-a^2\end{pmatrix}$

$a=1$ のときは　$\begin{pmatrix}1 & 1\\ 0 & 0\end{pmatrix}$，　$a=-1$ のときは　$\begin{pmatrix}1 & -1\\ 0 & 0\end{pmatrix}$

$a\fallingdotseq\pm1$ のとき　$\begin{pmatrix}1 & a\\ 0 & 1-a^2\end{pmatrix} \xrightarrow{②\times\frac{1}{1-a^2}} \begin{pmatrix}1 & a\\ 0 & 1\end{pmatrix}$

$$\xrightarrow{②\times(-a)+①} \begin{pmatrix}1 & 0\\ 0 & 1\end{pmatrix}$$

よって　$\operatorname{rank} A=\begin{cases}1 & (a=\pm1)\\ 2 & (a\fallingdotseq\pm1)\end{cases}$

練習 14　行列 $A=\begin{pmatrix}1 & 1 & 1\\ 1 & a & a\\ 1 & a & 2\end{pmatrix}$（$a$ は定数）の階数を求めよ。

補充問題

1　行列 $\begin{pmatrix}2 & 1 & 2\\ 1 & a & 1\\ b & 2 & 4\end{pmatrix}$（$a$，$b$ は定数）の階数を求めよ。

2　行列 $\begin{pmatrix}1 & 2 & 5 & -1 & -2\\ 0 & 2 & 2 & 1 & 1\\ 1 & -3 & 0 & -3 & 2\\ 0 & 1 & 0 & 0 & 1\end{pmatrix}$ の階数を答えよ。

*）実数 m，n のうちで，大きくない方を $\min\{m,\ n\}$ と表す。

第 3 節　連立 1 次方程式とその解

この節では，前節までで学んだ行基本変形，簡約階段形の行列，階数を用いた連立 1 次方程式の一般的な解法を学ぶ。高校までは，連立 1 次方程式は 1 組の解のみを求めることが多かったが，一般には解が無数に存在する場合や，存在しない場合もありうる。そのような場合まで含めた一般的な解法と解の存在の判定法を与える。

A　行基本変形と連立 1 次方程式

63 ページで述べたように，拡大係数行列を行基本操作で変形しても対応する連立 1 次方程式は，もとの連立 1 次方程式と解が等しい。

このことを一般的に述べたのが，次の定理である。

定理　行基本変形と連立 1 次方程式

n 個の変数 x_1，x_2，……，x_n をもつ連立 1 次方程式が，$m\times n$ 行列 A と，ベクトル $\boldsymbol{b}=\begin{pmatrix} b_1 \\ b_2 \\ \vdots \\ b_m \end{pmatrix}$ を用いて　$A\boldsymbol{x}=\boldsymbol{b}$　…… $(*)$

と表されているとする $\left(ただし，\boldsymbol{x}=\begin{pmatrix} x_1 \\ x_2 \\ \vdots \\ x_n \end{pmatrix} \right)$。

その連立 1 次方程式の拡大係数行列 $(A \mid \boldsymbol{b})$ に行基本変形を行って，$(B \mid \boldsymbol{b}')$ が得られたとする（B は $m\times n$ 行列，$\boldsymbol{b}'$ は m 次元のベクトル）。

このとき　$B\boldsymbol{x}=\boldsymbol{b}'$　…… $(**)$

で表される連立 1 次方程式と，もとの連立 1 次方程式 $A\boldsymbol{x}=\boldsymbol{b}$ の解はすべて一致する。

上のように，2 つの連立 1 次方程式の解がすべて一致するとき，それらは**同値である**という。

証明　行基本変形は，行基本操作の繰り返しなので，$(B \mid \boldsymbol{b}')$ が $(A \mid \boldsymbol{b})$ に行基本操作を行ったものである場合に，定理を証明すれば十分である。
行列 A の $(i,\ j)$ 成分を a_{ij} とすると，(＊) は

$$\begin{cases} a_{11}x_1+a_{12}x_2+\cdots\cdots+a_{1n}x_n=b_1 & \cdots\cdots \text{①} \\ a_{21}x_1+a_{22}x_2+\cdots\cdots+a_{2n}x_n=b_2 & \cdots\cdots \text{②} \\ \qquad\qquad\vdots & \\ a_{i1}x_1+a_{i2}x_2+\cdots\cdots+a_{in}x_n=b_i & \cdots\cdots \text{ⓘ} \\ \qquad\qquad\vdots & \\ a_{m1}x_1+a_{m2}x_2+\cdots\cdots+a_{mn}x_n=b_m & \cdots\cdots \text{ⓜ} \end{cases}$$

という連立1次方程式である。

[1]　$(B \mid \boldsymbol{b}')$ が $(A \mid \boldsymbol{b})$ に行基本操作 (R1) ⓘ $\longleftrightarrow$ ⓙ を行ったものであるとき
(＊＊) は (＊) の i 行目と j 行目を入れ替えるだけなので，(＊＊) は上の連立1次方程式の i 行目と j 行目を入れ替えたものである。
よって，これは (＊) と同値である。

[2]　$(B \mid \boldsymbol{b}')$ が $(A \mid \boldsymbol{b})$ に行基本操作 (R2) ⓘ$\times c$ $(c \neq 0)$ を行ったものであるとき
(＊＊) は上の連立1次方程式の i 行目の両辺を c 倍したものである。
$c \neq 0$ なので，これは (＊) と同値である。

[3]　$(B \mid \boldsymbol{b}')$ が $(A \mid \boldsymbol{b})$ に行基本操作 (R3) ⓙ$\times a+$ⓘ を行ったものであるとき
(＊＊) は，上の連立1次方程式の j 行目の両辺に a を掛けたものを i 行目に足したものになる。ここで，(＊) が成り立っているならば，(＊＊) は成り立つので，(＊) の解は (＊＊) の解になっている。また，逆の基本操作 ⓙ$\times(-a)+$ⓘ を行って，もとに戻すことを考えると，(＊＊) の解が (＊) の解であることもわかる。

よって，[1]～[3] について，(＊) と (＊＊) の両者の解は一致するので，これらの連立1次方程式は同値である。 ■

例 11　行基本変形と連立 1 次方程式

前ページの定理の証明 [1]～[3] の操作はそれぞれ以下のようになる。

[1]　$(*)\ \left(\begin{array}{ccc|c} 1 & -2 & 3 & 1 \\ 3 & 1 & -5 & -4 \\ -2 & 6 & -9 & -2 \end{array}\right) \xrightarrow{\text{①}\Leftrightarrow\text{②}} (**)\ \left(\begin{array}{ccc|c} 3 & 1 & -5 & -4 \\ 1 & -2 & 3 & 1 \\ -2 & 6 & -9 & -2 \end{array}\right)$

[2]　$(*)\ \left(\begin{array}{ccc|c} 1 & -2 & 3 & 1 \\ 3 & 1 & -5 & -4 \\ -2 & 6 & -9 & -2 \end{array}\right) \xrightarrow{\text{②}\times(-1)} (**)\ \left(\begin{array}{ccc|c} 1 & -2 & 3 & 1 \\ -3 & -1 & 5 & 4 \\ -2 & 6 & -9 & -2 \end{array}\right)$

[3]　$(*)\ \left(\begin{array}{ccc|c} 1 & -2 & 3 & 1 \\ 3 & 1 & -5 & -4 \\ -2 & 6 & -9 & -2 \end{array}\right) \xrightarrow{\text{①}\times(-3)+\text{②}} (**)\ \left(\begin{array}{ccc|c} 1 & -2 & 3 & 1 \\ 0 & 7 & -14 & -7 \\ -2 & 6 & -9 & -2 \end{array}\right)$

定理（行基本変形と連立 1 次方程式）（79 ページ）より，与えられた連立 1 次方程式を解く代わりに，その拡大係数行列に行基本変形を施し，そこで得られた拡大係数行列をもつ連立 1 次方程式を解けばよいことがわかった。

一方で，定理（行基本変形と簡約階段形）（73 ページ）より，任意の行列は，行基本変形によって簡約階段形の行列に変形できる。

したがって，簡約階段形の拡大係数行列をもつ連立 1 次方程式の解を求められれば，任意の連立 1 次方程式の解を求める方法（アルゴリズム）がわかる。

例題 8　連立 1 次方程式 $\begin{cases} x+3y=2 \\ -2x+\ y=3 \end{cases}$ の拡大係数行列を，行基本変形により簡約階段化し，それに対応する連立 1 次方程式の解を求めよ。

解答

拡大係数行列は $\left(\begin{array}{cc|c} 1 & 3 & 2 \\ -2 & 1 & 3 \end{array}\right)$ であり，これに行基本変形を施し簡約階段化する。

$$\left(\begin{array}{cc|c} 1 & 3 & 2 \\ -2 & 1 & 3 \end{array}\right) \xrightarrow{\text{①}\times 2+\text{①}} \left(\begin{array}{cc|c} 1 & 3 & 2 \\ 0 & 7 & 7 \end{array}\right)$$

$$\xrightarrow{\text{②}\times\frac{1}{7}} \left(\begin{array}{cc|c} 1 & 3 & 2 \\ 0 & 1 & 1 \end{array}\right) \xrightarrow{\text{②}\times(-3)+\text{①}} \left(\begin{array}{cc|c} 1 & 0 & -1 \\ 0 & 1 & 1 \end{array}\right)$$

最後に得られた簡約階段形の行列を拡大係数行列とする連立 1 次方程式は $\begin{cases} x\ \ =-1 \\ \ \ y=\ \ 1 \end{cases}$ となるから，$\begin{cases} x=-1 \\ y=\ \ 1 \end{cases}$ が求める解である。

定理 (行基本変形と連立 1 次方程式) (79 ページ) より，例題 8 で最後に得られた解 $x=-1$，$y=1$ がもとの連立 1 次方程式の解である。一般に，与えられた n 元連立 1 次方程式に対して，拡大係数行列を行基本変形により簡約階段化し，得られた簡約階段形の行列が $(E_n \mid \boldsymbol{b})$ (E_n は n 次の単位行列) となるとき，もとの連立 1 次方程式の解は $\boldsymbol{x}=\boldsymbol{b}$ で与えられる。

練習 15　練習 1 (1) の連立 1 次方程式 $\begin{cases} x+y=2 \\ 2x-y=1 \end{cases}$ を例題 8 のようにして解け。

しかし，例 7 (71 ページ) で確認したように，簡約階段形の行列は，単位行列とベクトルを並べたようなものばかりではない。

では，どういう場合が起こりうるか，次の例題によって確認してみよう。

例題 9　連立 1 次方程式 $\begin{cases} x+3y=2 \\ -2x-6y=3 \end{cases}$ を解け。

解答

この拡大係数行列は $\left(\begin{array}{cc|c} 1 & 3 & 2 \\ -2 & -6 & 3 \end{array}\right)$ である。行基本変形を施すと

$$\left(\begin{array}{cc|c} 1 & 3 & 2 \\ -2 & -6 & 3 \end{array}\right) \xrightarrow{①\times 2+②} \left(\begin{array}{cc|c} 1 & 3 & 2 \\ 0 & 0 & 7 \end{array}\right) \xrightarrow{②\times \frac{1}{7}} \left(\begin{array}{cc|c} 1 & 3 & 2 \\ 0 & 0 & 1 \end{array}\right) \xrightarrow{②\times(-2)+①} \left(\begin{array}{cc|c} 1 & 3 & 0 \\ 0 & 0 & 1 \end{array}\right)$$

最後に得られた簡約階段形の行列を拡大係数行列とする連立 1 次方程式は $\begin{cases} x+3y=0 \\ 0=1 \end{cases}$ となるが，第 2 式を満たす x，y の組は存在しない。

したがって，もとの連立 1 次方程式は解をもたない。

この例題では，行基本変形後に得られた簡約階段形の行列に，$(0 \quad 0 \mid 1)$ という行が現れたことが，解が存在しない原因となっている。

一般に，与えられた連立 1 次方程式に対して，拡大係数行列を行基本変形により簡約階段化したとき，得られた簡約階段形の行列が
$(0 \quad 0 \quad \cdots \quad 0 \mid 1)$ という行を含んでいるとき，もとの連立 1 次方程式は解をもたない (解は存在しない)。

練習 16　練習 3 の連立 1 次方程式 $\begin{cases} x+2y+3z=3 \\ 2x+y+3z=0 \\ -2x+3y+z=1 \end{cases}$ を例題 9 と同様にして解け。

補足　例題 9 で与えられた連立 1 次方程式が解をもたなかった理由は，その拡大係数行列 $(A \mid \boldsymbol{b})$ の簡約階段化 $(B \mid \boldsymbol{b}')$ の定数項ベクトル部分のところで，段の数が減ってしまったことが原因である。つまり，これは係数行列 A の階数より，拡大係数行列 $(A \mid \boldsymbol{b})$ の階数の方が大きくなっていることが原因である。ここで，係数行列 A の簡約階段化行列は B なので（72 ページ，例題 5），A の階数は B の階数に一致することに注意しよう。

さらに，次のような場合もある。

例 12　簡約階段形と連立 1 次方程式の解の関係

連立 1 次方程式 $\begin{cases} x \quad +2z \quad = -1 \\ \quad y - \ z \quad = \ 1 \\ \qquad\qquad w = -1 \end{cases}$ …… ① の拡大係数行列は

$$\left(\begin{array}{cccc|c} 1 & 0 & 2 & 0 & -1 \\ 0 & 1 & -1 & 0 & 1 \\ 0 & 0 & 0 & 1 & -1 \end{array}\right)$$

となるので簡約階段形である。3 行目より，$w=-1$ である。また，$z=c$（c は任意の実数の定数）とおくと，2 行目より，$y=c+1$ が得られる。

さらに，$z=c$ を 1 行目の式に代入すれば $x=-2c-1$ が得られる。

よって，連立 1 次方程式 ① の解は $\begin{cases} x = -2c-1 \\ y = \quad c+1 \\ z = \quad c \\ w = \quad -1 \end{cases}$（$c$ は任意の実数の定数）

上の例における c のような，すべての解を表すために導入する任意の実数の定数のことを，その解の **任意定数** という。任意定数に具体的な実数を 1 つ代入すると，具体的な 1 つの解が得られる。したがって，解が任意定数を含む場合，その連立 1 次方程式は無限個の解をもつことになる。

例題 10　連立 1 次方程式 $\begin{cases} 2x+5y-z+5w = 8 \\ -x-3y+z-2w = -4 \\ \quad -3y+3z+7w = 4 \end{cases}$ を解け。

解答

連立 1 次方程式は $A=\begin{pmatrix} 2 & 5 & -1 & 5 \\ -1 & -3 & 1 & -2 \\ 0 & -3 & 3 & 7 \end{pmatrix}$，$\boldsymbol{x}=\begin{pmatrix} x \\ y \\ z \\ w \end{pmatrix}$，$\boldsymbol{b}=\begin{pmatrix} 8 \\ -4 \\ 4 \end{pmatrix}$ として，$A\boldsymbol{x}=\boldsymbol{b}$ と表される。その拡大係数行列は

$$(A \mid \boldsymbol{b})=\left(\begin{array}{cccc|c} 2 & 5 & -1 & 5 & 8 \\ -1 & -3 & 1 & -2 & -4 \\ 0 & -3 & 3 & 7 & 4 \end{array}\right)$$

$(A \mid \boldsymbol{b})$ を簡約階段化すると，以下のようになる。

$$\left(\begin{array}{cccc|c} 2 & 5 & -1 & 5 & 8 \\ -1 & -3 & 1 & -2 & -4 \\ 0 & -3 & 3 & 7 & 4 \end{array}\right) \xrightarrow{\text{①}\Leftrightarrow\text{②}} \left(\begin{array}{cccc|c} -1 & -3 & 1 & -2 & -4 \\ 2 & 5 & -1 & 5 & 8 \\ 0 & -3 & 3 & 7 & 4 \end{array}\right)$$

$$\xrightarrow{\text{①}\times(-1)} \left(\begin{array}{cccc|c} 1 & 3 & -1 & 2 & 4 \\ 2 & 5 & -1 & 5 & 8 \\ 0 & -3 & 3 & 7 & 4 \end{array}\right) \xrightarrow{\text{①}\times(-2)+\text{②}} \left(\begin{array}{cccc|c} 1 & 3 & -1 & 2 & 4 \\ 0 & -1 & 1 & 1 & 0 \\ 0 & -3 & 3 & 7 & 4 \end{array}\right)$$

$$\xrightarrow{\text{②}\times(-1)} \left(\begin{array}{cccc|c} 1 & 3 & -1 & 2 & 4 \\ 0 & 1 & -1 & -1 & 0 \\ 0 & -3 & 3 & 7 & 4 \end{array}\right) \xrightarrow[\text{②}\times 3+\text{③}]{\text{②}\times(-3)+\text{①}} \left(\begin{array}{cccc|c} 1 & 0 & 2 & 5 & 4 \\ 0 & 1 & -1 & -1 & 0 \\ 0 & 0 & 0 & 4 & 4 \end{array}\right)$$

$$\xrightarrow{\text{③}\times\frac{1}{4}} \left(\begin{array}{cccc|c} 1 & 0 & 2 & 5 & 4 \\ 0 & 1 & -1 & -1 & 0 \\ 0 & 0 & 0 & 1 & 1 \end{array}\right) \xrightarrow[\text{③}\times 1+\text{②}]{\text{③}\times(-5)+\text{①}} \left(\begin{array}{cccc|c} 1 & 0 & 2 & 0 & -1 \\ 0 & 1 & -1 & 0 & 1 \\ 0 & 0 & 0 & 1 & 1 \end{array}\right)$$

よって，与えられた連立1次方程式は $\begin{cases} x \quad +2z \quad =-1 \\ \quad y- \ z \quad = \ \ 1 \\ \qquad\qquad w= \ \ 1 \end{cases}$ …… ① と同値である。ここで，$z=c$（c は任意定数）とすると

$$\begin{cases} x=-1-2c \\ y=\ \ 1+\ c \\ z=\qquad\ \ c \\ w=\ \ 1 \end{cases} \quad \cdots\cdots \text{②}$$

逆に，任意の c の値に対して，② は ① を満たすので，題意の連立1次方程式も満たす。よって，② が求める解である。

補足　例題10の解は，$\begin{pmatrix} x \\ y \\ z \\ w \end{pmatrix}=\begin{pmatrix} -1 \\ 1 \\ 0 \\ 1 \end{pmatrix}+c\begin{pmatrix} -2 \\ 1 \\ 1 \\ 0 \end{pmatrix}$ のように書いてもよい。

練習 17　連立1次方程式 $\begin{cases} x+3y+3z=-1 \\ 2x+6y-\ z=\ \ 5 \end{cases}$ を例題10と同様にして解け。

例題10の解答では，求めた簡約階段形の行列の段が落ちない列（図で陰影を付けた列）に対応する変数である z を，任意定数 c におき換えた。一般的に，連立1次方程式の解を表示する上で，このように段が落ちない列に対応する変数を任意定数とすると，解が容易に求められる。

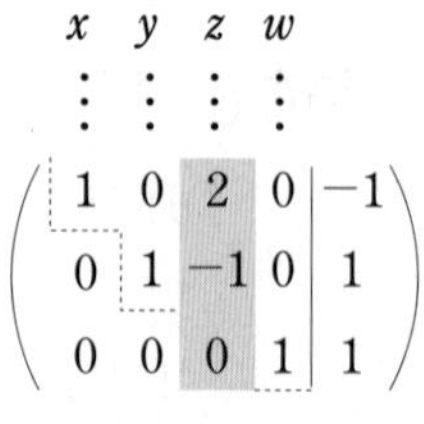

ただし，任意定数のおき方や解の表示の仕方は，一通りに定まらない。例題10の解の表示の仕方として $\begin{cases} x=-1-\dfrac{2}{3}\lambda \\ y=1+\dfrac{1}{3}\lambda \\ z=\dfrac{1}{3}\lambda \\ w=1 \end{cases}$ もある。解②とは，みかけ上は異なるが，$3c=\lambda$ で互いに移りあい，また c が任意の定数であるとき，λ も任意の定数であるので，両者は同じである。しかし，どのような表示でも，任意定数の個数は変わらないことが，下の定理からわかる。

B　解の存在と自由度

例題9では，解をもたない（解が存在しない）連立1次方程式を扱った。

一方，例題10では，解に任意定数 c を含み，無限個の解をもつ連立1次方程式を扱った。

これらの場合を包括して，一般に，次の定理が成り立つ*)。

定理　連立1次方程式の解の存在とその個数

m 個の方程式からなる n 元連立1次方程式（$*$）が，行列を用いて $A\boldsymbol{x}=\boldsymbol{b}$ と表されているとする。このとき，係数行列 A は $m\times n$ 行列，定数項ベクトル $\boldsymbol{b}$ は m 次元列ベクトルであり，拡大係数行列は $(A\,|\,\boldsymbol{b})$ で表される。

[1]　連立1次方程式（$*$）が解をもつための必要十分条件は，次の等式が成り立つことである。　$\operatorname{rank} A=\operatorname{rank}(A\,|\,\boldsymbol{b})$

[2]　上の等式が成り立つとき，連立1次方程式（$*$）の解が含む任意定数の個数は，$n-\operatorname{rank} A$ である。

[3]　$\operatorname{rank} A=m$ が成り立っているならば，連立1次方程式（$*$）は解をもち，その解が含む任意定数の個数は $n-m$ である。

---

*）証明は，『数研講座シリーズ　大学教養　線形代数』を参照。

注意 一般に，係数行列と拡大係数行列の階数について，不等式 $\operatorname{rank}A \leqq \operatorname{rank}(A \mid \boldsymbol{b})$ が成り立つ。前ページの定理 [1] の条件は，この不等式の等号が成り立つということである。

例 13 連立1次方程式の解の存在とその個数

(1) 連立1次方程式 $\left\{\begin{array}{l} 2x-5y+3z=7 \\ x-3y+2z=1 \\ 4x-5y+z=18 \end{array}\right.$ を行列を用いて表したときの拡大係数行列を簡約階段化すると $\left(\begin{array}{ccc|c} 1 & 0 & -1 & 0 \\ 0 & 1 & -1 & 0 \\ 0 & 0 & 0 & 1 \end{array}\right)$ となり，

$\operatorname{rank}A \neq \operatorname{rank}(A \mid \boldsymbol{b})$ である。実際，この連立1次方程式は解をもたない。

(2) 連立1次方程式 $\left\{\begin{array}{l} x+2y-z+3u+4v=5 \\ z-2u+4v=-2 \\ 2x+4y-z+3u+2v=5 \end{array}\right.$ を行列を用いて表したときの拡大係数行列を簡約階段化すると $\left(\begin{array}{ccccc|c} 1 & 2 & 0 & 0 & -2 & 0 \\ 0 & 0 & 1 & 0 & 24 & 4 \\ 0 & 0 & 0 & 1 & 10 & 3 \end{array}\right)$ となり，

$5-\operatorname{rank}A=2$ である。実際，この連立1次方程式は2個の任意定数を含む解をもつ。

練習 18 次の連立1次方程式が解をもつかどうか判定せよ。

(1) $\left\{\begin{array}{l} 2x-y+5z=-1 \\ 2y+2z=6 \\ x+3z=1 \end{array}\right.$　(2) $\left\{\begin{array}{l} 2x+3z=7 \\ x-y+z=3 \\ 4x-6y+3z=7 \end{array}\right.$　(3) $\left\{\begin{array}{l} 6x+8y+10z=-3 \\ 11x+6y+14z=1 \\ 8x+4y+10z=7 \end{array}\right.$

定理（連立1次方程式の解の存在とその個数）より，与えられた連立1次方程式の「すべての解を表すために必要な任意定数の個数」は，その連立1次方程式によって決まる。この任意定数の個数を，その連立1次方程式の **解の自由度** という。例えば，例題10で扱った連立1次方程式の解は，1個の任意定数を含んでいるので，その連立1次方程式の解の自由度は1である。

補足 連立1次方程式の解の自由度が0であるとは，その解を表すために任意変数が必要ないということであり，すなわち，ただ1組の解だけが存在するということを意味している。

例 14　連立 1 次方程式の解の自由度

例 13 (2) の連立 1 次方程式の解は，$\begin{cases} x= & -2c+ & 2d \\ y= & c & \\ z=4 & & -24d \\ u=3 & & -10d \\ v= & & d \end{cases}$ と表され 2 個の任意定数を含んでいるから，その連立 1 次方程式の解の自由度は 2 である。

例題 11

連立 1 次方程式 $\begin{cases} x+ay=2 \\ x+\ \ y=3 \end{cases}$ が解をもつための，定数 a の条件を求めよ。また，そのときの解を求めよ。

解答　連立 1 次方程式を行列を用いて表したときの係数行列を A，定数項ベクトルを $\boldsymbol{b}$ とすると，$A=\begin{pmatrix} 1 & a \\ 1 & 1 \end{pmatrix}$，$\boldsymbol{b}=\begin{pmatrix} 2 \\ 3 \end{pmatrix}$ である。

このとき，拡大係数行列は $(A \mid \boldsymbol{b})=\left(\begin{array}{cc|c} 1 & a & 2 \\ 1 & 1 & 3 \end{array}\right)$ である。

$(A \mid \boldsymbol{b})$ を行基本変形すると　$\left(\begin{array}{cc|c} 1 & 1 & 3 \\ 0 & a-1 & -1 \end{array}\right)$

$\mathrm{rank}(A \mid \boldsymbol{b})=2$ であるから，与えられた連立 1 次方程式が解をもつための条件は　$\mathrm{rank}\,A=2$　すなわち　$a-1 \neq 0$

よって　$a \neq 1$

また，このときの解は　$x=\dfrac{2-3a}{1-a}$，$y=\dfrac{1}{1-a}$

練習 19　次の連立 1 次方程式が解をもつための，定数 a の条件を求めよ。また，そのときの解を求めよ。

(1) $\begin{cases} x-\ \ y+4z=-1 \\ 2x-5y+2z=\ \ 1 \\ 3x+6y+az=\ \ 4 \end{cases}$

(2) $\begin{cases} x \quad +2z-\ \ u+5v=-1 \\ \quad y-\ \ z+\ \ u-\ \ v=\ \ 9 \\ x \quad +2z+\ \ u+3v=\ \ 1 \\ \quad y-\ \ z+4u-4v=\ \ a \end{cases}$

C　同次連立1次方程式

連立1次方程式

$$\begin{cases} a_{11}x_1+a_{12}x_2+\cdots\cdots+a_{1n}x_n=b_1 \\ a_{21}x_1+a_{22}x_2+\cdots\cdots+a_{2n}x_n=b_2 \\ \qquad\qquad\vdots \\ a_{m1}x_1+a_{m2}x_2+\cdots\cdots+a_{mn}x_n=b_m \end{cases} \quad \cdots\cdots (*)$$

は，その定数項がすべて0であるとき，すなわち $b_1=b_2=\cdots\cdots=b_m=0$ であるとき，**同次連立1次方程式**といい，そうでないとき，**非同次連立1次方程式**という。行列を用いて書くと，同次連立1次方程式とは以下のように定数項ベクトルが零ベクトルになっているような連立1次方程式である。

$$A\boldsymbol{x}=\boldsymbol{0}_m \quad \left(A \text{は } m\times n \text{ 行列，} \boldsymbol{x}=\begin{pmatrix} x_1 \\ x_2 \\ \vdots \\ x_n \end{pmatrix},\ \boldsymbol{0}_m=\begin{pmatrix} 0 \\ 0 \\ \vdots \\ 0 \end{pmatrix} \right) \quad \cdots\cdots (**)$$

同次連立1次方程式は必ず解をもつ。実際，(＊)は0だけからなる解

$$x_1=x_2=\cdots\cdots=x_n=0$$

すなわち，ベクトルの形では，$\boldsymbol{x}=\boldsymbol{0}_n$ という解をもっている。これを同次連立1次方程式(＊)の**自明な解**といい，そうでない解を**非自明な解**という。

定理（連立1次方程式の解の存在とその個数）から，次の定理が成り立つ。

定理　同次連立1次方程式の解

$A\boldsymbol{x}=\boldsymbol{0}_m$ で表される同次連立1次方程式(＊＊)について，次が成り立つ。

[1]　$\mathrm{rank}\,A=n$ ならば，(＊＊)は自明な解しかもたない。

[2]　$\mathrm{rank}\,A<n$ ならば，(＊＊)は非自明な解をもつ。

証明　連立1次方程式の解の存在とその個数の定理[2]から，連立1次方程式(＊＊)の解の自由度は $n-\mathrm{rank}\,A$ に等しい。

$\mathrm{rank}\,A=n$ ならば，解の自由度は0なので，(＊＊)はただ一組の解しかもたない。よって，(＊＊)は自明な解しかもたない。

$\mathrm{rank}\,A<n$ ならば，(＊＊)の解の自由度は1以上なので，非自明な解をもつ。■

例題 12　次の同次連立1次方程式が非自明な解をもつための，定数 c の条件を求めよ。

$$\begin{cases} x-y+2z=0 \\ -2x+y+cz=0 \\ -x+cy+4z=0 \end{cases}$$

解答

係数行列 $\begin{pmatrix} 1 & -1 & 2 \\ -2 & 1 & c \\ -1 & c & 4 \end{pmatrix}$ の階数が，3よりも小さくなる条件を求めればよい。

係数行列を行基本変形すると，次のようになる。

$$\begin{pmatrix} 1 & -1 & 2 \\ -2 & 1 & c \\ -1 & c & 4 \end{pmatrix} \xrightarrow[\text{①}\times 1+\text{③}]{\text{①}\times 2+\text{②}} \begin{pmatrix} 1 & -1 & 2 \\ 0 & -1 & c+4 \\ 0 & c-1 & 6 \end{pmatrix}$$

$$\xrightarrow{\text{②}\times(-1)} \begin{pmatrix} 1 & -1 & 2 \\ 0 & 1 & -c-4 \\ 0 & c-1 & 6 \end{pmatrix} \xrightarrow[\text{②}\times(1-c)+\text{③}]{\text{②}\times 1+\text{①}} \begin{pmatrix} 1 & 0 & -c-2 \\ 0 & 1 & -c-4 \\ 0 & 0 & c^2+3c+2 \end{pmatrix}$$

よって　$c^2+3c+2=0$

ゆえに　$(c+1)(c+2)=0$

したがって　$c=-1,\ -2$

以上から，求める条件は　$c=-1$　または　$c=-2$

練習 20　同次連立1次方程式 $\begin{cases} x+2y+cz=0 \\ -2x-3y-z=0 \\ cx+4y+3z=0 \end{cases}$ が非自明な解をもつための，定数 c の条件を求めよ。

補充問題

連立1次方程式 $\begin{cases} x-2y+5z-2w=2 \\ -3x+y+2z-w=-2 \\ 2x-y+z+w=2 \\ 4x-2y-3z+aw=-1 \end{cases}$ が解をもつための，定数 a の条件を求めよ。またそのときの解を求めよ。

コラム 掃き出し法，ガウスの消去法

与えられた行列（もしくは拡大係数行列）を，行基本変形を用いて簡約階段形に変形する方法は，**掃き出し法** または **ガウスの消去法** とも呼ばれる。狭い意味では，連立1次方程式のそのような解法のみを指すこともあり，もっと決まった具体的な行列の変形方法（アルゴリズム）を指すこともある。

掃き出し法の特別な場合は，証明抜きではあるが，古代中国の数学書『九章算術』に既に書かれている。九章算術の第8章「方程」では，行列とよく似た数の長方形配列を扱っており，方程式を使用した18の問題が説明されている。この本に最初に言及した銘文は西暦179年のものであるが，実際にはその一部は紀元前150年頃に書かれたとされる。

ヨーロッパにおける掃き出し法の発展はニュートンのノートに由来するとされる。1670年に彼は，当時，知られているすべての代数の書籍が連立1次方程式を解くためのレッスンを欠いていると書き，掃き出し法を用いた方法についての解説をまとめた。かなり後になって，1707年にケンブリッジ大学によってこのノートは出版され，18世紀末までに広く標準的な代数教科書として使われるようになった。1810年に，ガウスはいわゆる最小二乗法の問題を解くために掃き出し法を用い，広く知れ渡ることになる。その後，1950年代にアメリカなどで学校教育に導入される際に，このような経緯が混乱して伝えられ，現在，「ガウスの消去法」とも呼ばれている。

なお掃き出し法は，1888年にドイツの測地学者ヴィルヘルム・ジョルダンが，独自に改良したことで，一部の書籍では「ガウス-ジョルダンの消去法」と呼ばれることもある（このドイツの数学者ジョルダンは，後で出てくるジョルダン標準形に因むフランスの数学者ジョルダンとは別人である）。

章末問題

1　次の行列を簡約階段化せよ。

(1) $\begin{pmatrix} 1 & 2 & 3 & 4 \\ -4 & -3 & -2 & -1 \end{pmatrix}$　　(2) $\begin{pmatrix} 1 & -1 & 4 \\ 1 & 0 & -2 \\ -2 & 1 & 0 \end{pmatrix}$

(3) $\begin{pmatrix} 1 & -4 & 1 & -4 \\ 2 & -3 & 2 & -3 \\ 3 & -2 & 3 & -2 \\ 4 & -1 & 4 & -1 \end{pmatrix}$　　(4) $\begin{pmatrix} 0 & 1 & 3 & 2 & 4 \\ 2 & 4 & 4 & 3 & 0 \\ 1 & 1 & -1 & 0 & 3 \\ 0 & -1 & 3 & 2 & 4 \end{pmatrix}$

2　次の連立１次方程式を解け。

(1) $\begin{cases} -x+5y+5z=3 \\ 4x-7y+6z=1 \end{cases}$　　(2) $\begin{cases} 3x+y+z=-5 \\ 4x+3y-z=-2 \\ 5x+4y+z=6 \end{cases}$

(3) $\begin{cases} 2x-y+z-4w=-2 \\ 3y+2z+5w=6 \\ x+5z+w=2 \\ 4x+2y-2w=0 \end{cases}$　　(4) $\begin{cases} x+2y+3z=8 \\ 2x+3y-2w=6 \\ x-5z+2w=-4 \\ y+2z-4w=2 \end{cases}$

(5) $\begin{cases} -4x+5y+6z-7w=-1 \\ 3x-4y-5z+6w=0 \\ -2x+3y+4z-5w=1 \\ x-2y-3z+4w=-2 \end{cases}$　　(6) $\begin{cases} 2x-y+3z+2u-v=2 \\ x+y-z-u+v=3 \\ 3x+2y-z-v=1 \end{cases}$

3　次の問いに答えよ。

(1)　連立１次方程式 $\begin{cases} -x+y+w=a \\ -4x+2y+z+3w=b \\ -5x+3y+z+4w=c \\ 3x-y-z-2w=d \end{cases}$ が解をもつための，定数 a，b，c，d の条件を求めよ。

(2) 連立1次方程式 $\begin{cases} x-4y-11z+11w=p \\ 3x-15y-42z+42w=q \\ -2x+12y+34z-34w=r \\ -x+7y+20z-20w=s \end{cases}$ が解をもつための，定数 p，q，r，s の条件を求めよ。

4 連立1次方程式 $\begin{cases} x+y+2z=5 \\ 2x-2y+az=5 \\ x+ay+z=2 \end{cases}$ が解をもつための，定数 a の条件を求めよ。
また，そのときの解を求めよ。

5 次の行列の階数を求めよ。

(1) $\begin{pmatrix} 1 & -1 & -3 \\ 5 & -2 & 0 \\ -3 & 0 & -6 \end{pmatrix}$ (2) $\begin{pmatrix} 3 & 2 & -1 \\ 1 & 0 & -2 \\ -2 & 2 & 1 \end{pmatrix}$ (3) $\begin{pmatrix} 2 & -5 & 2 \\ 1 & -3 & 0 \\ 0 & 1 & 1 \end{pmatrix}$

(4) $\begin{pmatrix} 1 & 1 & -1 \\ 2 & 3 & -3 \\ 1 & -3 & 3 \end{pmatrix}$ (5) $\begin{pmatrix} 0 & 2 & 1 & 1 \\ -1 & 3 & 2 & 0 \\ -2 & 0 & 4 & 0 \\ 1 & -1 & -1 & 1 \end{pmatrix}$ (6) $\begin{pmatrix} 3 & -1 & 1 & -2 \\ 1 & -3 & 2 & -3 \\ 4 & -2 & 3 & 1 \end{pmatrix}$

(7) $\begin{pmatrix} -2 & -1 & -6 & -2 & -3 \\ -1 & 2 & 3 & 2 & 10 \\ 2 & 1 & 6 & 0 & -7 \\ 3 & 2 & 9 & 2 & -6 \end{pmatrix}$ (8) $\begin{pmatrix} 0 & 1 & 2 & 3 & 4 \\ 1 & 2 & 3 & 4 & 0 \\ 2 & 3 & 4 & 0 & 1 \\ 3 & 4 & 0 & 1 & 2 \\ 4 & 0 & 1 & 2 & 3 \end{pmatrix}$

6 次の行列の階数を求めよ。

(1) $\begin{pmatrix} x & 1 & 0 \\ 1 & x & 1 \\ 0 & 1 & x \end{pmatrix}$ (2) $\begin{pmatrix} x & 1 & 1 \\ 1 & x & 1 \\ 1 & 1 & x \end{pmatrix}$

(3) $\begin{pmatrix} 1 & 1 & 1 & 1 \\ 1 & x & 1 & 1 \\ 1 & 1 & x & 1 \\ 1 & 1 & 1 & x^2 \end{pmatrix}$ (4) $\begin{pmatrix} 1 & x & 1 & 1 \\ x & 1 & x & 1 \\ 1 & x & 1 & x \\ 1 & 1 & x & 1 \end{pmatrix}$

第3章　基本変形と基本行列

第1節　行列の標準形　研究　基本行列と転置行列
第2節　行列の正則性
第3節　逆行列

前章では，行列を用いて連立1次方程式の解法やその解の性質について学んだ。特に，連立1次方程式の変形に対応する行列の行基本操作とそれを繰り返して行列を変形する行基本変形を導入した。

この章では，行基本変形をもとにして，行列に関するさまざまなアルゴリズム的な計算手法や証明方法を学ぶ。

連立1次方程式のアルゴリズム的な解法「掃き出し法」は，古くは紀元前の中国の数学書に証明抜きで書かれている。
その後，19世紀になり，数学の帝王とも呼ばれるガウスがこの方法を使ったことにより，広く知れ渡ることとなった。

ガウス，1777-1855

第1節　行列の標準形

ここでは，行基本操作から基本行列，さらに基本行列から列基本操作を導入する。そして，行基本操作と列基本操作を繰り返し行うことにより，どんな行列も「標準形」と呼ばれる形まで変形できることを示す。

A　行基本操作と基本行列

64ページで導入した行基本操作は，行列に対する以下のような操作であった。

(R1)　i 行目と j 行目を入れ替える ($i \neq j$)。

(R2)　i 行目を c 倍する (c は 0 でない定数)。

(R3)　j 行目の a 倍を i 行目に足す (a は定数で $i \neq j$)。

例えば，次のように，記号を用いて表す。

$$\begin{pmatrix} 2 & -3 & 4 \\ 5 & 6 & -7 \\ 8 & 9 & 0 \end{pmatrix} \xrightarrow{\text{①}\Leftrightarrow\text{②}} \begin{pmatrix} 5 & 6 & -7 \\ 2 & -3 & 4 \\ 8 & 9 & 0 \end{pmatrix}$$

$$\begin{pmatrix} 2 & -3 & 4 \\ 5 & 6 & -7 \\ 8 & 9 & 0 \end{pmatrix} \xrightarrow{\text{②}\times 3} \begin{pmatrix} 2 & -3 & 4 \\ 15 & 18 & -21 \\ 8 & 9 & 0 \end{pmatrix}$$

$$\begin{pmatrix} 2 & -3 & 4 \\ 5 & 6 & -7 \\ 8 & 9 & 0 \end{pmatrix} \xrightarrow{\text{①}\times 2+\text{②}} \begin{pmatrix} 2 & -3 & 4 \\ 9 & 0 & 1 \\ 8 & 9 & 0 \end{pmatrix}$$

上の左の行列に，ある行列を左から掛けると，右の行列になる。

例 1　行基本操作の行列の積による表示

$$\begin{pmatrix} 2 & -3 & 4 \\ 5 & 6 & -7 \\ 8 & 9 & 0 \end{pmatrix} \xrightarrow{\text{①}\Leftrightarrow\text{②}} \begin{pmatrix} 5 & 6 & -7 \\ 2 & -3 & 4 \\ 8 & 9 & 0 \end{pmatrix} \Leftrightarrow \begin{pmatrix} 0 & 1 & 0 \\ 1 & 0 & 0 \\ 0 & 0 & 1 \end{pmatrix} \begin{pmatrix} 2 & -3 & 4 \\ 5 & 6 & -7 \\ 8 & 9 & 0 \end{pmatrix} = \begin{pmatrix} 5 & 6 & -7 \\ 2 & -3 & 4 \\ 8 & 9 & 0 \end{pmatrix}$$

$$\begin{pmatrix} 2 & -3 & 4 \\ 5 & 6 & -7 \\ 8 & 9 & 0 \end{pmatrix} \xrightarrow{\text{②}\times 3} \begin{pmatrix} 2 & -3 & 4 \\ 15 & 18 & -21 \\ 8 & 9 & 0 \end{pmatrix} \Leftrightarrow \begin{pmatrix} 1 & 0 & 0 \\ 0 & 3 & 0 \\ 0 & 0 & 1 \end{pmatrix} \begin{pmatrix} 2 & -3 & 4 \\ 5 & 6 & -7 \\ 8 & 9 & 0 \end{pmatrix} = \begin{pmatrix} 2 & -3 & 4 \\ 15 & 18 & -21 \\ 8 & 9 & 0 \end{pmatrix}$$

$$\begin{pmatrix} 2 & -3 & 4 \\ 5 & 6 & -7 \\ 8 & 9 & 0 \end{pmatrix} \xrightarrow{\text{①}\times 2+\text{②}} \begin{pmatrix} 2 & -3 & 4 \\ 9 & 0 & 1 \\ 8 & 9 & 0 \end{pmatrix} \Leftrightarrow \begin{pmatrix} 1 & 0 & 0 \\ 2 & 1 & 0 \\ 0 & 0 & 1 \end{pmatrix} \begin{pmatrix} 2 & -3 & 4 \\ 5 & 6 & -7 \\ 8 & 9 & 0 \end{pmatrix} = \begin{pmatrix} 2 & -3 & 4 \\ 9 & 0 & 1 \\ 8 & 9 & 0 \end{pmatrix}$$

例 1 で確認した形の行列について，次ページのように定義する。

定義 3-1　基本行列

m 次正方行列に対して，i，j は自然数，c，a は実数の定数であるとする。

[1]　基本行列 P_{ij} $(i \neq j,\ 1 \leqq i \leqq m,\ 1 \leqq j \leqq m)$

$(i,\ i)$ 成分と $(j,\ j)$ 成分は 0，その他の対角成分は 1 である。

$(i,\ j)$ 成分と $(j,\ i)$ 成分は 1，残りの他の成分はすべて 0 である。

$$P_{ij}=\left[\begin{array}{ccccccccccc}
1 & & & \overset{\substack{i\\ \vdots}}{} & & & & \overset{\substack{j\\ \vdots}}{} & & & \\
 & \ddots & & & & & & & & \text{0} & \\
 & & 1 & & & & & & & & \\
 & & & 0 & \cdots & \cdots & \cdots & 1 & & & \\
 & & & \vdots & 1 & & & \vdots & & & \\
 & & & \vdots & & \ddots & & \vdots & & & \\
 & & & \vdots & & & 1 & \vdots & & & \\
 & & & 1 & \cdots & \cdots & \cdots & 0 & & & \\
 & & & & & & & & 1 & & \\
 & \text{0} & & & & & & & & \ddots & \\
 & & & & & & & & & & 1
\end{array}\right]\begin{array}{l} \\ \\ \\ \cdots i \\ \\ \\ \\ \cdots j \\ \\ \\ \\ \end{array}$$

[2]　基本行列 $P_i(c)$ $(c \neq 0)$

$(i,\ i)$ 成分は c，その他の対角成分は 1 である。残りの他の成分はすべて 0 であり，対角行列である。

$$P_i(c)=\left[\begin{array}{cccccc}
1 & & & \overset{\substack{i\\ \vdots}}{} & & \\
 & \ddots & & & \text{0} & \\
 & & 1 & & & \\
 & & & c & & \\
 & & & & 1 & \\
 & \text{0} & & & & \ddots \\
 & & & & & & 1
\end{array}\right]\begin{array}{l} \\ \\ \\ \cdots i \\ \\ \\ \\ \end{array}$$

[3]　基本行列 $P_{ij}(a)$ $(i \neq j)$

$(i,\ j)$ 成分は a，対角成分はすべて 1 である。残りの他の成分はすべて 0 である。

$$P_{ij}(a)=\left[\begin{array}{cccccc}
1 & & & \overset{\substack{j\\ \vdots}}{} & & \\
 & \ddots & & \text{0} & & \\
 & & 1 \cdots & a & & \\
 & & & \vdots & & \\
 & & & \ddots\ 1 & & \\
 & \text{0} & & & \ddots & \\
 & & & & & 1
\end{array}\right]\begin{array}{l} \\ \\ \cdots i \\ \\ \\ \\ \\ \end{array}$$

例 2　基本行列

(1)　$\begin{pmatrix} 0 & 1 \\ 1 & 0 \end{pmatrix}$ は 2 次基本行列であり，P_{12} と表される。

(2)　$\begin{pmatrix} 1 & 0 & 0 \\ 0 & -2 & 0 \\ 0 & 0 & 1 \end{pmatrix}$ は 3 次基本行列であり，$P_2(-2)$ と表される。

(3)　$\begin{pmatrix} 1 & 0 & 0 \\ 3 & 1 & 0 \\ 0 & 0 & 1 \end{pmatrix}$ は 3 次基本行列であり，$P_{21}(3)$ と表される。

一般に，上で定義した 3 種類の基本行列を左から掛けることにより，3 種類の行基本操作が実現される。

定理　基本行列と行基本変形

Aを $m\times n$ 行列とする。

i, j $(i\neq j)$ は自然数，c, a は実数の定数とする。行列Aに基本行列 P_{ij}, $P_i(c)$, $P_{ij}(a)$ を左から掛けることは，それぞれ (R1), (R2), (R3) の行基本操作を行うことに対応する。

[1]　行列Aに行基本操作 (R1) ⓘ ⟺ ⓙ を行って得られる行列を B_1 とすると，$B_1=P_{ij}A$ が成り立つ。

[2]　行列Aに行基本操作 (R2) ⓘ$\times c$ $(c\neq 0)$ を行って得られる行列を B_2 とすると，$B_2=P_i(c)A$ が成り立つ。

[3]　行列Aに行基本操作 (R3) ⓙ$\times a+$ⓘ を行って得られる行列を B_3 とすると，$B_3=P_{ij}(a)A$ が成り立つ。

定理の [1]～[3] の計算結果をまとめると，以下のようになる。

$$P_{ij}A=\begin{pmatrix} \ddots & & & & \\ & 0 & \cdots & 1 & \\ & \vdots & \ddots & \vdots & \\ & 1 & \cdots & 0 & \\ & & & & \ddots \end{pmatrix}\begin{pmatrix} & \cdots & \cdots & \\ a_{i1} & a_{i2} & \cdots & a_{in} \\ & \cdots & \cdots & \\ a_{j1} & a_{j2} & & a_{jn} \\ & \cdots & \cdots & \end{pmatrix}=\begin{pmatrix} & \cdots & \cdots & \\ a_{j1} & a_{j2} & \cdots & a_{jn} \\ & \cdots & \cdots & \\ a_{i1} & a_{i2} & & a_{in} \\ & \cdots & \cdots & \end{pmatrix}$$

$$P_i(c)A=\begin{pmatrix} \ddots & & \\ & c & \\ & & \ddots \end{pmatrix}\begin{pmatrix} & \cdots & \cdots & \\ a_{i1} & a_{i2} & \cdots & a_{in} \\ & \cdots & \cdots & \end{pmatrix}=\begin{pmatrix} & \cdots & \cdots & \\ ca_{i1} & ca_{i2} & \cdots & ca_{in} \\ & \cdots & \cdots & \end{pmatrix}$$

$$P_{ij}(a)A=\begin{pmatrix} \ddots & & & & \\ & 1 & \cdots & a & \\ & & \ddots & \vdots & \\ & & & 1 & \\ & & & & \ddots \end{pmatrix}\begin{pmatrix} & \cdots & \cdots & \\ a_{i1} & a_{i2} & \cdots & a_{in} \\ & \cdots & \cdots & \\ a_{j1} & a_{j2} & & a_{jn} \\ & \cdots & \cdots & \end{pmatrix}$$

$$=\begin{pmatrix} & \cdots & \cdots & \\ a_{i1}+aa_{j1} & a_{i2}+aa_{j2} & \cdots & a_{in}+aa_{jn} \\ & \cdots & \cdots & \\ a_{j1} & a_{j2} & & a_{jn} \\ & \cdots & \cdots & \end{pmatrix}$$

注意　前ページの定理の [3] において，行基本操作の記号と，対応する基本行列の記号に現れる i と j の順序は逆になる。

例 3　基本行列と行基本操作

(1)　①$\Longleftrightarrow$③　$\begin{pmatrix} 0 & 0 & 1 \\ 0 & 1 & 0 \\ 1 & 0 & 0 \end{pmatrix}\begin{pmatrix} 2 & -3 & 4 \\ 5 & 6 & -7 \\ 8 & 9 & 0 \end{pmatrix}=\begin{pmatrix} 8 & 9 & 0 \\ 5 & 6 & -7 \\ 2 & -3 & 4 \end{pmatrix}$　P_{13}

(2)　②$\times(-2)$　$\begin{pmatrix} 1 & 0 & 0 \\ 0 & -2 & 0 \\ 0 & 0 & 1 \end{pmatrix}\begin{pmatrix} 2 & -3 & 4 \\ 5 & 6 & -7 \\ 8 & 9 & 0 \end{pmatrix}=\begin{pmatrix} 2 & -3 & 4 \\ -10 & -12 & 14 \\ 8 & 9 & 0 \end{pmatrix}$　$P_2(-2)$

(3)　①$\times3+$②　$\begin{pmatrix} 1 & 0 & 0 \\ 3 & 1 & 0 \\ 0 & 0 & 1 \end{pmatrix}\begin{pmatrix} 2 & -3 & 4 \\ 5 & 6 & -7 \\ 8 & 9 & 0 \end{pmatrix}=\begin{pmatrix} 2 & -3 & 4 \\ 11 & -3 & 5 \\ 8 & 9 & 0 \end{pmatrix}$　$P_{21}(3)$

例題 1

(1)　$\begin{pmatrix} 0 & 1 \\ 1 & 0 \end{pmatrix}$ は 2×2 基本行列 P_{12} であり，この行列を左から掛けることに対応する行基本操作は，1 行目と 2 行目を入れ替える操作 ①$\Longleftrightarrow$② であることを確かめよ。

(2)　$\begin{pmatrix} 1 & 0 & 0 \\ 0 & -2 & 0 \\ 0 & 0 & 1 \end{pmatrix}$ は 3×3 基本行列 $P_2(-2)$ であり，この行列を左から掛けることに対応する行基本操作は，2 行目を -2 倍する操作 ②$\times(-2)$ であることを確かめよ。

(3)　$\begin{pmatrix} 1 & 0 & 0 \\ 3 & 1 & 0 \\ 0 & 0 & 1 \end{pmatrix}$ は 3×3 基本行列 $P_{21}(3)$ であり，この行列を左から掛けることに対応する行基本操作は，1 行目を 3 倍して，2 行目に足す操作 ①$\times3+$② であることを確かめよ。

解答

(1)　$\begin{pmatrix} 0 & 1 \\ 1 & 0 \end{pmatrix}\begin{pmatrix} p & q \\ r & s \end{pmatrix}=\begin{pmatrix} 0\cdot p+1\cdot r & 0\cdot q+1\cdot s \\ 1\cdot p+0\cdot r & 1\cdot q+0\cdot s \end{pmatrix}=\begin{pmatrix} r & s \\ p & q \end{pmatrix}$

一方で　$\begin{pmatrix} p & q \\ r & s \end{pmatrix}\xrightarrow{①\Leftrightarrow②}\begin{pmatrix} r & s \\ p & q \end{pmatrix}$

よって，基本行列 P_{12} を左から掛けることは 1 行目と 2 行目を入れ替える操作 ①$\Longleftrightarrow$② に対応している。

(2) $\begin{pmatrix} 1 & 0 & 0 \\ 0 & -2 & 0 \\ 0 & 0 & 1 \end{pmatrix}\begin{pmatrix} p & q & r \\ s & t & u \\ x & y & z \end{pmatrix}$

$$=\begin{pmatrix} 1\cdot p+0\cdot s+0\cdot x & 1\cdot q+0\cdot t+0\cdot y & 1\cdot r+0\cdot u+0\cdot z \\ 0\cdot p+(-2)\cdot s+0\cdot x & 0\cdot q+(-2)\cdot t+0\cdot y & 0\cdot r+(-2)\cdot u+0\cdot z \\ 0\cdot p+0\cdot s+1\cdot x & 0\cdot q+0\cdot t+1\cdot y & 0\cdot r+0\cdot u+1\cdot z \end{pmatrix}$$

$$=\begin{pmatrix} p & q & r \\ -2s & -2t & -2u \\ x & y & z \end{pmatrix}$$

一方で

$$\begin{pmatrix} p & q & r \\ s & t & u \\ x & y & z \end{pmatrix} \xrightarrow{②\times(-2)} \begin{pmatrix} p & q & r \\ -2s & -2t & -2u \\ x & y & z \end{pmatrix}$$

よって，基本行列 $P_2(-2)$ を左から掛けることは 2 行目を -2 倍する操作 ②×(−2) に対応している。

(3) $\begin{pmatrix} 1 & 0 & 0 \\ 3 & 1 & 0 \\ 0 & 0 & 1 \end{pmatrix}\begin{pmatrix} p & q & r \\ s & t & u \\ x & y & z \end{pmatrix}$

$$=\begin{pmatrix} 1\cdot p+0\cdot s+0\cdot x & 1\cdot q+0\cdot t+0\cdot y & 1\cdot r+0\cdot u+0\cdot z \\ 3\cdot p+1\cdot s+0\cdot x & 3\cdot q+1\cdot t+0\cdot y & 3\cdot r+1\cdot u+0\cdot z \\ 0\cdot p+0\cdot s+1\cdot x & 0\cdot q+0\cdot t+1\cdot y & 0\cdot r+0\cdot u+1\cdot z \end{pmatrix}$$

$$=\begin{pmatrix} p & q & r \\ 3p+s & 3q+t & 3r+u \\ x & y & z \end{pmatrix}$$

一方で

$$\begin{pmatrix} p & q & r \\ s & t & u \\ x & y & z \end{pmatrix} \xrightarrow{①\times 3+②} \begin{pmatrix} p & q & r \\ 3p+s & 3q+t & 3r+u \\ x & y & z \end{pmatrix}$$

よって，基本行列 $P_{21}(3)$ を左から掛けることは 1 行目を 3 倍して，2 行目に足す操作 ①×3+② に対応している。

定理（基本行列と行基本変形）は，例題1のように，一般の行列について計算することにより証明される*)。

例題 2 次の行列が基本行列か，そうでないかを答えよ。

基本行列であるならば，その行列を $\begin{pmatrix} 0 & 1 & 0 & 1 \\ -1 & 1 & 1 & 0 \\ 0 & 0 & 0 & -1 \\ 1 & 0 & 1 & 1 \end{pmatrix}$ に左から掛けて，どのような行基本操作に対応するか答えよ。

(1) $\begin{pmatrix} 3 & 0 & 0 & 0 \\ 0 & 1 & 0 & 0 \\ 0 & 0 & 1 & 0 \\ 0 & 0 & 0 & 1 \end{pmatrix}$　　(2) $\begin{pmatrix} 0 & 0 & 0 & 0 \\ 0 & 1 & 0 & -1 \\ 0 & 0 & 1 & 0 \\ 0 & 0 & 0 & 1 \end{pmatrix}$

解答

(1) 基本行列である。

$$\begin{pmatrix} 3 & 0 & 0 & 0 \\ 0 & 1 & 0 & 0 \\ 0 & 0 & 1 & 0 \\ 0 & 0 & 0 & 1 \end{pmatrix}\begin{pmatrix} 0 & 1 & 0 & 1 \\ -1 & 1 & 1 & 0 \\ 0 & 0 & 0 & -1 \\ 1 & 0 & 1 & 1 \end{pmatrix}=\begin{pmatrix} 0 & 3 & 0 & 3 \\ -1 & 1 & 1 & 0 \\ 0 & 0 & 0 & -1 \\ 1 & 0 & 1 & 1 \end{pmatrix}$$

よって，1行目の3倍，すなわち ①×3 に対応する。

(2) 定義 3-1（95ページ）の条件 [1]～[3] を満たさないので，基本行列でない。

練習 1 次の行列に，それぞれ括弧内で示された基本行列を左から掛けて，その結果が対応する行基本操作を行ったものになっていることを確かめよ。

(1) $\begin{pmatrix} -4 & 2 & 1 & -1 \\ 1 & 3 & 2 & 1 \end{pmatrix}$ (P_{12})　　(2) $\begin{pmatrix} 1 & 3 & -2 \\ 3 & 2 & 1 \end{pmatrix}$ $(P_{21}(-3))$

(3) $\begin{pmatrix} 1 & 2 & 3 \\ -2 & 3 & 1 \\ 3 & -1 & 2 \end{pmatrix}$ $(P_{21}(2))$　　(4) $\begin{pmatrix} 2 & 1 & 2 & 3 \\ 2 & 1 & -1 & 2 \\ -1 & 2 & 3 & 0 \end{pmatrix}$ $(P_3(-1))$

さらに，何回かの行基本操作を続けて行うことは，対応する基本行列を左から順に掛けることで実現される。

*）証明は，『数研講座シリーズ　大学教養　線形代数』を参照。

例4　基本行列を左から掛ける

$A=\begin{pmatrix} 4 & 1 \\ 2 & 0 \end{pmatrix}$ に対して，行基本操作 ①⟺② を行い，得られた行列に行基本操作 ①$\times\dfrac{1}{2}$ を行い，さらに得られた行列に行基本操作 ①$\times(-4)+$② を行う。

$$\begin{pmatrix} 4 & 1 \\ 2 & 0 \end{pmatrix} \xrightarrow{\text{①}\Leftrightarrow\text{②}} \begin{pmatrix} 2 & 0 \\ 4 & 1 \end{pmatrix} \xrightarrow{\text{①}\times\frac{1}{2}} \begin{pmatrix} 1 & 0 \\ 4 & 1 \end{pmatrix} \xrightarrow{\text{①}\times(-4)+\text{②}} \begin{pmatrix} 1 & 0 \\ 0 & 1 \end{pmatrix}$$

対応する基本行列を左から順に掛けていくと，次のようになる。

$$\begin{aligned} P_{21}(-4)P_1\left(\frac{1}{2}\right)P_{12}A &= \begin{pmatrix} 1 & 0 \\ -4 & 1 \end{pmatrix}\begin{pmatrix} \frac{1}{2} & 0 \\ 0 & 1 \end{pmatrix}\begin{pmatrix} 0 & 1 \\ 1 & 0 \end{pmatrix}\begin{pmatrix} 4 & 1 \\ 2 & 0 \end{pmatrix} \\ &= \begin{pmatrix} 1 & 0 \\ -4 & 1 \end{pmatrix}\begin{pmatrix} \frac{1}{2} & 0 \\ 0 & 1 \end{pmatrix}\begin{pmatrix} 2 & 0 \\ 4 & 1 \end{pmatrix} \\ &= \begin{pmatrix} 1 & 0 \\ -4 & 1 \end{pmatrix}\begin{pmatrix} 1 & 0 \\ 4 & 1 \end{pmatrix} \\ &= \begin{pmatrix} 1 & 0 \\ 0 & 1 \end{pmatrix} \end{aligned}$$

練習2　行列Aに，次の行基本操作を左から順に行った結果を，基本行列を用いて表せ。

①⟺③，②$\times(-1)$，①$\times(-2)+$③，①$\times\dfrac{1}{7}$

ここまでと，定理（行基本変形と簡約階段形）（72ページ）より，次の定理が成り立つ。

定理　基本行列と簡約階段形

任意の $m\times n$ 行列Aに対して，$B=Q_1Q_2\cdots\cdots Q_sA$ が簡約階段形となるような，有限個のm次基本行列 Q_1，Q_2，……，Q_s が存在する。

研究　基本行列と転置行列

基本行列と転置行列について，次の定理が成り立つ。

定理　基本行列と転置行列

基本行列の転置行列は基本行列となり，以下が成り立つ。

$$ {}^tP_{ij}=P_{ij},\quad {}^t\{P_i(c)\}=P_i(c),\quad {}^t\{P_{ij}(a)\}=P_{ji}(a) $$

例 5　3×3 基本行列の転置行列

$$ {}^t\begin{pmatrix}0&1&0\\1&0&0\\0&0&1\end{pmatrix}=\begin{pmatrix}0&1&0\\1&0&0\\0&0&1\end{pmatrix},\quad {}^t\begin{pmatrix}1&0&0\\0&2&0\\0&0&1\end{pmatrix}=\begin{pmatrix}1&0&0\\0&2&0\\0&0&1\end{pmatrix}, $$

$$ {}^t\begin{pmatrix}1&0&0\\2&1&0\\0&0&1\end{pmatrix}=\begin{pmatrix}1&2&0\\0&1&0\\0&0&1\end{pmatrix} $$

練習 3　3 次基本行列について，上の定理を証明せよ。

B　基本行列と列基本変形

前項で学習したように，行基本操作は基本行列を左から掛けることで実現できた。では，基本行列を右から掛けることは，どのような操作に対応するのであろうか。

例 6　基本行列を右から掛ける

(1)　1 列目 ⟺ 2 列目
$$ \begin{pmatrix}2&-3&4\\5&6&-7\\8&9&0\end{pmatrix}\begin{pmatrix}0&1&0\\1&0&0\\0&0&1\end{pmatrix}=\begin{pmatrix}-3&2&4\\6&5&-7\\9&8&0\end{pmatrix}\qquad P_{12} $$

(2)　2 列目×2
$$ \begin{pmatrix}2&-3&4\\5&6&-7\\8&9&0\end{pmatrix}\begin{pmatrix}1&0&0\\0&2&0\\0&0&1\end{pmatrix}=\begin{pmatrix}2&-6&4\\5&12&-7\\8&18&0\end{pmatrix}\qquad P_2(2) $$

(3)　2 列目×2＋1 列目
$$ \begin{pmatrix}2&-3&4\\5&6&-7\\8&9&0\end{pmatrix}\begin{pmatrix}1&0&0\\2&1&0\\0&0&1\end{pmatrix}=\begin{pmatrix}-4&-3&4\\17&6&-7\\26&9&0\end{pmatrix}\qquad P_{21}(2) $$

例 6 で扱った行列 $\begin{pmatrix} 2 & -3 & 4 \\ 5 & 6 & -7 \\ 8 & 9 & 0 \end{pmatrix}$ をAとすると，次の(1)～(3)がわかる。

(1) はAの 1 列目と 2 列目を入れ替える操作に対応している。

(2) はAの 2 列目を 2 倍する操作に対応している。

(3) はAの 2 列目を 2 倍して 1 列目に足す操作に対応している。

この例から，基本行列を右から掛けることは，行列の列に関する操作に対応していることがわかる。そこで，行基本操作に対応して，次の 3 つの操作 (C1)，(C2)，(C3) を行列の **列基本操作** と定義する[*)]。

(C1)　i 列目と j 列目を入れ替える ($i \neq j$)。

(C2)　i 列目を c 倍する（c は 0 でない定数)。

(C3)　j 列目の a 倍を i 列目に足す（a は定数で $i \neq j$)。

本書では，これらの操作を，以下の記号で表す。

$$\text{(C1)}\quad \xrightarrow{\boxed{i} \Leftrightarrow \boxed{j}} \qquad \text{(C2)}\quad \xrightarrow{\boxed{i} \times c} \qquad \text{(C3)}\quad \xrightarrow{\boxed{j} \times a + \boxed{i}}$$

一般の $m \times n$ 行列Aに対する列基本操作は以下のように表される。

$$\begin{pmatrix} \cdots & a_{1i} & \cdots & a_{1j} & \cdots \\ \cdots & a_{2i} & \cdots & a_{2j} & \cdots \\ & \vdots & & \vdots & \\ \cdots & a_{mi} & \cdots & a_{mj} & \cdots \end{pmatrix} \xrightarrow{\boxed{i} \Leftrightarrow \boxed{j}} \begin{pmatrix} \cdots & a_{1j} & \cdots & a_{1i} & \cdots \\ \cdots & a_{2j} & \cdots & a_{2i} & \cdots \\ & \vdots & & \vdots & \\ \cdots & a_{mj} & \cdots & a_{mi} & \cdots \end{pmatrix} \qquad \text{(C1)}$$

$$\begin{pmatrix} \cdots & a_{1i} & \cdots \\ \cdots & a_{2i} & \cdots \\ & \vdots & \\ \cdots & a_{mi} & \cdots \end{pmatrix} \xrightarrow{\boxed{i} \times c} \begin{pmatrix} \cdots & ca_{1i} & \cdots \\ \cdots & ca_{2i} & \cdots \\ & \vdots & \\ \cdots & ca_{mi} & \cdots \end{pmatrix} \qquad \text{(C2)}$$

$$\begin{pmatrix} \cdots & a_{1i} & \cdots & a_{1j} & \cdots \\ \cdots & a_{2i} & \cdots & a_{2j} & \cdots \\ & \vdots & & \vdots & \\ \cdots & a_{mi} & \cdots & a_{mj} & \cdots \end{pmatrix} \xrightarrow{\boxed{j} \times a + \boxed{i}} \begin{pmatrix} \cdots & a_{1i}+aa_{1j} & \cdots & a_{1j} & \cdots \\ \cdots & a_{2i}+aa_{2j} & \cdots & a_{2j} & \cdots \\ & \vdots & & \vdots & \\ \cdots & a_{mi}+aa_{mj} & \cdots & a_{mj} & \cdots \end{pmatrix} \qquad \text{(C3)}$$

列基本操作を有限回繰り返して行列を変形していくことを行列の **列基本変形** という。

---

*）Cは「列」を表す英語 Column の頭文字による。

練習 4　次の行列に，それぞれ括弧内で示された列基本変形を行った結果を答えよ。

(1) $\begin{pmatrix} a & b \\ c & d \end{pmatrix}$ $(\boxed{1} \Leftrightarrow \boxed{2})$

(2) $\begin{pmatrix} 2 & 2 & -3 \\ 0 & -1 & 2 \end{pmatrix}$ $\left(\boxed{1} \times \dfrac{1}{2}\right)$

(3) $\begin{pmatrix} 1 & 2 & 3 \\ 3 & 4 & -1 \\ -2 & 4 & 7 \end{pmatrix}$ $(\boxed{1} \times (-2) + \boxed{2})$

注意　行基本操作と同様に，列基本操作の逆の操作も列基本操作になっている。すなわち，列基本操作も **可逆** であり，行列をある列基本操作で変形したとき，逆の操作に対応する列基本操作を行うことによって，もとに戻すことができる。

定理 (基本行列と行基本変形) (96 ページ) と同様に，一般に 3 種類の基本行列を右から掛けることと，3 種類の列基本操作が対応する。

定理　基本行列と列基本変形

A を $m \times n$ 行列とする。
i，j $(i \neq j)$ は自然数，c，a は実数の定数であるとする。行列 A に基本行列 P_{ij}，$P_i(c)$，$P_{ij}(a)$ を右から掛けることは，それぞれ (C1)，(C2)，(C3) の列基本操作を行うことに対応する。

[1]　行列 A に列基本操作 (C1) $\underset{\longrightarrow}{\boxed{i} \Leftrightarrow \boxed{j}}$ を行って得られる行列を B_1 とすると，$B_1 = AP_{ij}$ が成り立つ。

[2]　行列 A に列基本操作 (C2) $\underset{\longrightarrow}{\boxed{i} \times c}$ $(c \neq 0)$ を行って得られる行列を B_2 とすると，$B_2 = AP_i(c)$ が成り立つ。

[3]　行列 A に列基本操作 (C3) $\underset{\longrightarrow}{\boxed{j} \times a + \boxed{i}}$ を行って得られる行列を B_3 とすると，$B_3 = AP_{ji}(a)$ が成り立つ。

注意　上の定理 [3] においては，列基本操作の記号と，対応する基本行列の記号に現れる i と j の順序は同じである (行基本操作とは逆になる)。

例 7 基本行列と列基本操作

(1) $\boxed{1} \Longleftrightarrow \boxed{2}$ $\begin{pmatrix} 3 & 1 & 5 \\ 6 & 4 & 7 \\ 0 & -2 & 8 \end{pmatrix}\begin{pmatrix} 0 & 1 & 0 \\ 1 & 0 & 0 \\ 0 & 0 & 1 \end{pmatrix}=\begin{pmatrix} 1 & 3 & 5 \\ 4 & 6 & 7 \\ -2 & 0 & 8 \end{pmatrix}$ P_{12}

(2) $\boxed{2} \times 2$ $\begin{pmatrix} 3 & 1 & 5 \\ 6 & 4 & 7 \\ 0 & -2 & 8 \end{pmatrix}\begin{pmatrix} 1 & 0 & 0 \\ 0 & 2 & 0 \\ 0 & 0 & 1 \end{pmatrix}=\begin{pmatrix} 3 & 2 & 5 \\ 6 & 8 & 7 \\ 0 & -4 & 8 \end{pmatrix}$ $P_2(2)$

(3) $\boxed{2} \times 2 + \boxed{1}$ $\begin{pmatrix} 3 & 1 & 5 \\ 6 & 4 & 7 \\ 0 & -2 & 8 \end{pmatrix}\begin{pmatrix} 1 & 0 & 0 \\ 2 & 1 & 0 \\ 0 & 0 & 1 \end{pmatrix}=\begin{pmatrix} 5 & 1 & 5 \\ 14 & 4 & 7 \\ -4 & -2 & 8 \end{pmatrix}$ $P_{21}(2)$

例題 3

(1) $\begin{pmatrix} 0 & 1 \\ 1 & 0 \end{pmatrix}$ は 2×2 基本行列 P_{12} であり，この行列を右から掛けることに対応する列基本操作は，1 列目と 2 列目を入れ替える操作であることを確かめよ。

(2) $\begin{pmatrix} 1 & 0 & 0 \\ 3 & 1 & 0 \\ 0 & 0 & 1 \end{pmatrix}$ は 3×3 基本行列 $P_{21}(3)$ であり，この行列を右から掛けることに対応する列基本操作は，2 列目を 3 倍して 1 列目に足す操作であることを確かめよ。

解答

(1) $\begin{pmatrix} p & q \\ r & s \end{pmatrix}\begin{pmatrix} 0 & 1 \\ 1 & 0 \end{pmatrix}=\begin{pmatrix} q & p \\ s & r \end{pmatrix}$ であり，

一方で $\begin{pmatrix} p & q \\ r & s \end{pmatrix} \xrightarrow{\boxed{1} \Longleftrightarrow \boxed{2}} \begin{pmatrix} q & p \\ s & r \end{pmatrix}$

よって，基本行列 P_{12} を右から掛けることは，1 列目と 2 列目を入れ替える操作 $\boxed{1} \Longleftrightarrow \boxed{2}$ に対応している。

(2) $\begin{pmatrix} p & q & r \\ s & t & u \\ x & y & z \end{pmatrix}\begin{pmatrix} 1 & 0 & 0 \\ 3 & 1 & 0 \\ 0 & 0 & 1 \end{pmatrix}=\begin{pmatrix} p+3q & q & r \\ s+3t & t & u \\ x+3y & y & z \end{pmatrix}$ であり，

一方で $\begin{pmatrix} p & q & r \\ s & t & u \\ x & y & z \end{pmatrix} \xrightarrow{\boxed{2} \times 3 + \boxed{1}} \begin{pmatrix} p+3q & q & r \\ s+3t & t & u \\ x+3y & y & z \end{pmatrix}$

よって，基本行列 $P_{21}(3)$ を右から掛けることは 2 列目を 3 倍して 1 列目に足す操作 $\boxed{2}\times 3+\boxed{1}$ に対応している。

練習 5 次の行列に，それぞれ括弧内で示された基本行列を右から掛けて，その結果が対応する列基本操作を行ったものになっていることを確かめよ。

(1) $\begin{pmatrix} a & b \\ c & d \end{pmatrix}$ (P_{12})

(2) $\begin{pmatrix} 2 & 2 & -3 \\ 0 & -1 & 2 \end{pmatrix}$ $\left(P_1\left(\dfrac{1}{2}\right)\right)$

(3) $\begin{pmatrix} 1 & 2 & 3 \\ 3 & 4 & -1 \\ -2 & 4 & 7 \end{pmatrix}$ $(P_{12}(-2))$

定理（基本行列と列基本変形）は，例題 3 のように，一般の行列について計算することにより証明される[*)]。

さらに，列基本変形（すなわち，何回かの列基本操作を続けて行うこと）は，対応する基本行列を右から順に掛けることで実現される。

例 8　列基本操作：右から基本行列を掛ける

$A=\begin{pmatrix} 4 & 1 \\ 2 & 0 \end{pmatrix}$ に対して，列基本操作 $\boxed{1}\Longleftrightarrow\boxed{2}$ を行い，得られた行列に列基本操作 $\boxed{1}\times(-4)+\boxed{2}$ を行い，さらに得られた行列に列基本操作 $\boxed{2}\times\dfrac{1}{2}$ を行う。

$$\begin{pmatrix} 4 & 1 \\ 2 & 0 \end{pmatrix} \xrightarrow{\boxed{1}\Longleftrightarrow\boxed{2}} \begin{pmatrix} 1 & 4 \\ 0 & 2 \end{pmatrix} \xrightarrow{\boxed{1}\times(-4)+\boxed{2}} \begin{pmatrix} 1 & 0 \\ 0 & 2 \end{pmatrix} \xrightarrow{\boxed{2}\times\frac{1}{2}} \begin{pmatrix} 1 & 0 \\ 0 & 1 \end{pmatrix}$$

対応する基本行列を右から順に掛けていくと，次のようになる。

$$AP_{12}P_{12}(-4)P_2\left(\frac{1}{2}\right)=\begin{pmatrix} 4 & 1 \\ 2 & 0 \end{pmatrix}\begin{pmatrix} 0 & 1 \\ 1 & 0 \end{pmatrix}\begin{pmatrix} 1 & -4 \\ 0 & 1 \end{pmatrix}\begin{pmatrix} 1 & 0 \\ 0 & \frac{1}{2} \end{pmatrix}$$

$$=\begin{pmatrix} 1 & 4 \\ 0 & 2 \end{pmatrix}\begin{pmatrix} 1 & -4 \\ 0 & 1 \end{pmatrix}\begin{pmatrix} 1 & 0 \\ 0 & \frac{1}{2} \end{pmatrix}=\begin{pmatrix} 1 & 0 \\ 0 & 2 \end{pmatrix}\begin{pmatrix} 1 & 0 \\ 0 & \frac{1}{2} \end{pmatrix}=\begin{pmatrix} 1 & 0 \\ 0 & 1 \end{pmatrix}$$

練習 6 行列 A に，列基本操作 $\boxed{1}\Longleftrightarrow\boxed{3}$，$\boxed{1}\times(-2)+\boxed{3}$，$\boxed{2}\times(-1)$，$\boxed{3}\times\dfrac{1}{7}$，$\boxed{3}\times 3+\boxed{1}$ を，左から順に行った結果を，基本行列を用いて表せ。

＊）証明は，『数研講座シリーズ　大学教養　線形代数』の 79 ～ 80 ページを参照。

C　行列の標準形

定理（行基本変形と簡約階段形）（72 ページ）により，行基本変形を用いると，任意の行列は簡約階段形に変形できる。

簡約階段形に対して，さらに列基本変形を用いると，どのような形に変形できるのであろうか。

例 9　簡約階段形から先の行列の変形

簡約階段化行列 $\begin{pmatrix} 1 & 3 & 0 & -1 & 0 \\ 0 & 0 & 1 & 2 & 0 \\ 0 & 0 & 0 & 0 & 1 \end{pmatrix}$ は，列基本変形により，さらに変形できる。

$$\begin{pmatrix} 1 & 3 & 0 & -1 & 0 \\ 0 & 0 & 1 & 2 & 0 \\ 0 & 0 & 0 & 0 & 1 \end{pmatrix} \xrightarrow{\boxed{1}\times(-3)+\boxed{2}} \begin{pmatrix} 1 & 0 & 0 & -1 & 0 \\ 0 & 0 & 1 & 2 & 0 \\ 0 & 0 & 0 & 0 & 1 \end{pmatrix}$$

$$\xrightarrow{\boxed{1}\times 1+\boxed{4}} \begin{pmatrix} 1 & 0 & 0 & 0 & 0 \\ 0 & 0 & 1 & 2 & 0 \\ 0 & 0 & 0 & 0 & 1 \end{pmatrix} \xrightarrow{\boxed{2}\Leftrightarrow\boxed{3}} \begin{pmatrix} 1 & 0 & 0 & 0 & 0 \\ 0 & 1 & 0 & 2 & 0 \\ 0 & 0 & 0 & 0 & 1 \end{pmatrix}$$

$$\xrightarrow{\boxed{2}\times(-2)+\boxed{4}} \begin{pmatrix} 1 & 0 & 0 & 0 & 0 \\ 0 & 1 & 0 & 0 & 0 \\ 0 & 0 & 0 & 0 & 1 \end{pmatrix} \xrightarrow{\boxed{3}\Leftrightarrow\boxed{5}} \begin{pmatrix} 1 & 0 & 0 & 0 & 0 \\ 0 & 1 & 0 & 0 & 0 \\ 0 & 0 & 1 & 0 & 0 \end{pmatrix}$$

例 9 のように，列基本変形を用いると，簡約階段形からより簡単な形に変形することができる。すなわち，次ページの定理が成り立つ。

定理　行列の標準形

A を $m\times n$ 行列とし，$\mathrm{rank}\,A=r$ であるとする。このとき，行基本変形と列基本変形により，行列 A を次の形に変形することができる。

[1]　r 個の $(i,\ i)$ 成分 $(i=1,\ 2,\ \cdots\cdots,\ r)$ は 1 である。

[2]　残りの他の成分はすべて 0 である。

$$\begin{pmatrix} 1 & & & \\ & \ddots & & \mathbf{0} \\ & & 1 & \\ \mathbf{0} & & & \end{pmatrix}$$

いい換えると，行列 A に対して，m 次基本行列の有限個の積である行列 Q と，n 次基本行列の有限個の積である行列 P が存在して，行列 QAP が上の形の行列になる。

前ページのような形の行列を，行列 A の **標準形** という。

前ページの定理の証明は，例 9 の変形を一般的に記述することによって示すことができる*)。

なお，定理（簡約階段化行列の一意性）（74 ページ）より，行列 A に対して，A の簡約階段化行列はただ 1 つに定まる。このことと上の定理の証明から，行列 A に対して，A の標準形の行列もただ 1 つに定まる。

補足　以降，簡単のため，行基本変形と列基本変形を合わせて，単に **基本変形** ということがある。

例題 4　行列 $\begin{pmatrix}2&0&1&4\\0&-1&0&-4\\1&0&-3&-5\end{pmatrix}$ を，基本変形を用いて標準形にせよ。

解答

$$\begin{pmatrix}2&0&1&4\\0&-1&0&-4\\1&0&-3&-5\end{pmatrix}\xrightarrow{\text{①}\Leftrightarrow\text{③}}\begin{pmatrix}1&0&-3&-5\\0&-1&0&-4\\2&0&1&4\end{pmatrix}$$

$$\xrightarrow{\text{①}\times(-2)+\text{③}}\begin{pmatrix}1&0&-3&-5\\0&-1&0&-4\\0&0&7&14\end{pmatrix}\xrightarrow{\text{②}\times(-1)}\begin{pmatrix}1&0&-3&-5\\0&1&0&4\\0&0&7&14\end{pmatrix}$$

$$\xrightarrow{\text{③}\times\frac{1}{7}}\begin{pmatrix}1&0&-3&-5\\0&1&0&4\\0&0&1&2\end{pmatrix}\xrightarrow{\text{③}\times 3+\text{①}}\begin{pmatrix}1&0&0&1\\0&1&0&4\\0&0&1&2\end{pmatrix}$$

$$\xrightarrow{\boxed{1}\times(-1)+\boxed{4}}\begin{pmatrix}1&0&0&0\\0&1&0&4\\0&0&1&2\end{pmatrix}\xrightarrow{\boxed{2}\times(-4)+\boxed{4}}\begin{pmatrix}1&0&0&0\\0&1&0&0\\0&0&1&2\end{pmatrix}$$

$$\xrightarrow{\boxed{3}\times(-2)+\boxed{4}}\begin{pmatrix}1&0&0&0\\0&1&0&0\\0&0&1&0\end{pmatrix}$$

---

*）証明は，『数研講座シリーズ　大学教養　線形代数』の 81～82 ページを参照。

練習7 次の行列の簡約階段形および標準形を求めよ。

(1) $\begin{pmatrix} 3 & 1 & 2 \\ 2 & 1 & 3 \end{pmatrix}$ (2) $\begin{pmatrix} -2 & 3 & -2 \\ 0 & 1 & 2 \\ -2 & 4 & 0 \end{pmatrix}$ (3) $\begin{pmatrix} 1 & 0 & 1 & 1 \\ 0 & 3 & 0 & 0 \\ 0 & 2 & 3 & 0 \end{pmatrix}$

補充問題

1　次の問いに答えよ。

(1) 行列Aに，行基本操作 ①×2+②，①×(−2)+③，②×1+③，③×(−1)+①，③×(−2)+② を，左から順に行った結果を，基本行列を用いて表せ。

(2) 行列Aに，列基本操作 $\boxed{1}\times(-3)+\boxed{3}$，$\boxed{2}\Longleftrightarrow\boxed{3}$，$\boxed{2}\times 2+\boxed{3}$ を，左から順に行った結果を，基本行列を用いて表せ。

2　次の行列の簡約階段形および標準形を求めよ。

(1) $\begin{pmatrix} 1 & 5 & 3 \\ 2 & -4 & -1 \end{pmatrix}$ (2) $\begin{pmatrix} 2 & 1 & 3 \\ 0 & 1 & 1 \\ -3 & -2 & -5 \end{pmatrix}$

(3) $\begin{pmatrix} 1 & -3 & 1 & 0 \\ 0 & -2 & 1 & 1 \\ 0 & 1 & 0 & 0 \end{pmatrix}$

第 2 節　行列の正則性

この節では，前節で導入した基本行列を用いて，44 ページで導入した正則行列の特徴付けについて学ぶ。

A　連立 1 次方程式と正則行列の関係

まず，正則行列の定義を復習しておこう。

n 次正方行列 A が逆行列をもつとき，すなわち，$XA=AX=E$ となる n 次正方行列 X が存在するとき，A を正則行列という。

また，上の行列 X を A の逆行列といい，A^{-1} で表すとした。

ここで，前章までで学んだ連立 1 次方程式の行列を用いた表示と，正則行列の関係について考える。

n 個の方程式からなる n 元連立 1 次方程式が，$A\boldsymbol{x}=\boldsymbol{b}$ と表されているとする。ここで，行列 A は n 次正方行列，$\boldsymbol{b}$ は n 次列ベクトル，$\boldsymbol{x}$ は未知数ベクトルである。

このとき，係数行列 A が正則ならば，行列 A の逆行列を A^{-1} として，次のように連立 1 次方程式の解を求めることができる（42，43 ページも参照）。

$$A\boldsymbol{x}=\boldsymbol{b} \implies A^{-1}A\boldsymbol{x}=A^{-1}\boldsymbol{b}$$
$$\implies E\boldsymbol{x}=A^{-1}\boldsymbol{b} \implies \boldsymbol{x}=A^{-1}\boldsymbol{b}$$

補足　方程式 $A\boldsymbol{x}=\boldsymbol{b}$ の両辺に A^{-1} を左から掛けてから，$A^{-1}A=E$，$E\boldsymbol{x}=\boldsymbol{x}$ を利用した。

この場合，解 $\boldsymbol{x}$ はただ 1 つに定まることがわかる。

練習 8　連立 1 次方程式 $\begin{cases} x+3y=-1 \\ 2x+5y=\ \ 4 \end{cases}$ を行列を用いて表し，その係数行列の逆行列を 2 次正方行列の逆行列の性質を用いて求め，その解を求めよ。

B　正則行列の判定

与えられた行列が正則であるかどうか判定することは，連立 1 次方程式を行列を用いて表す際，その係数行列の逆行列を具体的に求めることに応用でき，重要である。次ページの定理は，与えられた正方行列が正則であるかどうかを判定する必要十分条件を与えている。

定理　正則行列と階数

n 次正方行列 A について，次の 3 つの条件は同値である。

[1]　行列 A は正則である。　　[2]　$\mathrm{rank}\,A=n$

[3]　行列 A は有限個の基本行列の積で表される。

例 10　正則行列と階数

行列 $A=\begin{pmatrix}2&4\\5&3\end{pmatrix}$ が定理の 3 つの条件をすべて満たすことを確かめる。

[2]　A は次のように簡約階段化できるので，$\mathrm{rank}\,A=2$ である。

$$A=\begin{pmatrix}2&4\\5&3\end{pmatrix}\xrightarrow{\text{①}\times\frac{1}{2}}\begin{pmatrix}1&2\\5&3\end{pmatrix}\xrightarrow{\text{①}\times(-5)+\text{②}}\begin{pmatrix}1&2\\0&-7\end{pmatrix}$$

$$\xrightarrow{\text{②}\times\left(-\frac{1}{7}\right)}\begin{pmatrix}1&2\\0&1\end{pmatrix}\xrightarrow{\text{②}\times(-2)+\text{①}}\begin{pmatrix}1&0\\0&1\end{pmatrix}$$

[1]　上の行基本操作に対応して，基本行列を A に左から掛けると，

$P_{12}(-2)P_2\left(-\frac{1}{7}\right)P_{21}(-5)P_1\left(\frac{1}{2}\right)A=E$ のように表される（100 ページの例 4 も参照）。ここで，$P_{12}(-2)P_2\left(-\frac{1}{7}\right)P_{21}(-5)P_1\left(\frac{1}{2}\right)$ を先に計算して，得られた行列を P とすると，$PA=E$ が成り立つ。また，$AP=E$ も確かめられる。

したがって，A は正則であり，その逆行列は $A^{-1}=P$ である。

[3]　65 ページで説明したように，各行基本操作はそれぞれ可逆である。したがって，上の行基本変形は次のように逆にたどることができる。

$$\begin{pmatrix}1&0\\0&1\end{pmatrix}\xrightarrow{\text{②}\times2+\text{①}}\begin{pmatrix}1&2\\0&1\end{pmatrix}\xrightarrow{\text{②}\times(-7)}\begin{pmatrix}1&2\\0&-7\end{pmatrix}$$

$$\xrightarrow{\text{①}\times5+\text{②}}\begin{pmatrix}1&2\\5&3\end{pmatrix}\xrightarrow{\text{①}\times2}\begin{pmatrix}2&4\\5&3\end{pmatrix}=A$$

ここで，例 4 のように，上の行基本変形に対応して基本行列を単位行列に左から順に掛けると，$P_1(2)P_{21}(5)P_2(-7)P_{12}(2)E=A$ のようになる。

したがって，$A=P_1(2)P_{21}(5)P_2(-7)P_{12}(2)$ であるから，A は基本行列の積で表される。■

練習 9　正則行列 $\begin{pmatrix} 1 & 0 & 2 \\ 0 & 3 & 0 \\ 4 & 0 & 5 \end{pmatrix}$ について，例 10 と同様に定理（正則行列と階数）の条件 [2]，[3] が成り立つことを確かめよ。

C　正則行列と階数の定理の証明

定理（正則行列と階数）を証明するために，まず次の補題を用意する。

補題　基本行列の正則性

n 次基本行列 P_{ij}，$P_i(c)$，$P_{ij}(a)$（$i=1,\ 2,\ \cdots\cdots,\ n$，$j=1,\ 2,\ \cdots\cdots,\ n$，$i \neq j$，$c \neq 0$）はすべて正則である。また，次が成り立つ。

$$P_{ij}{}^{-1}=P_{ij},\qquad \{P_i(c)\}^{-1}=P_i\left(\frac{1}{c}\right),\qquad \{P_{ij}(a)\}^{-1}=P_{ij}(-a)$$

特に，基本行列の逆行列は，また基本行列である。

証明　補題の主張は，行基本操作，列基本操作が可逆であること（逆操作をもつこと）に対応している（65，103 ページも参照）。

例えば，単位行列に行基本操作 ⓙ$\times a+$ⓘ を行うことを，行列を用いて表すと　$E \xrightarrow{\textcircled{j}\times a+\textcircled{i}} A \iff A=P_{ij}(a)E=P_{ij}(a)$

となる。

さらに続けて，得られた行列 A に上の逆操作 ⓙ$\times(-a)+$ⓘ を行うと

$$E \xrightarrow{\textcircled{j}\times a+\textcircled{i}} A \xrightarrow{\textcircled{j}\times(-a)+\textcircled{i}} E$$
$$\iff E=P_{ij}(-a)A=P_{ij}(-a)P_{ij}(a)E=P_{ij}(-a)P_{ij}(a)$$

となる。

よって，$E=P_{ij}(-a)P_{ij}(a)$ が得られた。同様に，先に ⓙ$\times(-a)+$ⓘ を行い，続けて ⓙ$\times a+$ⓘ を行うことを考えれば，$E=P_{ij}(a)P_{ij}(-a)$ が得られる。

これらを合わせると　$P_{ij}(-a)P_{ij}(a)=P_{ij}(a)P_{ij}(-a)=E$

よって，基本行列 $P_{ij}(a)$ は正則であり，その逆行列は $P_{ij}(-a)$ である。

P_{ij}，$P_i(c)$ についても同様に証明することができる。■

練習 10　上の証明と同様にして，P_{ij}，$P_i(c)$ が正則行列であることを示せ。

これで，定理（正則行列と階数）の証明の準備が整った。

本来，[1] $\Longleftrightarrow$ [2]，[2] $\Longleftrightarrow$ [3]，[3] $\Longleftrightarrow$ [1] のすべての主張を確認する必要があるが，実は，[1] $\Longrightarrow$ [2]，[2] $\Longrightarrow$ [3]，[3] $\Longrightarrow$ [1] の3つだけを証明すればよい。これだけで [1] と [2] と [3] が同値であることが示せる。

証明　[1] $\Longrightarrow$ [2]　行列Aが正則である，すなわち，行列Aの逆行列が存在するとして，$\operatorname{rank} A=n$ であることを背理法で証明しよう。行列Aの逆行列を A^{-1} とする。

まず，$\operatorname{rank} A \neq n$ とする。すなわち，行列Aを簡約階段化して得られた行列をBとし，$\operatorname{rank} B \neq n$ とする。Bはn次正方行列であるから，$\operatorname{rank} B \leqq n-1$ であり，特に，行列Bの第n行の成分はすべて0である。

ここで，上の行列Aから行列Bまでの行基本変形を考え，それに対応する基本行列の積をPとする（例10 [1] を参照）。このとき，行基本変形に対応して左から基本行列を掛けるので　$PA=B$ ……（$*$）が成り立つ。

補題（基本行列の正則性）（111 ページ）と次ページの注意より，行列Pは逆行列をもつ。行列Pの逆行列を P^{-1} として，等式（$*$）の両辺に右から $A^{-1}P^{-1}$ を掛けると $E=BA^{-1}P^{-1}$ となる。

ところが，行列Bの第n行の成分はすべて0であり，どのような行列にBを左から掛けても，得られる行列の第n行の成分はすべて0であるから，単位行列にならない。

よって，矛盾が生じたので $\operatorname{rank} A=n$ である。■

証明　[2] $\Longrightarrow$ [3]　$\operatorname{rank} A=n$ であるとする。すなわち，行列Aを簡約階段化して得られた行列をBとし，$\operatorname{rank} B=n$ とする。

Bはn次正方行列であり簡約階段形であるから，71 ページの例題4のように考えると，$B=E$ であることがわかる。

ここで，例10 [3] のように，上の行基本変形を逆にたどり，行列Bから行列Aまでの行基本変形を考える。この行基本変形に対応する基本行列の積をPとすると，行基本変形に対応して行列Bに左から基本行列を掛けるので，$PB=A$ が成り立つ。$B=E$ であるから，$P=A$ である。

行列 P は基本行列の積であるから，よって，行列 A が有限個の基本行列の積であることが表された。 ■

証明　[3] $\Longrightarrow$ [1]　A が有限個の基本行列 P_1，P_2，……，P_s の積で表される，すなわち

$$A=P_1P_2\cdots\cdots P_s$$

が成り立っているとする。

補題（基本行列の正則性）から１つ１つの基本行列 P_1，P_2，……，P_s は，それぞれ正則である，すなわち逆行列をもつ。

このとき，定理（逆行列の性質）(44 ページ) より，基本行列の積も逆行列をもつ。

よって，その積は正則である。

したがって，A も正則である。 ■

次節では，実際に行列 A の逆行列がどのような形になるかを調べていく。

注意　上の [3] $\Longrightarrow$ [1] の証明について，例 10 [1] の方法で証明しようと考えるかもしれない。しかし，その方法では，$PA=E$ となる行列 P はみつかるが，その P が $AP=E$ を満たすかどうかはわからない。したがって，上のような証明を行う必要がある。

第 3 節　逆行列

ここでは，第 2 節で学習した正則行列の特徴付けを用いて，その逆行列を求めるための一般的なアルゴリズムについて学ぶ。

A　逆行列と基本変形

定理 (正則行列と階数) (110 ページ) の [1] $\Longrightarrow$ [3] より，正則行列 A はある有限個の基本行列 P_1，P_2，……，P_s を用いて次のように表される。

$$A=P_1P_2\cdots\cdots P_s \quad \cdots\cdots\ (*)$$

このとき，定理 (逆行列の性質) (44 ページ) より，次を得る。

$$A^{-1}=P_s{}^{-1}P_{s-1}{}^{-1}\cdots\cdots P_2{}^{-1}P_1{}^{-1} \quad \cdots\cdots\ (**)$$

例 11　逆行列と基本変形 2

$A=P_{21}(3)P_2(2)P_{12}$ に対して

$$\{P_{21}(3)\}^{-1}=P_{21}(-3),\ \{P_2(2)\}^{-1}=P_2\left(\frac{1}{2}\right),\ P_{12}{}^{-1}=P_{12}$$

であるから　$A^{-1}A=\left\{P_{12}P_2\left(\frac{1}{2}\right)P_{21}(-3)\right\}\{P_{21}(3)P_2(2)P_{12}\}$

$$=E$$

が成り立つことが確かめられる。

練習 11　行列 $P_{13}P_{23}(2)P_3(-1)$ の逆行列を，基本行列の積の形で表せ。

ここで，$(**)$ を $A^{-1}A=E$ に代入すると

$$(P_s{}^{-1}\cdots\cdots P_2{}^{-1}P_1{}^{-1})A=E \quad \cdots\cdots\ (***)$$

が得られ，$(***)$ の両辺に右から A^{-1} を掛けると

$$(P_s{}^{-1}\cdots\cdots P_2{}^{-1}P_1{}^{-1})E=A^{-1} \quad \cdots\cdots\ (****)$$

が得られる。これらの等式を，行基本変形を用いて表してみよう。

$P_1{}^{-1}$，$P_2{}^{-1}$，……，$P_s{}^{-1}$ は基本行列の逆行列なので，補題 (基本行列の正則性) (111 ページ) より，基本行列である。したがって，定理 (基本行列と行基本変形) (96 ページ) より，$P_1{}^{-1}$，$P_2{}^{-1}$，……，$P_s{}^{-1}$ を左から掛けることは，ある行基本操作 ((R1)，(R2)，(R3) のいずれか) に対応する。

これらの行基本操作をそれぞれ R_1, R_2, ……, R_s とすると，(＊＊＊)は次を意味する。

A に行基本操作 R_1, R_2, ……, R_s をこの順で施して，順に A_1, A_2, ……, A_s が得られるとすると，$A_s=E$ である。

$$A \xrightarrow{\mathrm{R}_1} A_1 \xrightarrow{\mathrm{R}_2} A_2 \longrightarrow \cdots\cdots \xrightarrow{\mathrm{R}_s} A_s=E$$

同様に考えると，等式(＊＊＊＊)は，次を意味する。

E に行基本操作 R_1, R_2, ……, R_s をこの順で施して，順に E_1, E_2, ……, E_s が得られるとすると，$E_s=A^{-1}$ である。

$$E \xrightarrow{\mathrm{R}_1} E_1 \xrightarrow{\mathrm{R}_2} E_2 \longrightarrow \cdots\cdots \xrightarrow{\mathrm{R}_s} E_s=A^{-1}$$

例題 5

(1) $A=\begin{pmatrix} 1 & 2 \\ 0 & 2 \end{pmatrix}$ を行基本変形を用いて，単位行列 E まで変形せよ。

(2) (1)で得た行基本変形を単位行列 E に施し，得られた行列が A の逆行列であることを確かめよ。

解答

(1) $A=\begin{pmatrix} 1 & 2 \\ 0 & 2 \end{pmatrix} \xrightarrow{\text{②}\times\frac{1}{2}} \begin{pmatrix} 1 & 2 \\ 0 & 1 \end{pmatrix} \xrightarrow{\text{②}\times(-2)+\text{①}} \begin{pmatrix} 1 & 0 \\ 0 & 1 \end{pmatrix}=E$

(2) $E=\begin{pmatrix} 1 & 0 \\ 0 & 1 \end{pmatrix} \xrightarrow{\text{②}\times\frac{1}{2}} \begin{pmatrix} 1 & 0 \\ 0 & \frac{1}{2} \end{pmatrix} \xrightarrow{\text{②}\times(-2)+\text{①}} \begin{pmatrix} 1 & -1 \\ 0 & \frac{1}{2} \end{pmatrix}$

ゆえに

$$\begin{pmatrix} 1 & 2 \\ 0 & 2 \end{pmatrix}\begin{pmatrix} 1 & -1 \\ 0 & \frac{1}{2} \end{pmatrix}=\begin{pmatrix} 1\cdot1+2\cdot0 & 1\cdot(-1)+2\cdot\frac{1}{2} \\ 0\cdot1+2\cdot0 & 0\cdot(-1)+2\cdot\frac{1}{2} \end{pmatrix}$$

$$=\begin{pmatrix} 1 & 0 \\ 0 & 1 \end{pmatrix}=E$$

$$\begin{pmatrix} 1 & -1 \\ 0 & \frac{1}{2} \end{pmatrix}\begin{pmatrix} 1 & 2 \\ 0 & 2 \end{pmatrix}=\begin{pmatrix} 1\cdot1+(-1)\cdot0 & 1\cdot2+(-1)\cdot2 \\ 0\cdot1+\frac{1}{2}\cdot0 & 0\cdot2+\frac{1}{2}\cdot2 \end{pmatrix}$$

$$=\begin{pmatrix} 1 & 0 \\ 0 & 1 \end{pmatrix}=E$$

したがって，得られた行列は A の逆行列である。

練習 12 例題5と同様の手順により，行列 $\begin{pmatrix} 0 & 1 & 4 \\ 1 & -3 & 0 \\ 2 & 0 & 1 \end{pmatrix}$ の逆行列を求めよ。

以上により，次の定理が成り立つ。

定理　逆行列と行基本変形

任意の正則行列Aについて，Aから単位行列を作る行基本変形を，単位行列に施すと，Aの逆行列が得られる。

練習 13　2×2 行列$\begin{pmatrix} a & b \\ c & d \end{pmatrix}$について，上の定理が成り立つことを示せ。
ただし，$ad-bc \neq 0$ とする。

B　逆行列の求め方

逆行列と行基本変形の定理を用いて，逆行列を求める具体的な手順を考える。前ページの例題 5 のように行ってもよいが，まとめて同時に行うほうが便利である。

例題 6　行列 $A=\begin{pmatrix} 0 & 1 \\ -2 & 3 \end{pmatrix}$ の逆行列を求めよ。

解答

Aと単位行列Eを横に並べて　$\left(\begin{array}{cc|cc} 0 & 1 & 1 & 0 \\ -2 & 3 & 0 & 1 \end{array}\right)$

この行列を簡約階段化する。

$$\left(\begin{array}{cc|cc} 0 & 1 & 1 & 0 \\ -2 & 3 & 0 & 1 \end{array}\right) \xrightarrow{②\times\left(-\frac{1}{2}\right)} \left(\begin{array}{cc|cc} 0 & 1 & 1 & 0 \\ 1 & -\frac{3}{2} & 0 & -\frac{1}{2} \end{array}\right)$$

$$\xrightarrow{① \Leftrightarrow ②} \left(\begin{array}{cc|cc} 1 & -\frac{3}{2} & 0 & -\frac{1}{2} \\ 0 & 1 & 1 & 0 \end{array}\right) \xrightarrow{②\times\frac{3}{2}+①} \left(\begin{array}{cc|cc} 1 & 0 & \frac{3}{2} & -\frac{1}{2} \\ 0 & 1 & 1 & 0 \end{array}\right)$$

上の変形により，「Aから単位行列Eを得るための行基本操作を，この順にEに行う」ことが実現されている。よって，変形を施した後の右側に現れる行列が A^{-1} に等しい。

したがって　$A^{-1}=\begin{pmatrix} \frac{3}{2} & -\frac{1}{2} \\ 1 & 0 \end{pmatrix}$

補足　この例題では，みやすくするため行列の中央に縦線を入れている。

練習 14　例題 6 と同様にして，行列 $\begin{pmatrix} 1 & 0 & 1 \\ -2 & 1 & 0 \\ 2 & -1 & 1 \end{pmatrix}$ の逆行列を求めよ。

与えられた行列 X が正則であるかわからない場合でも，この例と同様の手順を施せば，X が正則かどうか，さらに正則である場合には，その逆行列 X^{-1} を求めることができる。

例 12　正則であることの判定

a を実数として，$X=\begin{pmatrix} 1 & a \\ 3 & 4a \end{pmatrix}$ が正則であるかどうか調べ，正則である場合は逆行列を求める。

$\left(\begin{array}{cc|cc} 1 & a & 1 & 0 \\ 3 & 4a & 0 & 1 \end{array}\right)$ に行基本変形を施すと

$$\left(\begin{array}{cc|cc} 1 & a & 1 & 0 \\ 3 & 4a & 0 & 1 \end{array}\right) \xrightarrow{①\times(-3)+②} \left(\begin{array}{cc|cc} 1 & a & 1 & 0 \\ 0 & a & -3 & 1 \end{array}\right) \quad \cdots\cdots \ (*)$$

[1]　$a=0$ のとき，$\operatorname{rank} X=1$ であるから，定理（正則行列と階数）（110 ページ）より，行列 X は正則でない。

[2]　$a \neq 0$ のとき，$(*)$ を簡約階段化すると

$$\left(\begin{array}{cc|cc} 1 & a & 1 & 0 \\ 0 & a & -3 & 1 \end{array}\right) \xrightarrow{②\times\frac{1}{a}} \left(\begin{array}{cc|cc} 1 & a & 1 & 0 \\ 0 & 1 & -\frac{3}{a} & \frac{1}{a} \end{array}\right)$$

$$\xrightarrow{②\times(-a)+①} \left(\begin{array}{cc|cc} 1 & 0 & 4 & -1 \\ 0 & 1 & -\frac{3}{a} & \frac{1}{a} \end{array}\right)$$

左側に得られた行列（単位行列）は X の簡約階段形であり，$\operatorname{rank} X=2$ である。

よって，定理（正則行列と階数）（110 ページ）より，行列 X は正則である。

さらに，定理（逆行列と行基本変形）（116 ページ）より，右側で得られた行列が X の逆行列であるから　　$X^{-1}=\begin{pmatrix} 4 & -1 \\ -\frac{3}{a} & \frac{1}{a} \end{pmatrix}$

練習 15　次の行列が正則であるかどうか調べ，正則ならば逆行列を求めよ。

(1) $\begin{pmatrix} 1 & -1 & 1 \\ 0 & 1 & 1 \\ 2 & 0 & 2 \end{pmatrix}$　　(2) $\begin{pmatrix} 5 & -6 & 7 \\ 4 & -2 & 3 \\ 1 & 0 & -2 \end{pmatrix}$

(3) $\begin{pmatrix} 1 & -1 & -3 \\ 3 & 4 & -2 \\ 1 & 0 & -2 \end{pmatrix}$

補充問題

次の行列の逆行列を求めよ。

(1) $\begin{pmatrix} 0 & 1 & -1 \\ 1 & -2 & 2 \\ -1 & 2 & -1 \end{pmatrix}$

(2) $\begin{pmatrix} 3 & -2 & -2 \\ 1 & -1 & 4 \\ 0 & -1 & 2 \end{pmatrix}$

(3) $\begin{pmatrix} \dfrac{2}{7} & 0 & -\dfrac{1}{7} \\ \dfrac{8}{21} & -\dfrac{1}{3} & \dfrac{1}{7} \\ \dfrac{1}{21} & \dfrac{1}{3} & \dfrac{1}{7} \end{pmatrix}$

章末問題

1 次の行列の簡約階段形および標準形を求めよ。

(1) $\begin{pmatrix} 3 & 1 & 2 \\ -4 & -1 & -5 \end{pmatrix}$　　(2) $\begin{pmatrix} 1 & 3 & 3 \\ -1 & 2 & -3 \\ -3 & 1 & -9 \end{pmatrix}$

(3) $\begin{pmatrix} 3 & 1 & 2 & 3 \\ 2 & 1 & 3 & 0 \\ -3 & 1 & 2 & 3 \end{pmatrix}$　　(4) $\begin{pmatrix} -2 & -1 & -6 & -2 \\ -1 & 2 & -3 & 2 \\ 2 & 1 & 6 & 0 \\ 3 & 2 & 9 & 2 \end{pmatrix}$

(5) $\begin{pmatrix} 2 & 2 & 1 & 3 & 0 \\ 1 & -1 & 0 & 0 & -5 \\ -3 & 1 & 2 & 3 & -2 \\ -2 & 3 & 1 & 2 & 3 \end{pmatrix}$　　(6) $\begin{pmatrix} 8 & 12 & 2 & 1 & 1 & 11 \\ 16 & 24 & 4 & 2 & 1 & 22 \\ 14 & 21 & 4 & 2 & 1 & 20 \\ 12 & 18 & 3 & 2 & 1 & 17 \\ 15 & 22 & 4 & 2 & 1 & 22 \end{pmatrix}$

2 次の行列が正則であるか調べ，正則ならば逆行列を求めよ。

(1) $\begin{pmatrix} 1 & 0 & 1 \\ 2 & -1 & 0 \\ -2 & 1 & 1 \end{pmatrix}$　　(2) $\begin{pmatrix} 5 & -3 & 13 \\ 2 & -2 & 6 \\ 4 & -3 & 11 \end{pmatrix}$

(3) $\begin{pmatrix} 1 & 2 & 3 \\ 3 & 2 & 1 \\ 2 & 1 & 3 \end{pmatrix}$　　(4) $\begin{pmatrix} 1 & 1 & -2 \\ 4 & 7 & 1 \\ 1 & 2 & 1 \end{pmatrix}$　　(5) $\begin{pmatrix} 1 & 3 & 1 \\ -1 & 6 & -1 \\ -1 & 0 & 2 \end{pmatrix}$

(6) $\begin{pmatrix} 1 & -1 & 3 \\ 3 & -2 & 0 \\ 0 & 1 & 3 \end{pmatrix}$　　(7) $\begin{pmatrix} 1 & 1 & 2 & 2 \\ 1 & -1 & -2 & 2 \\ 3 & -3 & -4 & 4 \\ 3 & 3 & 4 & 4 \end{pmatrix}$　　(8) $\begin{pmatrix} 4 & 2 & -1 & 1 \\ 2 & 3 & 1 & 2 \\ 0 & 3 & 2 & 2 \\ 2 & 4 & 2 & 3 \end{pmatrix}$

(9) $\begin{pmatrix} 6 & 13 & 1 & -17 \\ 4 & 8 & 1 & -11 \\ -1 & -2 & 0 & 3 \\ 0 & -1 & 0 & 1 \end{pmatrix}$

3 次の行列が正則であるか調べ，正則ならば逆行列を求めよ。

(1) $\begin{pmatrix} 2 & 1 & 0 \\ 1 & 1 & a \\ 0 & a & 1 \end{pmatrix}$　　(2) $\begin{pmatrix} 1 & a & 3 \\ a & a & 3 \\ 3 & 3 & 3 \end{pmatrix}$

4 行列 A，B に対し，これらの積 AB が定義されるとき，次の問いに答えよ。

(1) 不等式 $\mathrm{rank}\,AB \leqq \mathrm{rank}\,A$ が成り立つことを示せ。
また，行列 B が正則ならば，等号が成り立つことを示せ。

(2) 不等式 $\mathrm{rank}\,AB \leqq \mathrm{rank}\,B$ が成り立つことを示せ。
また，行列 A が正則ならば，等号が成り立つことを示せ。

5 A，B，C を n 次正方行列，O を n 次零行列とし，$X=\begin{pmatrix} A & B \\ O & C \end{pmatrix}$ とする。このとき，$\mathrm{rank}\,X \geqq \mathrm{rank}\,A+\mathrm{rank}\,C$ が成り立つことを示せ。

第4章　行列式

第1節　行列式とは

研究　三角形の面積と平行四辺形の面積

第2節　行列式の計算

第3節　行列式と行列の積

第4節　行列の性質と行列式　研究　クラメールの公式

第5節　還元定理と余因子展開

与えられた行列に対して，ある数を対応させる対応（関数）で，非常によい性質をもつものが知られている。それは，与えられた行列が逆行列をもつか（正則性）の判定に使えたり，その行列が表す1次変換の拡大・縮小率を計算できたり，連立1次方程式の解の公式を導けたり，さまざまな場面で有用である。この関数の値を **行列式** という。

この章では，行列式の定義を行う。まず2次正方行列を扱い，その後，一般の正方行列を扱う。次に，行列式と行列の積の関係について学ぶ。

さらに，行列式の具体的な計算方法である還元定理や余因子展開の定理を学ぶ。

スイスの数学者であるクラメールは，彼の名を冠したクラメールの公式を導出したことで有名である。彼は，3次正方行列の行列式を計算するため，この公式を証明なしに用いた。

クラメール，1704-1752

第1節　行列式とは

ここでは，2次正方行列に対して行列式を定義した後，それがもつ性質を用いて，一般（n次）の正方行列に対して行列式を定義する。

A　2次正方行列の行列式

45ページで学んだように，2次正方行列 $A=\begin{pmatrix} a & b \\ c & d \end{pmatrix}$ に対して

$ad-bc\neq 0$ のとき：行列Aは正則，すなわち逆行列 A^{-1} が存在する。

$ad-bc=0$ のとき：行列Aは正則でない，すなわち逆行列 A^{-1} が存在しない。

このように，2次正方行列Aに対して，$ad-bc$ の値によりAの正則性は判別でき，この値は重要である。そこで，これを行列Aの行列式ということにした。このことを，115ページの例題5と同様にして，もう一度，確かめる。

例1　2次正方行列の逆行列

2次正方行列 $\begin{pmatrix} a & b \\ c & d \end{pmatrix}$ $(ad-bc\neq 0)$ の逆行列を基本変形を使って求める。

ただし，計算を簡単にするために，aは0でないと仮定する。拡大係数行列は $\left(\begin{array}{cc|cc} a & b & 1 & 0 \\ c & d & 0 & 1 \end{array}\right)$ となるので

$$\left(\begin{array}{cc|cc} a & b & 1 & 0 \\ c & d & 0 & 1 \end{array}\right) \xrightarrow{①\times\frac{1}{a}} \left(\begin{array}{cc|cc} 1 & \frac{b}{a} & \frac{1}{a} & 0 \\ c & d & 0 & 1 \end{array}\right) \xrightarrow{①\times(-c)+②} \left(\begin{array}{cc|cc} 1 & \frac{b}{a} & \frac{1}{a} & 0 \\ 0 & \frac{ad-bc}{a} & -\frac{c}{a} & 1 \end{array}\right)$$

ここで，$ad-bc\neq 0$ であるから

$$\left(\begin{array}{cc|cc} 1 & \frac{b}{a} & \frac{1}{a} & 0 \\ 0 & \frac{ad-bc}{a} & -\frac{c}{a} & 1 \end{array}\right) \xrightarrow{②\times\frac{a}{ad-bc}} \left(\begin{array}{cc|cc} 1 & \frac{b}{a} & \frac{1}{a} & 0 \\ 0 & 1 & -\frac{c}{ad-bc} & \frac{a}{ad-bc} \end{array}\right)$$

$$\xrightarrow{②\times\left(-\frac{b}{a}\right)+①} \left(\begin{array}{cc|cc} 1 & 0 & \frac{1}{a}+\frac{bc}{a(ad-bc)} & -\frac{b}{ad-bc} \\ 0 & 1 & -\frac{c}{ad-bc} & \frac{a}{ad-bc} \end{array}\right)$$

$$=\left(\begin{array}{cc|cc} 1 & 0 & \dfrac{d}{ad-bc} & -\dfrac{b}{ad-bc} \\ 0 & 1 & -\dfrac{c}{ad-bc} & \dfrac{a}{ad-bc}\end{array}\right)$$

よって，$ad-bc \neq 0$，$a \neq 0$ であるとき，$\begin{pmatrix} a & b \\ c & d \end{pmatrix}$ の逆行列は

$$\frac{1}{ad-bc}\begin{pmatrix} d & -b \\ -c & a \end{pmatrix}$$

注意　$ad-bc \neq 0$ であれば，$a=0$ であるときも，同様にしてAの逆行列は存在して求めることができる。

練習 1　例 1 において，$ad-bc \neq 0$ かつ $a=0$ のとき，行列Aの逆行列を求めよ。

練習 2　$\begin{pmatrix} \sin\theta & -\cos\theta \\ \cos\theta & \sin\theta \end{pmatrix}$ の逆行列を求めよ。

では，行列 $\begin{pmatrix} a & b \\ c & d \end{pmatrix}$ が表す 1 次変換においては，$ad-bc$ の値はどのような意味をもっているのであろうか。

例 2　2 次正方行列 $\begin{pmatrix} a & b \\ c & d \end{pmatrix}$ で表される 1 次変換

2 次正方行列 $\begin{pmatrix} a & b \\ c & d \end{pmatrix}$ で表される 1 次変換を f とする。

このとき，点 $(0,\ 0)$，$(1,\ 0)$，$(0,\ 1)$，$(1,\ 1)$ を 4 つの頂点とする単位正方形の f による像を考えよう。この 4 点の f による像を考えると

$$\begin{pmatrix} a & b \\ c & d \end{pmatrix}\begin{pmatrix} 0 \\ 0 \end{pmatrix}=\begin{pmatrix} 0 \\ 0 \end{pmatrix},\quad \begin{pmatrix} a & b \\ c & d \end{pmatrix}\begin{pmatrix} 1 \\ 0 \end{pmatrix}=\begin{pmatrix} a \\ c \end{pmatrix}$$

$$\begin{pmatrix} a & b \\ c & d \end{pmatrix}\begin{pmatrix} 0 \\ 1 \end{pmatrix}=\begin{pmatrix} b \\ d \end{pmatrix},\quad \begin{pmatrix} a & b \\ c & d \end{pmatrix}\begin{pmatrix} 1 \\ 1 \end{pmatrix}=\begin{pmatrix} a+b \\ c+d \end{pmatrix}$$

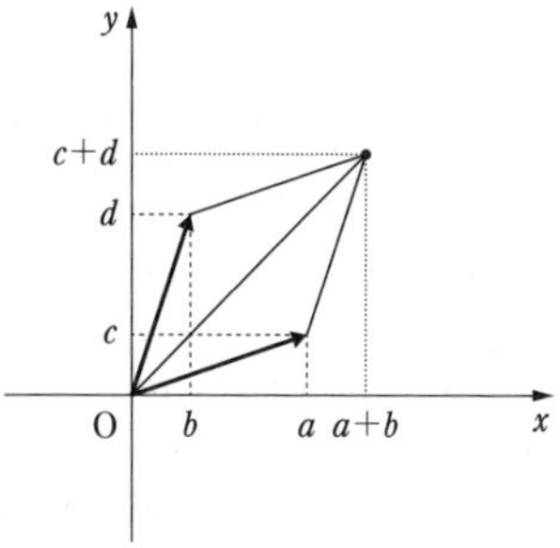

より，それぞれ点 $(0,\ 0)$，$(a,\ c)$，$(b,\ d)$，$(a+b,\ c+d)$ となる。

像として得られたこの 4 点を頂点として平行四辺形ができるとき，その面積は，次ページの研究で示す通り，$|ad-bc|$ となる。

注意 $ad-bc=0$ のとき，上の4点の像が一直線上に並ぶ。そのときは単位正方形の像の面積は0であるとみなせる。

研究 三角形の面積と平行四辺形の面積

三角形 OAB において，$\overrightarrow{OA}=\vec{a}$，$\overrightarrow{OB}=\vec{b}$ とする。このとき，三角形 OAB の面積 S をベクトル $\vec{a}$，$\vec{b}$ で表してみよう。

$\angle AOB=\theta$，$0<\theta<180^\circ$ とすると　　$S=\frac{1}{2}|\vec{a}||\vec{b}|\sin\theta$

$\sin\theta>0$ であるから　　$\sin\theta=\sqrt{1-\cos^2\theta}$

ゆえに

$$\begin{aligned} S&=\frac{1}{2}|\vec{a}||\vec{b}|\sin\theta \\ &=\frac{1}{2}|\vec{a}||\vec{b}|\sqrt{1-\cos^2\theta} \\ &=\frac{1}{2}\sqrt{|\vec{a}|^2|\vec{b}|^2-|\vec{a}|^2|\vec{b}|^2\cos^2\theta} \end{aligned}$$

よって　　$S=\frac{1}{2}\sqrt{|\vec{a}|^2|\vec{b}|^2-(\vec{a}\cdot\vec{b})^2}$

また，$\vec{a}=(a_1,\ a_2)$，$\vec{b}=(b_1,\ b_2)$ とすると，

$|\vec{a}|^2=a_1{}^2+a_2{}^2$，$|\vec{b}|^2=b_1{}^2+b_2{}^2$，$\vec{a}\cdot\vec{b}=a_1b_1+a_2b_2$ であるから

$$\begin{aligned} |\vec{a}|^2|\vec{b}|^2-(\vec{a}\cdot\vec{b})^2&=(a_1{}^2+a_2{}^2)(b_1{}^2+b_2{}^2)-(a_1b_1+a_2b_2)^2 \\ &=a_1{}^2b_2{}^2-2a_1a_2b_1b_2+a_2{}^2b_1{}^2 \\ &=(a_1b_2-a_2b_1)^2 \end{aligned}$$

したがって　　$S=\frac{1}{2}\sqrt{(a_1b_2-a_2b_1)^2}=\frac{1}{2}|a_1b_2-a_2b_1|$

ここで，平行四辺形に対角線を引くと，合同な三角形が2つ重なる形となるから，上で求めた三角形の面積 S を2倍すれば，求める平行四辺形の面積が $|a_1b_2-a_2b_1|$ と求められる。

練習 3 点 $(0,\ 0)$，$(1,\ 0)$，$(0,\ 1)$，$(1,\ 1)$ を4つの頂点とする単位正方形の $\begin{pmatrix} 5 & 6 \\ -3 & 4 \end{pmatrix}$ が表す1次変換による像の面積を求めよ。

2 次正方行列 $\begin{pmatrix} a & b \\ c & d \end{pmatrix}$ を係数行列としてもつ連立 1 次方程式に対しても，次の例のように $ad-bc$ の値は重要な意味をもつ。

例 3　連立 1 次方程式の解

連立 1 次方程式 $\begin{cases} ax+by=p \\ cx+dy=q \end{cases}$ $(ad-bc \neq 0)$ の解を基本変形を使って求めてみよう。ただし，$a \neq 0$ とする。

拡大係数行列は $\left(\begin{array}{cc|c} a & b & p \\ c & d & q \end{array}\right)$ であり，これを行基本変形すると

$$\left(\begin{array}{cc|c} a & b & p \\ c & d & q \end{array}\right) \xrightarrow{\text{①}\times\frac{1}{a}} \left(\begin{array}{cc|c} 1 & \frac{b}{a} & \frac{p}{a} \\ c & d & q \end{array}\right) \xrightarrow{\text{①}\times(-c)+\text{②}} \left(\begin{array}{cc|c} 1 & \frac{b}{a} & \frac{p}{a} \\ 0 & \frac{ad-bc}{a} & \frac{aq-cp}{a} \end{array}\right)$$

$$\xrightarrow{\text{②}\times\frac{a}{ad-bc}} \left(\begin{array}{cc|c} 1 & \frac{b}{a} & \frac{p}{a} \\ 0 & 1 & \frac{aq-cp}{ad-bc} \end{array}\right) \xrightarrow{\text{②}\times\left(-\frac{b}{a}\right)+\text{①}} \left(\begin{array}{cc|c} 1 & 0 & \frac{dp-bq}{ad-bc} \\ 0 & 1 & \frac{aq-cp}{ad-bc} \end{array}\right)$$

したがって，与えられた連立 1 次方程式の解は

$$x=\frac{dp-bq}{ad-bc}, \quad y=\frac{aq-cp}{ad-bc}$$

この公式を，2 元連立 1 次方程式の **クラメールの公式** という。

注意　$ad-bc=0$ のとき，解が存在しないか，不定解になることがわかる。

例題 1　連立 1 次方程式 $\begin{cases} x+2y=5 \\ 3x+4y=6 \end{cases}$ をクラメールの公式を用いて解け。

解答　与えられた連立 1 次方程式を行列を用いて表したときの係数行列の行列式は　$1\cdot4-2\cdot3=-2 \neq 0$

よって，クラメールの公式に代入すると

$$x=\frac{4\cdot5-2\cdot6}{-2}=-4, \quad y=\frac{1\cdot6-3\cdot5}{-2}=\frac{9}{2}$$

したがって，求める解は　$x=-4,\ y=\dfrac{9}{2}$

練習 4　連立1次方程式 $\begin{cases} x+2y=-1 \\ 4x+9y=\ \ 1 \end{cases}$ をクラメールの公式を用いて解け。

これまでの3つの例からわかるように，2次正方行列 $\begin{pmatrix} a & b \\ c & d \end{pmatrix}$ に対して，$ad-bc$ の値は，さまざまな場面で有用である。この値を次のように定義する。

定義 4-1　2次正方行列の行列式

$A=\begin{pmatrix} a & b \\ c & d \end{pmatrix}$ に対して，$ad-bc$ の値を A の **行列式** といい，$\det(A)$，$|A|$ で表す。

n 次正方行列に対しては，次節で改めて定義する。行列式は，与えられた行列に，実数を対応させる。いい換えれば，行列の集合を定義域とし，実数の集合を値域とする関数であるともみなせる。

補足　2次正方行列の行列式の計算は，図のような「たすきがけ」による計算とみると覚えやすい。

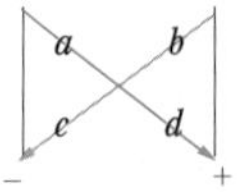

練習 5　次の行列式を計算せよ。

(1) $\begin{vmatrix} 4 & 3 \\ -3 & 1 \end{vmatrix}$　　(2) $\begin{vmatrix} \sin\theta & -1 \\ -1 & -\sin\theta \end{vmatrix}$

練習 6　$\begin{vmatrix} 5 & a \\ 7 & -8 \end{vmatrix}=2$ となるように，定数 a の値を定めよ。

ここまでの例で確認したように，2次正方行列の行列式には，連立1次方程式や1次変換との関係を考えると，次が成り立つ。

定理　2次正方行列の行列式の性質

[1]　2次単位行列 $E=\begin{pmatrix} 1 & 0 \\ 0 & 1 \end{pmatrix}$ の行列式は1，すなわち　$\det(E)=1$

[2]　k，l を実数とするとき，次が成り立つ。

(a) $\det\begin{pmatrix} ka+la' & kb+lb' \\ c & d \end{pmatrix}=k\cdot\det\begin{pmatrix} a & b \\ c & d \end{pmatrix}+l\cdot\det\begin{pmatrix} a' & b' \\ c & d \end{pmatrix}$

(b) $\det\begin{pmatrix} a & b \\ kc+lc' & kd+ld' \end{pmatrix}=k\cdot\det\begin{pmatrix} a & b \\ c & d \end{pmatrix}+l\cdot\det\begin{pmatrix} a & b \\ c' & d' \end{pmatrix}$

[3]　$\det\begin{pmatrix} a & b \\ c & d \end{pmatrix}=-\det\begin{pmatrix} c & d \\ a & b \end{pmatrix}$

証明　[1]　$\det\begin{pmatrix}1 & 0\\ 0 & 1\end{pmatrix}=1\cdot1-0\cdot0=1$ ■

[2]　(a)　$\det\begin{pmatrix}ka+la' & kb+lb'\\ c & d\end{pmatrix}=(ka+la')d-(kb+lb')c$

$=k(ad-bc)+l(a'd-b'c)=k\cdot\det\begin{pmatrix}a & b\\ c & d\end{pmatrix}+l\cdot\det\begin{pmatrix}a' & b'\\ c & d\end{pmatrix}$ ■

(b)　$\det\begin{pmatrix}a & b\\ kc+lc' & kd+ld'\end{pmatrix}=a(kd+ld')-b(kc+lc')$

$=k(ad-bc)+l(ad'-bc')=k\cdot\det\begin{pmatrix}a & b\\ c & d\end{pmatrix}+l\cdot\det\begin{pmatrix}a & b\\ c' & d'\end{pmatrix}$ ■

[3]　$\det\begin{pmatrix}a & b\\ c & d\end{pmatrix}=ad-bc=-\det\begin{pmatrix}c & d\\ a & b\end{pmatrix}=-(cb-da)=ad-bc$ ■

B　一般のn次正方行列の行列式

前項の議論をもとに，一般のn次正方行列の行列式を，次のように定義する。

定義 4-2　n次正方行列の行列式

n次正方行列に対して実数を対応させる関数で，下の3つの性質をもつものを考える。n次正方行列Aに対応するこの関数の値をAの **行列式** といい，$\det(A)$，$|A|$で表す。

[1]　n次単位行列Eに対して，Eの行列式は1，すなわち　$\det(E)=1$

[2]　k，lを実数の定数とするとき，次が成り立つ。

$$\det\begin{pmatrix}a_{11} & a_{12} & \cdots & a_{1n}\\ \vdots & \vdots & & \vdots\\ kb_{i1}+lc_{i1} & kb_{i2}+lc_{i2} & \cdots & kb_{in}+lc_{in}\\ \vdots & \vdots & & \vdots\\ a_{n1} & a_{n2} & \cdots & a_{nn}\end{pmatrix}$$

$$=k\cdot\det\begin{pmatrix}a_{11} & a_{12} & \cdots & a_{1n}\\ \vdots & \vdots & & \vdots\\ b_{i1} & b_{i2} & \cdots & b_{in}\\ \vdots & \vdots & & \vdots\\ a_{n1} & a_{n2} & \cdots & a_{nn}\end{pmatrix}+l\cdot\det\begin{pmatrix}a_{11} & a_{12} & \cdots & a_{1n}\\ \vdots & \vdots & & \vdots\\ c_{i1} & c_{i2} & \cdots & c_{in}\\ \vdots & \vdots & & \vdots\\ a_{n1} & a_{n2} & \cdots & a_{nn}\end{pmatrix}$$

この性質を **行多重線形性** という。

[3]　n次正方行列Aのi行目とj行目を入れ替えた行列をBとするとき，$\det(A)=-\det(B)$が成り立つ。この性質を **行交代性** という。

注意 (1) 行列式の定義の仕方はいくつかあり，他の書籍では別の定義が採用されている場合がある。しかし，どのように定義しても同値であることが知られている。
(2) 前ページのような条件を満たす関数が存在するか，存在するとして一意に決まるか，も確かめる必要があるが，本書では証明を省略する*)。

補足 $A=\begin{pmatrix} a_{11} & a_{12} & \cdots & a_{1n} \\ a_{21} & a_{22} & \cdots & a_{2n} \\ \vdots & \vdots & & \vdots \\ a_{n1} & a_{n2} & \cdots & a_{nn} \end{pmatrix}$ に対しては，$\det(A)$ を $|a_{ij}|$ や $\begin{vmatrix} a_{11} & a_{12} & \cdots & a_{1n} \\ a_{21} & a_{22} & \cdots & a_{2n} \\ \vdots & \vdots & & \vdots \\ a_{n1} & a_{n2} & \cdots & a_{nn} \end{vmatrix}$ 等とも表す。
ただし，行列式を表す記号のうち $|A|$ は絶対値の記号と混同されやすいので，注意が必要である。実際，行列式は絶対値と関係なく，$|A|<0$ となることもある。

ここでは，前ページの定義 4-2 の行多重線形性を用いて，2 次正方行列の行列式を計算してみよう。

例 4　行多重線形性を用いた行列式の計算

2 次正方行列 $\begin{pmatrix} 3 & 2 \\ 0 & 1 \end{pmatrix}$ の行列式を，定義 4-2 にもとづいて計算する。

行多重線形性より

$$\begin{vmatrix} 3 & 2 \\ 0 & 1 \end{vmatrix}=3\begin{vmatrix} 1 & 0 \\ 0 & 1 \end{vmatrix}+2\begin{vmatrix} 0 & 1 \\ 0 & 1 \end{vmatrix}$$

最右辺の第 1 項については，定義 4-2 [1] より $\begin{vmatrix} 1 & 0 \\ 0 & 1 \end{vmatrix}=1$ である。

最右辺の第 2 項については，行に関する交代性（定義 4-2 [3]）より

$$\begin{vmatrix} 0 & 1 \\ 0 & 1 \end{vmatrix}=-\begin{vmatrix} 0 & 1 \\ 0 & 1 \end{vmatrix}$$

となるので，$2\begin{vmatrix} 0 & 1 \\ 0 & 1 \end{vmatrix}=0$ より　$\begin{vmatrix} 0 & 1 \\ 0 & 1 \end{vmatrix}=0$

よって　$\begin{vmatrix} 3 & 2 \\ 0 & 1 \end{vmatrix}=3\begin{vmatrix} 1 & 0 \\ 0 & 1 \end{vmatrix}+2\begin{vmatrix} 0 & 1 \\ 0 & 1 \end{vmatrix}$

$$=3\cdot 1+2\cdot 0=3$$

*）証明は，『数研講座シリーズ　大学教養　線形代数』を参照。

なお，このようにして得られた行列式は，1節で得られた値と一致している。

前ページの例4で $\begin{vmatrix} 0 & 1 \\ 0 & 1 \end{vmatrix}=0$ を得た計算と同様にすると，次の系が得られる。

系　行列式の性質 (1)

正方行列 A の第 i 行ベクトルと第 j 行ベクトルが等しいとき

$$\det(A)=0$$

さらに，例4のように計算することにより，2次正方行列に対して，定義4-2から定義4-1 (126ページ) が導かれる。

例5　行の多重線形性の性質を用いた2次正方行列の行列式

2次正方行列 $\begin{pmatrix} a & b \\ c & d \end{pmatrix}$ についての行列式を，定義4-2にもとづいて計算しよう。

行多重線形性より　$\begin{vmatrix} a & b \\ c & d \end{vmatrix}=a\begin{vmatrix} 1 & 0 \\ c & d \end{vmatrix}+b\begin{vmatrix} 0 & 1 \\ c & d \end{vmatrix}$

さらに，行多重線形性を用いて　$\begin{vmatrix} 1 & 0 \\ c & d \end{vmatrix}=c\begin{vmatrix} 1 & 0 \\ 1 & 0 \end{vmatrix}+d\begin{vmatrix} 1 & 0 \\ 0 & 1 \end{vmatrix}$

$\begin{vmatrix} 0 & 1 \\ c & d \end{vmatrix}=c\begin{vmatrix} 0 & 1 \\ 1 & 0 \end{vmatrix}+d\begin{vmatrix} 0 & 1 \\ 0 & 1 \end{vmatrix}$

系 (行列式の性質 [1]) より　$\begin{vmatrix} 1 & 0 \\ 1 & 0 \end{vmatrix}=\begin{vmatrix} 0 & 1 \\ 0 & 1 \end{vmatrix}=0$

また，行交代性より　$\begin{vmatrix} 0 & 1 \\ 1 & 0 \end{vmatrix}=-\begin{vmatrix} 1 & 0 \\ 0 & 1 \end{vmatrix}=-1$

定義4-2 [1] より $\begin{vmatrix} 1 & 0 \\ 0 & 1 \end{vmatrix}=1$ であるから

$$\begin{vmatrix} a & b \\ c & d \end{vmatrix}=ad\begin{vmatrix} 1 & 0 \\ 0 & 1 \end{vmatrix}-bc\begin{vmatrix} 1 & 0 \\ 0 & 1 \end{vmatrix}$$

$$=ad-bc$$

これは，定義4-1の行列式と一致している。

練習 7　次の行列式を定義 4-2 にもとづいて計算せよ。

(1) $\begin{vmatrix} 6 & -3 \\ 1 & 0 \end{vmatrix}$　(2) $\begin{vmatrix} 2 & 4 \\ -1 & 3 \end{vmatrix}$

(3) $\begin{vmatrix} \sin\theta & -\sin\theta \\ \cos\theta & -\cos\theta \end{vmatrix}$　(4) $\begin{vmatrix} -6 & -3 \\ 8 & 4 \end{vmatrix}$

補充問題

1　次の行列式を計算せよ。

(1) $\begin{vmatrix} \cosh x & \sinh x \\ \sinh x & \cosh x \end{vmatrix}$　(2) $\begin{vmatrix} -\cos x & \sin x \\ \cos x & \sin x \end{vmatrix}$

2　次の連立 1 次方程式を，クラメールの公式を用いて解け。

(1) $\begin{cases} 3x-y=7 \\ x+y=1 \end{cases}$　(2) $\begin{cases} 3x-4y=-5 \\ 7x+2y=\ \ 1 \end{cases}$

3　次の問いに答えよ。

(1) $\begin{vmatrix} 2 & 3 \\ a & 4 \end{vmatrix}=1$ となるように，定数 a の値を定めよ。

(2) $\begin{vmatrix} 1 & b \\ 2b & -3 \end{vmatrix}=-19$ となるように，定数 b の値を定めよ。

第 2 節　行列式の計算

ここでは，いくつかの場合について，行列式の具体的な計算方法を学ぶ。

A　3 次正方行列の行列式の計算（サラスの方法）

例 5 と同様にして，3 次正方行列の行列式を計算してみよう。

例 6　3 次正方行列の行列式の計算

3 次正方行列 $\begin{pmatrix} a & b & c \\ d & e & f \\ g & h & i \end{pmatrix}$ の行列式を，定義 4-2（127 ページ）にもとづいて計算してみよう。

まず，行多重線形性（定義 4-2 [2]）より

$$\begin{vmatrix} a & b & c \\ d & e & f \\ g & h & i \end{vmatrix} = a\begin{vmatrix} 1 & 0 & 0 \\ d & e & f \\ g & h & i \end{vmatrix} + b\begin{vmatrix} 0 & 1 & 0 \\ d & e & f \\ g & h & i \end{vmatrix} + c\begin{vmatrix} 0 & 0 & 1 \\ d & e & f \\ g & h & i \end{vmatrix}$$

これを 2 行目，3 行目に繰り返し用いたのち，系（行列式の性質(1)）（129 ページ）を適用すると，次が得られる。

$$\begin{aligned} \begin{vmatrix} a & b & c \\ d & e & f \\ g & h & i \end{vmatrix} &= a\begin{vmatrix} 1 & 0 & 0 \\ d & e & f \\ g & h & i \end{vmatrix} + b\begin{vmatrix} 0 & 1 & 0 \\ d & e & f \\ g & h & i \end{vmatrix} + c\begin{vmatrix} 0 & 0 & 1 \\ d & e & f \\ g & h & i \end{vmatrix} \\ &= aei\begin{vmatrix} 1 & 0 & 0 \\ 0 & 1 & 0 \\ 0 & 0 & 1 \end{vmatrix} + bfg\begin{vmatrix} 0 & 1 & 0 \\ 0 & 0 & 1 \\ 1 & 0 & 0 \end{vmatrix} + cdh\begin{vmatrix} 0 & 0 & 1 \\ 1 & 0 & 0 \\ 0 & 1 & 0 \end{vmatrix} \\ &\quad + afh\begin{vmatrix} 1 & 0 & 0 \\ 0 & 0 & 1 \\ 0 & 1 & 0 \end{vmatrix} + bdi\begin{vmatrix} 0 & 1 & 0 \\ 1 & 0 & 0 \\ 0 & 0 & 1 \end{vmatrix} + ceg\begin{vmatrix} 0 & 0 & 1 \\ 0 & 1 & 0 \\ 1 & 0 & 0 \end{vmatrix} \end{aligned}$$

ここで，行交代性（定義 4-2 [3]）より

$$\begin{vmatrix} 0 & 1 & 0 \\ 0 & 0 & 1 \\ 1 & 0 & 0 \end{vmatrix} = -\begin{vmatrix} 1 & 0 & 0 \\ 0 & 0 & 1 \\ 0 & 1 & 0 \end{vmatrix} = \begin{vmatrix} 1 & 0 & 0 \\ 0 & 1 & 0 \\ 0 & 0 & 1 \end{vmatrix} = 1$$

同様にして，$\begin{vmatrix} 0 & 0 & 1 \\ 1 & 0 & 0 \\ 0 & 1 & 0 \end{vmatrix}=1$ が得られる。

さらに，定義 4-2 [3] より

$$\begin{vmatrix} 1 & 0 & 0 \\ 0 & 0 & 1 \\ 0 & 1 & 0 \end{vmatrix}=-\begin{vmatrix} 1 & 0 & 0 \\ 0 & 1 & 0 \\ 0 & 0 & 1 \end{vmatrix}=-1$$

同様にして，$\begin{vmatrix} 0 & 1 & 0 \\ 1 & 0 & 0 \\ 0 & 0 & 1 \end{vmatrix}=\begin{vmatrix} 0 & 0 & 1 \\ 0 & 1 & 0 \\ 1 & 0 & 0 \end{vmatrix}=-1$ が得られる。

以上より，すべて合わせると，次が成り立つ。

$$\begin{vmatrix} a & b & c \\ d & e & f \\ g & h & i \end{vmatrix}=aei+bfg+cdh-afh-bdi-ceg$$

よって，3 次正方行列の行列式はこの公式で計算でき，この公式を用いた計算方法を **サラスの方法** という*)。

サラスの方法は，図のようにして覚えるとよい。図の「左上から右下」の方向の並び

$$aei \quad bfg \quad cdh$$

に対しては符号＋を，「右上から左下」の方向の並び

$$afh \quad bdi \quad ceg$$

に対しては符号－を，それぞれ付けて足し合せる。

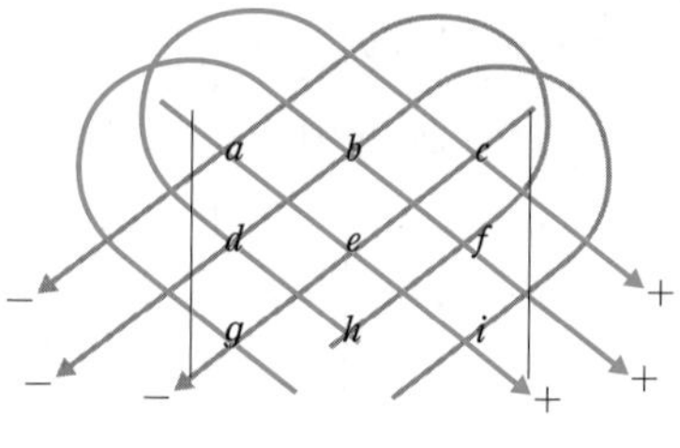

補足 3 次正方行列の行列式は 6 個の項の和になる。これらの項の符号は，3 個の文字 1，2，3 の置換としてみたときの置換の符号と一致する（詳しくは，『数研講座シリーズ　大学教養　線形代数』を参照)。
また，一般に n 次正方行列の行列式は $n!=n(n-1)\cdots\cdots 2\cdot 1$ 個の項の和になることが示される。

*）サラスは，フランスの数学者である。1833 年に発表された論文「方程式を解くための新しい方法」で初めてサラスの方法を発表した。

例題 2　行列 $A=\begin{pmatrix} 2 & 3 & -1 \\ 4 & 0 & 5 \\ -2 & 6 & 1 \end{pmatrix}$ の行列式をサラスの方法により求めよ。

解答　サラスの方法より

$$\begin{aligned}\det(A)&=2\cdot0\cdot1+3\cdot5\cdot(-2)+(-1)\cdot4\cdot6\\&\quad-2\cdot5\cdot6-3\cdot4\cdot1-(-1)\cdot0\cdot(-2)\\&=0+(-30)+(-24)-60-12-0=-126\end{aligned}$$

練習 8　サラスの方法を用いて，次の行列の行列式を求めよ。

(1)　$A=\begin{pmatrix} 1 & 2 & 3 \\ 4 & 5 & 6 \\ 7 & 8 & 9 \end{pmatrix}$　　(2)　$A=\begin{pmatrix} 1 & 2 & \sqrt{2} \\ 1 & \sqrt{2} & 1 \\ \sqrt{2} & 2 & \sqrt{2} \end{pmatrix}$

注意　サラスの方法は 3 次正方行列のみに適用できる。4 次以上の正方行列には適用できないので，注意が必要である。一般に，4 次以上の場合，サラスの方法のような覚えやすい計算方法はない。4 次以上の場合にも，定義にもとづいて，例 6 のように計算することもできるが，通常，後の節で学習する還元定理や余因子展開を使う方法を用いることが多い。

特別な形の行列の場合は，より簡単に計算できることがある。

例 7　3 次正方行列の行列式の計算

$A=\begin{pmatrix} 3 & -1 & 4 \\ 2 & 0 & -2 \\ 0 & 0 & 0 \end{pmatrix}$ の行列式を求めてみよう。

行列の行多重線形性より

$$\begin{vmatrix} 3 & -1 & 4 \\ 2 & 0 & -2 \\ 0 & 0 & 0 \end{vmatrix}=\begin{vmatrix} 3 & -1 & 4 \\ 2 & 0 & -2 \\ 2\times0 & 2\times0 & 2\times0 \end{vmatrix}$$

$$=2\begin{vmatrix} 3 & -1 & 4 \\ 2 & 0 & -2 \\ 0 & 0 & 0 \end{vmatrix}$$

であるから　　$\det(A)=2\det(A)$

よって　　$\det(A)=0$

一般に，正方行列のある行の成分がすべて 0 である場合，例 7 と同様に考えると，その正方行列の行列式は 0 であることがわかる。

系　行列式の性質(2)

正方行列 A のある行の成分がすべて 0 のとき，$\det(A)=0$ が成り立つ。

次も特別な形の行列である。

例題 3 $\begin{pmatrix} 2 & 0 & 0 \\ 0 & -5 & 0 \\ 0 & 0 & 3 \end{pmatrix}$ の行列式を求めよ。

解答 定義 4-2 [2] を繰り返し用いると

$$\begin{vmatrix} 2 & 0 & 0 \\ 0 & -5 & 0 \\ 0 & 0 & 3 \end{vmatrix} = 2\cdot(-5)\cdot 3 \begin{vmatrix} 1 & 0 & 0 \\ 0 & 1 & 0 \\ 0 & 0 & 1 \end{vmatrix} = -30$$

上の例題と同様に考えると，次の系が得られる。

系　行列式の性質(3)

正則行列 A が対角行列であるとき，$\det(A)$ は，A のすべての対角成分の積に等しい。

さらに，上の系をより一般化すると，次の系が得られる。

系　行列式の性質(4)

n 次正方行列 A が $\begin{pmatrix} D_1 & O_1 \\ O_2 & D_2 \end{pmatrix}$ のような形であるとき

$$\det(A)=\det(D_1)\cdot\det(D_2)$$

が成り立つ。ただし，D_1，D_2 はそれぞれ m_1 次，m_2 次の正方行列であり，$m_1+m_2=n$ である。

また，O_1 は $m_1\times m_2$ 零行列，O_2 は $m_2\times m_1$ 零行列である。

行列式の性質(4)について，$n=4$，$m_1=m_2=2$ の場合を次の例で示す。一般の場合も同様にして証明することができる。

例 8　4 次正方行列の行列式の計算

$$A=\begin{pmatrix} a & b & 0 & 0 \\ c & d & 0 & 0 \\ 0 & 0 & p & q \\ 0 & 0 & r & s \end{pmatrix}$$ とする。

例 5，6 (129，131 ページ) と同様に，定義 4-2 [2] の行多重線形性の性質を用いて 1 行目と 2 行目について計算すると

$$\begin{vmatrix} a & b & 0 & 0 \\ c & d & 0 & 0 \\ 0 & 0 & p & q \\ 0 & 0 & r & s \end{vmatrix}=(ad-bc)\begin{vmatrix} 1 & 0 & 0 & 0 \\ 0 & 1 & 0 & 0 \\ 0 & 0 & p & q \\ 0 & 0 & r & s \end{vmatrix}$$

さらに，3 行目と 4 行目についても計算すると

$$(ad-bc)\begin{vmatrix} 1 & 0 & 0 & 0 \\ 0 & 1 & 0 & 0 \\ 0 & 0 & p & q \\ 0 & 0 & r & s \end{vmatrix}=(ad-bc)(ps-qr)\begin{vmatrix} 1 & 0 & 0 & 0 \\ 0 & 1 & 0 & 0 \\ 0 & 0 & 1 & 0 \\ 0 & 0 & 0 & 1 \end{vmatrix}$$

ここで，定義 4-2 [1] より，$\begin{pmatrix} 1 & 0 & 0 & 0 \\ 0 & 1 & 0 & 0 \\ 0 & 0 & 1 & 0 \\ 0 & 0 & 0 & 1 \end{pmatrix}=E$ であるから

$$\begin{vmatrix} 1 & 0 & 0 & 0 \\ 0 & 1 & 0 & 0 \\ 0 & 0 & 1 & 0 \\ 0 & 0 & 0 & 1 \end{vmatrix}=1$$

したがって

$$\begin{vmatrix} a & b & 0 & 0 \\ c & d & 0 & 0 \\ 0 & 0 & p & q \\ 0 & 0 & r & s \end{vmatrix}=(ad-bc)(ps-qr)=\begin{vmatrix} a & b \\ c & d \end{vmatrix}\begin{vmatrix} p & q \\ r & s \end{vmatrix}$$

が成り立つ。

練習 9 次の行列式を計算せよ。

(1) $\begin{vmatrix} 3 & 0 & 0 \\ 0 & 9 & 8 \\ 0 & -3 & 6 \end{vmatrix}$

(2) $\begin{vmatrix} -1 & 0 & 0 & 0 \\ 0 & 2 & 1 & 0 \\ 0 & -1 & 0 & 1 \\ 0 & 0 & 2 & -5 \end{vmatrix}$

(3) $\begin{vmatrix} 4 & 0 & 0 & 0 \\ 0 & 2 & 5 & 0 \\ 0 & -1 & 2 & 0 \\ 0 & 0 & 0 & -2 \end{vmatrix}$

補充問題

1 次の行列式を計算せよ。

(1) $\begin{vmatrix} -1 & 2 & 3 \\ 3 & -2 & 1 \\ 2 & 1 & 3 \end{vmatrix}$

(2) $\begin{vmatrix} x & y & z \\ z & x & y \\ y & z & x \end{vmatrix}$

2 n 次正方行列 A と定数 c について，$\det(cA)=c^n\det(A)$ であることを示せ。

3 正方行列 A の第 i 行ベクトルが第 j 行ベクトルの定数倍になっているとき，$\det(A)=0$ であることを示せ。

第 3 節　行列式と行列の積

この節では，行列式と行列の積の関係について学ぶ。

まず，基本変形・基本行列と行列式について調べ，それを用いて，一般の行列の積と行列式の関係を明らかにする。

A　基本行列の行列式

行列の積と行列式の関係について調べるために，まず，基本行列の行列式について調べておこう。

3 種類の基本行列については，その形より次の定理が成り立つ。

定理　基本行列の行列式

n 次基本行列の行列式について，次が成り立つ。

$$\det(P_{ij})=-1$$

$$\det(P_i(c))=c$$

$$\det(P_{ij}(a))=1$$

ただし，$1 \leqq i \leqq n$，$1 \leqq j \leqq n$ かつ $i \neq j$ および a，c は実数の定数 $(c \neq 0)$。

この定理から，特に，基本行列の行列式は 0 でないことがわかる。

例 9　2 次基本行列の行列式

$$\det(P_{12})=\begin{vmatrix} 0 & 1 \\ 1 & 0 \end{vmatrix}=-1$$

$$\det(P_1(2))=\begin{vmatrix} 2 & 0 \\ 0 & 1 \end{vmatrix}=2$$

$$\det(P_{12}(3))=\begin{vmatrix} 1 & 3 \\ 0 & 1 \end{vmatrix}=1$$

一方で，行基本操作の定義と行列式の定義より，次ページの定理が成り立つ。

定理　行基本操作と行列式

n 次正方行列 A に対する行基本操作について，次が成り立つ。

(R1)　行列 A に行基本操作 (R1) (i 行目と j 行目を入れ替える) を行って得られる行列を B_1 とすると

$$A \xrightarrow{\text{ⓘ}\Leftrightarrow\text{ⓙ}} B_1 \quad\Longrightarrow\quad \det(B_1)=-\det(A)$$

(R2)　行列 A に行基本操作 (R2) (i 行目を c 倍する) を行って得られる行列を B_2 とすると

$$A \xrightarrow{\text{ⓘ}\times c} B_2 \quad\Longrightarrow\quad \det(B_2)=c\cdot\det(A)$$

(R3)　行列 A に行基本操作 (R3) (j 行目の a 倍を i 行目に足す) を行って得られる行列を B_3 とすると

$$A \xrightarrow{\text{ⓙ}\times a+\text{ⓘ}} B_3 \quad\Longrightarrow\quad \det(B_3)=\det(A)$$

ただし，$i \neq j$，および a，c は実数の定数 ($c \neq 0$)。

証明　定義 4-2 (n 次正方行列の行列式) (127 ページ) による。

(R1) は定義 4-2 [3] の行交代性のいい換えである。

(R2) は定義 4-2 [2] の行多重線形性で $k=c$，$l=0$ として得られる。

(R3) については，次の例題 4 で示す。 ■

例題 4　n 次正方行列 A に行基本操作 (R3) ⓙ $\times c+$ ⓘ ($i \neq j$) を行って得られる行列を B_3 とするとき，$\det(B_3)=\det(A)$ が成り立つことを示せ。

解答

$$A=\begin{pmatrix} a_{11} & a_{12} & \cdots & a_{1n} \\ \vdots & \vdots & & \vdots \\ a_{i1} & a_{i2} & \cdots & a_{in} \\ \vdots & \vdots & & \vdots \\ a_{j1} & a_{j2} & \cdots & a_{jn} \\ \vdots & \vdots & & \vdots \\ a_{n1} & a_{n2} & \cdots & a_{nn} \end{pmatrix}$$ とすると

$$B=\begin{pmatrix} a_{11} & a_{12} & \cdots & a_{1n} \\ \vdots & \vdots & & \vdots \\ a_{i1}+ca_{j1} & a_{i2}+ca_{j2} & \cdots & a_{in}+ca_{jn} \\ \vdots & \vdots & & \vdots \\ a_{j1} & a_{j2} & \cdots & a_{jn} \\ \vdots & \vdots & & \vdots \\ a_{n1} & a_{n2} & \cdots & a_{nn} \end{pmatrix}$$

定義 4-2 [2] より

$$\det(B)=\begin{vmatrix} a_{11} & a_{12} & \cdots & a_{1n} \\ \vdots & \vdots & & \vdots \\ a_{i1}+ca_{j1} & a_{i2}+ca_{j2} & \cdots & a_{in}+ca_{jn} \\ \vdots & \vdots & & \vdots \\ a_{j1} & a_{j2} & \cdots & a_{jn} \\ \vdots & \vdots & & \vdots \\ a_{n1} & a_{n2} & \cdots & a_{nn} \end{vmatrix}$$

$$=\begin{vmatrix} a_{11} & a_{12} & \cdots & a_{1n} \\ \vdots & \vdots & & \vdots \\ a_{i1} & a_{i2} & \cdots & a_{in} \\ \vdots & \vdots & & \vdots \\ a_{j1} & a_{j2} & \cdots & a_{jn} \\ \vdots & \vdots & & \vdots \\ a_{n1} & a_{n2} & \cdots & a_{nn} \end{vmatrix}+c\begin{vmatrix} a_{11} & a_{12} & \cdots & a_{1n} \\ \vdots & \vdots & & \vdots \\ a_{j1} & a_{j2} & \cdots & a_{jn} \\ \vdots & \vdots & & \vdots \\ a_{j1} & a_{j2} & \cdots & a_{jn} \\ \vdots & \vdots & & \vdots \\ a_{n1} & a_{n2} & \cdots & a_{nn} \end{vmatrix}$$

$$=\begin{vmatrix} a_{11} & a_{12} & \cdots & a_{1n} \\ \vdots & \vdots & & \vdots \\ a_{i1} & a_{i2} & \cdots & a_{in} \\ \vdots & \vdots & & \vdots \\ a_{j1} & a_{j2} & \cdots & a_{jn} \\ \vdots & \vdots & & \vdots \\ a_{n1} & a_{n2} & \cdots & a_{nn} \end{vmatrix}=\det(A) \quad ■$$

定理（基本行列の行列式）（137ページ）と定理（基本行列と行基本変形）（96ページ）を合わせると，次の定理が成り立つ。

定理　基本行列の積と行列式の積

A を n 次正方行列，P を n 次基本行列とするとき，以下が成り立つ。

$$\det(PA)=\det(P)\cdot\det(A)$$

証明　基本行列 P に対応する行基本操作をRとし，行列 A に行基本操作Rを行って得られる行列を Q とする。

このとき，定理（基本行列と行基本変形）より，$PA=Q$ が成り立つ。

Rが行基本操作（R1）のとき，定理（基本行列の行列式）より $\det(P)=-1$ であり，定理（行基本操作と行列式）より $\det(Q)=-\det(A)$ である。

よって　$\det(PA)=\det(Q)=-\det(A)=\det(P)\cdot\det(A)$

Rが行基本操作（R2）のとき，定理（基本行列の行列式）より $\det(P)=c$ であり，行基本操作と行列式の定理より $\det(Q)=c\cdot\det(A)$ である。

よって　$\det(PA)=\det(Q)=c\cdot\det(A)=\det(P)\cdot\det(A)$

Rが行基本操作（R3）のとき，定理（基本行列の行列式）より $\det(P)=1$ であり，定理（行基本操作と行列式）より $\det(Q)=\det(A)$ である。

よって　$\det(PA)=\det(Q)=\det(A)=\det(P)\cdot\det(A)$ ■

この定理により，正方行列が基本行列の積として表されている場合，その行列式を基本行列の行列式から計算することができる。

例10　基本行列の積で表された正方行列の行列式

$A=P_{21}(3)P_2(2)P_{12}$ のとき

$$\det(A)=\det(P_{21}(3))\cdot\det(P_2(2))\cdot\det(P_{12})$$
$$=1\cdot2\cdot(-1)=-2$$

例題5　$A=\begin{pmatrix}1 & 2 & 0\\ 1 & 0 & 1\\ 0 & -2 & 0\end{pmatrix}$ を基本行列の積に表して，その行列式を求めよ。

解答　Aを簡約階段化すると

$$A=\begin{pmatrix}1&2&0\\1&0&1\\0&-2&0\end{pmatrix}\xrightarrow{②\longleftrightarrow③}\begin{pmatrix}1&2&0\\0&-2&0\\1&0&1\end{pmatrix}\xrightarrow{②\times1+①}\begin{pmatrix}1&0&0\\0&-2&0\\1&0&1\end{pmatrix}$$

$$\xrightarrow{①\times(-1)+③}\begin{pmatrix}1&0&0\\0&-2&0\\0&0&1\end{pmatrix}\xrightarrow{②\times\left(-\frac{1}{2}\right)}\begin{pmatrix}1&0&0\\0&1&0\\0&0&1\end{pmatrix}=E$$

この行基本変形を逆にたどると

$$E=\begin{pmatrix}1&0&0\\0&1&0\\0&0&1\end{pmatrix}\xrightarrow{②\times(-2)}\begin{pmatrix}1&0&0\\0&-2&0\\0&0&1\end{pmatrix}\xrightarrow{①\times1+③}\begin{pmatrix}1&0&0\\0&-2&0\\1&0&1\end{pmatrix}$$

$$\xrightarrow{②\times(-1)+①}\begin{pmatrix}1&2&0\\0&-2&0\\1&0&1\end{pmatrix}\xrightarrow{②\longleftrightarrow③}\begin{pmatrix}1&2&0\\1&0&1\\0&-2&0\end{pmatrix}=A$$

この行基本変形に対応してEに基本行列を左から掛けていくと

$$A=P_{23}P_{12}(-1)P_{31}(1)P_2(-2)E$$

よって

$$\begin{aligned}\det(A)&=\det(P_{23})\cdot\det(P_{12}(-1))\cdot\det(P_{31}(1))\cdot\det(P_2(-2))\cdot\det(E)\\&=(-1)\cdot1\cdot1\cdot(-2)=2\end{aligned}$$

B　行列の積と行列式

定理（基本行列の積と行列式の積）より，n次正方行列A，n次基本行列Pに対しては，$\det(PA)=\det(P)\cdot\det(A)$ が成り立つ。より一般に，行列式がもつ非常に重要な性質である，次の定理が成り立つ。

定理　行列の積と行列式

n次正方行列A，Bに対して，$\det(AB)=\det(A)\cdot\det(B)$ が成り立つ。

証明　一般の正方行列Aは，ある基本行列 P_1，……，P_s，行列Aの簡約階段化行列Qを用いて（上の例題 5），$A=P_1\cdots\cdots P_sQ$　……（＊）と表される。ここで，$\mathrm{rank}\,A=n$，$\mathrm{rank}\,A\neq n$ に場合分けして考える。

[1]　$\mathrm{rank}\,A=n$ すなわち $\mathrm{rank}\,Q=n$ のとき　　$Q=E$

よって，定理（基本行列の積と行列式の積）（140 ページ）より

$$\det(A)=\det(P_1)\cdot\cdots\cdots\cdot\det(P_s)\cdot\det(E)=\det(P_1)\cdot\cdots\cdots\cdot\det(P_s)$$

また　$AB=P_1\cdots\cdots P_sEB=P_1\cdots\cdots P_sB$

再び，定理（基本行列の積と行列式の積）より

$$\det(AB)=\det(P_1)\cdot\cdots\cdots\cdot\det(P_s)\cdot\det(B)=\det(A)\cdot\det(B)$$

[2]　$\mathrm{rank}\,A\neq n$ すなわち $\mathrm{rank}\,Q<n$ のとき

Q は n 次の簡約階段行列なので，特に n 行目の成分はすべて 0 になる。

よって，系（行列式の性質(2)）（134 ページ）より　$\det(Q)=0$

上と同様に，$A=P_1\cdots\cdots P_sQ$ と，定理（基本行列の積と行列式の積）

より　$\det(A)=\det(P_1)\cdot\cdots\cdots\cdot\det(P_s)\cdot\det(Q)$

$$=\det(P_1)\cdot\cdots\cdots\cdot\det(P_s)\cdot 0=0$$

また，$AB=P_1\cdots\cdots P_sQB$ より，再び定理（基本行列の積と行列式の積）より　$\det(AB)=\det(P_1)\cdot\cdots\cdots\cdot\det(P_s)\cdot\det(QB)$

ここで，行列 Q の n 行目の成分はすべて 0 であるから，行列の積 QB の n 行目の成分もすべて 0 である。

よって，系（行列式の性質(2)）より　$\det(QB)=0$

したがって　$\det(AB)=\det(P_1)\cdot\cdots\cdots\cdot\det(P_s)\cdot\det(QB)$

$$=\det(P_1)\cdot\cdots\cdots\cdot\det(P_s)\cdot 0=0$$

よって　$\det(AB)=0=\det(A)\cdot\det(B)$ ■

この定理は多くの応用をもち，以降，重要な役割を果たす。例えば簡単な応用として，正則行列と逆行列の行列式について次の系が得られる。

系　逆行列と行列式

A が正則行列であるとき，$\det(A)\neq 0$ である。

また，$\det(A^{-1})=\dfrac{1}{\det(A)}$ が成り立つ。

証明　定義 1-5（逆行列）（42 ページ）より　$AA^{-1}=E$

両辺の行列の行列式は　$\det(AA^{-1})=\det(E)=1$

ここで　$\det(AA^{-1})=\det(A)\cdot\det(A^{-1})$

ゆえに　$\det(A)\cdot\det(A^{-1})=1$

よって，$\det(A)\neq 0$ であり　$\det(A^{-1})=\dfrac{1}{\det(A)}$ ■

第 4 節　行列の性質と行列式

ここでは前節までの結果を用いて，行列の性質と行列式の関係について調べる。

A　正則行列と行列式

行列の正則性と行列式について，前節までの結果により，次の定理が成り立つ。

定理　行列の正則性と行列式

n 次正方行列 A について，次の 4 つの条件は同値である。

[1]　A は正則行列である。

[2]　$\operatorname{rank} A = n$

[3]　A は有限個の基本行列の積で表される。

[4]　$\det(A) \neq 0$

この定理により，行列の正則性（逆行列をもつかどうか）が行列式で判定できることがわかる。

これは，定理（2 次の正方行列の逆行列の性質）（42 ページ），および 122 ページの例 1 で述べた 2×2 行列の場合の一般化になっている。

例 11　行列式による行列の正則性の判定

110 ページの例 10 では，$A=\begin{pmatrix} 2 & 4 \\ 5 & 3 \end{pmatrix}$ が [1] から [3] を満たすことを確かめた。

[4] も次のように確かめることができる。

$$\det(A) = 2\times3 - 4\times5 = -14 \neq 0$$

証明　上の [1] から [3] が同値であることは，定理（正則行列と階数）（110 ページ）で示してある。

また，系（逆行列と行列式）で [1] $\Longrightarrow$ [4] が示してあるので，

[4] $\Longrightarrow$ [2] を示す。

$[4] \Longrightarrow [2]$　対偶を証明する。

$\operatorname{rank} A \neq n$ を仮定する。

このとき，定理（基本行列の積と行列式）（140 ページ）の証明の中で，$\operatorname{rank} A \neq n$ の場合で示したように，$\det(A)=0$ となる。■

練習 10　行列 $\begin{pmatrix} 0 & -2 & 1 \\ 3 & 0 & 1 \\ a & 0 & 1 \end{pmatrix}$ が正則であるための条件を，行列式を考えることにより求めよ。

B　転置行列と行列式

転置行列の行列式については，次の定理が成り立つ。

定理　転置行列の行列式

n 次正方行列 A に対して

$$\det({}^tA)=\det(A)$$

が成り立つ。

例 12　3 次正方行列の転置行列と行列式

$A=\begin{pmatrix} 1 & 2 & 0 \\ 1 & 0 & 1 \\ 0 & -2 & 0 \end{pmatrix}$ の行列式をサラスの方法で計算すると

$$\begin{aligned} \det(A) &= 1\cdot 0\cdot 0+2\cdot 1\cdot 0+0\cdot 1\cdot(-2) \\ &\quad -1\cdot 1\cdot(-2)-2\cdot 1\cdot 0-0\cdot 0\cdot 0 \\ &= 2 \end{aligned}$$

一方，${}^tA=\begin{pmatrix} 1 & 1 & 0 \\ 2 & 0 & -2 \\ 0 & 1 & 0 \end{pmatrix}$ であり，その行列式は

$$\begin{aligned} \det({}^tA) &= 1\cdot 0\cdot 0+1\cdot(-2)\cdot 0+0\cdot 2\cdot 1 \\ &\quad -1\cdot(-2)\cdot 1-1\cdot 2\cdot 0-0\cdot 0\cdot 0 \\ &= 2 \end{aligned}$$

以下，証明の概略を示す。

証明　定理（行列の積と行列式の定理）から，ある基本行列 P_1，……，P_s と行列Aの簡約階段化行列Qを用いて，$A=P_1\cdots\cdots P_sQ$ と表される。

このとき，定理（基本行列の積と行列式の積）（140 ページ）より

$$\det(A)=\det(P_1)\cdot\cdots\cdots\cdot\det(P_s)\cdot\det(Q)$$

一方，定理（転置行列の性質）（49 ページ）より　${}^tA={}^tQ\,{}^tP_s\cdots\cdots{}^tP_1$

さらに，定理（基本行列と転置行列）（101 ページ），および定理（基本行列の行列式）（137 ページ）より，任意の基本行列Pについて

$$\det({}^tP)=\det(P)$$

よって，定理（行列の積と行列式）より，あとは $\det({}^tQ)=\det(Q)$ が示されれば，$\det({}^tA)=\det(A)$ が成り立つ。

ここで，$\mathrm{rank}\,A=n$，$\mathrm{rank}\,A\neq n$ に場合分けして考える。

[1]　$\mathrm{rank}\,A=n$ のとき

行列Qは行列Aの簡約階段形であり　$Q=E$

よって　$\det({}^tQ)=\det({}^tE)=\det(E)=\det(Q)$

[2]　$\mathrm{rank}\,A\neq n$ のとき

行列Qのn行目の成分はすべて 0 であるから，系（行列式の性質(2)）（134 ページ）より　$\det(Q)=0$

行列 ${}^tQ$ については，n列目の成分がすべて 0 になる。

ここで，行列 ${}^tQ$ を行基本変形により簡約階段化する。

行基本変形により「n列目の成分がすべて 0」という性質は変わらないから，行列 ${}^tQ$ の簡約階段形 Q' のn列目の成分もすべて 0 である。

簡約階段形の行列の形から，$\mathrm{rank}\,Q'<n$ である。

すなわち，$\mathrm{rank}\,{}^tQ<n$ となる。

よって，定理（行列の正則性と行列式）より　$\det({}^tQ)=0$

したがって　$\det({}^tQ)=0=\det(Q)$ ■

前ページの定理と，定義 4-2 [2]（行多重線形性）（127 ページ）を合わせると，行列式の「列多重線形性」と「列交代性」を証明することができる。

次ページで，行列式の列交代性を証明する。

正方行列Aの i 列目と j 列目を入れ替えた行列をBとするとき，$\det(B)=-\det(A)$ が成り立つことを示す。

証明　正方行列 ${}^tA$ の i 行目と j 行目を入れ替えた行列をCとする。転置行列は行列の行と列を入れ替えて得られるので，$C={}^tB$ が成り立つ。
よって，定理（転置行列と行列式）と行列式の行交代性より

$$\det(B)=\det({}^tB)=\det(C)=-\det({}^tA)=-\det(A)$$ ■

次に，行列式の列多重線形性を証明する。

証明　k，lを実数の定数とすると

$$\begin{vmatrix} a_{11} & \cdots & kb_{1i}+lc_{1i} & \cdots & a_{1n} \\ a_{21} & \cdots & kb_{2i}+lc_{2i} & \cdots & a_{2n} \\ \vdots & & \vdots & & \vdots \\ a_{n1} & \cdots & kb_{ni}+lc_{ni} & \cdots & a_{nn} \end{vmatrix}$$

$$=\begin{vmatrix} a_{11} & a_{21} & \cdots & a_{n1} \\ \vdots & \vdots & & \vdots \\ kb_{1i}+lc_{1i} & kb_{2i}+lc_{2i} & \cdots & kb_{ni}+lc_{ni} \\ \vdots & \vdots & & \vdots \\ a_{1n} & a_{2n} & \cdots & a_{nn} \end{vmatrix}$$

$$=k\begin{vmatrix} a_{11} & a_{21} & \cdots & a_{n1} \\ \vdots & \vdots & & \vdots \\ b_{1i} & b_{2i} & \cdots & b_{ni} \\ \vdots & \vdots & & \vdots \\ a_{1n} & a_{2n} & \cdots & a_{nn} \end{vmatrix}+l\begin{vmatrix} a_{11} & a_{21} & \cdots & a_{n1} \\ \vdots & \vdots & & \vdots \\ c_{1i} & c_{2i} & \cdots & c_{ni} \\ \vdots & \vdots & & \vdots \\ a_{1n} & a_{2n} & \cdots & a_{nn} \end{vmatrix}$$

$$=k\begin{vmatrix} a_{11} & \cdots & b_{1i} & \cdots & a_{1n} \\ a_{21} & \cdots & b_{2i} & \cdots & a_{2n} \\ \vdots & & \vdots & & \vdots \\ a_{n1} & \cdots & b_{ni} & \cdots & a_{nn} \end{vmatrix}+l\begin{vmatrix} a_{11} & \cdots & c_{1i} & \cdots & a_{1n} \\ a_{21} & \cdots & c_{2i} & \cdots & a_{2n} \\ \vdots & & \vdots & & \vdots \\ a_{n1} & \cdots & c_{ni} & \cdots & a_{nn} \end{vmatrix}$$

これにより，定理（行基本操作と行列式）（138ページ）と同じことが，列基本操作（C1），（C2），（C3）についても成り立つ。 ■

例 13　列基本操作 (C3)

$A=\begin{pmatrix} 2 & 1 & 1 \\ -1 & 0 & -1 \\ 2 & 3 & 1 \end{pmatrix}$ として $\boxed{3}\times a+\boxed{1}$ の変形を施した行列を A' とする

と，$A'=\begin{pmatrix} a+2 & 1 & 1 \\ -a-1 & 0 & -1 \\ a+2 & 3 & 1 \end{pmatrix}$ である。行列式の行多重線形性（定義 4-2

[2]）より

$$\det({}^tA')=\begin{vmatrix} a+2 & -a-1 & a+2 \\ 1 & 0 & 3 \\ 1 & -1 & 1 \end{vmatrix}=a\begin{vmatrix} 1 & -1 & 1 \\ 1 & 0 & 3 \\ 1 & -1 & 1 \end{vmatrix}+\begin{vmatrix} 2 & -1 & 2 \\ 1 & 0 & 3 \\ 1 & -1 & 1 \end{vmatrix}$$

$$=\begin{vmatrix} 2 & -1 & 2 \\ 1 & 0 & 3 \\ 1 & -1 & 1 \end{vmatrix}=\det({}^tA)$$

定理（転置行列の行列式）より　　$\det(A')=\det({}^tA')=\det({}^tA)=\det(A)$

練習 11　行列 A に列基本操作 (C2)（ i 列目を c 倍する）を行って得られる行列を C_2 とすると，次が成り立つことを示せ。

$$A \xrightarrow{\boxed{i}\times c} C_2 \implies \det(C_2)=c\cdot\det(A)$$

研究　クラメールの公式

この節の結果の連立 1 次方程式への応用として，次の定理*) を紹介しよう。これは，125 ページの例 3 で与えた 2 元連立 1 次方程式の場合の一般化になっている。

定理　クラメールの公式

n 個の未知数 x_1，x_2，……，x_n からなる n 元連立 1 次方程式の係数行列 A が正則行列であるとする。このとき，その連立 1 次方程式はただ 1 組の解をもち，その解は次で与えられる。

$$x_i=\frac{\det(A_{i,b})}{\det(A)}\ (1\leqq i\leqq n)$$

ただし，$A_{i,b}$ は，行列 A の第 i 列を連立 1 次方程式の定数項ベクトル $\boldsymbol{b}$ でおき換えて得られる行列である。

*）詳しい証明などは，本書の姉妹書『チャート式シリーズ　大学教養　線形代数の基礎』を参照。

第5節　還元定理と余因子展開

前節までで一般の行列式の計算方法として，定義に基づく方法（例4，5，6），基本行列の積から求める方法（例題5）を学んだ。ここでは，より一般的な方法として，還元定理，余因子展開と呼ばれる方法を学ぶ。また，余因子展開の応用として，正則行列の逆行列の公式を導く。

A　還元定理

次の定理は，n 次正方行列 $(n \geqq 2)$ の行列式を，より小さな $(n-1)$ 次正方行列の行列式から求める方法を与える。

定理　還元定理

n 次正方行列 A $(n \geqq 2)$ を考え，(1，1) 成分を a_{11} とする。

[1]　下の左図のように，行列 A の1列目において a_{11} 以外の成分がすべて0である。

[2]　下の右図のように，行列 A の1行目において a_{11} 以外の成分がすべて0である。

このとき，行列 A から1行目と1列目を取り除いて得られる $(n-1)$ 次正方行列を A' とすると，次が成り立つ。

$$\det(A) = a_{11} \cdot \det(A')$$

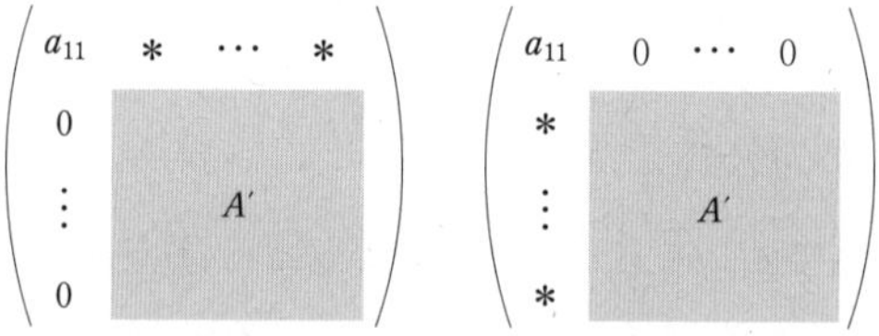

上の定理の [1] の場合の証明は次の通りである。

証明　還元定理 [1]　行列 A の $(i,\ j)$ 成分を (1，1) 成分と同様に a_{ij} とすると，$i=1$，$2 \leqq j \leqq n$ に対して，$a_{ij}=0$ である。

このとき，$A=\begin{pmatrix} a_{11} & a_{12} & \cdots & a_{1n} \\ 0 & a_{22} & \cdots & a_{2n} \\ \vdots & \vdots & \ddots & \vdots \\ 0 & a_{n2} & \cdots & a_{nn} \end{pmatrix}$ と書ける。

ここで，$A'=\begin{pmatrix} a_{22} & \cdots & a_{2n} \\ \vdots & \ddots & \vdots \\ a_{n2} & \cdots & a_{nn} \end{pmatrix}$ とする。

[1]　$a_{11}=0$ のとき

行列 A の 1 列目の成分はすべて 0 であるから，系 (行列式の性質 (2)) (134 ページ)，定理(転置行列の行列式)(144 ページ) より　$\det(A)=0$

よって　　$\det(A)=a_{11}\cdot\det(A')$

[2]　$a_{11}\neq 0$ のとき

行列式の列多重線形性により

$$\det(A)=\begin{vmatrix} a_{11} & a_{12} & \cdots & a_{1n} \\ 0 & a_{22} & \cdots & a_{2n} \\ \vdots & \vdots & \ddots & \vdots \\ 0 & a_{n2} & \cdots & a_{nn} \end{vmatrix}$$

$$\begin{matrix} \boxed{1}\times\left(-\frac{a_{12}}{a_{11}}\right)+\boxed{2} \\ \vdots \\ \boxed{1}\times\left(-\frac{a_{1n}}{a_{11}}\right)+\boxed{2} \\ = \end{matrix} \begin{vmatrix} a_{11} & 0 & \cdots & 0 \\ 0 & a_{22} & \cdots & a_{2n} \\ \vdots & \vdots & \ddots & \vdots \\ 0 & a_{n2} & \cdots & a_{nn} \end{vmatrix}$$

また，系 (行列式の性質 (4)) (134 ページ) より

$$\begin{vmatrix} a_{11} & 0 & \cdots & 0 \\ 0 & a_{22} & \cdots & a_{2n} \\ \vdots & \vdots & \ddots & \vdots \\ 0 & a_{n2} & \cdots & a_{nn} \end{vmatrix}=a_{11}\cdot\det(A')$$

よって　　$\det(A)=a_{11}\cdot\det(A')$ ■

定理の [2] は [1] から，定理 (転置行列の行列式) により成り立つ。

練習 12　次の行列式を計算せよ。

(1) $\begin{vmatrix} 3 & 7 & 2 \\ 0 & 2 & 1 \\ 0 & 3 & 2 \end{vmatrix}$

(2) $\begin{vmatrix} 1 & 0 & 0 & 0 \\ 1 & 2 & 1 & 2 \\ 2 & 0 & 3 & 0 \\ 1 & 2 & 1 & 1 \end{vmatrix}$

(3) $\begin{vmatrix} 2 & 4 & 5 & 1 \\ 0 & 2 & 10 & 0 \\ 1 & 1 & 5 & 4 \\ 0 & 8 & 7 & 0 \end{vmatrix}$

還元定理を繰り返し用いると，上三角行列・下三角行列（52ページ）の行列式を求めることができる。

系　上三角行列，下三角行列の行列式

Aをn次正方行列とし，その$(i,\ j)$成分をa_{ij}とする。

[1]　Aが上三角行列である，すなわち$i>j$について$a_{ij}=0$である。

または，

[2]　Aが下三角行列である，すなわち$i<j$について$a_{ij}=0$である。

このとき，次が成り立つ。

$\det(A)=a_{11}a_{22}\cdots\cdots a_{nn}$　（右辺は行列Aの対角成分すべての積）

例 14　上三角行列の行列式

$$\begin{vmatrix} 4 & 5 & 9 \\ 0 & 3 & 5 \\ 0 & 0 & -4 \end{vmatrix}=4\cdot3\cdot(-4)=-48$$

練習 13　一般のn次正方行列について，系を証明せよ。

練習 14　次の行列式を計算せよ。

(1) $\begin{vmatrix} 4 & 0 & 0 \\ 3 & 5 & 0 \\ -4 & 3 & 9 \end{vmatrix}$　(2) $\begin{vmatrix} 1 & 2 & 3 & 4 \\ 0 & 2 & 3 & 4 \\ 0 & 0 & 3 & 4 \\ 0 & 0 & 0 & 4 \end{vmatrix}$　(3) $\begin{vmatrix} -1 & 0 & 0 & 0 \\ 2 & 4 & 0 & 0 \\ -2 & 2 & -4 & 0 \\ 1 & -4 & 2 & 1 \end{vmatrix}$

B　余因子展開

前項の還元定理（148ページ）の一般化である定理を学ぶ。その前に，次の用語を定義する。

定義 4-3　小行列式，余因子

Aをn次正方行列$(n\geqq2)$とし，その$(i,\ j)$成分をa_{ij}とする。

[1]　行列Aのi行目とj列目を取り除いて得られる$(n-1)$次の行列の行列式を，行列Aの$(i,\ j)$**小行列式**という。

[2]　行列Aの$(i,\ j)$小行列式をm_{ij}とするとき，$(-1)^{i+j}m_{ij}$を行列Aの$(i,\ j)$**余因子**といい，$\tilde{a}_{ij}$で表す。

例 15　小行列式

(1)　行列 $\begin{pmatrix} 0 & 1 & 2 \\ 3 & 4 & 5 \\ 6 & 7 & 8 \end{pmatrix}$ の (2, 3) 小行列式は

$$\begin{vmatrix} 0 & 1 \\ 6 & 7 \end{vmatrix} = 0\cdot 7 - 1\cdot 6 = -6$$

また，(2, 3) 余因子は

$$(-1)^{2+3}\cdot(-6) = 6$$

(2)　行列 $\begin{pmatrix} 2 & 1 & 4 & -2 \\ 3 & 0 & 2 & 1 \\ 1 & 2 & 0 & 0 \\ -3 & 2 & 1 & 1 \end{pmatrix}$ の (3, 4) 小行列式は

$$\begin{vmatrix} 2 & 1 & 4 \\ 3 & 0 & 2 \\ -3 & 2 & 1 \end{vmatrix} = 2\cdot 0\cdot 1 + 1\cdot 2\cdot(-3) + 4\cdot 2\cdot 3$$
$$-2\cdot 2\cdot 2 - 1\cdot 3\cdot 1 - 4\cdot 0\cdot(-3) = 7$$

また，(3, 4) 余因子は

$$(-1)^{3+4}\cdot 7 = -7$$

上の用語を用いると，一般の行列の行列式を計算する上で非常に有用な，次の定理が成り立つ。

定理　余因子展開

A を n 次正方行列 ($n \geqq 2$) とし，その (i, j) 成分を a_{ij} とするとき，次が成り立つ。

[1]　$\det(A) = a_{i1}\tilde{a}_{i1} + a_{i2}\tilde{a}_{i2} + \cdots\cdots + a_{in}\tilde{a}_{in}$

（i 行目における余因子展開）

[2]　$\det(A) = a_{1j}\tilde{a}_{1j} + a_{2j}\tilde{a}_{2j} + \cdots\cdots + a_{nj}\tilde{a}_{nj}$

（j 列目における余因子展開）

次ページに，具体例を用いて，証明の概略を示す。

一般の場合も同様に示すことができる。

例 16　3次正方行列の余因子展開

$A=\begin{pmatrix} a_{11} & a_{12} & a_{13} \\ a_{21} & a_{22} & a_{23} \\ a_{31} & a_{32} & a_{33} \end{pmatrix}$ とする。2行目における余因子展開

$\det(A)=a_{21}\tilde{a}_{21}+a_{22}\tilde{a}_{22}+a_{23}\tilde{a}_{23}$ が成り立つことを示す。

行列式の行多重線形性（定義 4-2 [2]）（127 ページ）より

$$\det(A)=a_{21}\begin{vmatrix} a_{11} & a_{12} & a_{13} \\ 1 & 0 & 0 \\ a_{31} & a_{32} & a_{33} \end{vmatrix}+a_{22}\begin{vmatrix} a_{11} & a_{12} & a_{13} \\ 0 & 1 & 0 \\ a_{31} & a_{32} & a_{33} \end{vmatrix}+a_{23}\begin{vmatrix} a_{11} & a_{12} & a_{13} \\ 0 & 0 & 1 \\ a_{31} & a_{32} & a_{33} \end{vmatrix}$$

右辺の第1項について，行交代性と還元定理（148 ページ）により

$$\begin{vmatrix} a_{11} & a_{12} & a_{13} \\ 1 & 0 & 0 \\ a_{31} & a_{32} & a_{33} \end{vmatrix}\overset{①\Leftrightarrow②}{=}-\begin{vmatrix} 1 & 0 & 0 \\ a_{11} & a_{12} & a_{13} \\ a_{31} & a_{32} & a_{33} \end{vmatrix}$$

$$=(-1)^1\begin{vmatrix} a_{12} & a_{13} \\ a_{32} & a_{33} \end{vmatrix}=\tilde{a}_{21}$$

また，右辺の第2項，第3項について，行交代性と列交代性と還元定理により

$$\begin{vmatrix} a_{11} & a_{12} & a_{13} \\ 0 & 1 & 0 \\ a_{31} & a_{32} & a_{33} \end{vmatrix}\overset{①\Leftrightarrow②}{=}-\begin{vmatrix} 0 & 1 & 0 \\ a_{11} & a_{12} & a_{13} \\ a_{31} & a_{32} & a_{33} \end{vmatrix}\overset{\boxed{1}\Leftrightarrow\boxed{2}}{=}\begin{vmatrix} 1 & 0 & 0 \\ a_{12} & a_{11} & a_{13} \\ a_{32} & a_{31} & a_{33} \end{vmatrix}$$

$$=(-1)^2\begin{vmatrix} a_{11} & a_{13} \\ a_{31} & a_{33} \end{vmatrix}=\tilde{a}_{22}$$

$$\begin{vmatrix} a_{11} & a_{12} & a_{13} \\ 0 & 0 & 1 \\ a_{31} & a_{32} & a_{33} \end{vmatrix}\overset{①\Leftrightarrow②}{=}-\begin{vmatrix} 0 & 0 & 1 \\ a_{11} & a_{12} & a_{13} \\ a_{31} & a_{32} & a_{33} \end{vmatrix}\overset{\boxed{3}\Leftrightarrow\boxed{2}}{=}\begin{vmatrix} 0 & 1 & 0 \\ a_{11} & a_{13} & a_{12} \\ a_{31} & a_{33} & a_{32} \end{vmatrix}$$

$$\overset{\boxed{2}\Leftrightarrow\boxed{1}}{=}-\begin{vmatrix} 1 & 0 & 0 \\ a_{13} & a_{11} & a_{12} \\ a_{33} & a_{31} & a_{32} \end{vmatrix}=(-1)^3\begin{vmatrix} a_{11} & a_{12} \\ a_{31} & a_{32} \end{vmatrix}$$

$$=\tilde{a}_{23}$$

以上から　　$\det(A)=a_{21}\tilde{a}_{21}+a_{22}\tilde{a}_{22}+a_{23}\tilde{a}_{23}$　■

注意　例の途中計算で，行または列の交換が $(i+j-2)$ 回行われている。よって，$(-1)^k$ が現れるとき，$k=i+j$ が成り立っている。このことから，余因子の定義の中に $(-1)^{i+j}$ という係数が現れている。

練習 15 例 16 の行列 A に対し，3 列目における余因子展開が成り立つことを示せ。

例題 6

4 次正方行列の行列式 $\begin{vmatrix} -1 & 3 & 0 & 0 \\ 3 & 4 & 3 & 0 \\ 0 & 2 & -1 & 2 \\ 0 & 0 & 3 & -1 \end{vmatrix}$ を 1 行目で余因子展開することで求めよ。

解答

$$\begin{vmatrix} -1 & 3 & 0 & 0 \\ 3 & 4 & 3 & 0 \\ 0 & 2 & -1 & 2 \\ 0 & 0 & 3 & -1 \end{vmatrix} = (-1)\cdot(-1)^{1+1}\begin{vmatrix} 4 & 3 & 0 \\ 2 & -1 & 2 \\ 0 & 3 & -1 \end{vmatrix} + 3\cdot(-1)^{1+2}\begin{vmatrix} 3 & 3 & 0 \\ 0 & -1 & 2 \\ 0 & 3 & -1 \end{vmatrix}$$

ここで

$$\begin{vmatrix} 4 & 3 & 0 \\ 2 & -1 & 2 \\ 0 & 3 & -1 \end{vmatrix} = 4\cdot(-1)\cdot(-1)+3\cdot2\cdot0+0\cdot2\cdot3 -4\cdot2\cdot3-3\cdot2\cdot(-1)-0\cdot(-1)\cdot0 = -14$$

$$\begin{vmatrix} 3 & 3 & 0 \\ 0 & -1 & 2 \\ 0 & 3 & -1 \end{vmatrix} = 3\cdot(-1)\cdot(-1)+3\cdot2\cdot0+0\cdot0\cdot3 -3\cdot2\cdot3-3\cdot0\cdot(-1)-0\cdot(-1)\cdot0 = -15$$

よって $$\begin{vmatrix} -1 & 3 & 0 & 0 \\ 3 & 4 & 3 & 0 \\ 0 & 2 & -1 & 2 \\ 0 & 0 & 3 & -1 \end{vmatrix} = -(-14)-3\cdot(-15) = 59$$

練習 16 4次正方行列の行列式 $\begin{vmatrix} 2 & 3 & -4 & 0 \\ 1 & 2 & -2 & 1 \\ 3 & 4 & 3 & 2 \\ 0 & 5 & 1 & -1 \end{vmatrix}$ を4列目において余因子展開することで求めよ。

定理（余因子展開）の一般化として，次の定理が成り立つ。

定理　余因子展開（一般形）

A を n 次正方行列とし，その $(i,\ j)$ 成分が a_{ij} とするとき，次が成り立つ。

[1] $a_{i1}\tilde{a}_{k1}+a_{i2}\tilde{a}_{k2}+\cdots\cdots+a_{in}\tilde{a}_{kn}=\begin{cases}\det(A) & (k=i) \\ 0 & (k\neq i)\end{cases}$

[2] $a_{1j}\tilde{a}_{1k}+a_{2j}\tilde{a}_{2k}+\cdots\cdots+a_{nj}\tilde{a}_{nk}=\begin{cases}\det(A) & (k=j) \\ 0 & (k\neq j)\end{cases}$

$k=i$ のとき，および $k=j$ のときが，定理（余因子展開）となっている。この定理についても，次の例で証明の概略を示す。一般の場合も同様に示すことができる（$k\neq i$，$k\neq j$ の場合だけ考えればよい）。

例 17　3次正方行列の余因子展開（一般形）

$A=\begin{pmatrix} a_{11} & a_{12} & a_{13} \\ a_{21} & a_{22} & a_{23} \\ a_{31} & a_{32} & a_{33} \end{pmatrix}$ とする。

上の定理 [2] で，$n=3$，$j=2$，$k=3$ の場合である

$a_{12}\tilde{a}_{13}+a_{22}\tilde{a}_{23}+a_{32}\tilde{a}_{33}=0$ が成り立つことを示す。

ここで，行列 A の3列目（k 列目）を2列目（j 列目）でおき換えた行列を B とする。すなわち，$B=\begin{pmatrix} a_{11} & a_{12} & a_{12} \\ a_{21} & a_{22} & a_{22} \\ a_{31} & a_{32} & a_{32} \end{pmatrix}$ である。

このとき，行列 B の2列目と3列目の成分がすべて等しいので，定理（転置行列と行列式）（144ページ）と系（行列式の性質(1)）（129ページ）により

$$\det(B)=\det({}^t\!B)=0 \quad \cdots\cdots \text{①}$$

一方で，行列 B の行列式について，3列目で余因子展開すると

$$\det(B)=a_{12}\cdot(-1)^{1+3}\begin{vmatrix} a_{21} & a_{22} \\ a_{31} & a_{32} \end{vmatrix}+a_{22}\cdot(-1)^{2+3}\begin{vmatrix} a_{11} & a_{12} \\ a_{31} & a_{32} \end{vmatrix}$$

$$+a_{32}\cdot(-1)^{3+3}\begin{vmatrix} a_{11} & a_{12} \\ a_{21} & a_{22} \end{vmatrix}$$

$$=a_{12}\tilde{a}_{13}+a_{22}\tilde{a}_{23}+a_{32}\tilde{a}_{33} \quad \cdots\cdots ②$$

①，② から　$a_{12}\tilde{a}_{13}+a_{22}\tilde{a}_{23}+a_{32}\tilde{a}_{33}=0$ ■

練習 17　例 17 と同様に，次の等式 $a_{11}\tilde{a}_{21}+a_{12}\tilde{a}_{22}+a_{13}\tilde{a}_{23}=0$ を示せ。

C　余因子行列と逆行列

これまでに扱った内容から得られる定理を学ぶ前に次を定義する。

定義 4-4　余因子行列

A を n 次正方行列とし，その $(i,\ j)$ 成分を a_{ij} とする。行列 A の $(i,\ j)$ 余因子 $\tilde{a}_{ij}$ を並べてできる $\begin{pmatrix} \tilde{a}_{11} & \tilde{a}_{21} & \cdots & \tilde{a}_{n1} \\ \tilde{a}_{12} & \tilde{a}_{22} & \cdots & \tilde{a}_{n2} \\ \vdots & \vdots & \ddots & \vdots \\ \tilde{a}_{1n} & \tilde{a}_{2n} & \cdots & \tilde{a}_{nn} \end{pmatrix}$ を A の **余因子行列** といい，$\tilde{A}$ で表す。

補足　上の定義の余因子行列では $\tilde{a}_{ij}$ が $(j,\ i)$ 成分になっている。いい換えると，$B=\begin{pmatrix} \tilde{a}_{11} & \cdots & \tilde{a}_{1n} \\ \vdots & \ddots & \vdots \\ \tilde{a}_{n1} & \cdots & \tilde{a}_{nn} \end{pmatrix}$ とするとき，$\tilde{A}={}^tB$ になっている。

A を n 次正方行列としてその $(i,\ j)$ 成分を a_{ij} とし，$\tilde{A}$ を行列 A の余因子行列とする。このとき，$A\tilde{A}$ を考えると，その $(i,\ k)$ 成分は

$$a_{i1}\tilde{a}_{k1}+a_{i2}\tilde{a}_{k2}+\cdots\cdots+a_{in}\tilde{a}_{kn}=\begin{pmatrix} a_{i1} & a_{i2} & \cdots & a_{in} \end{pmatrix}\begin{pmatrix} \tilde{a}_{k1} \\ \tilde{a}_{k2} \\ \vdots \\ \tilde{a}_{kn} \end{pmatrix}$$

$$=\begin{cases} \det(A) & (k=i \text{ のとき}) \\ 0 & (k\neq i \text{ のとき}) \end{cases}$$

$1\leqq i\leqq n$，$1\leqq k\leqq n$ を満たすすべての i，k について考えると，次ページのようになる。

$$\begin{pmatrix} a_{11} & a_{12} & \cdots & a_{1n} \\ a_{21} & a_{22} & \cdots & a_{2n} \\ \vdots & \vdots & \ddots & \vdots \\ a_{n1} & a_{n2} & \cdots & a_{nn} \end{pmatrix}\begin{pmatrix} \tilde{a}_{11} & \tilde{a}_{21} & \cdots & \tilde{a}_{n1} \\ \tilde{a}_{12} & \tilde{a}_{22} & \cdots & \tilde{a}_{n2} \\ \vdots & \vdots & \ddots & \vdots \\ \tilde{a}_{1n} & \tilde{a}_{2n} & \cdots & \tilde{a}_{nn} \end{pmatrix}=\begin{pmatrix} \det(A) & 0 & \cdots & 0 \\ 0 & \det(A) & \ddots & \vdots \\ \vdots & \ddots & \ddots & 0 \\ 0 & \cdots & 0 & \det(A) \end{pmatrix}$$

同様に，$\widetilde{A}A$ を考えると，その $(j,\ k)$ 成分は

$$a_{1j}\tilde{a}_{1k}+a_{2j}\tilde{a}_{2k}+\cdots\cdots+a_{nj}\tilde{a}_{nk}=\begin{pmatrix} \tilde{a}_{1k} & \tilde{a}_{2k} & \cdots & \tilde{a}_{nk} \end{pmatrix}\begin{pmatrix} a_{1j} \\ a_{2j} \\ \vdots \\ a_{nj} \end{pmatrix}$$

$$=\begin{cases} \det(A) & (k=j \text{ のとき}) \\ 0 & (k\neq j \text{ のとき}) \end{cases}$$

$1\leqq j\leqq n$，$1\leqq k\leqq n$ を満たすすべての j，k について考えると，次のようになる。

$$\begin{pmatrix} \tilde{a}_{11} & \tilde{a}_{21} & \cdots & \tilde{a}_{n1} \\ \tilde{a}_{12} & \tilde{a}_{22} & \cdots & \tilde{a}_{n2} \\ \vdots & \vdots & \ddots & \vdots \\ \tilde{a}_{1n} & \tilde{a}_{2n} & \cdots & \tilde{a}_{nn} \end{pmatrix}\begin{pmatrix} a_{11} & a_{12} & \cdots & a_{1n} \\ a_{21} & a_{22} & \cdots & a_{2n} \\ \vdots & \vdots & & \vdots \\ a_{n1} & a_{n2} & \cdots & a_{nn} \end{pmatrix}=\begin{pmatrix} \det(A) & 0 & \cdots & 0 \\ 0 & \det(A) & \ddots & \vdots \\ \vdots & \ddots & \ddots & 0 \\ 0 & \cdots & 0 & \det(A) \end{pmatrix}$$

以上から，前節の定理（余因子展開（一般形））は，次のように行列の積の形で表すことができることがわかる。

定理　余因子展開（行列形）

A を n 次正方行列とし，その $(i,\ j)$ 成分を a_{ij} とするとき，次が成り立つ。　$A\widetilde{A}=\widetilde{A}A=\det(A)E$

また，A を n 次正方行列とし，$(i,\ j)$ 成分を a_{ij} とする。定理（余因子展開（行列形））から，$d=\det(A)$ とすると，$A\widetilde{A}=dE$ ……（＊）が成り立つ。

ここで，$\det(A)\neq 0$ を仮定すると，定理（行列の正則性と行列式）（143 ページ）から A は正則行列である，すなわち，逆行列 A^{-1} が存在する。A^{-1} を（＊）の両辺に左から掛けると　$\widetilde{A}=A^{-1}(dE)=dA^{-1}$

したがって　$A^{-1}=\dfrac{1}{d}\widetilde{A}$

このことから，次の定理が成り立つ。

定理　逆行列の行列式

正則行列 A の逆行列 A^{-1} と A の余因子行列 $\tilde{A}$ について，次が成り立つ。

$$A^{-1}=\frac{1}{\det(A)}\tilde{A}$$

例題 7

逆行列の公式を用いて，$A=\begin{pmatrix} 1 & 0 & 2 \\ 0 & 3 & 0 \\ 4 & 0 & 5 \end{pmatrix}$ の逆行列を求めよ。

解答

$\det(A)=1\cdot3\cdot5+0\cdot0\cdot4+2\cdot0\cdot0-1\cdot0\cdot0-0\cdot0\cdot5-2\cdot3\cdot4=-9$

また，定義 4-4（155 ページ）より　$\tilde{A}=\begin{pmatrix} 15 & 0 & -6 \\ 0 & -3 & 0 \\ -12 & 0 & 3 \end{pmatrix}$

よって　$A^{-1}=-\dfrac{1}{9}\begin{pmatrix} 15 & 0 & -6 \\ 0 & -3 & 0 \\ -12 & 0 & 3 \end{pmatrix}$

$$=\frac{1}{3}\begin{pmatrix} -5 & 0 & 2 \\ 0 & 1 & 0 \\ 4 & 0 & -1 \end{pmatrix}$$

注意　例題の解答からわかるが，逆行列の公式は，実際には計算量が多く実用的ではない。この公式の意義は実用面ではなく，より理論的な面にある。

補足　定理（余因子展開（行列形））において，もし $\det(A)=0$ ならば，A と A の余因子行列 $\tilde{A}$ について $A\tilde{A}=O$ が成り立つ。このとき，練習 27（44 ページ）より，$\tilde{A}$ は正則行列ではないので，よって，定理（行列の正則性と行列式）（143 ページ）より，$\det(\tilde{A})=0$ がわかる。さらに，$A \neq O$ のとき，$\tilde{A}$ は零因子になる（39 ページ）。

補充問題

次の行列式を計算せよ。

(1) $\begin{vmatrix} 1 & 4 & 2 \\ -2 & 1 & -1 \\ -2 & 1 & 3 \end{vmatrix}$　(2) $\begin{vmatrix} 1 & 2 & 0 \\ 2 & 3 & -1 \\ 0 & 2 & -1 \end{vmatrix}$　(3) $\begin{vmatrix} 1 & -3 & 0 & -1 \\ 2 & 1 & -1 & 4 \\ 0 & 2 & 5 & 0 \\ 3 & -2 & 0 & 2 \end{vmatrix}$

章末問題

1 次の行列式を計算せよ。

(1) $\begin{vmatrix} 3 & 2 & 4 \\ 2 & -1 & 1 \\ 2 & 1 & 4 \end{vmatrix}$　(2) $\begin{vmatrix} 1 & 2 & 3 \\ 2 & 1 & 2 \\ 3 & 3 & 1 \end{vmatrix}$　(3) $\begin{vmatrix} -\frac{1}{15} & \frac{1}{5} & \frac{1}{15} \\ \frac{2}{15} & \frac{2}{15} & -\frac{1}{5} \\ -\frac{1}{15} & \frac{2}{15} & \frac{1}{5} \end{vmatrix}$

(4) $\begin{vmatrix} \sqrt{3} & -1 & 1 \\ \sqrt{3} & 1 & -1 \\ 0 & 2 & 1 \end{vmatrix}$　(5) $\begin{vmatrix} -2 & 4 & 2 \\ -12 & 30 & 9 \\ -14 & 34 & 10 \end{vmatrix}$　(6) $\begin{vmatrix} \lambda-1 & -3 & 0 \\ 2 & \lambda+3 & -1 \\ 0 & -2 & \lambda-1 \end{vmatrix}$

(7) $\begin{vmatrix} -2 & -1 & 0 & 1 \\ -1 & 0 & 1 & -2 \\ 0 & 1 & -2 & -1 \\ 1 & -2 & -1 & 0 \end{vmatrix}$　(8) $\begin{vmatrix} 0 & 1 & 1 & 1 & 1 \\ 1 & 0 & 1 & 1 & 1 \\ 1 & 1 & 0 & 1 & 1 \\ 1 & 1 & 1 & 0 & 1 \\ 1 & 1 & 1 & 1 & 0 \end{vmatrix}$

(9) $\begin{vmatrix} \sin\alpha\cos\beta & \sin\alpha\sin\beta & \cos\alpha \\ r\cos\alpha\cos\beta & r\cos\alpha\sin\beta & -r\sin\alpha \\ -r\sin\alpha\sin\beta & r\sin\alpha\cos\beta & 0 \end{vmatrix}$

2 次の行列式を計算せよ。

(1) $\begin{vmatrix} 1 & a & a^2-bc \\ 1 & b & b^2-ca \\ 1 & c & c^2-ab \end{vmatrix}$　(2) $\begin{vmatrix} 1 & a & b & c+d \\ 1 & b & c & d+a \\ 1 & c & d & a+b \\ 1 & d & a & b+c \end{vmatrix}$

(3) $\begin{vmatrix} a+b & b & a \\ c & c+a & a \\ c & b & b+c \end{vmatrix}$　(4) $\begin{vmatrix} 1 & 1 & 1 & 1 \\ x & a & a & a \\ x & y & b & b \\ x & y & z & c \end{vmatrix}$

(5) $\begin{vmatrix} a & b & c & d \\ b & a & d & c \\ c & d & a & b \\ d & c & b & a \end{vmatrix}$　(6) $\begin{vmatrix} (a+b)^2 & b^2 & a^2 \\ b^2 & (b+c)^2 & c^2 \\ a^2 & c^2 & (c+a)^2 \end{vmatrix}$

(7) $\begin{vmatrix} a & -b & -a & b \\ b & a & -b & -a \\ c & -d & c & -d \\ d & c & d & c \end{vmatrix}$　(8) $\begin{vmatrix} 1 & a & a^2 & a^4 \\ 1 & b & b^2 & b^4 \\ 1 & c & c^2 & c^4 \\ 1 & d & d^2 & d^4 \end{vmatrix}$

3 B を $m\times n$ 行列，O を $n\times m$ 零行列とするとき，次の等式を証明せよ。

(1) $\det\begin{pmatrix} E & B \\ O & D \end{pmatrix}=\det(D)$

(2) $\det\begin{pmatrix} A & B \\ O & E \end{pmatrix}=\det(A)$

4 A を n 次正則行列，$\tilde{A}$ を行列 A の余因子行列とするとき

$$\det(\tilde{A})=\{\det(A)\}^{n-1}$$

が成り立つことを証明せよ。

5 n 個の変数 x_1，x_2，……，x_n による多項式 $D(x_1,\ x_2,\ \cdots\cdots,\ x_n)$ を

$$D(x_1,\ x_2,\ \cdots\cdots,\ x_n)=(x_1-x_2)\times(x_1-x_3)\times\cdots\cdots\times(x_1-x_n)$$
$$\times(x_2-x_3)\times\cdots\cdots\times(x_2-x_n)\times\cdots\cdots\times(x_{n-1}-x_n)$$

で定義する。

このとき，次の等式を証明せよ。

$$\begin{vmatrix} 1 & 1 & 1 & \cdots\cdots & 1 \\ x_1 & x_2 & x_3 & \cdots\cdots & x_n \\ {x_1}^2 & {x_2}^2 & {x_3}^2 & \cdots\cdots & {x_n}^2 \\ \vdots & \vdots & \vdots & \cdots\cdots & \vdots \\ {x_1}^{n-1} & {x_2}^{n-1} & {x_3}^{n-1} & \cdots\cdots & {x_n}^{n-1} \end{vmatrix}=(-1)^{\frac{n(n-1)}{2}}D(x_1,\ x_2,\ \cdots\cdots,\ x_n)$$

第Ⅱ部　ベクトル空間と線形写像

これまでに学んできたベクトルと行列の考え方・計算方法などで，鍵となっていたのは，ベクトルの「和と定数倍の関係」すなわち「線形性」であった。実は，「線形性」さえ保証されていれば，ベクトルだけでなく，より一般の集合についても同じ理論を展開することができる。後で学習するように，例えば「関数の集合」なども，「線形性」をもつので，同様の理論を適用することができるのである。これにより，経済学・工学で重要な微分方程式の理論などに応用でき，その意味で線形代数学は多くの分野の数学的基礎となっている。

ここからは，より抽象的な概念として「ベクトル空間（線形空間）」「線形写像」を導入し，その理論的な側面を中心に学んでいく。

第5章 ベクトル空間

この章では，これまでの数ベクトルの集合の概念を拡張して，ベクトル空間と呼ばれる概念を導入し，その基本的な性質を学ぶ。ここで本質的な発想の転換が必要となる。高校数学や第1章のように，ベクトルとは何かを定義し，その集合をもとに計算や理論を展開していくのではなく，必要な性質をもつ集合を考え，それをベクトル空間と呼び，その要素をベクトルということで議論を進めていく。

ベクトル空間の概念は，比較的新しいものといえる。1888年にイタリアの数学者ジュゼッペ・ペアノによって，平面ベクトル（幾何ベクトル）を抽象化し，その集合を公理的に定義することが提唱された。これがベクトル空間の概念の萌芽とされている。またペアノは，自然数の数学的な定義を，公理を用いて提唱したことでよく知られている。

ペアノ，1858-1932

第1節　ベクトル空間とベクトル空間の部分空間

この節では，数ベクトルの集合を一般化して，抽象的な集合としてベクトル空間を導入する。さらに，その性質や部分空間の性質を学ぶ。

A　ベクトル空間の導入

第1章では高校で学んだ幾何ベクトルを抽象化して，数ベクトルの概念を導入した。一般の n 次元数ベクトルは，すでに抽象的な数学的概念ではあるが，線形代数学の扱う対象はもっと広く，さらに抽象化・一般化することができる。前章までのさまざまな計算・理論のすべての基礎となっているのは，20～22ページで学習した次の定義・定理であった。

・定義 1-3 (数ベクトルの和・実数倍)，1-4 (零ベクトル・逆ベクトル)

・定理 (零ベクトル，逆ベクトルの性質，数ベクトルの演算規則)

そこで「これらの性質をもつ集合」を考え，次のように定義する。

定義 5-1　ベクトル空間

集合 V の要素に対して，次のように加法と定数倍が定まっているとする。

[1]　V の任意の2つの要素 $\boldsymbol{v}$，$\boldsymbol{w}$ に対して，**和** と呼ばれる第3の要素 $\boldsymbol{v}+\boldsymbol{w}$ が V の中で定まる。

[2]　V の任意の要素 $\boldsymbol{v}$ と任意の実数 c に対して，**定数倍** (スカラー倍) と呼ばれる要素 $c\boldsymbol{v}$ が V の中で定まる。

さらに，この加法と定数倍が次の8つの条件を満たすとき，V を $\mathbb{R}$ 上の **ベクトル空間** (線形空間) という。

(V1)　$(\boldsymbol{u}+\boldsymbol{v})+\boldsymbol{w}=\boldsymbol{u}+(\boldsymbol{v}+\boldsymbol{w})$ (和に関する結合律)

(V2)　任意の $\boldsymbol{v}$ に対し，$\boldsymbol{v}+\boldsymbol{0}=\boldsymbol{0}+\boldsymbol{v}=\boldsymbol{v}$ となる $\boldsymbol{0}$ が存在する。(零元の存在)

(V3)　$\boldsymbol{v}$ に対し，$\boldsymbol{v}+\boldsymbol{w}=\boldsymbol{w}+\boldsymbol{v}=\boldsymbol{0}$ となる $\boldsymbol{w}$ が存在する。(和に関する逆元の存在)

(V4)　$\boldsymbol{v}+\boldsymbol{w}=\boldsymbol{w}+\boldsymbol{v}$ (和に関する交換律)

(V5)　$a(b\boldsymbol{v})=(ab)\boldsymbol{v}$ (定数倍に関する結合律)

(V6)　$(a+b)\boldsymbol{v}=a\boldsymbol{v}+b\boldsymbol{v}$ (分配法則)　(V7)　$a(\boldsymbol{v}+\boldsymbol{w})=a\boldsymbol{v}+a\boldsymbol{w}$ (分配法則)

(V8)　$1\cdot\boldsymbol{v}=\boldsymbol{v}$

ベクトル空間の1つ1つの要素のことを **ベクトル** という。

補足　より一般には，「定数倍」を定義するための数として実数だけではなく，複素数やさらに一般の「体」と呼ばれる集合の要素でもよい。ただし，本書では簡単のため，特に触れない限りは実数の場合のみを考えていく。

第１章で導入した数ベクトルの集合，より正確には n 次元数ベクトル全体の集合

$$\left\{\begin{pmatrix} a_1 \\ a_2 \\ \vdots \\ a_n \end{pmatrix} \middle| \, a_1 \in \mathbb{R},\ a_2 \in \mathbb{R},\ \cdots\cdots,\ a_n \in \mathbb{R} \right\}$$

は，定義 1-3 で定義した加法と実数倍について，定義 1-3，1-4，定理（零ベクトル，逆ベクトルの性質），定理（数ベクトルの演算規則）より，確かにベクトル空間になる。これを以降では $\mathbb{R}^n$ で表すことにし，**n 次元数ベクトル空間** ということにする。

さらに（数ベクトル空間でない）ベクトル空間の例を２つ挙げる。

例１　実数からなる数列全体からなる集合

実数の数列 $\{a_n\}$ 全体からなる集合 $\mathbb{R}^{\mathbb{N}}$ を考えよう*)。

[1]　$\mathbb{R}^{\mathbb{N}}$ の２つの要素，すなわち２つの数列 $\boldsymbol{v}=\{a_n\}$，$\boldsymbol{w}=\{b_n\}$ に対して，その和 $\boldsymbol{v}+\boldsymbol{w}$ という数列を $\boldsymbol{v}+\boldsymbol{w}=\{a_n+b_n\}$ で定める。すなわち，数列 $\{a_n\}$ と数列 $\{b_n\}$ の和とは，その n 項目が a_n+b_n で与えられる数列と定める。これもまた数列なので，$\mathbb{R}^{\mathbb{N}}$ の要素になっている。

[2]　$\mathbb{R}^{\mathbb{N}}$ の要素，すなわち数列 $\boldsymbol{v}=\{a_n\}$ と，$\mathbb{R}$ の要素 c に対して，定数倍 $c\boldsymbol{v}$ という数列を $c\boldsymbol{v}=\{ca_n\}$ で定める。すなわち，数列 $\{a_n\}$ の c 倍とは，その n 項目が ca_n で与えられる数列と定める。これもまた数列なので，$\mathbb{R}^{\mathbb{N}}$ の要素になっている。

[3]　上のように定めた演算（和と定数倍）は 162ページ に列挙した条件を満たす。ここで，すべての項が 0 であるような数列を $\boldsymbol{0}$ とする。このとき，数列 $\boldsymbol{v}=\{a_n\}$ の，和に関する逆元 $-\boldsymbol{v}$ とは $-\boldsymbol{v}=\{-a_n\}$ で与えられる数列である。したがって，$\mathbb{R}^{\mathbb{N}}$ はベクトル空間になる。

---

*）$\mathbb{N}$ は自然数の集合を表す記号である。「$\mathbb{R}^{\mathbb{N}}$」という記号は「自然数で番号付けられた実数の数列の全体」を表す。

練習1 前ページの例で考えた加法と定数倍を考えたとき，等差数列全体からなる集合がベクトル空間であることを示せ。

例2 実数上の関数全体からなる集合

実数上の関数 $f(x)$ からなる集合を考えよう。すなわち，そのような関数をすべて考え，それら全体のなす集合を $F(\mathbb{R})$ と書くことにする。すると，$F(\mathbb{R})$ も前ページで述べたものと同様の構造をもっている。

[1] $F(\mathbb{R})$ の 2 つの要素，すなわち，実数上の 2 つの関数 $f(x)$，$g(x)$ に対して，その和 $(f+g)(x)$ という関数を各実数 $a\in\mathbb{R}$ に対して，$f(a)+g(a)$ を対応させる関数と定める。すなわち，
$(f+g)(x)=f(x)+g(x)$ $(x\in\mathbb{R})$ と定める。

こうして定義された関数 $(f+g)(x)$ もまた，実数上の関数になっているので，$F(\mathbb{R})$ の要素である。

[2] $F(\mathbb{R})$ の要素（すなわち，実数上の関数）$f(x)$ と，$\mathbb{R}$ の要素（実数）c に対して，定数倍 $(cf)(x)$ という関数を，各実数 $a\in\mathbb{R}$ に対して，$c\cdot f(a)$ を対応させる関数と定める。すなわち，$(cf)(x)=c\cdot f(x)$ $(x\in\mathbb{R})$ と定める。

こうして定義された関数 $(cf)(x)$ もまた，$F(\mathbb{R})$ の要素である。

[3] 上のように定めた演算（和とスカラー倍）が，162 ページに列挙した条件を満たす。

$F(\mathbb{R})$ における $\mathbf{0}$ は，任意の x に対して 0 を対応させる定数関数とする。このとき，任意の関数 f に対して，その和に関する逆元 $-f$ は $(-f)(x)=-f(x)$ で定義される関数である。

したがって，$F(\mathbb{R})$ はベクトル空間になる。

練習2 上の例で考えた加法と定数倍を考えたとき，実数上の定数関数と 1 次関数全体からなる集合がベクトル空間であることを示せ。

以上の例において，全体の集合をベクトル空間とみたとき，それぞれの要素（数列や関数）をベクトルと呼ぶことにする。高校までの幾何ベクトルとは大きくイメージが異なるが，このように抽象化することでさまざまな分野・理論への応用範囲が広がる。より大きな枠組みで捉えたとき，そうみなすことができるというように考えて慣れてほしい。

数ベクトルからなる n 次元数ベクトル空間 $\mathbb{R}^n$ においては，零ベクトル，逆ベクトルともに，具体的に与えられていたが，一般のベクトル空間ではそうでない場合がある。それでも，零ベクトル，逆ベクトルともに，ただ1つしかないということは保証される。

例題 1　V をベクトル空間とするとき，$\boldsymbol{v}\in V$ について，条件 (V3) の $\boldsymbol{w}$ はただ1つに定まることを示せ。(これを「逆元の一意性」という。)

解答　$\boldsymbol{w}'\in V$ も条件 (V3) を満たすとすると

$$\begin{aligned}\boldsymbol{w}'&=\boldsymbol{w}'+\boldsymbol{0}=\boldsymbol{w}'+(\boldsymbol{v}+\boldsymbol{w})\\&=(\boldsymbol{w}'+\boldsymbol{v})+\boldsymbol{w}=\boldsymbol{0}+\boldsymbol{w}=\boldsymbol{w}\end{aligned}$$

上式の等号は，左から順に，(V2)，(V3)，(V1)，(V3)，(V2) を用いることで成り立つ。■

練習 3　条件 (V2) の $\boldsymbol{0}$ はただ1つに定まることを示せ。

ベクトル空間 V において，$\boldsymbol{v}\in V$ に対して，(V3) で存在が保証された $\boldsymbol{w}$ を $\boldsymbol{v}$ の **逆元** ともいい「$-\boldsymbol{v}$」と書くことにする。また，簡単のため，$\boldsymbol{u}\in V$，$\boldsymbol{v}\in V$ に対して，$\boldsymbol{u}+(-\boldsymbol{v})$ を $\boldsymbol{u}-\boldsymbol{v}$ と書くこともある。

一般のベクトル空間での計算も，次の例のように，これまでの数ベクトルに対する計算と同じように行える。以下，V を一般のベクトル空間とする (すなわち，V には (V1)～(V8) を満たす加法と定数倍が定まっているとする)。

例 3　一般のベクトル空間での計算

任意の $\boldsymbol{v}\in V$ について，$0\cdot\boldsymbol{v}=\boldsymbol{0}$ が成り立つことを示してみよう。ただし，0 は実数のゼロを表している。

実数について $0=0+0$ が成り立つので，(V6) (分配法則) より

$$0\cdot\boldsymbol{v}=(0+0)\boldsymbol{v}=0\cdot\boldsymbol{v}+0\cdot\boldsymbol{v}$$

両辺に $0\cdot\boldsymbol{v}$ の逆元 $-(0\cdot\boldsymbol{v})$ を加えると

$$0\cdot\boldsymbol{v}+\{-(0\cdot\boldsymbol{v})\}=0\cdot\boldsymbol{v}+0\cdot\boldsymbol{v}+\{-(0\cdot\boldsymbol{v})\}$$

ここで　$0\cdot\boldsymbol{v}+\{-(0\cdot\boldsymbol{v})\}=\boldsymbol{0}$

$$\begin{aligned}0\cdot\boldsymbol{v}+0\cdot\boldsymbol{v}+\{-(0\cdot\boldsymbol{v})\}&=0\cdot\boldsymbol{v}+[0\cdot\boldsymbol{v}+\{-(0\cdot\boldsymbol{v})\}]\\&=0\cdot\boldsymbol{v}+\boldsymbol{0}=0\cdot\boldsymbol{v}\end{aligned}$$

よって，$0\cdot\boldsymbol{v}=\boldsymbol{0}$ が得られる。

例題 2 任意の $\boldsymbol{v}\in V$ について，$-\boldsymbol{v}=(-1)\cdot\boldsymbol{v}$ が成り立つことを示せ。

解答 (V3) と逆元の一意性（例題1）より

$$\boldsymbol{v}+(-1)\cdot\boldsymbol{v}=(-1)\cdot\boldsymbol{v}+\boldsymbol{v}=\boldsymbol{0}$$

を示せばよい。

ここで，(V8)，(V6) と例3より

$$\boldsymbol{v}+(-1)\cdot\boldsymbol{v}=\{1+(-1)\}\cdot\boldsymbol{v}=0\cdot\boldsymbol{v}=\boldsymbol{0}$$

よって

$$\boldsymbol{v}+(-1)\cdot\boldsymbol{v}=\boldsymbol{0}$$

$(-1)\cdot\boldsymbol{v}+\boldsymbol{v}=\boldsymbol{0}$ も同様に示せる。■

練習 4 上の例題と同様にして，$(-1)\cdot\boldsymbol{v}+\boldsymbol{v}=\boldsymbol{0}$ を示せ。

補足 一般のベクトル空間 V のベクトル $\boldsymbol{v}$，$\boldsymbol{w}$ についても，幾何ベクトルでの概念の拡張として，$\boldsymbol{v}=c\boldsymbol{w}$（$c$ は0でない実数）が成り立つとき，$\boldsymbol{v}$ と $\boldsymbol{w}$ は **平行である** という。

B ベクトル空間の部分空間

例2から，実数上の関数全体のなす集合はベクトル空間である。そのうち，例えば，実数上の定数関数と1次関数全体からなる部分集合は，それ自体ベクトル空間になる。

しかし，これらのベクトル空間の零ベクトルは，0と恒等的に等しい定数関数であるので，例えば，1次関数全体だけでなす集合では，(V2)（零元の存在）が満たされない。よって，実数上の1次関数全体だけがなす集合は，ベクトル空間でない。

このように，ベクトル空間の部分集合であっても，それ自体がベクトル空間である場合とそうでない場合がある。そこで，次の概念を定義する。

定義 5-2 ベクトル空間の部分空間

$W\subset V$ が次の条件を満たすとき，W は V の **部分空間** という。

(S1) $\boldsymbol{0}\in W$ （$\boldsymbol{0}$ は V の零ベクトル）

(S2) $\boldsymbol{v}$，$\boldsymbol{w}\in W$ ならば $\boldsymbol{v}+\boldsymbol{w}\in W$

(S3) $\boldsymbol{w}\in W$，$c\in\mathbb{R}$ ならば $c\boldsymbol{w}\in W$

ベクトル空間の部分空間は，**部分ベクトル空間**，あるいは，**線形部分空間** とも呼ばれる。

このように定義すると，ベクトル空間 V の部分空間 W は，V の加法と定数倍をそのまま利用して，それ自体，単独のベクトル空間であることが示せる。

例4　ベクトル空間の部分空間

ベクトル空間 V の部分空間 W が，それ自体で条件（V3）（逆元の存在）を満たすか考えてみよう。
任意の要素 $\boldsymbol{w}\in W$ について，$\boldsymbol{w}\in V$ であるから（V3）より $-\boldsymbol{w}\in V$ が存在する。
ここで，前ページの例題2より

$$-\boldsymbol{w}=(-1)\cdot\boldsymbol{w}$$

$\boldsymbol{w}\in W$ かつ $-1\in\mathbb{R}$ であるから（S3）より

$$(-1)\cdot\boldsymbol{w}\in W$$

よって　$-\boldsymbol{w}\in W$

練習5　V をベクトル空間とし，W をその部分空間とする。ベクトル空間 V における加法と定数倍を，そのままその部分空間 W における加法と定数倍とみなすことにより，W 単独でベクトル空間になっていることを示せ。

以下，ベクトル空間の部分集合で，その部分空間になる例や，ならない例をいくつか挙げる。

例5　自明なベクトル空間の部分空間

V をベクトル空間とするとき，V 自身は V の部分集合であり，V 自身も V の部分空間である。
また，V の零ベクトル $\mathbf{0}$ について，それだけからなる V の部分集合 $\{\mathbf{0}\}$ も V の部分空間になる。

例6　n 次元数ベクトル空間 $\mathbb{R}^n$ 内の部分集合

$\boldsymbol{v}\in\mathbb{R}^n$ を1つ固定する。このとき，$\{t\boldsymbol{v}\mid t\in\mathbb{R}\}\subset\mathbb{R}^n$ は $\mathbb{R}^n$ の部分空間になる。

練習6　例6について，ベクトル空間の部分空間の定義の条件（S1）～（S3）を確かめよ。

例7　等差数列全体からなる集合

Vを実数の数列全体からなる集合とすると，例1から，Vはベクトル空間になる。Wを，等差数列全体からなるVの部分集合とすると，WはVの部分空間になる。

練習7　例7について，ベクトル空間の部分空間の定義の条件 (S1)～(S3) を確かめよ。

例8　実数からなる等比数列全体からなる集合

Vを実数からなる数列全体からなるベクトル空間とし，Wを等比数列全体からなるVの部分集合とする。
Vの零ベクトルは $\{0, 0, 0, \cdots\cdots\}$ であり，これは初項0の等比数列であるから，$\{0, 0, 0, \cdots\cdots\} \in W$ の要素であり，定義5-2（166ページ）の条件 (S1) を満たす。
しかし，例えば $\{1, 2, 4, \cdots\cdots, 2^n, \cdots\cdots\} \in W$ と
$\{1, 3, 9, \cdots\cdots, 3^n, \cdots\cdots\} \in W$ の和 $\{2, 5, 13, \cdots\cdots, 2^n+3^n, \cdots\cdots\}$ は等比数列でないからWの要素ではない。
よって，(S2) が満たされないので，WはVの部分空間でない。

練習8　例2から，$F(\mathbb{R})$ はベクトル空間である。その中で，Wを，実数上の定数関数と2次関数全体からなる集合とすると，Wは $F(\mathbb{R})$ の部分空間であるか判定せよ。

補足　定義5-2の条件 (S2) が成り立つことを「Wは和で閉じている」と表現することがある。同様に条件 (S3) が成り立つことを「Wは定数倍で閉じている」と表現することがある。このようないい方を用いると，「零ベクトルを含み，和と定数倍で閉じている部分集合をVの部分空間という」と簡潔に表現できる。

注意　定義5-2の条件 (S2) と (S3) を合わせると，次の条件が得られる。
(S4)　$\boldsymbol{v}, \boldsymbol{w} \in W,\ a, b \in \mathbb{R}$ ならば $a\boldsymbol{v}+b\boldsymbol{w} \in W$
逆に，(S4) を仮定すると，(S2) と (S3) が得られる。すなわち (S2) と (S3) を合わせた条件と (S4) は同値であるから，(S2) と (S3) の代わりに (S4) を用いてベクトル空間の部分空間を定義してもよい。

例題 3 $W=\left\{\begin{pmatrix} x \\ y \end{pmatrix} \middle| \, x+y=0\right\}\subset\mathbb{R}^2$ とする。

このとき，W は $\mathbb{R}^2$ の部分空間であることを示せ。

解答 定義 5-2 の条件 (S1)～(S3) を確かめる。

(S1)　$\mathbf{0}=\begin{pmatrix} 0 \\ 0 \end{pmatrix}$ であるが，$0+0=0$ なので，$\mathbf{0}\in W$ である。

(S2)　W の 2 つのベクトル $\begin{pmatrix} x \\ y \end{pmatrix}$，$\begin{pmatrix} x' \\ y' \end{pmatrix}$ をとる。これらは W の要素なので，$x+y=0$ と $x'+y'=0$ が成り立っている。

$$\begin{pmatrix} x \\ y \end{pmatrix}+\begin{pmatrix} x' \\ y' \end{pmatrix}=\begin{pmatrix} x+x' \\ y+y' \end{pmatrix}$$

であるが

$$(x+x')+(y+y')=(x+y)+(x'+y')=0+0=0$$

よって　$\begin{pmatrix} x \\ y \end{pmatrix}+\begin{pmatrix} x' \\ y' \end{pmatrix}\in W$

(S3)　W のベクトル $\begin{pmatrix} x \\ y \end{pmatrix}$ と実数 c をとる。

$\begin{pmatrix} x \\ y \end{pmatrix}$ は W の要素なので，$x+y=0$ が成り立っている。

$c\begin{pmatrix} x \\ y \end{pmatrix}=\begin{pmatrix} cx \\ cy \end{pmatrix}$ であるが

$$cx+cy=c(x+y)=c\cdot 0=0$$

よって　$c\begin{pmatrix} x \\ y \end{pmatrix}\in W$

以上で，定義 5-2 の条件が確かめられたので，W が $\mathbb{R}^2$ の部分空間であることが示された。 ■

練習 9 $W=\left\{\begin{pmatrix} x \\ y \\ z \end{pmatrix} \middle| \, x+y+z=0\right\}\subset\mathbb{R}^3$ とする。

このとき，W は $\mathbb{R}^3$ の部分空間であることを示せ。

前ページの例題3や練習9を拡張すると，次が得られる（同次連立1次方程式については88～89ページを参照）。

定理　同次連立1次方程式の解

A を $m\times n$ 行列とするとき，同次連立1次方程式 $A\boldsymbol{x}=\boldsymbol{0}$ の実数解全体からなる集合は $\mathbb{R}^n$ の部分空間である。

このような数ベクトル空間の部分空間を，同次連立1次方程式の **解空間** という。

証明　$W=\{\boldsymbol{x}\in\mathbb{R}^n \mid A\boldsymbol{x}=\boldsymbol{0}\}$ として，(S1)～(S3) が成り立つことを確かめる。

(S1)　$A\boldsymbol{0}=\boldsymbol{0}$ より

$$\boldsymbol{0}\in W$$

(S2)　$\boldsymbol{v},\ \boldsymbol{w}\in W$ とする。

このとき，$A\boldsymbol{v}=\boldsymbol{0}$，$A\boldsymbol{w}=\boldsymbol{0}$ より

$$A(\boldsymbol{v}+\boldsymbol{w})=A\boldsymbol{v}+A\boldsymbol{w}=\boldsymbol{0}+\boldsymbol{0}=\boldsymbol{0}$$

よって

$$\boldsymbol{v}+\boldsymbol{w}\in W$$

(S3)　$A\boldsymbol{v}=\boldsymbol{0}$ とする。

このとき，$a\in\mathbb{R}$ について

$$A(a\boldsymbol{v})=aA\boldsymbol{v}=a\cdot\boldsymbol{0}=\boldsymbol{0}$$

よって

$$a\boldsymbol{v}\in W$$ ■

補足　似たような議論で，同次線形微分方程式の解空間もベクトル空間になることが示される。ここでは深く触れないが，解析学（微分方程式論）においても，線形代数学は重要である。

練習 10　次の $\mathbb{R}^3$ の部分集合は，$\mathbb{R}^3$ の部分空間か判定せよ。

(1)　$\left\{\begin{pmatrix} x \\ y \\ z \end{pmatrix} \middle|\ x-y-z\geqq 0\right\}$

(2)　$\left\{\begin{pmatrix} x \\ y \\ z \end{pmatrix} \middle|\ 5x+2y-z=0,\ 3x+2y=0\right\}$

C　ベクトル空間の部分空間の和と共通部分

例えば

$$U=\left\{s\begin{pmatrix}1\\1\end{pmatrix}\middle|\, s\in\mathbb{R}\right\}\subset\mathbb{R}^2$$

$$W=\left\{t\begin{pmatrix}1\\-1\end{pmatrix}\middle|\, t\in\mathbb{R}\right\}\subset\mathbb{R}^2$$

は，167ページの例6より $\mathbb{R}^2$ の部分空間である。

このU，Wの共通部分は $s=t=0$ のときの $\{\mathbf{0}\}$ のみであり，これも $\mathbb{R}^2$ の部分空間である。

一方で，U，Wの和集合

$$\left\{s\begin{pmatrix}1\\1\end{pmatrix}\middle|\, s\in\mathbb{R}\right\}\cup\left\{t\begin{pmatrix}1\\-1\end{pmatrix}\middle|\, t\in\mathbb{R}\right\}$$

を考えると，例えば

$$\begin{pmatrix}1\\1\end{pmatrix}\in U\cup W,\ \begin{pmatrix}1\\-1\end{pmatrix}\in U\cup W$$

であるが，$\begin{pmatrix}1\\1\end{pmatrix}+\begin{pmatrix}1\\-1\end{pmatrix}=\begin{pmatrix}2\\0\end{pmatrix}\notin U\cup W$ より，(S2) が成り立たないことから，$U\cup W$ は $\mathbb{R}^2$ の部分空間でない。

ところが，集合としての和集合でなく，各要素の和の集合を考えると，次の定理が成り立つ。

定理　ベクトル空間の部分空間の和と共通部分

Vをベクトル空間とし，U，WをVの部分空間とする。

[1]　UとWの共通部分 $U\cap W$ もVの部分空間である。

[2]　Uの要素とWの要素の和として表されるベクトル全体の集合

$$\{\boldsymbol{u}+\boldsymbol{w}\mid \boldsymbol{u}\in U,\ \boldsymbol{w}\in W\}$$

もVの部分空間である。

証明 [1] (S1) U は V の部分空間なので $\mathbf{0} \in U$

また，W は V の部分空間なので

$$\mathbf{0} \in W$$

よって $\mathbf{0} \in U \cap W$

(S2) $\boldsymbol{v}$，$\boldsymbol{w} \in U \cap W$ とする。

U は V の部分空間なので $\boldsymbol{v}+\boldsymbol{w} \in U$

また，W は V の部分空間なので

$$\boldsymbol{v}+\boldsymbol{w} \in W$$

よって $\boldsymbol{v}+\boldsymbol{w} \in U \cap W$

(S3) $\boldsymbol{v} \in U \cap W$ および $c \in \mathbb{R}$ とする。

U は V の部分空間なので $c\boldsymbol{v} \in U$

また，W は V の部分空間なので

$$c\boldsymbol{v} \in W$$

よって $c\boldsymbol{v} \in U \cap W$

[2] $Z=\{\boldsymbol{u}+\boldsymbol{w} \mid \boldsymbol{u} \in U, \ \boldsymbol{w} \in W\}$ とする。

(S1) U は V の部分空間なので $\mathbf{0} \in U$

また，W は V の部分空間なので

$$\mathbf{0} \in W$$

よって $\mathbf{0}=\mathbf{0}+\mathbf{0} \in Z$

(S2) $\boldsymbol{v}$，$\boldsymbol{v}' \in Z$ とする。

$\boldsymbol{v} \in Z$ なので，$\boldsymbol{v}=\boldsymbol{u}+\boldsymbol{w}$ $(\boldsymbol{u} \in U, \ \boldsymbol{w} \in W)$ と書ける。

また，$\boldsymbol{v}' \in Z$ なので，$\boldsymbol{v}'=\boldsymbol{u}'+\boldsymbol{w}'$ $(\boldsymbol{u}' \in U, \ \boldsymbol{w}' \in W)$ と書ける。

このとき，$\boldsymbol{v}+\boldsymbol{v}'=(\boldsymbol{u}+\boldsymbol{u}')+(\boldsymbol{w}+\boldsymbol{w}')$ であり，$\boldsymbol{u}+\boldsymbol{u}' \in U$ かつ $\boldsymbol{w}+\boldsymbol{w}' \in W$ なので

$$\boldsymbol{v}+\boldsymbol{v}' \in Z$$

(S3) $\boldsymbol{v} \in Z$ および $c \in \mathbb{R}$ とする。

$\boldsymbol{v} \in Z$ なので，$\boldsymbol{v}=\boldsymbol{u}+\boldsymbol{w}$ $(\boldsymbol{u} \in U, \ \boldsymbol{w} \in W)$ と書ける。

このとき，$c\boldsymbol{v}=c\boldsymbol{u}+c\boldsymbol{w}$ であり，$c\boldsymbol{u} \in U$ かつ $c\boldsymbol{w} \in W$ なので

$$c\boldsymbol{v} \in Z \quad ■$$

ここまでと，前ページの定理より，次ページのように定義することができる。

定義 5-3　ベクトル空間の部分空間の和と共通部分

Vをベクトル空間とし，U，WをVの部分空間とする。

[1]　Vの部分空間 $U\cap W$ を U，W の **共通部分** という。

[2]　Vの部分空間 $\{\boldsymbol{u}+\boldsymbol{w}\mid \boldsymbol{u}\in U,\ \boldsymbol{w}\in W\}$ を U，W の **和** といい，$U+W$ と書く。

例題 4　2次元数ベクトル空間 $\mathbb{R}^2$ の部分空間

$$U=\left\{\begin{pmatrix}x\\y\end{pmatrix}\middle|\, x-y=0\right\}\subset\mathbb{R}^2,\quad W=\left\{\begin{pmatrix}x\\y\end{pmatrix}\middle|\, x+y=0\right\}\subset\mathbb{R}^2$$

について，和 $U+W$ が $\mathbb{R}^2$ の部分空間になることを，ベクトル空間の部分空間の定義に従って示せ。

解答　定義 5-2 (166 ページ) の (S1)～(S3) を示せばよい。

$\boldsymbol{0}=\begin{pmatrix}0\\0\end{pmatrix}$ はUにもWにも含まれるので　　$\boldsymbol{0}=\boldsymbol{0}+\boldsymbol{0}\in U+W$

よって (S1) は成り立つ。

(S2) について，$\boldsymbol{v}$，$\boldsymbol{v}'\in U+W$ とすると，$\boldsymbol{u}$，$\boldsymbol{u}'\in U$ と $\boldsymbol{w}$，$\boldsymbol{w}'\in W$ が存在して，$\boldsymbol{v}=\boldsymbol{u}+\boldsymbol{w}$，$\boldsymbol{v}'=\boldsymbol{u}'+\boldsymbol{w}'$ と書ける。

このとき，$\boldsymbol{u}=\begin{pmatrix}s\\s\end{pmatrix}$，$\boldsymbol{u}'=\begin{pmatrix}s'\\s'\end{pmatrix}$，$\boldsymbol{w}=\begin{pmatrix}t\\-t\end{pmatrix}$，$\boldsymbol{w}'=\begin{pmatrix}t'\\-t'\end{pmatrix}$

$(s,\ s',\ t,\ t'\in\mathbb{R})$ と書けるので

$$\begin{aligned}\boldsymbol{v}+\boldsymbol{v}'&=\left\{\begin{pmatrix}s\\s\end{pmatrix}+\begin{pmatrix}t\\-t\end{pmatrix}\right\}+\left\{\begin{pmatrix}s'\\s'\end{pmatrix}+\begin{pmatrix}t'\\-t'\end{pmatrix}\right\}\\&=\left\{\begin{pmatrix}s\\s\end{pmatrix}+\begin{pmatrix}s'\\s'\end{pmatrix}\right\}+\left\{\begin{pmatrix}t\\-t\end{pmatrix}+\begin{pmatrix}t'\\-t'\end{pmatrix}\right\}\\&=\begin{pmatrix}s+s'\\s+s'\end{pmatrix}+\begin{pmatrix}t+t'\\-(t+t')\end{pmatrix}\end{aligned}$$

$\begin{pmatrix}s+s'\\s+s'\end{pmatrix}\in U$，$\begin{pmatrix}t+t'\\-(t+t')\end{pmatrix}\in W$ より　　$\boldsymbol{v}+\boldsymbol{v}'\in U+W$

(S3) についても同様に示せる。■

練習 11　例題 4 の U と W について，その共通部分 $U\cap W$ が $\mathbb{R}^2$ の部分空間であることを，ベクトル空間の部分空間の定義に従って示せ。

Vの 2 つ以上のVの部分空間についても同様のことが成り立つ。

すなわち，W_1，W_2，……，W_n をベクトル空間Vの部分空間とするとき，その共通部分 $W_1\cap W_2\cap\cdots\cdots\cap W_n$ もまたVの部分空間であり，また

$$W_1+W_2+\cdots\cdots+W_n$$
$$=\{\boldsymbol{w}_1+\boldsymbol{w}_2+\cdots\cdots+\boldsymbol{w}_n \mid \boldsymbol{w}_1,\ \boldsymbol{w}_2,\ \cdots\cdots,\ \boldsymbol{w}_n\in W_n\}$$

もVの部分空間である。

練習 12　Vをベクトル空間とする。任意の自然数 n について，W_i $(i=1,\ 2,\ \cdots\cdots,\ n)$ がVの部分空間であり

$W_1+W_2+\cdots\cdots+W_n=\{\boldsymbol{w}_1+\boldsymbol{w}_2+\cdots\cdots+\boldsymbol{w}_n \mid \boldsymbol{w}_1,\ \boldsymbol{w}_2,\ \cdots\cdots,\ \boldsymbol{w}_n\in W_n\}$

とするとき，$W_1+W_2+\cdots\cdots+W_n$ もVの部分空間であることを示せ。

研究　直和と直和分解

ベクトル空間の部分空間の和について，次のような特別な場合が重要であることが多い。

定義　直和

Vをベクトル空間とし，U，W をVの部分空間とする。$U\cap W=\{\mathbf{0}\}$ の場合の U，W の和 $U+W$ を，Uと Wの **直和** といい $U\oplus W$ と書く。

ベクトル空間の部分空間の和が直和になっているための条件は，ベクトルの和による表現方法が一通りしかないことと密接な関係にある。実際，次の定理が成り立つ*)。

定理　直和の条件

Vをベクトル空間とし，U，W をVの部分空間とする。このとき，次は同値である。

[1]　和 $U+W$ は直和である。すなわち，$U\cap W=\{\mathbf{0}\}$

[2]　$U+W$ の各要素は，$\boldsymbol{u}+\boldsymbol{w}$ $(\boldsymbol{u}\in U,\ \boldsymbol{w}\in W)$ の形に一意的に書ける。

*）これらの定理の証明は，『数研講座シリーズ　大学教養　線形代数』を参照。

ベクトル空間の 3 つ以上の部分空間の直和も，同様に考えられる。

Vの部分空間 W_1，W_2，……，W_s について，各 $i=1$，2，……，s に対して

$$W_i \cap (W_1+\cdots\cdots+W_{i-1}+W_{i+1}+\cdots\cdots+W_s)=\{\mathbf{0}\}$$

であるとき，和 $W_1+W_2+\cdots\cdots+W_s$ は直和であるといい $W_1 \oplus W_2 \oplus \cdots\cdots \oplus W_s$ と書く。

さらに　$V=W_1 \oplus W_2 \oplus \cdots\cdots \oplus W_s$　(＊)

であるとき，ベクトル空間Vは，部分空間 W_1，W_2，……，W_s の直和に **分解される** といい，(＊) を **直和分解** という。

ベクトル空間の 3 つ以上の部分空間の和が直和になるための条件については，次の定理が成り立つ[*)]。

定理　直和の条件

Vをベクトル空間とし，W_1，W_2，……，W_s $(s \geqq 2)$ をVの部分空間とする。このとき，次はすべて同値である。

[1]　$W_1+W_2+\cdots\cdots+W_s$ は直和である。

[2]　$i=2$，……，s について

$$(W_1+W_2+\cdots\cdots+W_{i-1}) \cap W_i=\{\mathbf{0}\}$$

[3]　$\boldsymbol{v}_i \in W_i$ $(i=1,\ 2,\ \cdots\cdots,\ s)$ が $\boldsymbol{v}_1+\boldsymbol{v}_2+\cdots\cdots+\boldsymbol{v}_s=\mathbf{0}$ を満たすならば，$\boldsymbol{v}_1=\boldsymbol{v}_2=\cdots\cdots=\boldsymbol{v}_s=\mathbf{0}$ である。

[4]　$W_1+W_2+\cdots\cdots+W_s$ の各要素は

$$\boldsymbol{v}_1+\boldsymbol{v}_2+\cdots\cdots+\boldsymbol{v}_s \quad (\boldsymbol{v}_i \in W_i,\ i=1,\ 2,\ \cdots\cdots,\ s)$$

の形に一意的に書ける。

第2節　1次結合と1次従属・1次独立

この節では，一般のベクトル空間におけるベクトルの結合と分解について学ぶ。また，その鍵となる概念として，ベクトルの組の1次独立性についても学ぶ。

A　1次結合

前章までの数ベクトルについての計算では，数ベクトルの成分表示を用いたベクトルの結合と分解が重要な役割を担っていた。例えば

$$2\begin{pmatrix} a \\ -b \end{pmatrix}+\begin{pmatrix} 7 \\ 4 \end{pmatrix}=\begin{pmatrix} 2a \\ -2b \end{pmatrix}+\begin{pmatrix} 7 \\ 4 \end{pmatrix}=\begin{pmatrix} 2a+7 \\ -2b+4 \end{pmatrix}$$

$$\begin{pmatrix} x \\ y \\ z \end{pmatrix}=x\begin{pmatrix} 1 \\ 0 \\ 0 \end{pmatrix}+y\begin{pmatrix} 0 \\ 1 \\ 0 \end{pmatrix}+z\begin{pmatrix} 0 \\ 0 \\ 1 \end{pmatrix} \quad \cdots\cdots \ (*)$$

より一般の抽象的なベクトル空間でも，このような結合と分解を行うことはできるのであろうか。

上の$(*)$のように，与えられたベクトルを他のいくつかのベクトルの実数倍と和で表すことを考えたい。そこで，まず「いくつかのベクトルの実数倍と和」について，次のように定義する。

定義 5-4　1次結合

Vをベクトル空間とし，$\boldsymbol{v}_1$, $\boldsymbol{v}_2$, ……, $\boldsymbol{v}_n \in V$ と，a_1, a_2, ……, $a_n \in \mathbb{R}$ に対して，$a_1\boldsymbol{v}_1+a_2\boldsymbol{v}_2+\cdots\cdots+a_n\boldsymbol{v}_n$ をベクトル $\boldsymbol{v}_1$, $\boldsymbol{v}_2$, ……, $\boldsymbol{v}_n$ の **1次結合** という。

例9　数列全体からなるベクトル空間のベクトルの1次結合

Vを実数の数列全体からなるベクトル空間とするとき，
$\{1, 1, \cdots\cdots\} \in V$, $\{2, 3, \cdots\cdots\} \in V$ の1次結合として，例えば，次の数列がある。

$$\begin{aligned} 3\{1, 1, \cdots\cdots\}+2\{2, 3, \cdots\cdots\} &= \{3\cdot1+2\cdot2, 3\cdot1+2\cdot3, \cdots\cdots\} \\ &= \{7, 9, \cdots\cdots\} \end{aligned}$$

ベクトルの1次結合に関する計算について，次ページの定理が基礎となる。

定理　1 次結合の計算

V をベクトル空間とし，$\boldsymbol{v}_1$，$\boldsymbol{v}_2$，……，$\boldsymbol{v}_n \in V$ とする。

[1]　零ベクトル $\boldsymbol{0}$ は $\boldsymbol{v}_1$，$\boldsymbol{v}_2$，……，$\boldsymbol{v}_n$ の 1 次結合で表される。

[2]　$\boldsymbol{w}$，$\boldsymbol{w}'$ が $\boldsymbol{v}_1$，$\boldsymbol{v}_2$，……，$\boldsymbol{v}_n$ の 1 次結合であるとき，$\boldsymbol{w}+\boldsymbol{w}'$ も $\boldsymbol{v}_1$，$\boldsymbol{v}_2$，……，$\boldsymbol{v}_n$ の 1 次結合である。

[3]　$\boldsymbol{w}$ が $\boldsymbol{v}_1$，$\boldsymbol{v}_2$，……，$\boldsymbol{v}_n$ の 1 次結合であるとき，$c\boldsymbol{w}$ $(c \in \mathbb{R})$ も $\boldsymbol{v}_1$，$\boldsymbol{v}_2$，……，$\boldsymbol{v}_n$ の 1 次結合である。

証明　[1]　$\boldsymbol{0}=0\cdot\boldsymbol{v}_1+0\cdot\boldsymbol{v}_2+\cdots\cdots+0\cdot\boldsymbol{v}_n$

[2]　a_1，a_2，……，$a_n \in \mathbb{R}$，a_1'，a_2'，……，$a_n' \in \mathbb{R}$ として，

$\boldsymbol{w}=a_1\boldsymbol{v}_1+a_2\boldsymbol{v}_2+\cdots\cdots+a_n\boldsymbol{v}_n$，$\boldsymbol{w}'=a_1'\boldsymbol{v}_1+a_2'\boldsymbol{v}_2+\cdots\cdots+a_n'\boldsymbol{v}_n$ と表されているとき

$$\begin{aligned}\boldsymbol{w}+\boldsymbol{w}'&=(a_1\boldsymbol{v}_1+a_2\boldsymbol{v}_2+\cdots\cdots+a_n\boldsymbol{v}_n)+(a_1'\boldsymbol{v}_1+a_2'\boldsymbol{v}_2+\cdots\cdots+a_n'\boldsymbol{v}_n)\\&=(a_1+a_1')\boldsymbol{v}_1+(a_2+a_2')\boldsymbol{v}_2+\cdots\cdots+(a_n+a_n')\boldsymbol{v}_n\end{aligned}$$

[3]　$\boldsymbol{w}=a_1\boldsymbol{v}_1+a_2\boldsymbol{v}_2+\cdots\cdots+a_n\boldsymbol{v}_n$ と表されているとき

$$c\boldsymbol{w}=c(a_1\boldsymbol{v}_1+a_2\boldsymbol{v}_2+\cdots\cdots+a_n\boldsymbol{v}_n)=ca_1\boldsymbol{v}_1+ca_2\boldsymbol{v}_2+\cdots\cdots+ca_n\boldsymbol{v}_n$$ ■

例 10　1 次結合の計算

V をベクトル空間とするとき，$\boldsymbol{v} \in V$，$\boldsymbol{w} \in V$ の 1 次結合 $3\boldsymbol{v}+5\boldsymbol{w}$，$-\boldsymbol{v}+8\boldsymbol{w}$ について，$2(3\boldsymbol{v}+5\boldsymbol{w})+3(-\boldsymbol{v}+8\boldsymbol{w})$ もまた $\boldsymbol{v}$，$\boldsymbol{w}$ の 1 次結合である。なぜなら

$$2(3\boldsymbol{v}+5\boldsymbol{w})+3(-\boldsymbol{v}+8\boldsymbol{w})=\{2\cdot3+3\cdot(-1)\}\boldsymbol{v}+(2\cdot5+3\cdot8)\boldsymbol{w}=3\boldsymbol{v}+34\boldsymbol{w}$$

練習 13　V をベクトル空間とするとき，$\boldsymbol{v} \in V$，$\boldsymbol{w} \in V$ の 1 次結合 $2\boldsymbol{v}-\boldsymbol{w}$，$\boldsymbol{v}+4\boldsymbol{w}$，$-\boldsymbol{v}+4\boldsymbol{w}$ について，$-(2\boldsymbol{v}-\boldsymbol{w})+3(\boldsymbol{v}+4\boldsymbol{w})+(-\boldsymbol{v}+4\boldsymbol{w})$ もまた $\boldsymbol{v}$，$\boldsymbol{w}$ の 1 次結合であることを示せ。

上の定理から，1 次結合によってベクトル空間の部分空間が作られることがわかり，次の事実が得られる。

系　1 次結合とベクトル空間の部分空間

V をベクトル空間とし，$\boldsymbol{v}_1$，$\boldsymbol{v}_2$，……，$\boldsymbol{v}_n \in V$ とする。このとき，$\boldsymbol{v}_1$，$\boldsymbol{v}_2$，……，$\boldsymbol{v}_n$ の 1 次結合全体からなる V の部分集合は，V の部分空間である。

練習 14 定理（1次結合の計算）を用いて，系（1次結合と部分空間）を証明せよ。

このような1次結合全体からできるベクトル空間の部分空間は，以降で重要な役割を果たす。そこで，次のように定義をしておこう。

定義 5-5 生成された部分空間

Vをベクトル空間とし，$\boldsymbol{v}_1$，$\boldsymbol{v}_2$，……，$\boldsymbol{v}_n\in V$ とする。
$\boldsymbol{v}_1$，$\boldsymbol{v}_2$，……，$\boldsymbol{v}_n$ の1次結合全体からなるVの部分空間をWとするとき，
Wを **$\{\boldsymbol{v}_1,\ \boldsymbol{v}_2,\ \cdots\cdots,\ \boldsymbol{v}_n\}$ で生成されたVの部分空間**，または，
$\{\boldsymbol{v}_1,\ \boldsymbol{v}_2,\ \cdots\cdots,\ \boldsymbol{v}_n\}$ で張られたVの部分空間といい，$W=\langle\boldsymbol{v}_1,\ \boldsymbol{v}_2,\ \cdots\cdots,\ \boldsymbol{v}_n\rangle$
と書く。またこのとき，集合 $\{\boldsymbol{v}_1,\ \boldsymbol{v}_2,\ \cdots\cdots,\ \boldsymbol{v}_n\}$ をWの **生成系** という。

補足 本書では，生成系は有限個のベクトルからなると仮定する。その意味で，生成系をもつ部分空間を有限生成であるという。より一般には，無限生成ベクトル空間を考えることもある。

例 11 生成された部分ベクトル空間

(1) Vをベクトル空間とするとき，任意の $\boldsymbol{v}\in V$ $(\boldsymbol{v}\neq\boldsymbol{0})$ について，
$\langle\boldsymbol{v}\rangle=\{s\boldsymbol{v}\mid s\in\mathbb{R}\}$（$\boldsymbol{v}$の実数倍全体からなる$V$の部分空間）である。

(2) $\mathbb{R}^3=\left\{\begin{pmatrix}x\\y\\z\end{pmatrix}\middle|\ x\in\mathbb{R},\ y\in\mathbb{R},\ z\in\mathbb{R}\right\}$ について，

$\begin{pmatrix}x\\y\\z\end{pmatrix}=x\begin{pmatrix}1\\0\\0\end{pmatrix}+y\begin{pmatrix}0\\1\\0\end{pmatrix}+z\begin{pmatrix}0\\0\\1\end{pmatrix}$ より，$\boldsymbol{e}_1=\begin{pmatrix}1\\0\\0\end{pmatrix}$，$\boldsymbol{e}_2=\begin{pmatrix}0\\1\\0\end{pmatrix}$，$\boldsymbol{e}_3=\begin{pmatrix}0\\0\\1\end{pmatrix}$ と

すれば，任意の $\boldsymbol{v}\in\mathbb{R}^3$ は $\boldsymbol{e}_1$，$\boldsymbol{e}_2$，$\boldsymbol{e}_3$ の1次結合として表されるので

$$\mathbb{R}^3=\langle\boldsymbol{e}_1,\ \boldsymbol{e}_2,\ \boldsymbol{e}_3\rangle$$

一般の自然数nについても，同様に $\mathbb{R}^n=\langle\boldsymbol{e}_1,\ \boldsymbol{e}_2,\ \cdots\cdots,\ \boldsymbol{e}_n\rangle$ が成り立つ。ただし，$\boldsymbol{e}_i$ $(i=1,\ 2,\ \cdots\cdots,\ n)$ は第i成分のみ1で他の成分が0のn次元数ベクトルである。

例題 5 $\boldsymbol{v}=\begin{pmatrix}1\\0\end{pmatrix}$，$\boldsymbol{w}=\begin{pmatrix}1\\1\end{pmatrix}$ とする。

(1) $\{\boldsymbol{v},\ \boldsymbol{w}\}$ は $\mathbb{R}^2$ を生成することを示せ。

(2) $\{\boldsymbol{w}\}$ は $\mathbb{R}^2$ を生成しないことを示せ。

解答

(1)　$\mathbb{R}^2$ の任意のベクトル $\begin{pmatrix} a \\ b \end{pmatrix}$ について

$$\begin{pmatrix} a \\ b \end{pmatrix}=\begin{pmatrix} a-b \\ 0 \end{pmatrix}+\begin{pmatrix} b \\ b \end{pmatrix}=(a-b)\boldsymbol{v}+b\boldsymbol{w}$$

よって，$\mathbb{R}^2$ の任意のベクトルは $\boldsymbol{v}$，$\boldsymbol{w}$ の 1 次結合で表される。

ゆえに，$\{\boldsymbol{v},\ \boldsymbol{w}\}$ は $\mathbb{R}^2$ を生成する。■

(2)　$\boldsymbol{v}\in\mathbb{R}^2$ に対し，$\langle\boldsymbol{w}\rangle=\{s\boldsymbol{w}\mid s\in\mathbb{R}\}$ より　　$\boldsymbol{v}\notin\langle\boldsymbol{w}\rangle$

ゆえに，$\{\boldsymbol{w}\}$ は $\mathbb{R}^2$ を生成しない。■

練習 15　$\boldsymbol{x}=\begin{pmatrix} 1 \\ 0 \\ 1 \end{pmatrix}$，$\boldsymbol{y}=\begin{pmatrix} 1 \\ 1 \\ 1 \end{pmatrix}$，$\boldsymbol{z}=\begin{pmatrix} 1 \\ 0 \\ 0 \end{pmatrix}$ とする。

(1)　$\{\boldsymbol{x},\ \boldsymbol{y},\ \boldsymbol{z}\}$ は $\mathbb{R}^3$ を生成することを示せ。

(2)　$\{\boldsymbol{x},\ \boldsymbol{y}\}$ は $\mathbb{R}^3$ を生成しないことを示せ。

定理（1 次結合の計算）(177 ページ) より，$\boldsymbol{w}$ を $\boldsymbol{v}_1$，$\boldsymbol{v}_2$，……，$\boldsymbol{v}_n\in V$ の 1 次結合とすると，$\boldsymbol{v}_1$，$\boldsymbol{v}_2$，……，$\boldsymbol{v}_n$，$\boldsymbol{w}$ の 1 次結合は，$\boldsymbol{v}_1$，$\boldsymbol{v}_2$，……，$\boldsymbol{v}_n$ の 1 次結合である。このことから，次の定理が導かれる。

定理　1 次結合と生成系

V をベクトル空間とし，$\boldsymbol{v}_1$，$\boldsymbol{v}_2$，……，$\boldsymbol{v}_n\in V$ とする。

$\boldsymbol{w}\in\langle\boldsymbol{v}_1,\ \boldsymbol{v}_2,\ \cdots\cdots,\ \boldsymbol{v}_n\rangle$ ならば

$\langle\boldsymbol{v}_1,\ \boldsymbol{v}_2,\ \cdots\cdots,\ \boldsymbol{v}_n,\ \boldsymbol{w}\rangle=\langle\boldsymbol{v}_1,\ \boldsymbol{v}_2,\ ,\cdots\cdots\ \boldsymbol{v}_n\rangle$ が成り立つ。

証明　$n=2$ の場合の証明を与える。一般の場合も同様である。

$\boldsymbol{w}\in\langle\boldsymbol{v}_1,\ \boldsymbol{v}_2\rangle$ として，$\langle\boldsymbol{v}_1,\ \boldsymbol{v}_2,\ \boldsymbol{w}\rangle\subset\langle\boldsymbol{v}_1,\ \boldsymbol{v}_2\rangle$ を示す。

任意の $\boldsymbol{v}\in\langle\boldsymbol{v}_1,\ \boldsymbol{v}_2,\ \boldsymbol{w}\rangle$ は，ある a，b，$c\in\mathbb{R}$ を用いて，

$\boldsymbol{v}=a\boldsymbol{v}_1+b\boldsymbol{v}_2+c\boldsymbol{w}$ と表される。ここで，$\boldsymbol{w}\in\langle\boldsymbol{v}_1,\ \boldsymbol{v}_2\rangle$ より，ある $p\in\mathbb{R}$，$q\in\mathbb{R}$ を用いて，$\boldsymbol{w}=p\boldsymbol{v}_1+q\boldsymbol{v}_2$ と表されるから

$$\boldsymbol{v}=a\boldsymbol{v}_1+b\boldsymbol{v}_2+c\boldsymbol{w}=a\boldsymbol{v}_1+b\boldsymbol{v}_2+c(p\boldsymbol{v}_1+q\boldsymbol{v}_2)=(a+cp)\boldsymbol{v}_1+(b+cq)\boldsymbol{v}_2$$

よって　　$\boldsymbol{v}\in\langle\boldsymbol{v}_1,\ \boldsymbol{v}_2\rangle$

したがって　　$\langle\boldsymbol{v}_1,\ \boldsymbol{v}_2,\ \boldsymbol{w}\rangle\subset\langle\boldsymbol{v}_1,\ \boldsymbol{v}_2\rangle$

$\langle\boldsymbol{v}_1,\ \boldsymbol{v}_2,\ \boldsymbol{w}\rangle\supset\langle\boldsymbol{v}_1,\ \boldsymbol{v}_2\rangle$ は，1 次結合の定義よりわかる。■

B　1次結合による表現可能性と1次独立性

ベクトル空間において，与えられたベクトルを他のいくつかのベクトルの1次結合で表すことを考えよう。高校で学んだように，$\boldsymbol{p}$，$\boldsymbol{a}$，$\boldsymbol{b}$ を平面上のベクトルとすると，$\boldsymbol{a}$，$\boldsymbol{b}$ が $\mathbf{0}$ でなく平行でないとき，ある $s\in\mathbb{R}$，$t\in\mathbb{R}$ を用いて，$\boldsymbol{p}=s\boldsymbol{a}+t\boldsymbol{b}$ と表すことができる。しかも，この表し方はただ一通りである。そして，そのような，平面上における2つのベクトル $\boldsymbol{a}$，$\boldsymbol{b}$ は1次独立である，というのであった。ところが，下線部は空間ベクトルでは成り立たない。

例 12　空間内のベクトルの表示

$\boldsymbol{a}=\begin{pmatrix}1\\2\\1\end{pmatrix}$, $\boldsymbol{b}=\begin{pmatrix}-1\\0\\1\end{pmatrix}$, $\boldsymbol{c}=\begin{pmatrix}0\\1\\1\end{pmatrix}$ とすると，これらはすべて $\mathbf{0}$ でなく，互いに平行でもない。しかし，

$$\begin{pmatrix}-1\\5\\6\end{pmatrix}=\begin{pmatrix}1\\2\\1\end{pmatrix}+2\begin{pmatrix}-1\\0\\1\end{pmatrix}+3\begin{pmatrix}0\\1\\1\end{pmatrix}=\boldsymbol{a}+2\boldsymbol{b}+3\boldsymbol{c}$$

$$\begin{pmatrix}-1\\5\\6\end{pmatrix}=2\begin{pmatrix}1\\2\\1\end{pmatrix}+3\begin{pmatrix}-1\\0\\1\end{pmatrix}+\begin{pmatrix}0\\1\\1\end{pmatrix}=2\boldsymbol{a}+3\boldsymbol{b}+\boldsymbol{c}$$

であり，$\begin{pmatrix}-1\\5\\6\end{pmatrix}$ を $\boldsymbol{a}$，$\boldsymbol{b}$，$\boldsymbol{c}$ を用いて二通りに表されてしまう。

一般のベクトル空間では，どのようなベクトルの組を選べば，他のベクトルをただ一通りに表せるのであろうか。この条件を求めるため，次の概念を定義する。

定義 5-6　1次関係，1次独立，1次従属

V をベクトル空間とし，$\boldsymbol{v}_1$，$\boldsymbol{v}_2$，……，$\boldsymbol{v}_n\in V$ とする。

[1]　次のような関係式を $\boldsymbol{v}_1$，$\boldsymbol{v}_2$，……，$\boldsymbol{v}_n$ の **1次関係式**（または，**線形関係式**）という（a_1，a_2，……，$a_n\in\mathbb{R}$）。

$$a_1\boldsymbol{v}_1+a_2\boldsymbol{v}_2+\cdots\cdots+a_n\boldsymbol{v}_n=\mathbf{0}$$

a_1，a_2，……，a_n のうちどれか1つでも0でないときに成り立つ1次関係式 $a_1\boldsymbol{v}_1+a_2\boldsymbol{v}_2+\cdots\cdots+a_n\boldsymbol{v}_n=\mathbf{0}$ を $\boldsymbol{v}_1$，$\boldsymbol{v}_2$，……，$\boldsymbol{v}_n$ の **非自明な** 1次関係式といい，逆に，$a_1=a_2=\cdots\cdots=a_n=0$ のときの1次関係式，

すなわち，$0\cdot\boldsymbol{v}_1+0\cdot\boldsymbol{v}_2+\cdots\cdots+0\cdot\boldsymbol{v}_n=\boldsymbol{0}$ を**自明な** 1次関係式という。(自明な1次関係式は，どんな $\boldsymbol{v}_1$，$\boldsymbol{v}_2$，……，$\boldsymbol{v}_n$ でも成り立つ。)

[2]　$\boldsymbol{v}_1$，$\boldsymbol{v}_2$，……，$\boldsymbol{v}_n$ が非自明な1次関係式をもたないとき，
$\{\boldsymbol{v}_1, \boldsymbol{v}_2, \cdots\cdots, \boldsymbol{v}_n\}$ は**1次独立**であるという。いい換えると，
$\{\boldsymbol{v}_1, \boldsymbol{v}_2, \cdots\cdots, \boldsymbol{v}_n\}$ が1次独立であるとは，$a_1\boldsymbol{v}_1+a_2\boldsymbol{v}_2+\cdots\cdots+a_n\boldsymbol{v}_n=\boldsymbol{0}$ が成り立つのは $a_1=a_2=\cdots\cdots=a_n=0$ のときだけであるということである。

[3]　$\{\boldsymbol{v}_1, \boldsymbol{v}_2, \cdots\cdots, \boldsymbol{v}_n\}$ が1次独立でないとき，すなわち
$\boldsymbol{v}_1$，$\boldsymbol{v}_2$，……，$\boldsymbol{v}_n\in V$ が非自明な1次関係式をもつとき，
$\{\boldsymbol{v}_1, \boldsymbol{v}_2, \cdots\cdots, \boldsymbol{v}_n\}$ は**1次従属**であるという。

補足　$\boldsymbol{v}\neq\boldsymbol{0}$，$\boldsymbol{w}\neq\boldsymbol{0}$ のとき，$\{\boldsymbol{v}, \boldsymbol{w}\}$ が1次独立であるための必要十分条件は，それらが平行でないこと，すなわち $\boldsymbol{v}=c\boldsymbol{w}$ となる0でない実数 c が存在しないことである。これは，高校で学んだ平面ベクトルの場合に対応している（166ページの補足も参照）。

例13　1次独立

(1)　$\mathbb{R}^2$ のベクトルの組 $\left\{\begin{pmatrix}2\\1\end{pmatrix}, \begin{pmatrix}-1\\1\end{pmatrix}\right\}$ は1次独立である。

なぜなら，$x\begin{pmatrix}2\\1\end{pmatrix}+y\begin{pmatrix}-1\\1\end{pmatrix}=\begin{pmatrix}0\\0\end{pmatrix}$ として，この方程式から決まる連立1次方程式 $\begin{cases}2x-y=0\\x+y=0\end{cases}$ を解くと，解は $x=0$，$y=0$ のみであり，

$\begin{pmatrix}2\\1\end{pmatrix}$，$\begin{pmatrix}-1\\1\end{pmatrix}$ が非自明な1次関係式をもたないからである。

(2)　$\mathbb{R}^2$ のベクトルの組 $\left\{\begin{pmatrix}1\\2\end{pmatrix}, \begin{pmatrix}-1\\0\end{pmatrix}, \begin{pmatrix}0\\1\end{pmatrix}\right\}$ は1次従属である。

なぜなら，$\begin{pmatrix}1\\2\end{pmatrix}+\begin{pmatrix}-1\\0\end{pmatrix}+(-2)\cdot\begin{pmatrix}0\\1\end{pmatrix}=\begin{pmatrix}0\\0\end{pmatrix}$ が成り立つので，

$\begin{pmatrix}1\\2\end{pmatrix}$，$\begin{pmatrix}-1\\0\end{pmatrix}$，$\begin{pmatrix}0\\1\end{pmatrix}$ は非自明な1次関係式をもつからである。

練習16　次の $\mathbb{R}^2$ のベクトルの組が1次独立であるか1次従属であるか判定せよ。

(1)　$\left\{\begin{pmatrix}-1\\2\end{pmatrix}, \begin{pmatrix}0\\0\end{pmatrix}\right\}$　　(2)　$\left\{\begin{pmatrix}2\\1\end{pmatrix}, \begin{pmatrix}-3\\1\end{pmatrix}\right\}$　　(3)　$\left\{\begin{pmatrix}2\\3\end{pmatrix}, \begin{pmatrix}1\\3\end{pmatrix}, \begin{pmatrix}1\\2\end{pmatrix}\right\}$

注意　ベクトルの組 $\{\boldsymbol{v}_1,\ \boldsymbol{v}_2,\ \cdots\cdots,\ \boldsymbol{v}_n\}$ のうち，どれか1つでも $\mathbf{0}$ であるとき，それらは1次従属になる。なぜなら，例えば，$\boldsymbol{v}_1=\mathbf{0}$ のとき，非自明な1次関係式 $1\cdot\boldsymbol{v}_1+0\cdot\boldsymbol{v}_2+\cdots\cdots+0\cdot\boldsymbol{v}_n=\mathbf{0}$ が存在するからである。逆に，ベクトルの組 $\{\boldsymbol{v}_1,\ \boldsymbol{v}_2,\ \cdots\cdots,\ \boldsymbol{v}_n\}$ が1次独立であるならば，$\boldsymbol{v}_1\neq\mathbf{0},\ \boldsymbol{v}_2\neq\mathbf{0},\ \cdots\cdots,\ \boldsymbol{v}_n\neq\mathbf{0}$ である。

ベクトルの組 $\{\boldsymbol{v}_1,\ \boldsymbol{v}_2,\ \cdots\cdots,\ \boldsymbol{v}_n\}$ が1次従属である，すなわち非自明な1次関係式をもつということは，どれかは0でない $a_1,\ a_2,\ \cdots\cdots,\ a_n\in\mathbb{R}$ について $a_1\boldsymbol{v}_1+a_2\boldsymbol{v}_2+\cdots\cdots+a_n\boldsymbol{v}_n=\mathbf{0}$ が成り立つということである。すなわち，$\mathbf{0}$ が $\boldsymbol{v}_1,\ \boldsymbol{v}_2,\ \cdots\cdots,\ \boldsymbol{v}_n$ の（非自明な）1次結合で表すことができてしまうということである。このとき，$\boldsymbol{v}_1,\ \boldsymbol{v}_2,\ \cdots\cdots,\ \boldsymbol{v}_n$ の任意の1次結合
$c_1\boldsymbol{v}_1+c_2\boldsymbol{v}_2+\cdots\cdots+c_n\boldsymbol{v}_n$ について

$$\begin{aligned}c_1\boldsymbol{v}_1+c_2\boldsymbol{v}_2+\cdots\cdots+c_n\boldsymbol{v}_n&=c_1\boldsymbol{v}_1+c_2\boldsymbol{v}_2+\cdots\cdots+c_n\boldsymbol{v}_n+\mathbf{0}\\&=c_1\boldsymbol{v}_1+c_2\boldsymbol{v}_2+\cdots\cdots+c_n\boldsymbol{v}_n+(a_1\boldsymbol{v}_1+a_2\boldsymbol{v}_2+\cdots\cdots+a_n\boldsymbol{v}_n)\\&=(c_1+a_1)\boldsymbol{v}_1+(c_2+a_2)\boldsymbol{v}_2+\cdots\cdots+(c_n+a_n)\boldsymbol{v}_n\end{aligned}$$

として，別の1次結合が得られる（$a_1,\ a_2,\ \cdots\cdots,\ a_n$ のどれかは0でない実数であるから）。すなわち，1次従属であるベクトルの組によると，二通り以上の1次結合でベクトルを表すことができる。

逆に，1次独立なベクトルの組によると，1次結合でのベクトルの表し方はただ1つに決まる。すなわち，次の定理が成り立つ。

定理　1次独立性と1次結合

Vをベクトル空間とし，$\{\boldsymbol{v}_1,\ \boldsymbol{v}_2,\ \cdots\cdots,\ \boldsymbol{v}_n\}$ をVのベクトルの組とする。

[1]　$\{\boldsymbol{v}_1,\ \boldsymbol{v}_2,\ \cdots\cdots,\ \boldsymbol{v}_n\}$ が1次独立であるとする。このとき，$\boldsymbol{w}\in V$ を $\boldsymbol{v}_1,\ \boldsymbol{v}_2,\ \cdots\cdots,\ \boldsymbol{v}_n$ の1次結合で表す表し方はただ一通りである。すなわち，ある $a_1, a_2, \cdots\cdots, a_n\in\mathbb{R},\ b_1, b_2, \cdots\cdots, b_n\in\mathbb{R}$ を用いて

$$\left.\begin{aligned}\boldsymbol{w}&=a_1\boldsymbol{v}_1+a_2\boldsymbol{v}_2+\cdots\cdots+a_n\boldsymbol{v}_n\\\boldsymbol{w}&=b_1\boldsymbol{v}_1+b_2\boldsymbol{v}_2+\cdots\cdots+b_n\boldsymbol{v}_n\end{aligned}\right\}\quad\cdots\cdots\ (*)$$

と二通りに表されるならば，$a_1=b_1,\ a_2=b_2,\ \cdots\cdots,\ a_n=b_n$ が成り立つ。

[2]　上の[1]の逆も成り立つ。すなわち，$\boldsymbol{v}_1,\ \boldsymbol{v}_2,\ \cdots\cdots,\ \boldsymbol{v}_n$ の1次結合による他のベクトルの表し方がいつでもただ一通りであるとき，$\{\boldsymbol{v}_1,\ \boldsymbol{v}_2,\ \cdots\cdots,\ \boldsymbol{v}_n\}$ は1次独立である。

証明　[1]　$\boldsymbol{w}\in V$ が $(*)$ のように表されているならば，

$a_1\boldsymbol{v}_1+a_2\boldsymbol{v}_2+\cdots\cdots+a_n\boldsymbol{v}_n=b_1\boldsymbol{v}_1+b_2\boldsymbol{v}_2+\cdots\cdots+b_n\boldsymbol{v}_n$ より

$$(a_1-b_1)\boldsymbol{v}_1+(a_2-b_2)\boldsymbol{v}_2+\cdots\cdots+(a_n-b_n)\boldsymbol{v}_n=\boldsymbol{0}$$

$\{\boldsymbol{v}_1,\ \boldsymbol{v}_2,\ \cdots\cdots,\ \boldsymbol{v}_n\}$ は1次独立であるから

$$a_1-b_1=0,\ a_2-b_2=0,\ \cdots\cdots,\ a_n-b_n=0$$

よって　$a_1=b_1,\ a_2=b_2,\ \cdots\cdots,\ a_n=b_n$

[2] の対偶は，$\{\boldsymbol{v}_1, \boldsymbol{v}_2, \cdots\cdots, \boldsymbol{v}_n\}$ が1次従属ならば，$\boldsymbol{v}_1, \boldsymbol{v}_2, \cdots\cdots, \boldsymbol{v}_n$ の1次結合による他のベクトルの表し方は二通り以上ある，となる。これは180ページからの説明から従う。 ■

例14　1次従属と1次結合

前ページの定理の [1] の対偶を考えると，あるベクトルの組によって，他のベクトルが異なる二通りで表されるならば，そのベクトルの組は1次独立でない，すなわち1次従属である。例えば，例12の $\{\boldsymbol{a},\ \boldsymbol{b},\ \boldsymbol{c}\}$ は1次従属であるはずである。実際，$\boldsymbol{a}+\boldsymbol{b}-2\boldsymbol{c}=\begin{pmatrix}1\\2\\1\end{pmatrix}+\begin{pmatrix}-1\\0\\1\end{pmatrix}-2\begin{pmatrix}0\\1\\1\end{pmatrix}=\boldsymbol{0}$

となるので，確かに $\{\boldsymbol{a},\ \boldsymbol{b},\ \boldsymbol{c}\}$ は1次従属である。

次に，1次独立なベクトルの組 $\{\boldsymbol{v}_1,\ \boldsymbol{v}_2,\ \cdots\cdots,\ \boldsymbol{v}_n\}$ と，もう1つのベクトル $\boldsymbol{w}$ が与えられたとき，$\boldsymbol{w}$ が $\boldsymbol{v}_1,\ \boldsymbol{v}_2,\ \cdots\cdots,\ \boldsymbol{v}_n$ の1次結合として表せるかを考える。次の定理は，その1つの判定法を与える。

定理　1次結合による表現可能性

V をベクトル空間，$\{\boldsymbol{v}_1,\ \boldsymbol{v}_2,\ \cdots\cdots,\ \boldsymbol{v}_n\}$ を V のベクトルの組とし，$\boldsymbol{w}\in V$ とする。

[1]　$\{\boldsymbol{v}_1,\ \boldsymbol{v}_2,\ \cdots\cdots,\ \boldsymbol{v}_n,\ \boldsymbol{w}\}$ が1次独立ならば，$\boldsymbol{w}$ は $\boldsymbol{v}_1,\ \boldsymbol{v}_2,\ \cdots\cdots,\ \boldsymbol{v}_n$ の1次結合で表せない。

[2]　$\{\boldsymbol{v}_1,\ \boldsymbol{v}_2,\ \cdots\cdots,\ \boldsymbol{v}_n\}$ が1次独立であるとする。ベクトルの組 $\{\boldsymbol{v}_1,\ \boldsymbol{v}_2,\ \cdots\cdots,\ \boldsymbol{v}_n,\ \boldsymbol{w}\}$ が1次従属ならば，$\boldsymbol{w}$ は $\boldsymbol{v}_1,\ \boldsymbol{v}_2,\ \cdots\cdots,\ \boldsymbol{v}_n$ の1次結合で表される。

[3]　$\{\boldsymbol{v}_1, \boldsymbol{v}_2, \cdots\cdots, \boldsymbol{v}_n\}$ が1次独立であるとする。$\boldsymbol{w}$ が $\boldsymbol{v}_1, \boldsymbol{v}_2, \cdots\cdots, \boldsymbol{v}_n$ の1次結合で表せないならば，$\{\boldsymbol{v}_1, \boldsymbol{v}_2, \cdots\cdots, \boldsymbol{v}_n, \boldsymbol{w}\}$ は1次独立である。

補足　$\boldsymbol{w}\in V$ が与えられたとき，$\boldsymbol{w}$ が $\{\boldsymbol{v}_1,\ \boldsymbol{v}_2,\ \cdots\cdots,\ \boldsymbol{v}_n\}$ の1次結合で表されるということは，$\boldsymbol{w}\in\langle\boldsymbol{v}_1,\ \boldsymbol{v}_2,\ \cdots\cdots,\ \boldsymbol{v}_n\rangle$ ということである。よって，上の定理の [2] の結論は次のようにいい換えることもできる。「$\boldsymbol{w}\in\langle\boldsymbol{v}_1,\ \boldsymbol{v}_2,\ \cdots\cdots,\ \boldsymbol{v}_n\rangle$ が成り立つ」

証明 [3] は [2] の対偶である。よって，[1]，[2] のみを示せばよい。

[1] 対偶を示す。ある a_1，a_2，……，$a_n \in \mathbb{R}$ を用いて，
$\boldsymbol{w}=a_1\boldsymbol{v}_1+a_2\boldsymbol{v}_2+\cdots\cdots+a_n\boldsymbol{v}_n$ と表されるとする。このとき，
$\boldsymbol{v}_1$，$\boldsymbol{v}_2$，……，$\boldsymbol{v}_n$，$\boldsymbol{w}$ の1次関係式 $a_1\boldsymbol{v}_1+a_2\boldsymbol{v}_2+\cdots\cdots+a_n\boldsymbol{v}_n-\boldsymbol{w}=\boldsymbol{0}$ が導かれるが，$\boldsymbol{w}$ の係数は -1 $(\neq 0)$ なので，この1次関係式は非自明である。よって，$\{\boldsymbol{v}_1,\ \boldsymbol{v}_2,\ \cdots\cdots,\ \boldsymbol{v}_n,\ \boldsymbol{w}\}$ は1次従属である。■

[2] $\{\boldsymbol{v}_1, \boldsymbol{v}_2, \cdots\cdots, \boldsymbol{v}_n, \boldsymbol{w}\}$ が1次従属とすると，非自明な1次関係式
$a_1\boldsymbol{v}_1+a_2\boldsymbol{v}_2+\cdots\cdots+a_n\boldsymbol{v}_n+b\boldsymbol{w}=\boldsymbol{0}$ $(a_1,\ a_2,\ \cdots\cdots,\ a_n \in \mathbb{R},\ b \in \mathbb{R})$ (∗)
が存在する。ここで，a_1，a_2，……，a_n，b の中には0でないものが，少なくとも1つは存在する。$b=0$ であるとすると，$\{\boldsymbol{v}_1, \boldsymbol{v}_2, \cdots\cdots, \boldsymbol{v}_n\}$ が1次独立という仮定から，a_1，a_2，……，a_n の中に0でないものが少なくとも1つ存在する。よって，非自明な1次関係
$a_1\boldsymbol{v}_1+a_2\boldsymbol{v}_2+\cdots+a_n\boldsymbol{v}_n=\boldsymbol{0}$ が存在することになり，$\{\boldsymbol{v}_1, \boldsymbol{v}_2, \cdots\cdots, \boldsymbol{v}_n\}$ が1次独立であることに反する。よって，$b \neq 0$ である。
したがって，(∗) から，$\boldsymbol{w}$ は $\boldsymbol{v}_1$，$\boldsymbol{v}_2$，……，$\boldsymbol{v}_n$ の1次結合
$\boldsymbol{w}=-\dfrac{a_1}{b}\boldsymbol{v}_1-\dfrac{a_2}{b}\boldsymbol{v}_2-\cdots\cdots-\dfrac{a_n}{b}\boldsymbol{v}_n$ で表される。■

練習 17 (1) 平面ベクトル $\begin{pmatrix}2\\1\end{pmatrix}$ を $\begin{pmatrix}-1\\2\end{pmatrix}$，$\begin{pmatrix}0\\-1\end{pmatrix}$ の1次結合で表せ。

(2) $\begin{pmatrix}-1\\2\end{pmatrix}$，$\begin{pmatrix}0\\-1\end{pmatrix}$，$\begin{pmatrix}2\\1\end{pmatrix}$ が満たす非自明な1次関係式をみつけることにより，$\left\{\begin{pmatrix}-1\\2\end{pmatrix}, \begin{pmatrix}0\\-1\end{pmatrix}, \begin{pmatrix}2\\1\end{pmatrix}\right\}$ が1次従属であることを示せ。

C 1次独立と1次従属

ベクトルの組の1次独立性と1次従属性は，ベクトル空間に関する理論の中で重要な性質である。ここでは，与えられたベクトルの組が1次独立かどうかの判定方法を調べる。まず，定義にもとづいて，与えられた数ベクトルの組が1次独立であること，1次従属であることを示してみよう。

例題 6 (1) $\left\{\begin{pmatrix}0\\-1\end{pmatrix}, \begin{pmatrix}1\\0\end{pmatrix}\right\}$ は，1次独立であることを示せ。

(2) $\left\{\begin{pmatrix}1\\3\end{pmatrix}, \begin{pmatrix}-2\\-6\end{pmatrix}\right\}$ は，1次従属であることを示せ。

解答

(1)　$\boldsymbol{v}=\begin{pmatrix}0\\-1\end{pmatrix}$，$\boldsymbol{w}=\begin{pmatrix}1\\0\end{pmatrix}$ として，1次関係式 $a\boldsymbol{v}+b\boldsymbol{w}=\boldsymbol{0}$

$(a,\ b\in\mathbb{R})$ を考える。ここで　$a\boldsymbol{v}+b\boldsymbol{w}=a\begin{pmatrix}0\\-1\end{pmatrix}+b\begin{pmatrix}1\\0\end{pmatrix}=\begin{pmatrix}b\\-a\end{pmatrix}$

よって，$a\boldsymbol{v}+b\boldsymbol{w}=\boldsymbol{0}$ から　$b=0,\ -a=0$

よって　$a=b=0$

したがって，$a\boldsymbol{v}+b\boldsymbol{w}=\boldsymbol{0}$ ならば $a=b=0$ である。

すなわち $\boldsymbol{v}$，$\boldsymbol{w}$ の1次関係式は自明なものしかない。

よって，$\{\boldsymbol{v},\ \boldsymbol{w}\}$ は1次独立である。

(2)　$\boldsymbol{v}=\begin{pmatrix}1\\3\end{pmatrix}$，$\boldsymbol{w}=\begin{pmatrix}-2\\-6\end{pmatrix}$ とする。

このとき　$2\boldsymbol{v}+\boldsymbol{w}=2\begin{pmatrix}1\\3\end{pmatrix}+\begin{pmatrix}-2\\-6\end{pmatrix}=\begin{pmatrix}0\\0\end{pmatrix}$

すなわち，$2\boldsymbol{v}+\boldsymbol{w}=\boldsymbol{0}$ という非自明な1次関係式が存在する。

よって，$\{\boldsymbol{v},\ \boldsymbol{w}\}$ は1次従属である。■

また，与えられた数ベクトルの組が1次独立であるかどうかについて，同次連立1次方程式についての結果（88ページ）を用いると次の定理が得られる。

定理　数ベクトルの組の1次独立性

$\boldsymbol{v}_j=\begin{pmatrix}a_{1j}\\a_{2j}\\\vdots\\a_{nj}\end{pmatrix}\in\mathbb{R}^n\ (j=1,\ 2,\ \cdots\cdots,\ r)$ に対して，$A=\begin{pmatrix}a_{11}&a_{12}&\cdots&a_{1r}\\a_{21}&a_{22}&\cdots&a_{2r}\\\vdots&\vdots&&\vdots\\a_{n1}&a_{n2}&\cdots&a_{nr}\end{pmatrix}$

とし，同次連立1次方程式 $A\boldsymbol{x}=\boldsymbol{0}_n$ ……（＊）を考える。ただし，

$\boldsymbol{x}=\begin{pmatrix}x_1\\x_2\\\vdots\\x_r\end{pmatrix}$ とする。

[1]　$\{\boldsymbol{v}_1,\ \boldsymbol{v}_2,\ \cdots\cdots,\ \boldsymbol{v}_r\}$ が1次独立であるための必要十分条件は，（＊）の解が自明な解 $\boldsymbol{x}=\boldsymbol{0}$ のみであることである。

[2]　$\{\boldsymbol{v}_1,\ \boldsymbol{v}_2,\ \cdots\cdots,\ \boldsymbol{v}_r\}$ が1次従属であるための必要十分条件は，（＊）が非自明な解をもつことである。

証明

$$Ax=\begin{pmatrix} a_{11} & a_{12} & \cdots & a_{1r} \\ a_{21} & a_{22} & \cdots & a_{2r} \\ \vdots & \vdots & & \vdots \\ a_{n1} & a_{n2} & \cdots & a_{nr} \end{pmatrix}\begin{pmatrix} x_1 \\ x_2 \\ \vdots \\ x_r \end{pmatrix}$$

$$=\begin{pmatrix} a_{11}x_1+a_{12}x_2+\cdots\cdots+a_{1r}x_r \\ a_{21}x_1+a_{22}x_2+\cdots\cdots+a_{2r}x_r \\ \vdots \\ a_{n1}x_1+a_{n2}x_2+\cdots\cdots+a_{nr}x_r \end{pmatrix}$$

$$=x_1\begin{pmatrix} a_{11} \\ a_{21} \\ \vdots \\ a_{n1} \end{pmatrix}+x_2\begin{pmatrix} a_{12} \\ a_{22} \\ \vdots \\ a_{n2} \end{pmatrix}+\cdots\cdots+x_r\begin{pmatrix} a_{1r} \\ a_{2r} \\ \vdots \\ a_{nr} \end{pmatrix}$$

$$=x_1\boldsymbol{v}_1+x_2\boldsymbol{v}_2+\cdots\cdots+x_r\boldsymbol{v}_r$$

よって，同次連立 1 次方程式 $A\boldsymbol{x}=\boldsymbol{0}_n$ とは，x_1，x_2，……，x_r を係数とする $\boldsymbol{v}_1$，$\boldsymbol{v}_2$，……，$\boldsymbol{v}_r$ の 1 次関係式 $x_1\boldsymbol{v}_1+x_2\boldsymbol{v}_2+\cdots\cdots+x_r\boldsymbol{v}_r=\boldsymbol{0}$ と同値である。$\{\boldsymbol{v}_1, \boldsymbol{v}_2, \cdots\cdots, \boldsymbol{v}_r\}$ が 1 次独立であるための必要十分条件は，この 1 次関係式が自明なものに限る，すなわち
$x_1=x_2=\cdots\cdots=x_r=0$ となることである。これは，同次連立 1 次方程式 $A\boldsymbol{x}=\boldsymbol{0}_n$ の解が自明な解 $\boldsymbol{x}=\boldsymbol{0}_r$ のみであることに他ならない。よって，[1] が成り立つ。[2] は [1] のいい換え（対偶）である。 ■

前ページの定理から，実際の計算に役立つ次の系が得られる。

系　数ベクトルの組の 1 次独立性と行列

数ベクトルの組の 1 次独立性の定理と同じ設定で，次は同値である。

[1]　$\{\boldsymbol{v}_1, \boldsymbol{v}_2, \cdots\cdots, \boldsymbol{v}_r\}$ が 1 次独立である。

[2]　$\operatorname{rank} A=r$

さらに，$r=n$ ならば次の 2 つの条件も同値である。

[3]　行列 A は正則行列である。　　[4]　$\det(A)\neq 0$

[1] と [2] が同値であることは，定理（数ベクトルの組の 1 次独立性）と定理（同次連立 1 次方程式の解）（88 ページ）から導出できる。さらに，[3] と [4] が同値であることは，定理（同次連立 1 次方程式の解）からわかる。

例 15　1 次独立性と単位行列

$\boldsymbol{e}_i \in \mathbb{R}^n$（第 i 成分のみ 1 で他の成分が 0 の n 次元数ベクトル $(i=1,\ 2,\ \cdots\cdots,\ n)$）を考えると，それらの組 $\{\boldsymbol{e}_1,\ \boldsymbol{e}_2,\ \cdots\cdots,\ \boldsymbol{e}_n\}$ は 1 次独立である。なぜなら，$\{\boldsymbol{e}_1,\ \boldsymbol{e}_2,\ \cdots\cdots,\ \boldsymbol{e}_n\}$ から前ページの系のように構成した行列は n 次単位行列 E になり，$\operatorname{rank} E=n$ であるからである。

この系を用いて，与えられた数ベクトルの組が 1 次独立か判定しよう。

例題 7　$\left\{\begin{pmatrix}2\\3\\1\\0\end{pmatrix},\ \begin{pmatrix}4\\0\\1\\1\end{pmatrix},\ \begin{pmatrix}-1\\4\\-2\\-1\end{pmatrix}\right\}$ が，1 次独立であることを示せ。

解答

$\boldsymbol{v}_1=\begin{pmatrix}2\\3\\1\\0\end{pmatrix},\ \boldsymbol{v}_2=\begin{pmatrix}4\\0\\1\\1\end{pmatrix},\ \boldsymbol{v}_3=\begin{pmatrix}-1\\4\\-2\\-1\end{pmatrix}$ として，

$A=\begin{pmatrix}2&4&-1\\3&0&1\\1&1&-2\\0&1&-1\end{pmatrix}$ とする。

行列 A を簡約階段化すると，$\begin{pmatrix}1&0&0\\0&1&0\\0&0&1\\0&0&0\end{pmatrix}$ である。

よって，$\operatorname{rank} A=3$ なので，数ベクトルの組の 1 次独立性と行列の系から $\{\boldsymbol{v}_1,\ \boldsymbol{v}_2,\ \boldsymbol{v}_3\}$ は 1 次独立である。■

練習 18　$\left\{\begin{pmatrix}2\\1\\3\end{pmatrix},\ \begin{pmatrix}-1\\1\\1\end{pmatrix},\ \begin{pmatrix}0\\-1\\-2\end{pmatrix}\right\}$ が 1 次独立であることを示せ。

練習 19　$\left\{\begin{pmatrix}3\\0\\2\end{pmatrix},\ \begin{pmatrix}0\\1\\a\end{pmatrix},\ \begin{pmatrix}2\\-3\\0\end{pmatrix}\right\}$ が 1 次従属であるように，a の値を定めよ。

最後に，より一般のベクトル空間について，1 次独立なベクトルの例をあげてみる。

例16　1次独立なベクトル1

Vを実数上の関数全体からなるベクトル空間とする（例2（164ページ）参照）。f_1，f_2，$f_3 \in V$ を，それぞれ $f_1(x)=1$，$f_2(x)=x$，$f_3(x)=x^2$ で定めるとき，$\{f_1,\ f_2,\ f_3\}$ が1次独立であることを示す。

$a,\ b,\ c \in \mathbb{R}$ として，$af_1+bf_2+cf_3=\mathbf{0}$　　すなわち，任意の $x \in \mathbb{R}$ について，$a+bx+cx^2=0$ …… ① が成り立っているとする。

① に $x=0$，$x=1$，$x=-1$ を代入すると

$$a=0,\ a+b+c=0,\ a-b+c=0$$

これを解くと　　$a=0$，$b=0$，$c=0$

したがって，$\{f_1,\ f_2,\ f_3\}$ は1次独立である。

練習20　Vを関数全体からなるベクトル空間とする。f_1，f_2，$f_3 \in V$ を，それぞれ $f_1(x)=3$，$f_2(x)=x+1$，$f_3(x)=2x^2$ で定めるとき，$\{f_1,\ f_2,\ f_3\}$ は1次独立であることを示せ。

例16で $\{f_1,\ f_2,\ f_3\}$ が1次独立であることを示した。これから，また，1次独立なベクトルの組を構成する任意の2つのベクトルの組も1次独立であることが，次の例からわかる。

例17　1次独立なベクトル2

Vをベクトル空間とし，Vのベクトルの組 $\{\boldsymbol{v}_1,\ \boldsymbol{v}_2,\ \boldsymbol{v}_3\}$ が1次独立であるとき，それからどの2本を選んでできるベクトルの組も1次独立である。

$\{\boldsymbol{v}_1,\ \boldsymbol{v}_2\}$ が1次独立であることを背理法で証明しよう。$\{\boldsymbol{v}_1,\ \boldsymbol{v}_2\}$ が1次従属であるとすると，非自明な1次関係式 $a_1\boldsymbol{v}_1+a_2\boldsymbol{v}_2=\mathbf{0}$ が成り立つ（すなわち，a_1，a_2 のどちらかは0でない）。このとき，両辺に $0\cdot\boldsymbol{v}_3$ を加えると，非自明な1次関係式 $a_1\boldsymbol{v}_1+a_2\boldsymbol{v}_2+0\cdot\boldsymbol{v}_3=\mathbf{0}$ が得られる。ところが，これは $\{\boldsymbol{v}_1,\ \boldsymbol{v}_2,\ \boldsymbol{v}_3\}$ が1次独立であることに矛盾する。

よって，$\{\boldsymbol{v}_1,\ \boldsymbol{v}_2\}$ は1次独立である。他の場合も同様に証明できる。

練習21　Vをベクトル空間とし，Vのベクトルの組 $\{\boldsymbol{v}_1,\ \boldsymbol{v}_2,\ \cdots\cdots,\ \boldsymbol{v}_s\}$ が1次独立であるとするとき，その部分集合 $\{\boldsymbol{v}_1,\ \boldsymbol{v}_2,\ \cdots\cdots,\ \boldsymbol{v}_t\}$ $(s \geqq t)$ も1次独立であることを示せ。

第 3 節　基底と次元

ここでは，最初にベクトル空間の基底という概念を導入し，その存在を示すための定理を学ぶ。また，ベクトル空間の大きさを表す重要な量であるベクトル空間の次元についても学ぶ。

A　ベクトル空間の基底

前節のB項の冒頭でも述べたとおり，高校では，$\boldsymbol{p}$，$\boldsymbol{a}$，$\boldsymbol{b}$ を平面上のベクトルとし，$\boldsymbol{a}$，$\boldsymbol{b}$ が $\boldsymbol{0}$ でなく平行でないとき，s，$t\in\mathbb{R}$ を用いて $\boldsymbol{p}=s\boldsymbol{a}+t\boldsymbol{b}$ と表すことができ，しかもこの表し方はただ一通りであると学んだ。

ところが，下線部について同じことは，空間ベクトルでは成り立たない。

例 18　ベクトルの表し方

$\boldsymbol{a}=\begin{pmatrix}1\\2\\0\end{pmatrix}$，$\boldsymbol{b}=\begin{pmatrix}-1\\0\\0\end{pmatrix}$，$\boldsymbol{c}=\begin{pmatrix}0\\1\\0\end{pmatrix}$ とすると，これらはすべて $\boldsymbol{0}$ でなく，互いに平行でもない。ところが任意の s，t，$u\in\mathbb{R}$ に対して

$$s\boldsymbol{a}+t\boldsymbol{b}+u\boldsymbol{c}=s\begin{pmatrix}1\\2\\0\end{pmatrix}+t\begin{pmatrix}-1\\0\\0\end{pmatrix}+u\begin{pmatrix}0\\1\\0\end{pmatrix}=\begin{pmatrix}s-t\\2s+u\\0\end{pmatrix}$$

となるので，例えば $\begin{pmatrix}0\\0\\1\end{pmatrix}$ を $\boldsymbol{a}$，$\boldsymbol{b}$，$\boldsymbol{c}$ を用いて表すことはできない。

そこで，任意のベクトルをただ一通りの 1 次結合で表すことができるようなベクトルの組に着目し，その性質を考えよう。

一般のベクトル空間において，任意のベクトルをただ一通りの 1 次結合で表すことができるようなベクトルの組に着目し，次ページのような概念を定義する。

定義 5-7　ベクトル空間の基底

Vをベクトル空間とし，$\boldsymbol{v}_1$，$\boldsymbol{v}_2$，……，$\boldsymbol{v}_n \in V$ とする。次の 2 つの条件が満たされるとき，$\{\boldsymbol{v}_1,\ \boldsymbol{v}_2,\ \cdots\cdots,\ \boldsymbol{v}_n\}$ はVの **基底** であるという。

(B1)　$\{\boldsymbol{v}_1, \boldsymbol{v}_2, \cdots\cdots, \boldsymbol{v}_n\}$ はVを生成する（すなわち，$V=\langle \boldsymbol{v}_1, \boldsymbol{v}_2, \cdots\cdots, \boldsymbol{v}_n \rangle$）。

(B2)　$\{\boldsymbol{v}_1,\ \boldsymbol{v}_2,\ \cdots\cdots,\ \boldsymbol{v}_n\}$ は 1 次独立である。

条件 (B1) は，$\boldsymbol{v}_1$，$\boldsymbol{v}_2$，……，$\boldsymbol{v}_n$ の 1 次結合全体の集合がV自身になる，すなわちVのすべてのベクトルが，$\boldsymbol{v}_1$，$\boldsymbol{v}_2$，……，$\boldsymbol{v}_n$ の 1 次結合で表される，ということを意味している。また，条件 (B2) は，定理（1 次独立性と 1 次結合）(182 ページ) より，Vのベクトルの，$\boldsymbol{v}_1$，$\boldsymbol{v}_2$，……，$\boldsymbol{v}_n$ の 1 次結合による表し方がただ一通りである（一意的である）ことを意味している。

したがって，$\{\boldsymbol{v}_1,\ \boldsymbol{v}_2,\ \cdots\cdots,\ \boldsymbol{v}_n\}$ がVの基底であるならば，Vの任意のベクトルは $\boldsymbol{v}_1$，$\boldsymbol{v}_2$，……，$\boldsymbol{v}_n$ の 1 次結合でただ一通りに表せる。

例 19　ベクトル空間の基底 1

$W=\left\{\begin{pmatrix} x \\ y \\ z \end{pmatrix} \middle| \ x+y+z=0\right\} \subset \mathbb{R}^3$ とすると，Wは $\mathbb{R}^3$ の部分空間であり，それ自身，単独でベクトル空間である。

このとき，$\begin{pmatrix} x \\ y \\ z \end{pmatrix} \in W$ に対して $z=-x-y$ が成り立つから

$$\begin{pmatrix} x \\ y \\ z \end{pmatrix}=\begin{pmatrix} x \\ y \\ -x-y \end{pmatrix}=x\begin{pmatrix} 1 \\ 0 \\ -1 \end{pmatrix}+y\begin{pmatrix} 0 \\ 1 \\ -1 \end{pmatrix}$$

よって，Wの任意のベクトルは$\begin{pmatrix} 1 \\ 0 \\ -1 \end{pmatrix}$，$\begin{pmatrix} 0 \\ 1 \\ -1 \end{pmatrix}$の 1 次結合で表される。

ゆえに

$$W=\left\langle \begin{pmatrix} 1 \\ 0 \\ -1 \end{pmatrix}, \begin{pmatrix} 0 \\ 1 \\ -1 \end{pmatrix} \right\rangle$$

また，$\left\{\begin{pmatrix}1\\0\\-1\end{pmatrix},\ \begin{pmatrix}0\\1\\-1\end{pmatrix}\right\}$ に対して，$x\begin{pmatrix}1\\0\\-1\end{pmatrix}+y\begin{pmatrix}0\\1\\-1\end{pmatrix}=0$ の解は，

$x=y=0$ のみであるから，$\left\{\begin{pmatrix}1\\0\\-1\end{pmatrix},\ \begin{pmatrix}0\\1\\-1\end{pmatrix}\right\}$ は1次独立である。

よって，$\left\{\begin{pmatrix}1\\0\\-1\end{pmatrix},\ \begin{pmatrix}0\\1\\-1\end{pmatrix}\right\}$ は W の基底である。

例20　ベクトル空間の基底2

例18より，$\left\{\begin{pmatrix}1\\2\\0\end{pmatrix},\ \begin{pmatrix}-1\\0\\0\end{pmatrix},\ \begin{pmatrix}0\\1\\0\end{pmatrix}\right\}$ は $\mathbb{R}^3$ の基底でない。

練習22　上の例の $\left\{\begin{pmatrix}1\\2\\0\end{pmatrix},\ \begin{pmatrix}-1\\0\\0\end{pmatrix},\ \begin{pmatrix}0\\1\\0\end{pmatrix}\right\}$ が，条件 (B1)，(B2) を満たさないことを示せ。

練習23　V を実数上の関数全体からなるベクトル空間とする。f_1，f_2，$f_3 \in V$ を，それぞれ $f_1(x)=1$，$f_2(x)=x$，$f_3(x)=x^2$ で定めるとき，$\{f_1,\ f_2,\ f_3\}$ は V の基底でないことを示せ。

では，どのようなベクトル空間に対して基底をみつけることができるのであろうか。

まず，数ベクトル空間については，次のような標準的な基底がとれる。

例21　ベクトル空間の基底3

$\{\boldsymbol{e}_1,\ \boldsymbol{e}_2,\ \cdots\cdots,\ \boldsymbol{e}_n\}$ は $\mathbb{R}^n$ の基底である。ただし，$\boldsymbol{e}_i \in \mathbb{R}^n$ $(i=1,\ 2,\ \cdots\cdots,\ n)$ は第 i 成分のみ1で他の成分が0の n 次元数ベクトルである。なぜなら，例11(2) (178ページ) より，$\mathbb{R}^n=\langle \boldsymbol{e}_1,\ \boldsymbol{e}_2,\ \cdots\cdots,\ \boldsymbol{e}_n \rangle$ が成り立つので，条件 (B1) は満たされ，例15 (187ページ) より $\{\boldsymbol{e}_1,\ \boldsymbol{e}_2,\ \cdots\cdots,\ \boldsymbol{e}_n\}$ は1次独立なので，条件 (B2) が満たされるからである。

練習 24 $\{\boldsymbol{e}_1,\ \boldsymbol{e}_2\}$ が $\mathbb{R}^2$ の基底であることを，定義に従って示せ。

一般のベクトル空間での基底の存在性については，次の定理が成り立つ。

定理　基底の存在

$\{\boldsymbol{v}_1,\ \boldsymbol{v}_2,\ \cdots\cdots,\ \boldsymbol{v}_r\}$ を生成系とするベクトル空間を V とすると，V は基底をもつ（ただし，$V=\{\boldsymbol{0}\}$ のときは除く）。さらに，生成系 $\{\boldsymbol{v}_1,\ \boldsymbol{v}_2,\ \cdots\cdots,\ \boldsymbol{v}_r\}$ の中からいくつかのベクトルを選ぶことによって V の基底を構成することができる。

注意　$V=\{\boldsymbol{0}\}$ のとき，$\{\boldsymbol{0}\}$ が V を生成するが，$\boldsymbol{0}$ は非自明な1次関係式をもつので1次独立ではない（182 ページの注意を参照）。

実際，生成系のうち1つ目のベクトルから順に，1次独立になるようにベクトルを追加していくことで基底を構成することができる。次の例題で上の定理の証明の概略を示そう。

例題 8　$V=\left\langle \begin{pmatrix} 1 \\ 1 \end{pmatrix},\ \begin{pmatrix} 0 \\ -1 \end{pmatrix},\ \begin{pmatrix} 1 \\ -1 \end{pmatrix} \right\rangle$ の基底を1組構成せよ。

解答

$\boldsymbol{v}_1=\begin{pmatrix} 1 \\ 1 \end{pmatrix},\ \boldsymbol{v}_2=\begin{pmatrix} 0 \\ -1 \end{pmatrix},\ \boldsymbol{v}_3=\begin{pmatrix} 1 \\ -1 \end{pmatrix}$ とする。

まず，$\boldsymbol{v}_1$ を考える。$\boldsymbol{v}_1 \neq \boldsymbol{0}$ より，$\boldsymbol{v}_1$ は非自明な1次関係式をもたないので，$\{\boldsymbol{v}_1\}$ は1次独立である。
もし $V=\langle \boldsymbol{v}_1 \rangle$ ならば $\{\boldsymbol{v}_1\}$ は条件 (B1)，(B2) を満たすので，$\{\boldsymbol{v}_1\}$ は V の基底になる。そこで，$\boldsymbol{v}_2 \in \langle \boldsymbol{v}_1 \rangle$ となるかを調べる。ところが，$c \in \mathbb{R}$ に対して，$\boldsymbol{v}_2 \neq c\boldsymbol{v}_1$ であるから　　$\boldsymbol{v}_2 \notin \langle \boldsymbol{v}_1 \rangle$
そこで，$\{\boldsymbol{v}_1\}$ に $\boldsymbol{v}_2$ を追加して $\{\boldsymbol{v}_1,\ \boldsymbol{v}_2\}$ を考える。このとき，$\{\boldsymbol{v}_1\}$ は1次独立かつ $\boldsymbol{v}_2 \notin \langle \boldsymbol{v}_1 \rangle$ であるから，定理（1次結合による表現可能性）（183 ページ）の [2] より，$\{\boldsymbol{v}_1,\ \boldsymbol{v}_2\}$ は1次独立である。
もし $V=\langle \boldsymbol{v}_1,\ \boldsymbol{v}_2 \rangle$ ならば $\{\boldsymbol{v}_1,\ \boldsymbol{v}_2\}$ は条件 (B1)，(B2) を満たすので，$\{\boldsymbol{v}_1,\ \boldsymbol{v}_2\}$ は V の基底になる。そこで，$\boldsymbol{v}_3 \in \langle \boldsymbol{v}_1,\ \boldsymbol{v}_2 \rangle$ となるかを調べる。$x,\ y \in \mathbb{R}$ として $x\boldsymbol{v}_1+y\boldsymbol{v}_2=\boldsymbol{v}_3$ とすると $x=1,\ y=2$ が得られる。ゆえに　　$\boldsymbol{v}_3=\boldsymbol{v}_1+2\boldsymbol{v}_2$

よって，$\boldsymbol{v}_3 \in \langle \boldsymbol{v}_1, \boldsymbol{v}_2 \rangle$

このとき，定理（1 次結合と生成系）（179 ページ）より

$$V = \langle \boldsymbol{v}_1, \boldsymbol{v}_2, \boldsymbol{v}_3 \rangle = \langle \boldsymbol{v}_1, \boldsymbol{v}_2 \rangle$$

以上より，$\{\boldsymbol{v}_1, \boldsymbol{v}_2\}$ は条件 (B1)，(B2) を満たすので V の基底である。■

練習 25 $\left\langle \begin{pmatrix} 1 \\ 1 \\ 0 \end{pmatrix}, \begin{pmatrix} 0 \\ -1 \\ 1 \end{pmatrix}, \begin{pmatrix} 1 \\ 0 \\ 1 \end{pmatrix} \right\rangle$ の基底を 1 組あげよ。

B　ベクトル空間の次元

定理（基底の存在）より，生成系をもつベクトル空間はいつでも基底をもつ。例えば，$\mathbb{R}^2$ は $\left\{ \begin{pmatrix} 1 \\ 0 \end{pmatrix}, \begin{pmatrix} 0 \\ 1 \end{pmatrix} \right\}$ という標準的な基底をもつ。一方で，例題 8 より，$\left\{ \begin{pmatrix} 1 \\ 1 \end{pmatrix}, \begin{pmatrix} 0 \\ -1 \end{pmatrix} \right\}$ は 1 次独立で，$\mathbb{R}^2$ の基底である。よって，ベクトル空間は複数の基底をもちうる。しかし，その基底の数は，常に一定であることが知られている。

定理　基底のベクトルの数

V をベクトル空間とする。V が二通りの基底 $\{\boldsymbol{v}_1, \boldsymbol{v}_2, \cdots\cdots, \boldsymbol{v}_n\}$ と $\{\boldsymbol{w}_1, \boldsymbol{w}_2, \cdots\cdots, \boldsymbol{w}_m\}$ をもつならば $n = m$ が成り立つ。すなわち，基底をなすベクトルの本数は V に対して一意的である。

この定理の証明の鍵となるのは，次の補題である。この補題の証明は研究として与える。

補題　生成された空間内のベクトルの 1 次従属性

V をベクトル空間とする。$V = \langle \boldsymbol{v}_1, \boldsymbol{v}_2, \cdots\cdots, \boldsymbol{v}_n \rangle$ であり $\{\boldsymbol{v}_1, \boldsymbol{v}_2, \cdots\cdots, \boldsymbol{v}_n\}$ が 1 次独立であるとする。このとき，V 内の $(n+1)$ 本以上のどんなベクトルの組も 1 次従属である。

この補題を用いれば，定理（基底のベクトルの数）は証明できる。

練習 26 補題（生成された空間内のベクトルの1次従属性）を用いて，定理（基底のベクトルの数）を証明せよ。

この定理から，ベクトル空間はいつでも基底をもち，その数は一定であることから，次を定義できる。

定義 5-8 ベクトル空間の次元

Vを生成系をもつベクトル空間とする。Vの基底のベクトルの本数を **次元** といい，$\dim V$ で表す。

注意 零ベクトルのみからなるVの部分空間 $\{\mathbf{0}\}$ は基底をもたないので次元は0である。逆に，次元が0であるVの部分空間は $\{\mathbf{0}\}$ のみである。実際，$\{\mathbf{0}\}$ は基底をもたない（192 ページの注意も参照）。

ベクトル空間の次元は，ベクトル空間の「大きさ」を表す量として基本的なものである。後で学習するように，実際，次元によってベクトル空間は特徴付けられるともいえる。

例 22 ベクトル空間の次元 1

R^n は，例 21（191 ページ）で確認したように，標準的な基底 $\{\boldsymbol{e}_1,\ \boldsymbol{e}_2,\ \cdots\cdots,\ \boldsymbol{e}_n\}$ をもつ。したがって，その次元はnである。

練習 27 R^3 の標準的な基底以外の基底を1組求めよ。

例題 9 $W=\left\{\begin{pmatrix} x \\ y \\ z \end{pmatrix} \middle|\ x+y-z=0\right\}$ とするとき，Wの次元を求めよ。

解答

190 ページの例 19 と同様にすると，$\left\{\begin{pmatrix} 1 \\ 0 \\ 1 \end{pmatrix},\ \begin{pmatrix} 0 \\ 1 \\ 1 \end{pmatrix}\right\}$ がWの基底であることがわかる。

よって　　$\dim W=2$

練習 28 $W=\left\{\begin{pmatrix} x \\ y \\ z \end{pmatrix} \middle|\ 3x+2y=z\right\}$ とするとき，Wの次元を求めよ。

例 23　ベクトル空間の次元 2

V を実数からなる数列全体のなすベクトル空間として，$\{a_n\}$，$\{b_n\}$，$\{c_n\}\in V$ を，$a_n=1$，$b_n=2n$，$c_n=n-1$ $(n=1, 2, \cdots\cdots)$ としてとる。W を V の部分空間とし，$W=\langle\{a_n\}, \{b_n\}, \{c_n\}\rangle$ とするとき，W の次元を求めてみよう。例題 8 (192 ページ) の解答と同様にして考えると $\{\{a_n\}, \{b_n\}\}$ が 1 次独立であることがわかる。

また　　$2c_n=-2\cdot1+2n=-2a_n+b_n$

よって　　$\{c_n\}=(-1)\cdot\{a_n\}+\frac{1}{2}\{b_n\}\in\langle\{a_n\}, \{b_n\}\rangle$

定理（1 次結合と生成系）(179 ページ) より

$$W=\langle\{a_n\}, \{b_n\}, \{c_n\}\rangle=\langle\{a_n\}, \{b_n\}\rangle$$

したがって，$\{\{a_n\}, \{b_n\}\}$ は条件 (B1)，(B2) を満たすから W の基底である。

以上から　　$\dim W=2$

練習 29　V を実数からなる数列全体からなるベクトル空間として，$\{a_n\}$，$\{b_n\}$，$\{c_n\}\in V$ を，$a_n=n-1$，$b_n=2n-1$，$c_n=3n$ としてとる。そして，W を V の部分空間とし，$W=\langle\{a_n\}, \{b_n\}, \{c_n\}\rangle$ とするとき，W の次元を求めよ。

研究　生成された空間内のベクトルの 1 次従属性の証明

ここでは $n=2$ の場合の証明の概略を与える。

一般の場合は，これをもとに数学的帰納法を用いて証明される。

$V=\langle\boldsymbol{v}_1, \boldsymbol{v}_2\rangle$ かつ $\{\boldsymbol{v}_1, \boldsymbol{v}_2\}$ が 1 次独立とし，$\boldsymbol{w}_1$，$\boldsymbol{w}_2$，$\boldsymbol{w}_3\in V$ が 1 次従属であることを示そう。x_1，x_2，$x_3\in\mathbb{R}$ とし，

$x_1\boldsymbol{w}_1+x_2\boldsymbol{w}_2+x_3\boldsymbol{w}_3=\boldsymbol{0}$　…… ① を考える。

$\{\boldsymbol{v}_1, \boldsymbol{v}_2\}$ は V の基底であるから，6 個の実数 a_1，b_1，a_2，b_2，a_3，b_3 が存在して

$$\boldsymbol{w}_1=a_1\boldsymbol{v}_1+b_1\boldsymbol{v}_2,$$
$$\boldsymbol{w}_2=a_2\boldsymbol{v}_1+b_2\boldsymbol{v}_2,$$
$$\boldsymbol{w}_3=a_3\boldsymbol{v}_1+b_3\boldsymbol{v}_2$$

と書ける。

これらを ① に代入すると

$$x_1(a_1\boldsymbol{v}_1+b_1\boldsymbol{v}_2)+x_2(a_2\boldsymbol{v}_1+b_2\boldsymbol{v}_2)+x_3(a_3\boldsymbol{v}_1+b_3\boldsymbol{v}_2)=\boldsymbol{0}$$

すなわち

$$(a_1x_1+a_2x_2+a_3x_3)\boldsymbol{v}_1+(b_1x_1+b_2x_2+b_3x_3)\boldsymbol{v}_2=\boldsymbol{0}$$

$\{\boldsymbol{v}_1,\ \boldsymbol{v}_2\}$ は1次独立であるから

$$\begin{cases} a_1x_1+a_2x_2+a_3x_3=0 \\ b_1x_1+b_2x_2+b_3x_3=0 \end{cases} \quad \cdots\cdots \text{②}$$

$$A=\begin{pmatrix} a_1 & a_2 & a_3 \\ b_1 & b_2 & b_3 \end{pmatrix},\ \boldsymbol{x}=\begin{pmatrix} x_1 \\ x_2 \\ x_3 \end{pmatrix}$$

とすると，② は $A\boldsymbol{x}=\boldsymbol{0}_2$ 　…… ③

と表される。

$\operatorname{rank} A \leqq n < n+1$ であるから，定理（同次連立1次方程式の解）（88ページ）より，同次連立1次方程式は非自明な解をもつ。

よって，定理（数ベクトルの組の1次独立性）（185ページ）より，$\{\boldsymbol{w}_1,\ \boldsymbol{w}_2,\ \boldsymbol{w}_3\}$ は1次従属である。 ■

C　次元の計算

ここでは，ベクトル空間の次元を，行列を用いて計算する方法を学ぶ。まず，ベクトルの組が基底になるかどうかの判定法を1つ紹介しておく。

定理　基底の判定

Vをベクトル空間とし，$\dim V=n$ であるとする。n本のベクトル $\boldsymbol{v}_1,\ \boldsymbol{v}_2,\ \cdots\cdots,\ \boldsymbol{v}_n \in V$ に対して，次は同値である。

[1]　$\{\boldsymbol{v}_1,\ \boldsymbol{v}_2,\ \cdots\cdots,\ \boldsymbol{v}_n\}$ はVの基底である。

[2]　$\{\boldsymbol{v}_1,\ \boldsymbol{v}_2,\ \cdots\cdots,\ \boldsymbol{v}_n\}$ は1次独立である。

[3]　$\{\boldsymbol{v}_1,\ \boldsymbol{v}_2,\ \cdots\cdots,\ \boldsymbol{v}_n\}$ はVの生成系である。

＊）詳しくは，『数研講座シリーズ　大学教養　線形代数』を参照。

[1] $\Longrightarrow$ [2] はベクトル空間の基底の定義 5-7 (190 ページ) より従うので，定理 (正則行列と階数) の証明のように，後は，[2] $\Longrightarrow$ [3] と [3] $\Longrightarrow$ [1] を証明すればよい。

[2] $\Longrightarrow$ [3] の証明　$\{\boldsymbol{v}_1,\ \boldsymbol{v}_2,\ \cdots\cdots,\ \boldsymbol{v}_n\}$ が 1 次独立であるとして，

$V=\langle \boldsymbol{v}_1,\ \boldsymbol{v}_2,\ \cdots\cdots,\ \boldsymbol{v}_n\rangle$ を背理法により示そう。

もし $V\neq\langle \boldsymbol{v}_1,\ \boldsymbol{v}_2,\ \cdots\cdots,\ \boldsymbol{v}_n\rangle$ であるとする。仮定より，

$\{\boldsymbol{v}_1,\ \boldsymbol{v}_2,\ \cdots\cdots,\ \boldsymbol{v}_n\}$ は V で 1 次独立であるから，定理 (基底の存在) (192 ページ) の証明 (例題 8 の解答) のようにして，$\langle \boldsymbol{v}_1,\ \boldsymbol{v}_2,\ \cdots\cdots,\ \boldsymbol{v}_n\rangle$ に含まれていないいくつかの V のベクトルを選んで，それを $\{\boldsymbol{v}_1,\ \boldsymbol{v}_2,\ \cdots\cdots,\ \boldsymbol{v}_n\}$ に追加して V の基底を構成することができる。ところが，その得られた基底のベクトルの本数は n より大きくなってしまうので，$\dim V=n$ に矛盾する。

よって　　$V=\langle \boldsymbol{v}_1,\ \boldsymbol{v}_2,\ \cdots\cdots,\ \boldsymbol{v}_n\rangle$ ■

[3] $\Longrightarrow$ [1] の証明　$\{\boldsymbol{v}_1,\ \boldsymbol{v}_2,\ \cdots\cdots,\ \boldsymbol{v}_n\}$ が V の生成系であるとして，

$\{\boldsymbol{v}_1,\ \boldsymbol{v}_2,\ \cdots\cdots,\ \boldsymbol{v}_n\}$ が V の基底になることを示そう。

$\{\boldsymbol{v}_1,\ \boldsymbol{v}_2,\ \cdots\cdots,\ \boldsymbol{v}_n\}$ が V の生成系であるから，定理 (基底の存在) の証明 (例題 8 の解答) のようにして，$\{\boldsymbol{v}_1\}$ から順にベクトルを追加し，$\{\boldsymbol{v}_1,\ \boldsymbol{v}_2,\ \cdots\cdots,\ \boldsymbol{v}_n\}$ から V の基底を構成することができる。ところが，$\dim V=n$ から，$\boldsymbol{v}_n$ まですべて追加しなければならない。

よって，$\{\boldsymbol{v}_1,\ \boldsymbol{v}_2,\ \cdots\cdots,\ \boldsymbol{v}_n\}$ は V の基底である。 ■

注意　上の 2 つの証明の中で，正確には，定理 (基底の存在) の証明を適用するために，V の別の基底を先にとって議論をする必要があるが，ここでは詳細は省略した。

例 24　基底の判定

(1)　$\mathbb{R}^3$ は 3 本のベクトルからなる標準的な基底 $\{\boldsymbol{e}_1,\ \boldsymbol{e}_2,\ \boldsymbol{e}_3\}$ をもち，$\dim\mathbb{R}^3=3$ である。

例 18 (189 ページ) より，$\boldsymbol{a}=\begin{pmatrix}1\\2\\0\end{pmatrix}$，$\boldsymbol{b}=\begin{pmatrix}-1\\0\\0\end{pmatrix}$，$\boldsymbol{c}=\begin{pmatrix}0\\1\\0\end{pmatrix}$ とすると，

$\{\boldsymbol{a},\ \boldsymbol{b},\ \boldsymbol{c}\}$ は $\mathbb{R}^3$ の生成系でない。よって，$\{\boldsymbol{a},\ \boldsymbol{b},\ \boldsymbol{c}\}$ は $\mathbb{R}^3$ の基底でない。実際，$\boldsymbol{a}$，$\boldsymbol{b}$，$\boldsymbol{c}$ に対して非自明な 1 次関係式が存在するので，$\{\boldsymbol{a},\ \boldsymbol{b},\ \boldsymbol{c}\}$ は 1 次従属である。

(2)　例題8より，$V=\left\langle\begin{pmatrix}1\\1\end{pmatrix},\ \begin{pmatrix}0\\-1\end{pmatrix},\ \begin{pmatrix}1\\-1\end{pmatrix}\right\rangle$ とすると，Vは2本のベクトルからなる基底をもち，$\dim V=2$ である。

$\left\{\begin{pmatrix}1\\1\end{pmatrix},\ \begin{pmatrix}0\\-1\end{pmatrix},\ \begin{pmatrix}1\\-1\end{pmatrix}\right\}$ は，Vの生成系ではあるが，非自明な1次関係式 $\boldsymbol{v}_1+2\boldsymbol{v}_2+(-1)\cdot\boldsymbol{v}_3=\boldsymbol{0}$ が存在するので1次従属である。

よって，$\left\{\begin{pmatrix}1\\1\end{pmatrix},\ \begin{pmatrix}0\\-1\end{pmatrix},\ \begin{pmatrix}1\\-1\end{pmatrix}\right\}$ はVの基底でない（補題（生成された空間内のベクトルの1次従属性）（193ページ）も参照）。

練習 30　例題9（194ページ）で与えられた $\mathbb{R}^3$ の部分空間

$W=\left\{\begin{pmatrix}x\\y\\z\end{pmatrix}\middle|\ x+y-z=0\right\}$ について，$\left\{\begin{pmatrix}3\\1\\4\end{pmatrix},\ \begin{pmatrix}-1\\1\\0\end{pmatrix}\right\}$ がWの基底であるか判定せよ。

定理（基底の判定）（196ページ）により，行列を用いた基底と次元の特徴付けが得られる。

定理　基底と行列の正則性

$\mathbb{R}^n$ のn個のベクトルの組 $\{\boldsymbol{v}_1,\ \boldsymbol{v}_2,\ \cdots\cdots,\ \boldsymbol{v}_n\}$ に対して，それらを列ベクトルとしてもつn次正方行列をAとする（定理（数ベクトルの組の1次独立性）（185ページ）も参照）。このとき，次は同値である。

[1]　$\{\boldsymbol{v}_1,\ \boldsymbol{v}_2,\ \cdots\cdots,\ \boldsymbol{v}_n\}$ は $\mathbb{R}^n$ の基底である

[2]　$\{\boldsymbol{v}_1,\ \boldsymbol{v}_2,\ \cdots\cdots,\ \boldsymbol{v}_n\}$ は $\mathbb{R}^n$ の生成系である

[3]　$\{\boldsymbol{v}_1,\ \boldsymbol{v}_2,\ \cdots\cdots,\ \boldsymbol{v}_n\}$ は1次独立である

[4]　行列Aは正則である

[5]　$\operatorname{rank} A=n$

[6]　$\det(A)\neq 0$

[1]～[3] が同値であることは定理（基底の判定）（196ページ）よりわかる。一方で，[3]～[6] が同値であることは系（数ベクトルの組の1次独立性と行列）（185ページ）よりわかる。

例題 10 $\left\{\begin{pmatrix}1\\0\\a\end{pmatrix},\ \begin{pmatrix}0\\3\\a\end{pmatrix},\ \begin{pmatrix}2\\0\\5\end{pmatrix}\right\}$ が $\mathbb{R}^3$ の基底であるための a の条件を求めよ。

解答

$\boldsymbol{v}_1=\begin{pmatrix}1\\0\\a\end{pmatrix}$, $\boldsymbol{v}_2=\begin{pmatrix}0\\3\\a\end{pmatrix}$, $\boldsymbol{v}_3=\begin{pmatrix}2\\0\\5\end{pmatrix}$ として，$A=\begin{pmatrix}1&0&2\\0&3&0\\a&a&5\end{pmatrix}$ とする。

$\{\boldsymbol{v}_1,\ \boldsymbol{v}_2,\ \boldsymbol{v}_3\}$ が $\mathbb{R}^3$ の基底であるための条件は，$\operatorname{rank} A=3$ であることである。

行列 A を行基本変形すると

$$\begin{pmatrix}1&0&2\\0&3&0\\a&a&5\end{pmatrix}\longrightarrow\begin{pmatrix}1&0&2\\0&3&0\\0&a&5-2a\end{pmatrix}$$

$$\longrightarrow\begin{pmatrix}1&0&2\\0&1&0\\0&a&5-2a\end{pmatrix}\longrightarrow\begin{pmatrix}1&0&2\\0&1&0\\0&0&5-2a\end{pmatrix}$$

$a=\dfrac{5}{2}$ のとき $\operatorname{rank} A=2$，$a\neq\dfrac{5}{2}$ のとき $\operatorname{rank} A=3$ であるから，

求める条件は　　$a\neq\dfrac{5}{2}$

以下で，例題 10 の別解を示す。

行列式を用いると，$\{\boldsymbol{v}_1,\ \boldsymbol{v}_2,\ \boldsymbol{v}_3\}$ が $\mathbb{R}^3$ の基底であるための条件は $\det(A)\neq0$ であることである。

ここで　　$\det(A)=\begin{vmatrix}1&0&2\\0&3&0\\a&a&5\end{vmatrix}=3(5-2a)$

$a=\dfrac{5}{2}$ のとき $\det(A)=0$，$a\neq\dfrac{5}{2}$ のとき $\det(A)\neq0$ であるから，求める条件は　　$a\neq\dfrac{5}{2}$

練習 31 $\left\{\begin{pmatrix}-2\\1\\0\end{pmatrix},\ \begin{pmatrix}2\\a\\1\end{pmatrix},\ \begin{pmatrix}0\\2\\a\end{pmatrix}\right\}$ が $\mathbb{R}^3$ の基底であるための a の条件を求めよ。

さらに，行列を用いて，次のようにベクトル空間の次元を計算することができる。

定理　行列を用いた次元の計算

$\boldsymbol{v}_1$，$\boldsymbol{v}_2$，……，$\boldsymbol{v}_n \in \mathbb{R}^n$ とするとき，r 個のベクトルの組 $\{\boldsymbol{v}_1, \boldsymbol{v}_2, \cdots\cdots, \boldsymbol{v}_r\}$ に対して，それらを列ベクトルとしてもつ $n \times r$ 行列を A とし，$W = \langle \boldsymbol{v}_1, \boldsymbol{v}_2, \cdots\cdots, \boldsymbol{v}_r \rangle$ とする。
このとき，行列 A の簡約階段化行列の主番号（段が落ちる列の番号）が c_1，c_2，……，c_s ならば，$\{\boldsymbol{v}_{c_1}, \boldsymbol{v}_{c_2}, \cdots\cdots, \boldsymbol{v}_{c_s}\}$ は W の基底である。
さらに，$\dim W = \operatorname{rank} A$ が成り立つ。

最後に述べていることは，簡約階段化行列の形から，その主番号の数は階数（段の数）に一致するということからわかる（70ページの補足参照）。

次の例で，定理の前半部の証明の概略を説明する。

例 25　基底と行列の正則性

$$\boldsymbol{v}_1 = \begin{pmatrix} 2 \\ 3 \\ -1 \end{pmatrix},\ \boldsymbol{v}_2 = \begin{pmatrix} 1 \\ 2 \\ 0 \end{pmatrix},\ \boldsymbol{v}_3 = \begin{pmatrix} -2 \\ -3 \\ 1 \end{pmatrix},\ \boldsymbol{v}_4 = \begin{pmatrix} 0 \\ -1 \\ 1 \end{pmatrix}$$ とするとき，

$\{\boldsymbol{v}_1, \boldsymbol{v}_2, \boldsymbol{v}_3, \boldsymbol{v}_4\}$ で生成される $\mathbb{R}^3$ の部分空間の基底を求めてみよう。

$$A = \begin{pmatrix} 2 & 1 & -2 & 0 \\ 3 & 2 & -3 & -1 \\ -1 & 0 & 1 & 1 \end{pmatrix}$$ とすると，行列 A の簡約階段化行列は

$$\begin{pmatrix} 1 & 0 & -1 & 0 \\ 0 & 1 & 0 & 0 \\ 0 & 0 & 0 & 1 \end{pmatrix}$$ である（行基本変形により確かめてみよ）。

よって，$$B = \begin{pmatrix} 1 & 0 & -1 & 0 \\ 0 & 1 & 0 & 0 \\ 0 & 0 & 0 & 1 \end{pmatrix}$$ とすると，ある3次正則行列（より正確には3次基本行列の積）P が存在して $PA = B$ が成り立つ（100ページの基本行列と簡約階段形の定理より）。

さらに，各列ベクトルに着目すると，

$P\boldsymbol{v}_1=\begin{pmatrix}1\\0\\0\end{pmatrix}$，$P\boldsymbol{v}_2=\begin{pmatrix}0\\1\\0\end{pmatrix}$，$P\boldsymbol{v}_3=\begin{pmatrix}-1\\0\\0\end{pmatrix}$，$P\boldsymbol{v}_4=\begin{pmatrix}0\\0\\1\end{pmatrix}$となる。

ここで，行列Bの主番号（段が落ちる列の番号）は1，2，4であり，対応するベクトルの組$\{\boldsymbol{v}_1, \boldsymbol{v}_2, \boldsymbol{v}_4\}$は1次独立である。なぜなら，その1次関係式$a\boldsymbol{v}_1+b\boldsymbol{v}_2+c\boldsymbol{v}_4=\boldsymbol{0}$を考え，その両辺に$P$を掛けると

$aP\boldsymbol{v}_1+bP\boldsymbol{v}_2+cP\boldsymbol{v}_4=\boldsymbol{0}$となるが，$P\boldsymbol{v}_1=\begin{pmatrix}1\\0\\0\end{pmatrix}$，$P\boldsymbol{v}_2=\begin{pmatrix}0\\1\\0\end{pmatrix}$，$P\boldsymbol{v}_4=\begin{pmatrix}0\\0\\1\end{pmatrix}$より，$\{P\boldsymbol{v}_1, P\boldsymbol{v}_2, P\boldsymbol{v}_4\}$は1次独立なので，$a=b=c=0$となるからである。

一方で，行列Bの列ベクトルをみると$P\boldsymbol{v}_3=\begin{pmatrix}-1\\0\\0\end{pmatrix}=-\begin{pmatrix}1\\0\\0\end{pmatrix}=-P\boldsymbol{v}_1$という非自明な1次関係式が存在する。これに左から$P^{-1}$を掛けると，

$\boldsymbol{v}_3=-\boldsymbol{v}_1$となるので，$\boldsymbol{v}_3\in\langle\boldsymbol{v}_1, \boldsymbol{v}_2, \boldsymbol{v}_4\rangle$が得られる。

よって，定理（1次結合と生成系）（179ページ）より，

$\langle\boldsymbol{v}_1, \boldsymbol{v}_2, \boldsymbol{v}_4, \boldsymbol{v}_3\rangle=\langle\boldsymbol{v}_1, \boldsymbol{v}_2, \boldsymbol{v}_4\rangle$が成り立つ。

以上から，$\langle\boldsymbol{v}_1, \boldsymbol{v}_2, \boldsymbol{v}_3, \boldsymbol{v}_4\rangle$の基底は$\{\boldsymbol{v}_1, \boldsymbol{v}_2, \boldsymbol{v}_4\}$である。■

練習32 $\left\langle\begin{pmatrix}-3\\2\\1\end{pmatrix}, \begin{pmatrix}1\\-2\\1\end{pmatrix}, \begin{pmatrix}1\\2\\-3\end{pmatrix}\right\rangle$の基底を1組求めよ。

D　ベクトル空間の部分空間と次元

ここでは，ベクトル空間の部分空間の次元について調べる。ベクトル空間の部分空間の包含関係と次元については，次の定理が成り立つ。

定理　ベクトル空間の部分空間の包含関係と次元

Vを，生成系をもつベクトル空間とし，W, Uをその部分空間で$U\subset W$を満たすとする。このとき，次が成り立つ。

[1]　$\dim U\leqq\dim W$

[2]　$U=W$であるための必要十分条件は$\dim U=\dim W$である。

注意 本書ではベクトル空間は有限個の生成系をもつと仮定しているが，もしVが無限生成でも，Wが生成系をもつという仮定を付ければ前ページの定理は成り立つ。

前ページの定理の [1] は，Uの基底が与えられたとき，定理（基底の存在）（192 ページ）の証明（例題 8 の解答）のようにして，ベクトルを追加してWの基底を構成できることから成り立つ。

[2] について，$U=W$ ならば $\dim U=\dim W$ は自明である。

逆に，$\dim U=\dim W$ を仮定する。

Uの基底が与えられたとき，定理（基底の判定）（196 ページ）の [3] $\Longrightarrow$ [1] の証明のように，Wのベクトルを追加してWの基底を構成しようとしても，$\dim U=\dim W$ であるからWのベクトルを追加することができない。したがって，$U=W$ となる。

例 26　ベクトル空間の部分空間の包含関係と次元

3 次元数ベクトル空間$\mathbb{R}^3$内の部分空間 $W=\left\langle \begin{pmatrix} 1 \\ 0 \\ \frac{5}{2} \end{pmatrix}, \begin{pmatrix} 0 \\ 3 \\ \frac{5}{2} \end{pmatrix}, \begin{pmatrix} 2 \\ 0 \\ 5 \end{pmatrix} \right\rangle$ は，例題 10（199 ページ）より $\dim W=2$ である。

さらに，$U=\left\langle \begin{pmatrix} 1 \\ 0 \\ \frac{5}{2} \end{pmatrix}, \begin{pmatrix} 0 \\ 3 \\ \frac{5}{2} \end{pmatrix} \right\rangle$ とすると，$U\subset W$ である。

しかし，$\left\{ \begin{pmatrix} 1 \\ 0 \\ \frac{5}{2} \end{pmatrix}, \begin{pmatrix} 0 \\ 3 \\ \frac{5}{2} \end{pmatrix} \right\}$ は 1 次独立なので $\dim U=2$ であるから，

$\dim U=\dim W$ が成り立つ。

よって　　$U=W$ ■

練習 33　2 次元数ベクトル空間 $\mathbb{R}^2$ 内の部分空間 $W=\left\langle \begin{pmatrix} 2 \\ 0 \end{pmatrix}, \begin{pmatrix} -1 \\ 0 \end{pmatrix}, \begin{pmatrix} 1 \\ 5 \end{pmatrix} \right\rangle$ と $U=\left\langle \begin{pmatrix} 2 \\ 0 \end{pmatrix}, \begin{pmatrix} -1 \\ 0 \end{pmatrix} \right\rangle$ について，$\dim U<\dim W$ が成り立つことを確かめよ。

さらに，ベクトル空間の部分空間の和と共通部分の次元については，次の定理が成り立つ。

定理　次元公式

Vをベクトル空間とし，W_1，W_2 をその部分空間とする。このとき，次の等式が成り立つ。

$$\dim(W_1+W_2)=\dim W_1+\dim W_2-\dim W_1\cap W_2$$

証明の概略は次の通りである。

$\dim W_1\cap W_2=r$ として，$W_1\cap W_2$ の基底を $\{\boldsymbol{v}_1,\ \boldsymbol{v}_2,\ \cdots\cdots,\ \boldsymbol{v}_r\}$ とする。

$W_1\cap W_2\subset W_1$ より，定理（基底の存在）の証明（例題8，192ページ）のようにして，$\{\boldsymbol{v}_1,\ \boldsymbol{v}_2,\ \cdots\cdots,\ \boldsymbol{v}_r\}$ に W_1 のベクトルを追加することにより，W_1 の基底を構成することができる。同様に，W_2 についても，$\{\boldsymbol{v}_1,\ \boldsymbol{v}_2,\ \cdots\cdots,\ \boldsymbol{v}_r\}$ に W_2 のベクトルを追加することにより，W_2 の基底を構成することができる。

このとき，上で得られた2組の基底の和集合を考えると，これは W_1+W_2 の基底である。ここでは詳細は省略するが，1次独立の定義とベクトル空間の和の定義のみを用いて示せる。ここで，$\dim W_1=n$，$\dim W_2=m$ とすると，上で $W_1\cap W_2$ の基底に付け加えたベクトルの本数は，W_1 に対して $n-r$ 本，W_2 に対して $m-r$ 本だから，次の等式が成り立つことが示される*)。

$$\begin{aligned}\dim(W_1+W_2)&=r+(n-r)+(m-r)=n+m-r\\&=\dim W_1+\dim W_2-\dim W_1\cap W_2\end{aligned}$$

例27　ベクトル空間の部分空間の和と共通部分の次元

$V=\left\{\begin{pmatrix}x\\y\\z\end{pmatrix}\middle|\ x+z=y\right\}\subset\mathbb{R}^3$，$W=\left\{\begin{pmatrix}x\\y\\z\end{pmatrix}\middle|\ x+y=z\right\}\subset\mathbb{R}^3$ とする。

このとき，Vのベクトルについて

$$\begin{pmatrix}x\\y\\z\end{pmatrix}=\begin{pmatrix}x\\x+z\\z\end{pmatrix}=x\begin{pmatrix}1\\1\\0\end{pmatrix}+z\begin{pmatrix}0\\1\\1\end{pmatrix}$$

*）詳細は，『数研講座シリーズ　大学教養　線形代数』を参照。

Wのベクトルについて　$\begin{pmatrix} x \\ y \\ z \end{pmatrix} = \begin{pmatrix} x \\ y \\ x+y \end{pmatrix} = x\begin{pmatrix} 1 \\ 0 \\ 1 \end{pmatrix} + y\begin{pmatrix} 0 \\ 1 \\ 1 \end{pmatrix}$

よって，V，Wは次のように表される。

$$V = \left\langle \begin{pmatrix} 1 \\ 1 \\ 0 \end{pmatrix}, \begin{pmatrix} 0 \\ 1 \\ 1 \end{pmatrix} \right\rangle$$

$$W = \left\langle \begin{pmatrix} 1 \\ 0 \\ 1 \end{pmatrix}, \begin{pmatrix} 0 \\ 1 \\ 1 \end{pmatrix} \right\rangle$$

ここで，$\left\{ \begin{pmatrix} 1 \\ 1 \\ 0 \end{pmatrix}, \begin{pmatrix} 1 \\ 0 \\ 1 \end{pmatrix} \right\}$は1次独立であるから　$V \cap W = \left\langle \begin{pmatrix} 0 \\ 1 \\ 1 \end{pmatrix} \right\rangle$

したがって　$V + W = \left\langle \begin{pmatrix} 1 \\ 1 \\ 0 \end{pmatrix}, \begin{pmatrix} 0 \\ 1 \\ 1 \end{pmatrix}, \begin{pmatrix} 1 \\ 0 \\ 1 \end{pmatrix} \right\rangle$

以上より，$\dim V = 2$，$\dim W = 2$，$\dim(V+W) = 3$，$\dim V \cap W = 1$ であるから，$\dim(V+W) = \dim V + \dim W - \dim V \cap W$ が成り立つ。

研究　直和と次元

次元公式（203ページ）から，次のように，ベクトル空間の部分空間の和が直和になる条件を，次元に関する等式で表現することができる[*]。

定理　直和と次元

Vをのベクトル空間とし，W_1，W_2，……，W_sをその部分空間とする。このとき，次の不等式が成り立つ。

$$\dim(W_1+W_2+\cdots\cdots+W_s) \leqq \dim W_1+\dim W_2+\cdots\cdots+\dim W_s$$

また，$W_1+W_2+\cdots\cdots+W_s$が直和であるための必要十分条件は，上の不等式において等号が成り立つことである。

特に，W_1，W_2，……，W_sの和がV全体に一致する場合を考えると，次の定理が成り立つ[*]。

定理　直和分解と次元

Vをベクトル空間，W_1，W_2，……，W_sをその部分空間とし，$V=W_1+W_2+\cdots\cdots+W_s$とする。このとき，$V$が$W_1$，$W_2$，……，$W_s$の直和に分解される，すなわち，$V=W_1\oplus W_2\oplus\cdots\cdots\oplus W_s$となる（175ページ）ための必要十分条件は次の等式が成り立つことである。

$$\dim V=\dim W_1+\dim W_2+\cdots\cdots+\dim W_s$$

定理　直和分解であるための必要十分条件

Vをベクトル空間，W_1，W_2，……，W_sをその部分空間とする。また，各W_iの基底$\{\boldsymbol{w}_{i1}, \cdots\cdots, \boldsymbol{w}_{id_i}\}$ $(d_i=\dim W_i)$が与えられているとする。このとき，次は同値である。

(a)　VはW_1，W_2，……，W_sの直和に分解される。

(b)　$\{\boldsymbol{w}_{11}, \cdots\cdots, \boldsymbol{w}_{1d_1}, \boldsymbol{w}_{21}, \cdots\cdots, \boldsymbol{w}_{2d_2}, \cdots\cdots, \boldsymbol{w}_{s1}, \cdots\cdots, \boldsymbol{w}_{sd_s}\}$は$V$の基底である。

＊）いずれの定理の証明は，『数研講座シリーズ　大学教養　線形代数』，『チャート式シリーズ　大学教養　線形代数』を参照。

章末問題

1 次の問いに答えよ。ただし，$\mathbb{R}^n$ は n 次元空間を，$F(\mathbb{R})$ は実数上の関数 $f(x)$ からなる集合とする。

(1) $\{a_n\}$ を実数からなる数列とする。数列 $\{a_n\}$ で，すべての自然数 n について漸化式 $a_{n+2}+4a_{n+1}+7a_n=0$ を満たすもの全体のなす集合は，$\mathbb{R}^{\mathbb{N}}$ の部分空間であることを示せ。

(2) $\{b_n\}$ を実数からなる数列とする。数列 $\{b_n\}$ で，実数の値に収束するもの全体のなす集合は，$\mathbb{R}^{\mathbb{N}}$ の部分空間であることを示せ。

(3) $C^0(\mathbb{R})$ を $\mathbb{R}$ 上の連続関数全体のなす集合とすると，$C^0(\mathbb{R})$ は $F(\mathbb{R})$ の部分空間であることを示せ。

2 次の $\mathbb{R}^3$ のベクトルの組が1次従属となるように，a の値を定めよ。

(1) $\left\{\begin{pmatrix}2\\1\\a\end{pmatrix},\ \begin{pmatrix}1\\2\\0\end{pmatrix},\ \begin{pmatrix}1\\-1\\1\end{pmatrix}\right\}$

(2) $\left\{\begin{pmatrix}a\\1\\0\end{pmatrix},\ \begin{pmatrix}1\\a\\1\end{pmatrix},\ \begin{pmatrix}0\\1\\a\end{pmatrix}\right\}$

3 次の同次連立1次方程式の解空間の基底と次元を求めよ。

(1) $\begin{cases} x+y+z+w=0 \\ y+3z-2w=0 \end{cases}$

(2) $\begin{cases} x+3y+2z=0 \\ 3x+4y+2z=0 \\ -x+2y+2z=0 \end{cases}$

(3) $\begin{cases} x+y-z+w=0 \\ -x-z+2w=0 \\ 4x+3y-2z+w=0 \end{cases}$

(4) $\begin{cases} x+8y+6z+5u+3v=0 \\ x+3y+2z+u+v=0 \\ -x+2y+2z+u+3v=0 \end{cases}$

4 V をベクトル空間とするとき，$\boldsymbol{v}_1$，$\boldsymbol{v}_2$，……，$\boldsymbol{v}_n \in V$ および $\boldsymbol{w}_1$，$\boldsymbol{w}_2$，……，$\boldsymbol{w}_m \in V$ に対し，次が成り立つことを示せ。

$$\langle \boldsymbol{v}_1,\ \boldsymbol{v}_2,\ \cdots\cdots,\ \boldsymbol{v}_n\rangle + \langle \boldsymbol{w}_1,\ \boldsymbol{w}_2,\ \cdots\cdots,\ \boldsymbol{w}_m\rangle = \langle \boldsymbol{v}_1,\ \boldsymbol{v}_2,\ \cdots\cdots,\ \boldsymbol{v}_n,\ \boldsymbol{w}_1,\ \boldsymbol{w}_2,\ \cdots\cdots,\ \boldsymbol{w}_m\rangle$$

5 P を n 次正則行列とし，$\boldsymbol{v}_1$，$\boldsymbol{v}_2$，……，$\boldsymbol{v}_r \in \mathbb{R}^n$ とするとき，次の問いに答えよ。

(1) a_1，a_2，……，$a_r \in \mathbb{R}$ に対して，$a_1\boldsymbol{v}_1 + a_2\boldsymbol{v}_2 + \cdots\cdots + a_r\boldsymbol{v}_r = \boldsymbol{0}$ が成り立つための必要十分条件は，$a_1P\boldsymbol{v}_1 + a_2P\boldsymbol{v}_2 + \cdots\cdots + a_rP\boldsymbol{v}_r = \boldsymbol{0}$ が成り立つことであることを示せ。

(2) $\{\boldsymbol{v}_1, \boldsymbol{v}_2, \cdots\cdots, \boldsymbol{v}_r\}$ が 1 次独立であるための必要十分条件は，$\{P\boldsymbol{v}_1, P\boldsymbol{v}_2, \cdots\cdots, P\boldsymbol{v}_r\}$ が 1 次独立であることを示せ。

6 次の問いに答えよ。

(1) $\boldsymbol{x}_1 = \begin{pmatrix} -3 \\ 1 \\ 2 \end{pmatrix}$，$\boldsymbol{x}_2 = \begin{pmatrix} 1 \\ 2 \\ 3 \end{pmatrix}$，$\boldsymbol{x}_3 = \begin{pmatrix} 9 \\ 4 \\ 5 \end{pmatrix}$，$\boldsymbol{x}_4 = \begin{pmatrix} 2 \\ -1 \\ 4 \end{pmatrix}$ とするとき，

$\{\boldsymbol{x}_1, \boldsymbol{x}_2, \boldsymbol{x}_3, \boldsymbol{x}_4\}$ からいくつかベクトルを選んで $\mathbb{R}^3$ の基底を求め，$\boldsymbol{x}_1$，$\boldsymbol{x}_2$，$\boldsymbol{x}_3$，$\boldsymbol{x}_4$ の非自明な 1 次関係式を 1 つ求めよ。

(2) $\boldsymbol{y}_1 = \begin{pmatrix} 1 \\ 2 \\ 3 \\ -1 \end{pmatrix}$，$\boldsymbol{y}_2 = \begin{pmatrix} 1 \\ 4 \\ 0 \\ 2 \end{pmatrix}$，$\boldsymbol{y}_3 = \begin{pmatrix} 0 \\ 3 \\ 1 \\ 1 \end{pmatrix}$，$\boldsymbol{y}_4 = \begin{pmatrix} 7 \\ 7 \\ 4 \\ 0 \end{pmatrix}$，$\boldsymbol{y}_5 = \begin{pmatrix} 2 \\ 3 \\ -5 \\ 1 \end{pmatrix}$ とするとき，

$\{\boldsymbol{y}_1, \boldsymbol{y}_2, \boldsymbol{y}_3, \boldsymbol{y}_4, \boldsymbol{y}_5\}$ からいくつかベクトルを選んで $\mathbb{R}^4$ の基底を求め，$\boldsymbol{y}_1$，$\boldsymbol{y}_2$，$\boldsymbol{y}_3$，$\boldsymbol{y}_4$，$\boldsymbol{y}_5$ の非自明な 1 次関係式を 1 つ求めよ。

(3) $\boldsymbol{z}_1 = \begin{pmatrix} 1 \\ 0 \\ 3 \\ -2 \end{pmatrix}$，$\boldsymbol{z}_2 = \begin{pmatrix} 2 \\ 1 \\ -2 \\ 1 \end{pmatrix}$，$\boldsymbol{z}_3 = \begin{pmatrix} 5 \\ 3 \\ -9 \\ 5 \end{pmatrix}$，$\boldsymbol{z}_4 = \begin{pmatrix} 1 \\ -1 \\ 3 \\ 0 \end{pmatrix}$，$\boldsymbol{z}_5 = \begin{pmatrix} 1 \\ 3 \\ -5 \\ -1 \end{pmatrix}$，

$\boldsymbol{z}_6 = \begin{pmatrix} 2 \\ 5 \\ -7 \\ -6 \end{pmatrix}$ とするとき，$\{\boldsymbol{z}_1, \boldsymbol{z}_2, \boldsymbol{z}_3, \boldsymbol{z}_4, \boldsymbol{z}_5, \boldsymbol{z}_6\}$ からいくつかベクトルを選んで $\mathbb{R}^4$ の基底を求め，$\boldsymbol{z}_1$，$\boldsymbol{z}_2$，$\boldsymbol{z}_3$，$\boldsymbol{z}_4$，$\boldsymbol{z}_5$，$\boldsymbol{z}_6$ の非自明な 1 次関係式を 1 つ求めよ。

(4) $\boldsymbol{v}_1=\begin{pmatrix}1\\1\\2\\1\\3\end{pmatrix}$, $\boldsymbol{v}_2=\begin{pmatrix}2\\4\\5\\3\\5\end{pmatrix}$, $\boldsymbol{v}_3=\begin{pmatrix}1\\7\\5\\4\\0\end{pmatrix}$, $\boldsymbol{v}_4=\begin{pmatrix}3\\3\\2\\3\\1\end{pmatrix}$, $\boldsymbol{v}_5=\begin{pmatrix}2\\4\\4\\3\\2\end{pmatrix}$, $\boldsymbol{v}_6=\begin{pmatrix}-6\\-4\\0\\-5\\2\end{pmatrix}$,

$\boldsymbol{v}_7=\begin{pmatrix}7\\8\\9\\5\\4\end{pmatrix}$ とするとき，$\{\boldsymbol{v}_1,\ \boldsymbol{v}_2,\ \boldsymbol{v}_3,\ \boldsymbol{v}_4,\ \boldsymbol{v}_5,\ \boldsymbol{v}_6,\ \boldsymbol{v}_7\}$ からいくつかベクトルを選んで $\mathbb{R}^5$ の基底を構成し，$\boldsymbol{v}_1$, $\boldsymbol{v}_2$, $\boldsymbol{v}_3$, $\boldsymbol{v}_4$, $\boldsymbol{v}_5$, $\boldsymbol{v}_6$, $\boldsymbol{v}_7$ の非自明な1次関係式を1つ求めよ。

7 $f_1(x)$, $f_2(x)$, ……, $f_n(x)$ を $\mathbb{R}$ 上の $(n-1)$ 回微分可能な関数とし，

$$W(f_1,\ f_2,\ \cdots\cdots,\ f_n)(x)=\begin{vmatrix} f_1(x) & f_2(x) & \cdots & f_n(x) \\ f_1{}^{(1)}(x) & f_2{}^{(1)}(x) & \cdots & f_n{}^{(1)}(x) \\ \vdots & \vdots & \ddots & \vdots \\ f_1{}^{(n-1)}(x) & f_2{}^{(n-1)}(x) & \cdots & f_n{}^{(n-1)}(x) \end{vmatrix}$$ とする。ただし，$f_i{}^{(k)}(x)$ $(i=1,\ 2,\ \cdots\cdots,\ n\ ;\ k=1,\ 2,\ \cdots\cdots,\ n-1)$ は関数 $f_i(x)$ の k 階導関数を表す。$W(f_1,\ f_2,\ \cdots\cdots,\ f_n)(x)$ が恒等的に0でないならば，

$\{f_1(x),\ f_2(x),\ \cdots\cdots,\ f_n(x)\}$ は，$F(\mathbb{R})$ のベクトルの組として，1次独立であることを示せ。

第6章　線形写像

第1章で行列の積を導入する際，その1つの方法として，1次変換による平面上の移動を行列で表すことを考えた。すなわち，幾何的な移動を表すものとして 2×2 行列を導入したわけである。第2章以降では行列を代数的なものとして捉え，連立1次方程式などに応用してきた。では，より一般の行列は，どのような変換を表すのであろうか。実は，ベクトル空間の概念を用いると，行列はベクトル空間からベクトル空間への変換を表す。そのような変換を一般に線形写像といい，本章ではその性質を学ぶ。

いわゆる，CG（コンピュータ・グラフィックス）では，さまざまな形で画像を加工することができる。
このとき，画像の形を変える変換において，線形写像の考え方が重要な役割を果たしている。

準備　写像について

ベクトル空間からベクトル空間への変換など，より一般の対応関係について述べるために，ここではまず，関数の概念の拡張である写像という概念を導入する。

A　写像とは

写像の概念は，現代の数学のすべての基礎となっているともいえる程，重要なものである。まずよく知っている関数から振り返ってみよう。高等学校において，関数とは，2つの実数の変数 x，y について定義されていたが，その定義では変数とは何かを述べていないので，数学的な定義ではない。ここでは(大学における) 関数を次のように定義する。

実数の集合 A，B において，A の1つの要素を定めたとき，それに対応して B の要素が必ず1つ定まるとき，この対応関係を A から B への **関数** であるという。

より一般に，この関数の概念を拡張して，29 ページで学習したように，2つの (数の集合とは限らない) 集合の間の対応関係を考えることができる。

定義 6-1　写像

A，B を集合とする。集合 A の1つの要素を定めると，それに対応して集合 B の要素が必ず1つ定まるとき，この対応関係を集合 A から集合 B への **写像** であるという。

写像は f などの記号を用いて $f : X \longrightarrow Y$ と表される。また写像 f により，$a \in X$ に $b \in Y$ が対応しているとき，$f(a)=b$ または $f : a \longmapsto b$ と表す。

例 1　写像

(1)　$x \in \mathrm{R}$ に対して関数 f を $f(x)=3x+2$ で定めると，関数 f は R から R への写像である。

(2)　30 ページで定義した1次変換は，R^2 から R^2 への写像である。

練習 1　次の式で定まる対応関係 f は R から R への写像になるか答えよ。

(1)　$f(x)=x^2$　　(2)　$f(x)=\sqrt{x}$　　(3)　$\{f(x)\}^2=x$

なお，集合 X から集合 Y への写像 f，g が **等しい** とは，任意の $x \in X$ に対して $f(x)=g(x)$ が成り立つことと定義し，$f=g$ と表す。

練習 2　$X=\{0,\ 1\}$，$Y=\mathbb{R}$ とし，写像 $f: X \longrightarrow Y$，$g: X \longrightarrow Y$ が，$f(x)=x$，$g(x)=x^2$ で定められているとする。このとき，$f=g$ であることを示せ。

注意　写像とは集合の要素同士の対応関係のことであり，関係を表す式のことではないので注意が必要である。

以下，写像に関する用語をいくつか定義する。

・写像 $f: X \longrightarrow Y$ に対して，集合 X を写像 f の **始域** または **定義域** といい，集合 Y を写像 f の **終域** という。また，$\{f(x) \in Y \mid x \in X\}$ を写像 f の **値域** という。

・写像 $f: X \longrightarrow Y$ に対して，$x \in X$ に対する $f(x) \in Y$ を，写像 f による x の **像** という。$S \subset X$ とするとき，写像 f による集合 S の像を，$\{f(x) \in Y \mid x \in S\}$ と定義し，$f(S)$ で表す。このとき，$f(S) \subset Y$ である。また，このように定義するとき，写像 f の値域は $f(X)$ と表せる（$f(X)=Y$ とは限らないことに注意）。逆に，$T \subset Y$ とするとき，写像 f による集合 T の **逆像** を，$f^{-1}(T)=\{x \in X \mid f(x) \in T\}$ と定義する。

・写像 $f: X \longrightarrow X$ において，任意の $x \in X$ に対して $f(x)=x$ を満たすものを **恒等写像** といい，id_X または id で表す。

・写像 $f: X \longrightarrow Y$ と写像 $g: Y \longrightarrow Z$ が与えられたとき，写像 g，f の **合成写像** $g \circ f$ を，$g \circ f(x)=g(f(x))$ と定義する。
すなわち，合成写像 $g \circ f$ とは，集合 X の要素を写像 f によって集合 Y の要素に写し，その要素を続けて写像 g によって集合 Z の要素に写すという写像である。

例 2　合成写像

33 ページで定義した合成変換は，1 次変換を写像とみたときの合成写像である。

練習 3　$f: X \longrightarrow Y$ を $f(a)=r$，$f(b)=s$，$f(c)=p$，$f(d)=r$，$f(e)=p$ で定めるとき，$\{b,\ c\} \subset X$ の f による像，および $\{p,\ q\} \subset Y$ の逆像を求めよ。

B　単射・全射・全単射とは

ここでは，後で重要な役割を果たす，写像についての次の性質を紹介する。

定義 6-2　単射・全射・全単射

写像 $f:X\longrightarrow Y$ を考える。

[1]　写像 f が次の条件を満たすとき，写像 f は **単射** である（または1対1の写像である）という。

任意の x，$x'\in X$ に対して，$x\neq x'$ ならば $f(x)\neq f(x')$ である。

なお，単射であることを証明する際には，上の条件の対偶を考えることが多い。上の条件の対偶は次の通りである。

任意の x，$x'\in X$ に対して，$f(x)=f(x')$ ならば $x=x'$ である。

[2]　写像 f が次の条件を満たすとき，写像 f は **全射** である（または上への写像である）という。

任意の $y\in Y$ に対して，$f(x)=y$ を満たす $x\in X$ が少なくとも1つ存在する。

なお，写像 f が全射であるとは写像 f の値域と終域が一致すること，すなわち $f(X)=Y$ ともいい換えられる。

[3]　写像 f が単射かつ全射であるとき，写像 f は **全単射** であるという。

補足　これらの性質は，逆像を考えると，次のようにもいい換えられる。

[1]　f が単射である

$\Longleftrightarrow$「任意の $y\in Y$ に対して，逆像 $f^{-1}(\{y\})$ の要素の個数が1以下である」

[2]　f が全射である

$\Longleftrightarrow$「任意の $y\in Y$ に対して，逆像 $f^{-1}(\{y\})$ の要素の個数が1以上である」

[3]　f が全単射である

$\Longleftrightarrow$「任意の $y\in Y$ に対して，逆像 $f^{-1}(\{y\})$ の要素の個数がちょうど1である」

練習 4　写像 $f:\mathrm{R}\longrightarrow \mathrm{R}$ を $f(x)=2x-1$ で定めると写像 f は全単射であることを示せ。

C　逆写像とは

最後に，関数に対する逆関数の一般化として，次のように逆写像を定義する。

定義 6-3　逆写像

写像 $f : X \longrightarrow Y$ に対して，次を満たす写像 $g : Y \longrightarrow X$ が存在するとき，g を写像 f の **逆写像** という。　$g \circ f = \mathrm{id}_X$　かつ　$f \circ g = \mathrm{id}_Y$

逆写像の存在条件と一意性については，次の定理が成り立つ。

定理　逆写像の存在条件・一意性

[1]　写像 f が逆写像をもつための必要十分条件は，写像 f が全単射であることである。

[2]　もし写像 f が逆写像をもつならば，それはただ 1 つである。

上の定理の [2] から，写像 f の逆写像は存在すればただ 1 つであるから，それを f^{-1} という記号で表す。ただし，この f^{-1} は写像を表す記号であり，前出の逆像を表すものとは意味が異なる。また，[1] の十分性に関して，写像 f が全単射であるならば，写像 f が逆写像をもつことは，前の逆像を用いたいい換え（212 ページの補足）を用いれば示せる。すなわち，写像 f が全単射ならば定義域の要素について逆像の要素の個数がちょうど 1 であることから，逆写像を構成することにより証明できる*)。

なお，前の逆像による全単射のいい換えから，次も成り立つ。

例題 1　全単射な写像 $f : X \longrightarrow Y$ の逆写像を $f^{-1}: Y \longrightarrow X$ とするとき，f^{-1} も全単射であることを示せ。

解答　212 ページの補足より，写像 f が全単射であることから，任意の $y \in Y$ に対して，$x \in X$ がただ 1 つだけ存在して，$y = f(x)$ となる。
すなわち，任意の $x \in X$ に対して，$y \in Y$ がただ 1 つだけ存在して，$x = f^{-1}(y)$ となる。
よって，212 ページの補足より，f^{-1} も全単射である。 ■

---

*）上の定理の他の証明は，214 ページに研究として与える。

研究　逆写像の存在条件・一意性の定理の証明

[1] の必要性の証明

写像 f が逆写像 $g: Y \longrightarrow X$ をもつとする。このとき，任意の $x \in X$, $x' \in X$ について，$f(x)=f(x')$ とすると，$g \circ f = \mathrm{id}_X$ なので

$$x' = \mathrm{id}_X(x') = g(f(x')) = g(f(x)) = \mathrm{id}_X(x) = x$$

よって，写像 f は単射である。

また，任意の $y \in Y$ について，$x = g(y)$ とすると，$f \circ g = \mathrm{id}_Y$ なので

$$f(x) = f(g(y)) = \mathrm{id}_Y(y) = y$$

よって，写像 f は全射である。■

[1] の十分性の証明

$f: X \longrightarrow Y$ が全単射であるとする。

このとき，任意の $y \in Y$ に対して，$f(x)=y$ となる $x \in X$ は，1つしか存在しない（定義 6-2（212 ページ）のいい換え [3]）。

よって，y に対してこのような x を対応させることで，写像 $g: Y \longrightarrow X$ を定めることができる。

このとき，$f(x)=y$ と $g(y)=x$ が同値なので，g は f の逆写像である。

■

[2] の証明

$g: Y \longrightarrow X$, $h: Y \longrightarrow X$ が，ともに $f: X \longrightarrow Y$ の逆写像であるとする。

このとき，任意の $y \in Y$ について

$$h(y) = \mathrm{id}_X \circ h(y) \overset{①}{=} (g \circ f) \circ h(y) = g \circ (f \circ h)(y) \overset{②}{=} g \circ \mathrm{id}_Y(y) = g(y)$$

ここで，等号 ① は g が f の逆写像であることを，等号 ② は h が f の逆写像であることを用いている。

こうして，任意の $y \in Y$ について $g(y)=h(y)$ となるので，$g=h$ である。■

第1節　線形写像とは

この節では，冒頭で述べたように，2次正方行列が表す1次変換の拡張となるような写像として線形写像を定義し，その性質を調べていく。

A　線形写像の定義

ここでは，1次変換の拡張となるような写像として線形写像を定義するが，まずその前に1次変換を（写像を用いて）見直すことにしよう。29ページでは，1次変換を $\mathbb{R}^2$ 上の点を $\mathbb{R}^2$ 上の点に写す移動として定義したが，ここではより抽象的に改めて定義し直す。そのために，まず $\mathbb{R}^2$ を2次元数ベクトル空間とみなす。このとき，1次変換 $f : \mathbb{R}^2 \longrightarrow \mathbb{R}^2$ は2次元数ベクトル空間から2次元数ベクトル空間への写像だとみなせる。そして，2次正方行列 A で表される1次変換 f_A を次のように改めて定義する。

$$\boldsymbol{v} \in \mathbb{R}^2 \text{ に対して，} f_A(\boldsymbol{v}) = A\boldsymbol{v}$$

こう考えると，1次変換は1次関数 $y=ax$ $(a \in \mathbb{R})$ の自然な拡張になる（30ページの注意も参照）。

例えば，関数 $f(x)=ax$ $(a \in \mathbb{R})$ について，次が成り立つ。

$$x_1,\ x_2 \in \mathbb{R} \text{ に対して，} f(x_1+x_2)=f(x_1)+f(x_2)$$

$$x \in \mathbb{R},\ c \in \mathbb{R} \text{ に対して，} f(cx)=cf(x)$$

なお，このような1次関数のグラフは，座標平面上の原点を通る直線である。その意味で，1次関数のことを「線形関数」ということもある。

1次変換についても，定理（行列の積の演算法則）（38ページ）より，次が成り立つ。すなわち，1次変換 $f : \mathbb{R}^2 \longrightarrow \mathbb{R}^2$ に対して，次が成り立つ。

$$\boldsymbol{v}_1,\ \boldsymbol{v}_2 \in \mathbb{R}^2 \text{ に対して，} f(\boldsymbol{v}_1+\boldsymbol{v}_2)=f(\boldsymbol{v}_1)+f(\boldsymbol{v}_2)$$

$$\boldsymbol{v} \in \mathbb{R}^2,\ c \in \mathbb{R} \text{ に対して，} f(c\boldsymbol{v})=cf(\boldsymbol{v})$$

よって，1次関数（線形関数）との類似から，1次変換のことを「線形変換」ということもある。

これらの性質は，ベクトル空間の2つの演算（加法と定数倍）と1次変換 f がうまく適合していることを意味している。このことから，この2つの性質をもつ写像を，次ページのように定義する。

定義 6-4　線形写像

V，W をベクトル空間とする。写像 $f: V \longrightarrow W$ が次の 2 つの条件を満たすとき，写像 f を **線形写像** という。

(L1)　任意の $\boldsymbol{v}_1$，$\boldsymbol{v}_2 \in V$ に対して，$f(\boldsymbol{v}_1+\boldsymbol{v}_2)=f(\boldsymbol{v}_1)+f(\boldsymbol{v}_2)$

(L2)　任意の $\boldsymbol{v} \in V$ と任意の $c \in \mathbb{R}$ に対して，$f(c\boldsymbol{v})=cf(\boldsymbol{v})$

さらに，線形写像 $f: V \longrightarrow W$ について，$V=W$ のとき，線形写像 $f: V \longrightarrow V$ を V の **線形変換** という。

注意　前の説明から，1 次変換は $\mathbb{R}^2$ から $\mathbb{R}^2$ への線形変換である。より一般に，$\mathbb{R}^n$ から $\mathbb{R}^n$ への線形変換のことを 1 次変換ということもある。

$\mathbb{R}$ を 1 次元数ベクトル空間とみなすとき，通常の関数は $\mathbb{R}$ から $\mathbb{R}$ への写像とみなせる。その中にも線形写像であるものとそうでないものがある。

例 3　線形写像

(1)　写像 $f: \mathbb{R} \longrightarrow \mathbb{R}$ を，$f(x)=3x$ で定めると，写像 f は線形写像である。

実際，x_1，$x_2 \in \mathbb{R}$ について

$$f(x_1+x_2)=3(x_1+x_2)=3x_1+3x_2=f(x_1)+f(x_2)$$

また，$x \in \mathbb{R}$，$a \in \mathbb{R}$ について

$$f(ax)=3ax=a(3x)=af(x)$$

(2)　写像 $f: \mathbb{R} \longrightarrow \mathbb{R}$ を，$f(x)=4x-3$ で定めると，写像 f は線形写像ではない。

実際，$f(1+2)=f(3)=9$ であるが，$f(1)+f(2)=1+5=6$ なので，$f(1+2) \neq f(1)+f(2)$ である。

練習 5　以下で定められる写像 $f: \mathbb{R} \longrightarrow \mathbb{R}$ が線形写像であるか判定せよ。

(1)　$f(x)=-6x$

(2)　$f(x)=2x+1$

(3)　$f(x)=x^3$

(4)　$f(x)=\sin x$

平面上の 1 次変換は，もちろん $\mathbb{R}^2$ から $\mathbb{R}^2$ への線形写像になる。このことを具体例で確かめてみよう。

例題 2 写像 $f: \mathbb{R}^2 \longrightarrow \mathbb{R}^2$ を，次で定義する。

$\begin{pmatrix} x \\ y \end{pmatrix} \in \mathbb{R}^2$ に対し　$f\left(\begin{pmatrix} x \\ y \end{pmatrix}\right) = \begin{pmatrix} 3x+2y \\ -x+4y \end{pmatrix}$

この写像 f は，線形写像（線形変換）であることを示せ。

解答

$\begin{pmatrix} x_1 \\ y_1 \end{pmatrix}$, $\begin{pmatrix} x_2 \\ y_2 \end{pmatrix} \in \mathbb{R}^2$ に対し

$$\begin{aligned} f\left(\begin{pmatrix} x_1 \\ y_1 \end{pmatrix} + \begin{pmatrix} x_2 \\ y_2 \end{pmatrix}\right) &= f\left(\begin{pmatrix} x_1+x_2 \\ y_1+y_2 \end{pmatrix}\right) \\ &= \begin{pmatrix} 3(x_1+x_2)+2(y_1+y_2) \\ -(x_1+x_2)+4(y_1+y_2) \end{pmatrix} \\ &= \begin{pmatrix} (3x_1+2y_1)+(3x_2+2y_2) \\ (-x_1+4y_1)+(-x_2+4y_2) \end{pmatrix} \\ &= \begin{pmatrix} 3x_1+2y_1 \\ -x_1+4y_1 \end{pmatrix} + \begin{pmatrix} 3x_2+2y_2 \\ -x_2+4y_2 \end{pmatrix} \\ &= f\left(\begin{pmatrix} x_1 \\ y_1 \end{pmatrix}\right) + f\left(\begin{pmatrix} x_2 \\ y_2 \end{pmatrix}\right) \end{aligned}$$

また，$\begin{pmatrix} x \\ y \end{pmatrix} \in \mathbb{R}^2$，$a \in \mathbb{R}$ に対し

$$\begin{aligned} f\left(a\begin{pmatrix} x \\ y \end{pmatrix}\right) &= f\left(\begin{pmatrix} ax \\ ay \end{pmatrix}\right) = \begin{pmatrix} 3ax+2ay \\ -ax+4ay \end{pmatrix} \\ &= a\begin{pmatrix} 3x+2y \\ -x+4y \end{pmatrix} = af\left(\begin{pmatrix} x \\ y \end{pmatrix}\right) \end{aligned}$$

以上より，写像 f は定義（L1），（L2）を満たすので，写像 f は線形写像である。 ■

練習 6 以下で定められる写像 $f: \mathbb{R}^2 \longrightarrow \mathbb{R}^2$ が，線形写像であるか判定せよ。

(1) $f\left(\begin{pmatrix} x \\ y \end{pmatrix}\right) = \begin{pmatrix} 3x-2y \\ y \end{pmatrix}$　　(2) $f\left(\begin{pmatrix} x \\ y \end{pmatrix}\right) = \begin{pmatrix} x+y \\ x \end{pmatrix}$

(3) $f\left(\begin{pmatrix} x \\ y \end{pmatrix}\right) = \begin{pmatrix} 0 \\ y \end{pmatrix}$　　(4) $f\left(\begin{pmatrix} x \\ y \end{pmatrix}\right) = \begin{pmatrix} 1 \\ y \end{pmatrix}$

数ベクトル空間でないベクトル空間上の線形写像の例も挙げておこう。

例4 ベクトル空間の部分空間上の線形写像

V を $\mathbb{R}$ 上の関数全体からなるベクトル空間とする。f_1, f_2, $f_3 \in V$ を，それぞれ $f_1(x)=1$, $f_2(x)=x$, $f_3(x)=x^2$ で定め，$W=\langle f_1, f_2, f_3 \rangle$ とする。任意の $f \in W$ に対して，その x に関する導関数 $\dfrac{d}{dx}f(x)$ を対応させることにより，線形写像 $\dfrac{d}{dx}: W \longrightarrow W$ が得られることを確かめよう。

$f(x)=af_1(x)+bf_2(x)+cf_3(x)$ (a, b, $c \in \mathbb{R}$) とすると，$\dfrac{d}{dx}f_1(x)=0$, $\dfrac{d}{dx}f_2(x)=1$, $\dfrac{d}{dx}f_3(x)=2x$ から

$$\frac{d}{dx}f(x)=a\cdot 0+b\cdot 1+c\cdot 2x=bf_1(x)+2cf_2(x)\in W$$

よって，任意の $f \in W$ に対して，その x に関する導関数 $\dfrac{d}{dx}f(x) \in W$ を対応させることにより，写像 $\dfrac{d}{dx}: W \longrightarrow W$ が得られることがわかった。

f, $g \in W$ に対して，導関数の性質から

$$\frac{d}{dx}\{f(x)+g(x)\}=\frac{d}{dx}f(x)+\frac{d}{dx}g(x)$$

また，$f \in W$, $c \in \mathbb{R}$ に対して　$\dfrac{d}{dx}\{cf(x)\}=c\dfrac{d}{dx}f(x)$

よって，写像 $\dfrac{d}{dx}: W \longrightarrow W$ は線形写像である。

ここで，与えられた写像が線形写像であるための条件を1つ与えよう。定義6-4 (216ページ) の条件 (L2) において，$c=0$ を代入すると，次の定理が成り立つ。

定理 線形写像と零ベクトル

V, W をベクトル空間とし，$\mathbf{0}_V$ を V の零ベクトル，$\mathbf{0}_W$ を W の零ベクトルとする。$f: V \longrightarrow W$ が線形写像ならば，$f(\mathbf{0}_V)=\mathbf{0}_W$ が成り立つ。

よって，写像 $f: V \longrightarrow W$ について，$f(\mathbf{0}_V) \neq \mathbf{0}_W$ ならば，写像 f は線形写像でない。

また，定義 6-4 の 2 つの条件は，次の定理のように 1 つの条件で表せる。

定理　線形写像と1次結合

V，W をベクトル空間とする。写像 $f : V \longrightarrow W$ が線形写像であるための必要十分条件は，任意の

$\boldsymbol{v}_1$，$\boldsymbol{v}_2$，……，$\boldsymbol{v}_n \in V$ と a_1，a_2，……，$a_n \in \mathbb{R}$ について

(L3)　$f(a_1\boldsymbol{v}_1+a_2\boldsymbol{v}_2+\cdots\cdots+a_n\boldsymbol{v}_n)=a_1f(\boldsymbol{v}_1)+a_2f(\boldsymbol{v}_2)+\cdots\cdots+a_nf(\boldsymbol{v}_n)$

が成り立つことである。

練習7　定理（線形写像と 1 次結合）を証明せよ。

B　線形写像の例

例題 2 からわかるように，1 次変換は $\mathbb{R}^2$ から $\mathbb{R}^2$ への線形写像である。1 次変換は 2 次正方行列で表されるので，その $m\times n$ 行列への一般化を定義する。

$$A=\begin{pmatrix} a_{11} & a_{12} & \cdots & a_{1n} \\ a_{21} & a_{22} & \cdots & a_{2n} \\ \vdots & \vdots & & \vdots \\ a_{m1} & a_{m2} & \cdots & a_{mn} \end{pmatrix}$$ とする。この行列 A に対して，写像

$f_A : \mathbb{R}^n \longrightarrow \mathbb{R}^m$ を次のように定義する。$\boldsymbol{v}=\begin{pmatrix} x_1 \\ x_2 \\ \vdots \\ x_n \end{pmatrix} \in \mathbb{R}^n$ に対して，

$$f_A(\boldsymbol{v})=A\boldsymbol{v}=\begin{pmatrix} a_{11} & a_{12} & \cdots & a_{1n} \\ a_{21} & a_{22} & \cdots & a_{2n} \\ \vdots & \vdots & & \vdots \\ a_{m1} & a_{m2} & \cdots & a_{mn} \end{pmatrix}\begin{pmatrix} x_1 \\ x_2 \\ \vdots \\ x_n \end{pmatrix}=\begin{pmatrix} a_{11}x_1+a_{12}x_2+\cdots\cdots+a_{1n}x_n \\ a_{21}x_1+a_{22}x_2+\cdots\cdots+a_{2n}x_n \\ \vdots \\ a_{m1}x_1+a_{m2}x_2+\cdots\cdots+a_{mn}x_n \end{pmatrix}$$

また，別の書き方をすると，次のようになる。

$$f_A : \begin{pmatrix} x_1 \\ x_2 \\ \vdots \\ x_n \end{pmatrix} \longmapsto \begin{pmatrix} a_{11}x_1+a_{12}x_2+\cdots\cdots+a_{1n}x_n \\ a_{21}x_1+a_{22}x_2+\cdots\cdots+a_{2n}x_n \\ \vdots \\ a_{m1}x_1+a_{m2}x_2+\cdots\cdots+a_{mn}x_n \end{pmatrix}$$

このとき，$\mathbb{R}^2$ 上の 1 次変換と同じように，定理（行列の積の演算法則）（38 ページ）より，次ページの定理が成り立つことがわかる。

定理　行列と線形写像

A を $m \times n$ 行列とするとき，A によって定まる写像 $f_A : \mathbb{R}^n \longrightarrow \mathbb{R}^m$ は線形写像である。

証明　$\boldsymbol{v}_1,\ \boldsymbol{v}_2 \in \mathbb{R}^n$ に対し，$f_A(\boldsymbol{v}_1+\boldsymbol{v}_2)=A(\boldsymbol{v}_1+\boldsymbol{v}_2)=A\boldsymbol{v}_1+A\boldsymbol{v}_2=f_A(\boldsymbol{v}_1)+f_A(\boldsymbol{v}_2)$ である。また，$\boldsymbol{v} \in \mathbb{R}^n$，$a \in \mathbb{R}$ に対し，$f_A(a\boldsymbol{v})=A(a\boldsymbol{v})=aA\boldsymbol{v}=af_A(\boldsymbol{v})$ である。以上より，写像 f_A は定義 6-4 (216 ページ) の条件 (L1)，(L2) を満たすので，線形写像である。 ■

練習 8　練習 6 の写像のうち，線形写像であるものについて，それが f_A と等しくなるような，2 次正方行列 A を求めよ。

ここで，特別な線形写像の例を挙げる。

例 5　零写像

V，W をベクトル空間とし，$\boldsymbol{0}_W$ を W の零ベクトルとする。写像 $f : V \longrightarrow W$ を，任意の $\boldsymbol{v} \in V$ に対し，$f(\boldsymbol{v})=\boldsymbol{0}_W$ で定めると，写像 f は線形写像である。この写像を **零写像** という。

練習 9　零写像が線形写像の定義の条件 (L1)，(L2) を満たすことを示せ。

C　線形写像の合成

33 ページでは，1 次変換の合成がまた 1 次変換になることを確認して，それと適合するように 2 次正方行列の積を定義した。また，2 次正方行列の逆行列が表す 1 次変換は，元の行列が表す 1 次変換の逆写像であった。

一般の線形写像においても，次が成り立つ。

定理　合成写像と逆写像の線形性

V，W をベクトル空間とし，写像 $f : V \longrightarrow W$ を線形写像とする。

[1]　U をベクトル空間とし，写像 $g : W \longrightarrow U$ を線形写像とするとき，合成写像 $g \circ f : V \longrightarrow U$ も線形写像である。

[2]　写像 f が逆写像 $f^{-1} : W \longrightarrow V$ をもつならば，f^{-1} も線形写像である。

合成写像の線形性の証明

(L1)　$\boldsymbol{v}_1$，$\boldsymbol{v}_2 \in V$ に対して

$$g \circ f(\boldsymbol{v}_1+\boldsymbol{v}_2)=g(f(\boldsymbol{v}_1+\boldsymbol{v}_2))=g(f(\boldsymbol{v}_1)+f(\boldsymbol{v}_2))$$
$$=g(f(\boldsymbol{v}_1))+g(f(\boldsymbol{v}_2))=g \circ f(\boldsymbol{v}_1)+g \circ f(\boldsymbol{v}_2)$$

(L2)　$\boldsymbol{v} \in V$，$a \in \mathbb{R}$ に対し

$$g \circ f(a\boldsymbol{v})=g(f(a\boldsymbol{v}))=g(af(\boldsymbol{v}))=ag(f(\boldsymbol{v}))=ag \circ f(\boldsymbol{v})$$ ■

逆写像の線形性の証明

(L1)　$\boldsymbol{v}_1$，$\boldsymbol{v}_2 \in V$，$\boldsymbol{w}_1$，$\boldsymbol{w}_2 \in W$ に対して

$f(\boldsymbol{v}_1)=\boldsymbol{w}_1$，$f(\boldsymbol{v}_2)=\boldsymbol{w}_2$ のとき，$f(\boldsymbol{v}_1+\boldsymbol{v}_2)=\boldsymbol{w}_1+\boldsymbol{w}_2$ なので，

$$f^{-1}(\boldsymbol{w}_1+\boldsymbol{w}_2)=\boldsymbol{v}_1+\boldsymbol{v}_2=f^{-1}(\boldsymbol{w}_1)+f^{-1}(\boldsymbol{w}_2)$$

(L2)　$\boldsymbol{w} \in W$，$a \in \mathbb{R}$ に対して，$f(\boldsymbol{v})=\boldsymbol{w}$ のとき，$f(a\boldsymbol{v})=a\boldsymbol{w}$ なので

$$f^{-1}(a\boldsymbol{w})=a\boldsymbol{v}=af^{-1}(\boldsymbol{w})$$ ■

次に，線形写像の合成について，いくつか具体的な例をみてみよう。

例題 3

線形写像 $f:\mathbb{R}^2 \longrightarrow \mathbb{R}^2$ を $f\left(\begin{pmatrix} x \\ y \end{pmatrix}\right)=\begin{pmatrix} 3x+2y \\ 4x+y \end{pmatrix}$ で定める。また，

線形写像 $g:\mathbb{R}^2 \longrightarrow \mathbb{R}$ を $g\left(\begin{pmatrix} u \\ v \end{pmatrix}\right)=u+v$ で定める。このとき，

$g \circ f\left(\begin{pmatrix} x \\ y \end{pmatrix}\right)$ を求めよ。

解答

$$g \circ f\left(\begin{pmatrix} x \\ y \end{pmatrix}\right)=g\left(f\left(\begin{pmatrix} x \\ y \end{pmatrix}\right)\right)=g\left(\begin{pmatrix} 3x+2y \\ 4x+y \end{pmatrix}\right)=(3x+2y)+(4x+y)=7x+3y$$

例題について，次のように計算しても確かめられる。

$$f\left(\begin{pmatrix} x \\ y \end{pmatrix}\right)=\begin{pmatrix} 3x+2y \\ 4x+y \end{pmatrix}=\begin{pmatrix} 3 & 2 \\ 4 & 1 \end{pmatrix}\begin{pmatrix} x \\ y \end{pmatrix}$$

$$g\left(\begin{pmatrix} u \\ v \end{pmatrix}\right)=u+v=\begin{pmatrix} 1 & 1 \end{pmatrix}\begin{pmatrix} u \\ v \end{pmatrix}$$

したがって，次が成り立つ。

$$g \circ f\left(\begin{pmatrix} x \\ y \end{pmatrix}\right)=g\left(f\left(\begin{pmatrix} x \\ y \end{pmatrix}\right)\right)=g\left(\begin{pmatrix} 3 & 2 \\ 4 & 1 \end{pmatrix}\begin{pmatrix} x \\ y \end{pmatrix}\right)=\begin{pmatrix} 1 & 1 \end{pmatrix}\begin{pmatrix} 3 & 2 \\ 4 & 1 \end{pmatrix}\begin{pmatrix} x \\ y \end{pmatrix}$$

ここで　$(1\ \ 1)\begin{pmatrix}3 & 2\\4 & 1\end{pmatrix}=(7\ \ 3)$

よって　$g\circ f\left(\begin{pmatrix}x\\y\end{pmatrix}\right)=(7\ \ 3)\begin{pmatrix}x\\y\end{pmatrix}=7x+3y$

これを一般化すると，線形写像の合成について，次の定理が成り立つ。

定理　行列の積と線形写像の合成

Aを $m\times n$ 行列，Bを $\ell\times m$ 行列とするとき，行列Aによって定まる線形写像 $f_A:\mathbb{R}^n\longrightarrow\mathbb{R}^m$，行列$B$によって定まる線形写像 $f_B:\mathbb{R}^m\longrightarrow\mathbb{R}^\ell$ を考える。このとき，合成写像 $f_B\circ f_A:\mathbb{R}^n\longrightarrow\mathbb{R}^\ell$ は，行列の積 BA によって定まる線形写像 f_{BA} に一致する。すなわち，$f_B\circ f_A=f_{BA}$ が成り立つ。

これは，1次変換の合成がまた1次変換になるように2次正方行列の積を定義したこと（29 ページ）による。逆にいえば，これが成り立つように一般の行列の積を定義したともいえる。

練習 10　線形写像 $f:\mathbb{R}^3\longrightarrow\mathbb{R}^3$ を $f\left(\begin{pmatrix}x\\y\\z\end{pmatrix}\right)=\begin{pmatrix}x+y+z\\x-y-z\\x+y-z\end{pmatrix}$ で定める。

(1)　$f=f_A$ となる3次正方行列Aを求めよ。

(2)　$g\left(\begin{pmatrix}x\\y\\z\end{pmatrix}\right)=-\dfrac{1}{2}\begin{pmatrix}u+v\\u-w\\-v+w\end{pmatrix}$ はfの逆写像であることを示せ。

(3)　$g=f_B$ となる3次正方行列Bを求めよ。また，行列Bは行列Aの逆行列であることを示せ。

例題 4　Aを2次正方行列とし，行列Aによって定まる線形写像 $f_A:\mathbb{R}^2\longrightarrow\mathbb{R}^2$ を考える。行列Aの逆行列 A^{-1} に対応する線形写像 $f_{A^{-1}}:\mathbb{R}^2\longrightarrow\mathbb{R}^2$ は線形写像 f_A の逆写像であることを示せ。

解答　任意の $\boldsymbol{v}\in\mathbb{R}^2$ に対して，定理（行列の積と線形写像の合成）より

$$f_A\circ f_{A^{-1}}(\boldsymbol{v})=f_{AA^{-1}}(\boldsymbol{v})=f_E(\boldsymbol{v})=E\boldsymbol{v}=\boldsymbol{v}=\mathrm{id}(\boldsymbol{v})$$

よって，$f_A\circ f_{A^{-1}}=\mathrm{id}$ が成り立つ。

同様に $f_{A^{-1}}\circ f_A=\mathrm{id}$ も示せるので，$f_{A^{-1}}$ は f_A の逆写像である。■

D　同型写像

V, W をベクトル空間とし，写像 $f: V \longrightarrow W$ が線形写像であるとき，線形写像の定義 (216 ページ) より，Vにおける加法と定数倍はWにおける加法と定数倍に対応させることができる。

さらに，線形写像 f が全単射 (定義 6-2 (212 ページ)) であるとき，Vの要素とWの要素の間に1対1の対応付けができる。したがって，そのような線形写像が存在するとき，ある意味でVとWは同じようなものとみなせるので，次のように定義する。

定義 6-5　ベクトル空間の同型・同型写像

V, W をベクトル空間とし，$f: V \longrightarrow W$ を線形写像とする。線形写像 f が全単射であるとき，f を **同型写像** という。また，このとき，VとWは **同型である** といい，$V \cong W$ と書く。

注意　線形写像 f が同型写像であることを $f: V \xrightarrow{\sim} W$ とも表す。VとWが同型でないとき，$V \ncong W$ と書く。

例 6　ベクトル空間の同型写像

写像 $f: \mathbb{R} \longrightarrow \mathbb{R}$ を $f(x)=2x$ で定めるとき，写像 f は$\mathbb{R}$の線形変換であり，全単射であるから，f は同型写像である。
全単射であることは，定義 6-2 から示すことができる。
線形写像であることは x_1, $x_2 \in \mathbb{R}$ に対して，
$f(x_1+x_2)=2(x_1+x_2)=2x_1+2x_2=f(x_1)+f(x_2)$ および $x \in \mathbb{R}$, $c \in \mathbb{R}$ に対して，$f(cx)=2cx=cf(x)$ よりわかる。

例題 5

Wを $\mathbb{R}^2$ の部分空間とし，$W=\left\{\begin{pmatrix} x \\ y \end{pmatrix} \middle| \, 3x-y=0\right\}$ とする。

また，$A=\begin{pmatrix} 1 \\ 3 \end{pmatrix}$ とするとき，行列Aによって定まる線形写像

$f_A: \mathbb{R} \longrightarrow \mathbb{R}^2$ を考える。

(1)　f_A の値域はWの部分集合であることを示せ。

(2)　f_A は$\mathbb{R}$からWへの同型写像であることを示せ。

解答

(1) 任意の $x \in \mathbb{R}$ に対して　$f_A(x)=\begin{pmatrix}1\\3\end{pmatrix}(x)=\begin{pmatrix}x\\3x\end{pmatrix}\in W$

よって，f_A の値域は W に含まれる。

(2) 任意の $\boldsymbol{w}\in W$ に対して，$a\in\mathbb{R}$ が存在して，$\boldsymbol{w}=\begin{pmatrix}a\\3a\end{pmatrix}$ と書ける。このとき　$f_A(a)=\begin{pmatrix}1\\3\end{pmatrix}(a)=\begin{pmatrix}a\\3a\end{pmatrix}=\boldsymbol{w}$

よって，f_A は全射である。

また，x，$x'\in\mathbb{R}$ に対して，$f_A(x)=f_A(x')$ ならば，

$\begin{pmatrix}x\\3x\end{pmatrix}=\begin{pmatrix}x'\\3x'\end{pmatrix}$ となるから　$x=x'$

よって，f_A は単射である。

したがって，f_A は全単射であるから，f_A は $\mathbb{R}$ から W への同型写像である。■

練習 11　$A=\begin{pmatrix}0 & 1\\-1 & 1\end{pmatrix}$ とする。線形写像 $f_A:\mathbb{R}^2 \longrightarrow \mathbb{R}^2$ を $\boldsymbol{v}\in\mathbb{R}^2$ に対して $f_A(\boldsymbol{v})=A\boldsymbol{v}$ で定めるとき，f_A は同型写像であることを示せ。

V，W をベクトル空間とし，写像 $f:V\longrightarrow W$ が同型写像であるとき，写像 f は全単射なので，定理（逆写像の存在条件・一意性）（213 ページ）より，写像 f の逆写像 f^{-1} が存在する。

例題 6　同型写像の逆写像は同型写像であることを示せ。

解答

定理（合成写像と逆写像の線形性）（220 ページ）より，線形写像が逆写像をもつならば，その逆写像も線形写像である。また，例題 1（213 ページ）より，その逆写像は全単射である。

よって，同型写像の逆写像は同型写像である。

練習 12　$A=\begin{pmatrix}0 & 1\\-1 & 1\end{pmatrix}$ とするとき，行列 A によって定まる線形写像 $f_A:\mathbb{R}^2 \longrightarrow \mathbb{R}^2$ の逆写像を求め，それが同型写像であることを示せ。

第 2 節　線形写像とベクトル空間の部分空間

ベクトル空間の部分空間の線形写像による像や逆像は，線形写像の性質や応用を考える上で重要である。ここでは，線形写像とベクトル空間の部分空間の関係について学ぶ。

A　線形写像の像と逆像

まず，線形写像によるベクトル空間の部分空間の像と逆像について，次の定理が成り立つ。

定理　ベクトル空間の部分空間と線形写像

V，W をベクトル空間とし，写像 $f: V \longrightarrow W$ を線形写像とする。

[1]　V' を V の部分空間とするとき，$f(V')=\{f(\boldsymbol{v})\in W \mid \boldsymbol{v}\in V'\}$ は W の部分空間である。

[2]　W' を W の部分空間とするとき，$f^{-1}(W')=\{\boldsymbol{v}\in V \mid f(\boldsymbol{v})\in W'\}$ は V の部分空間である。

証明　[1]　定義 5-2 (166 ページ) の条件 (S1)，(S2)，(S3) を確かめる。

(S1)　V' は V の部分空間であるから $\boldsymbol{0}_V\in V'$ であり，$f(\boldsymbol{0}_V)=\boldsymbol{0}_W$ であるから，$\boldsymbol{0}_W\in f(V')$ である。

(S2)　$f(\boldsymbol{v}_1)$，$f(\boldsymbol{v}_2)\in f(V')$ $(\boldsymbol{v}_1,\ \boldsymbol{v}_2\in V')$ について，
V' は V の部分空間なので $\boldsymbol{v}_1+\boldsymbol{v}_2\in V'$ であり，f が線形写像なので，$f(\boldsymbol{v}_1)+f(\boldsymbol{v}_2)=f(\boldsymbol{v}_1+\boldsymbol{v}_2)\in f(V')$ である。

(S3)　$f(\boldsymbol{v})\in f(V')$ $(\boldsymbol{v}\in V')$ および $a\in\mathbb{R}$ について，V' は V の部分空間なので $a\boldsymbol{v}\in V'$ であり，f が線形写像なので，
$af(\boldsymbol{v})=f(a\boldsymbol{v})\in f(V')$ である。

以上より，$f(V')$ について条件 (S1)，(S2)，(S3) が成り立つので，$f(V')$ は W の部分空間である。

[2]　[1] と同様に，定義 5-2 の条件 (S1)，(S2)，(S3) を確かめよう。

(S1)　W' は W の部分空間なので $f(\boldsymbol{0}_V)=\boldsymbol{0}_W\in W'$ である。

よって，$\boldsymbol{0}_V\in f^{-1}(W')$ である。

(S2)　$\boldsymbol{v}_1$，$\boldsymbol{v}_2\in f^{-1}(W')$ とする。

このとき，f は線形写像で，$f(\boldsymbol{v}_1)$，$f(\boldsymbol{v}_2)\in W'$ であり，
W' は W の部分空間なので，$f(\boldsymbol{v}_1+\boldsymbol{v}_2)=f(\boldsymbol{v}_1)+f(\boldsymbol{v}_2)\in W'$ である。よって，$\boldsymbol{v}_1+\boldsymbol{v}_2\in f^{-1}(W')$ である。

(S3)　$\boldsymbol{v}\in f^{-1}(W')$ および $a\in\mathbb{R}$ とする。このとき，f は線形写像で，$f(\boldsymbol{v})\in W'$ であり，W' は W の部分空間なので，
$f(a\boldsymbol{v})=af(\boldsymbol{v})\in W'$ である。よって，$a\boldsymbol{v}\in f^{-1}(W')$ である。 ■

例 7　ベクトル空間の部分空間と線形写像

$A=\begin{pmatrix}1 & 1\\ 1 & 0\end{pmatrix}$ とし，線形写像 $f_A:\mathbb{R}^2\longrightarrow\mathbb{R}^2$ を $\boldsymbol{v}\in\mathbb{R}^2$ に対して

$f_A(\boldsymbol{v})=A\boldsymbol{v}$ で定める。$V=\left\{\begin{pmatrix}t\\ -t\end{pmatrix}\middle|\, t\in\mathbb{R}\right\}$ として，V を写像 f_A の定義域 $\mathbb{R}^2$ の部分空間とみなしたとき

$$f_A(V)=\left\{f\left(\begin{pmatrix}t\\ -t\end{pmatrix}\right)\middle|\, t\in\mathbb{R}\right\}=\left\{\begin{pmatrix}0\\ t\end{pmatrix}\middle|\, t\in\mathbb{R}\right\}=\left\langle\begin{pmatrix}0\\ 1\end{pmatrix}\right\rangle$$

よって，$f_A(V)$ は写像 f_A の終域 $\mathbb{R}^2$ の部分空間である。
また，V を写像 f_A の終域 $\mathbb{R}^2$ の部分空間とみなしたとき

$$f_A{}^{-1}(V)=\left\{\begin{pmatrix}x\\ y\end{pmatrix}\middle|\, f_A\left(\begin{pmatrix}x\\ y\end{pmatrix}\right)\in V\right\}=\left\{\begin{pmatrix}x\\ y\end{pmatrix}\middle|\, \begin{pmatrix}x+y\\ x\end{pmatrix}\in V\right\}$$

$$=\left\{\begin{pmatrix}x\\ y\end{pmatrix}\middle|\, x+y=t,\ x=-t,\ t\in\mathbb{R}\right\}=\left\{\begin{pmatrix}-t\\ 2t\end{pmatrix}\middle|\, t\in\mathbb{R}\right\}=\left\langle\begin{pmatrix}-1\\ 2\end{pmatrix}\right\rangle$$

よって，$f_A{}^{-1}(V)$ は写像 f_A の定義域 $\mathbb{R}^2$ の部分空間である。

練習 13　$A=\begin{pmatrix}2 & -1 & 4\\ 1 & 3 & -1\\ 1 & 1 & 1\end{pmatrix}$，$V=\left\langle\begin{pmatrix}1\\ 0\\ 3\end{pmatrix}\right\rangle$ とし，行列 A によって定まる線形写像を $f_A:\mathbb{R}^3\longrightarrow\mathbb{R}^3$ とするとき，次の問いに答えよ。

(1)　V を定義域 $\mathbb{R}^3$ の部分空間とみなすとき，$\dim f_A(V)$ を求めよ。

(2)　V を終域 $\mathbb{R}^3$ の部分空間とみなすとき，$\dim f_A{}^{-1}(V)$ を求めよ。

前の定理の [1] より，線形写像による定義域の部分空間の像が，終域の部分空間であることはわかった。その次元については，次ページの定理が成り立つ。

定理　生成系と線形写像

V, W をベクトル空間とし，写像 $f: V \longrightarrow W$ を線形写像とする。V' を V の部分空間とし，$\boldsymbol{v}_1$, $\boldsymbol{v}_2$, ……, $\boldsymbol{v}_n \in V$ によって，
$V'=\langle \boldsymbol{v}_1, \boldsymbol{v}_2, \cdots\cdots, \boldsymbol{v}_n \rangle$ となるとき，
$f(V')=\langle f(\boldsymbol{v}_1), f(\boldsymbol{v}_2), \cdots\cdots, f(\boldsymbol{v}_n) \rangle$ となる。
したがって，$\dim f(V') \leqq \dim V'$ が成り立つ。

証明　$V'=\langle \boldsymbol{v}_1, \boldsymbol{v}_2, \cdots\cdots, \boldsymbol{v}_n \rangle$ であるから，V' の任意のベクトルは

$$a_1\boldsymbol{v}_1+a_2\boldsymbol{v}_2+\cdots\cdots+a_n\boldsymbol{v}_n \quad (a_1, a_2, \cdots\cdots, a_n \in \mathbb{R})$$

という形に書ける。これを線形写像 f で写すと

$$f(a_1\boldsymbol{v}_1+a_2\boldsymbol{v}_2+\cdots\cdots+a_n\boldsymbol{v}_n)=a_1f(\boldsymbol{v}_1)+a_2f(\boldsymbol{v}_2)+\cdots\cdots+a_nf(\boldsymbol{v}_n)$$

これは，$f(V')$ のすべてのベクトルが $f(\boldsymbol{v}_1)$, $f(\boldsymbol{v}_2)$, ……, $f(\boldsymbol{v}_n)$ の1次結合で書けること，すなわち $f(V')=\langle f(\boldsymbol{v}_1), f(\boldsymbol{v}_2), \cdots\cdots, f(\boldsymbol{v}_n) \rangle$ であることを意味する。また，$\{\boldsymbol{v}_1, \boldsymbol{v}_2, \cdots\cdots, \boldsymbol{v}_n\}$ が V' の基底であるとする。$f(V')=\langle f(\boldsymbol{v}_1), f(\boldsymbol{v}_2), \cdots\cdots, f(\boldsymbol{v}_n) \rangle$ であるから，基底の存在の定理の証明より　$\dim f(V') \leqq n = \dim V'$ ■

さらに，数ベクトル空間の間の行列で定まる線形写像については，次の定理が成り立つ。

定理　行列の階数と線形写像の像

A を $m \times n$ 行列とするとき，行列 A によって定まる線形写像
$f_A: \mathbb{R}^n \longrightarrow \mathbb{R}^m$ について，$\dim f(\mathbb{R}^n)=\operatorname{rank} A$ が成り立つ。

証明　$n=3$ の場合の証明を与える。一般の場合も同様に証明できる。A を $m \times 3$ 行列とするとき，行列 A によって定まる線形写像 $f_A: \mathbb{R}^3 \longrightarrow \mathbb{R}^m$ を考える。$\boldsymbol{e}_1=\begin{pmatrix}1\\0\\0\end{pmatrix}$, $\boldsymbol{e}_2=\begin{pmatrix}0\\1\\0\end{pmatrix}$, $\boldsymbol{e}_3=\begin{pmatrix}0\\0\\1\end{pmatrix}$ として $\mathbb{R}^3$ の標準的な基底 $\{\boldsymbol{e}_1, \boldsymbol{e}_2, \boldsymbol{e}_3\}$ をとり，行列 A の列ベクトルを $\boldsymbol{v}_1$, $\boldsymbol{v}_2$, $\boldsymbol{v}_3 \in \mathbb{R}^m$ とする。
このとき，$f_A(\boldsymbol{e}_i)=A\boldsymbol{e}_i=\boldsymbol{v}_i$ が成り立つ $(i=1, 2, 3)$。
$\mathbb{R}^3=\langle \boldsymbol{e}_1, \boldsymbol{e}_2, \boldsymbol{e}_3 \rangle$ であるから，定理（生成系と線形写像）より

$$f_A(\mathbb{R}^3)=\langle f_A(\boldsymbol{e}_1),\ f_A(\boldsymbol{e}_2),\ f_A(\boldsymbol{e}_3)\rangle=\langle \boldsymbol{v}_1,\ \boldsymbol{v}_2,\ \boldsymbol{v}_3\rangle$$

したがって，定理（行列を用いた次元の計算）(200ページ）より

$$\dim f_A(\mathbb{R}^n)=\operatorname{rank} A \quad ■$$

前ページの定理を受けて，一般の線形写像に対しても，次のように定義する。

定義 6-6　線形写像の階数

V，W をベクトル空間とし，写像 $f:V\longrightarrow W$ を線形写像とする。このとき，W の部分空間 $f(V)$ の次元を，**線形写像 f の階数** といい，$\operatorname{rank} f$ で表す。すなわち，$\operatorname{rank} f=\dim f(V)$ である。

この定義は，後の定理（線形写像と次元）の導入の際に役に立つ。

例題 7

$A=\begin{pmatrix}1&2&3&1\\3&4&7&2\\2&3&5&2\\1&1&2&1\end{pmatrix}$ とするとき，行列 A によって定まる線形写像 $f_A:\mathbb{R}^4\longrightarrow\mathbb{R}^4$ の像 $f(\mathbb{R}^4)$ の基底を1組求めよ。また，f_A の階数を求めよ。

解答

定理（行列の階数と線形写像の像）の証明より

$$f_A(\mathbb{R}^4)=\left\langle\begin{pmatrix}1\\3\\2\\1\end{pmatrix},\begin{pmatrix}2\\4\\3\\1\end{pmatrix},\begin{pmatrix}3\\7\\5\\2\end{pmatrix},\begin{pmatrix}1\\2\\2\\1\end{pmatrix}\right\rangle$$

さらに，定理（行列を用いた次元の計算）(200ページ）より，行列 A の簡約階段化行列の主番号（段が落ちる列の番号（68ページ参照））を c_1，c_2，……，c_s とするとき，それらに対応する行列 A の列ベクトルの組 $\{\boldsymbol{v}_{c_1},\ \boldsymbol{v}_{c_2},\ \cdots\cdots,\ \boldsymbol{v}_{c_s}\}$ が $f_A(\mathbb{R}^4)$ の基底になる。

そこで，A を簡約階段化すると

$$\begin{pmatrix}1&2&3&1\\3&4&7&2\\2&3&5&2\\1&1&2&1\end{pmatrix}\longrightarrow\begin{pmatrix}1&0&1&0\\0&1&1&0\\0&0&0&1\\0&0&0&0\end{pmatrix}$$

よって，得られた簡約階段化行列の主番号に対応する列は，第 1，2，4 列なので，$f_A(\mathbb{R}^4)$ の基底は

$$\left\{\begin{pmatrix}1\\3\\2\\1\end{pmatrix}, \begin{pmatrix}2\\4\\3\\1\end{pmatrix}, \begin{pmatrix}1\\2\\2\\1\end{pmatrix}\right\}$$

また　$\operatorname{rank} f_A = \dim f_A(\mathbb{R}^4) = \operatorname{rank} A = 3$

練習 14　$A=\begin{pmatrix}1 & 0 & 3 & 2 & 1\\0 & 3 & -4 & -1 & -2\\1 & -3 & 7 & 3 & 3\\2 & 3 & 2 & 3 & 0\end{pmatrix}$ とするとき，行列 A によって定まる線形写像 $f_A : \mathbb{R}^5 \longrightarrow \mathbb{R}^4$ の像 $f_A(\mathbb{R}^5)$ の基底を 1 組求めよ。また，線形写像 f_A の階数を求めよ。

B　線形写像の核

定理（ベクトル空間の部分空間と線形写像）（225 ページ）より，V，W をベクトル空間とし，写像 $f : V \longrightarrow W$ を線形写像とするとき，写像 f による W の任意の部分空間の逆像は，V の部分空間である。特に，写像 f による零ベクトルだけからなる W の部分空間 $\{\mathbf{0}_W\}$ の逆像は，これからさまざまに重要な役割を果たす。そこで，次のように定義する。

定義 6-7　線形写像の核

V，W をベクトル空間とし，写像 $f : V \longrightarrow W$ を線形写像とする。零ベクトルだけからなる W の部分空間 $\{\mathbf{0}_W\}$ の，線形写像 f の逆像 $f^{-1}(\{\mathbf{0}\}) \subset V$ を，線形写像 f の **核**（カーネル）といい，$\operatorname{Ker}(f)$ と表す。

すなわち　$\operatorname{Ker}(f) = \{\boldsymbol{v} \in V \mid f(\boldsymbol{v}) = \mathbf{0}\}$

線形写像の核は，線形写像の単射性と密接な関係があり，次ページの定理が成り立つ。

定理　単射性と核

V, W をベクトル空間とし，写像 $f: V \longrightarrow W$ を線形写像とする。f が単射であるための必要十分条件は，$\mathrm{Ker}(f)=\{\mathbf{0}_V\}$ が成り立つことである。

証明　線形写像 f が単射ならば，$f(\boldsymbol{v})=\mathbf{0}$ となる $\boldsymbol{v}$ は零ベクトルしかないから，$\mathrm{Ker}(f)=\{\mathbf{0}_V\}$ である。逆に，$\mathrm{Ker}(f)=\{\mathbf{0}_V\}$ とする。$\boldsymbol{v}$, $\boldsymbol{v}'\in V$ について，$f(\boldsymbol{v})=f(\boldsymbol{v}')$ であるとする。ここから，$\boldsymbol{v}=\boldsymbol{v}'$ であることを示せばよい。$f(\boldsymbol{v})-f(\boldsymbol{v}')=\mathbf{0}$ であるが，f は線形写像であるから，
$f(\boldsymbol{v})-f(\boldsymbol{v}')=f(\boldsymbol{v}-\boldsymbol{v}')$ なので，$\boldsymbol{v}-\boldsymbol{v}'\in\mathrm{Ker}(f)$ である。
$\mathrm{Ker}(f)=\{\mathbf{0}_V\}$ であるから，これは $\boldsymbol{v}-\boldsymbol{v}'=\mathbf{0}_V$ であること，すなわち $\boldsymbol{v}=\boldsymbol{v}'$ であることを示している。よって，f は単射である。■

例8　単射性と核

A を3次正方行列とするとき，行列 A によって定まる線形写像
$f_A: \mathbb{R}^3 \longrightarrow \mathbb{R}^3$ に対して，$\mathrm{Ker}(f_A)=\{\boldsymbol{x}\in\mathbb{R}^3 \mid A\boldsymbol{x}=\mathbf{0}\}$ である。
これは $\mathrm{Ker}(f_A)$ が，同次連立1次方程式 $A\boldsymbol{x}=\mathbf{0}$ の解空間であることを意味している（定理（同次連立1次方程式の解）（170ページ）も参照)。また，その次元については，同次連立1次方程式の解の自由度（解が含む任意定数の数）に一致する（次の例題8で詳しく説明する)。
よって，定理（連立1次方程式の解の存在とその個数）（85ページ）より，
$\dim\mathrm{Ker}(f_A)=3-\mathrm{rank}\,A$ となる。
A が一般の $m\times n$ 行列のときも同様のことが成り立つ。

例題8　$A=\begin{pmatrix} 2 & 1 & -2 & 0 & 4 \\ 3 & 2 & -3 & -1 & 4 \\ -1 & 0 & 1 & 1 & 2 \end{pmatrix}$ とするとき，行列 A によって定まる線形写像 $f_A: \mathbb{R}^5 \longrightarrow \mathbb{R}^3$ の核の基底を1組求めよ。

解答　$\mathrm{Ker}(f_A)=\{\boldsymbol{x}\in\mathbb{R}^5 \mid A\boldsymbol{x}=\mathbf{0}\}$
よって，核 $\mathrm{Ker}(f_A)$ の基底を求めるには，同次連立1次方程式 $A\boldsymbol{x}=\mathbf{0}$ の解空間を調べればよい。

そのため，84 ページの解答に注意しながら，$\boldsymbol{x}=\begin{pmatrix} x \\ y \\ z \\ u \\ v \end{pmatrix}$ として，

$A\boldsymbol{x}=\boldsymbol{0}$ で表される同次連立 1 次方程式を解く。

まず，A を簡約階段化すると

$$\begin{pmatrix} 2 & 1 & -2 & 0 & 4 \\ 3 & 2 & -3 & -1 & 4 \\ -1 & 0 & 1 & 1 & 2 \end{pmatrix} \longrightarrow \begin{pmatrix} 1 & 0 & -1 & 0 & 1 \\ 0 & 1 & 0 & 0 & 2 \\ 0 & 0 & 0 & 1 & 3 \end{pmatrix}$$

よって，同次連立 1 次方程式は

$$\begin{cases} x - z + v = 0 \\ y + 2v = 0 \\ u + 3v = 0 \end{cases}$$

と同値である。

84 ページの解答のように，段が落ちない列（主番号でない列）に対応する変数 z，v を任意定数におき換える。

すなわち，$z=c$，$v=d$ とすると，上の連立 1 次方程式の解は，次のように表される。

$$\boldsymbol{x}=\begin{pmatrix} c-d \\ -2d \\ c \\ -3d \\ d \end{pmatrix}=c\begin{pmatrix} 1 \\ 0 \\ 1 \\ 0 \\ 0 \end{pmatrix}+d\begin{pmatrix} -1 \\ -2 \\ 0 \\ -3 \\ 1 \end{pmatrix}$$

よって　　$\mathrm{Ker}(f_A)=\left\langle \begin{pmatrix} 1 \\ 0 \\ 1 \\ 0 \\ 0 \end{pmatrix}, \begin{pmatrix} -1 \\ -2 \\ 0 \\ -3 \\ 1 \end{pmatrix} \right\rangle$

ゆえに，$\boldsymbol{u}_1=\begin{pmatrix}1\\0\\1\\0\\0\end{pmatrix}$，$\boldsymbol{u}_2=\begin{pmatrix}-1\\-2\\0\\-3\\1\end{pmatrix}$ とすると，$\{\boldsymbol{u}_1,\ \boldsymbol{u}_2\}$ は $\mathrm{Ker}(f_A)$ の生成系である。さらに，$\{\boldsymbol{u}_1,\ \boldsymbol{u}_2\}$ が1次独立であることも確かめられる。

以上から，上の $\{\boldsymbol{u}_1,\ \boldsymbol{u}_2\}$ は $\mathrm{Ker}(f_A)$ の基底である。 ■

補足 例8で述べたように，例題8において同次連立1次方程式 $A\boldsymbol{x}=\boldsymbol{0}$ の解の自由度を考えると，$\dim\mathrm{Ker}(f_A)=5-\mathrm{rank}\,A$ となるはずである。上の解答より，$\dim\mathrm{Ker}(f_A)=2$，かつ $\mathrm{rank}\,A=3$ なので，確かに $\dim\mathrm{Ker}(f_A)=5-\mathrm{rank}\,A$ が成り立っている。次節で学習するように，実はこの等式はより一般の場合で成り立つ。

練習 15 行列 $A=\begin{pmatrix}1&0&3&2&1\\0&3&-4&-1&-2\\1&-3&7&3&3\\2&3&2&3&0\end{pmatrix}$ とするとき，行列 A によって定まる線形写像 $f_A:\mathbb{R}^5\longrightarrow\mathbb{R}^4$ の核の基底を1組求めよ。

例8と例題8（230ページ）では，同次連立1次方程式と線形写像の核の関係について学習したが，より一般の場合にも同様の関係が成り立つ。特に，定理（連立1次方程式の解の存在とその個数）（85ページ）を，次のようにいい換えることができる。

定理　連立1次方程式の解と線形写像

A を $m\times n$ 行列，$\boldsymbol{b}$ を m 次元列ベクトルとして，連立1次方程式 $A\boldsymbol{x}=\boldsymbol{b}$ …… (*) を考える。さらに，行列 A によって定まる線形写像を $f_A:\mathbb{R}^n\longrightarrow\mathbb{R}^m$ とする。

[1] 連立1次方程式 (*) が解をもつための必要十分条件は，$\boldsymbol{b}\in f_A(\mathbb{R}^n)$ が成り立つことである。

[2] 上の条件が成り立つとき，連立1次方程式 (*) の解は，任意に1つ選んだ解 $\boldsymbol{x}=\boldsymbol{v}_0\in\mathbb{R}^n$ を用いて，$\boldsymbol{x}=\boldsymbol{v}_0+\boldsymbol{v}$ $(\boldsymbol{v}\in\mathrm{Ker}(f_A))$ と表される。さらに，その解の自由度は $\dim\mathrm{Ker}(f_A)$ である。

補足 連立 1 次方程式の解の存在とその個数の定理 [2] より，連立 1 次方程式 (＊) の解の自由度は $n-\operatorname{rank}A$ と一致する。したがって，この場合も $n-\operatorname{rank}A=\dim\operatorname{Ker}(f_A)$ が成り立つ。これについては，また，次の節で詳しく説明する。

証明　[1]　連立 1 次方程式 $A\boldsymbol{x}=\boldsymbol{b}$ が解をもつということは，$f_A(\boldsymbol{x})=\boldsymbol{b}$ となる $\boldsymbol{x}\in\mathbb{R}^n$ が存在するということである。

よって　　$\boldsymbol{b}\in f_A(\mathbb{R}^n)$

[2]　$\boldsymbol{x}=\boldsymbol{v}_0$ が $A\boldsymbol{x}=\boldsymbol{b}$ の 1 つの解であるとする。

このとき，$A\boldsymbol{x}=\boldsymbol{b}$ の任意の解 $\boldsymbol{x}$ について，$\boldsymbol{v}=\boldsymbol{x}-\boldsymbol{v}_0$ とすると

$$A\boldsymbol{v}=A(\boldsymbol{x}-\boldsymbol{v}_0)=A\boldsymbol{x}-A\boldsymbol{v}_0=\boldsymbol{b}-\boldsymbol{b}=\boldsymbol{0}$$

よって，$\boldsymbol{v}\in\operatorname{Ker}(f_A)$ であり，$\boldsymbol{x}=\boldsymbol{v}_0+\boldsymbol{v}$ となる。逆に，

$\boldsymbol{x}=\boldsymbol{v}_0+\boldsymbol{v}$ $(\boldsymbol{v}\in\operatorname{Ker}(f_A))$ は

$$A\boldsymbol{x}=A(\boldsymbol{v}_0+\boldsymbol{v})=A\boldsymbol{v}_0+A\boldsymbol{v}=\boldsymbol{b}+\boldsymbol{0}=\boldsymbol{b}$$

よって，$\boldsymbol{x}=\boldsymbol{v}_0+\boldsymbol{v}$ $(\boldsymbol{v}\in\operatorname{Ker}(f_A))$ は，(＊) の解である。 ■

例 9　連立 1 次方程式の解の自由度と線形写像の関係

$A=\begin{pmatrix}1 & -3\\ -2 & 6\end{pmatrix}$，$\boldsymbol{b}\in\mathbb{R}^2$ として，連立 1 次方程式 $A\boldsymbol{x}=\boldsymbol{b}$ ……(＊) を考える (226 ページの例 7 も参照)。

行列 A によって定まる線形写像 $f_A:\mathbb{R}^2\longrightarrow\mathbb{R}^2$ について

$$f_A(\mathbb{R}^2)=\{A\boldsymbol{x}\mid\boldsymbol{x}\in\mathbb{R}^2\}=\left\{t\begin{pmatrix}1\\-2\end{pmatrix}\,\middle|\,t\in\mathbb{R}\right\}=\left\langle\begin{pmatrix}1\\-2\end{pmatrix}\right\rangle$$

$$\operatorname{Ker}(f_A)=\{\boldsymbol{x}\in\mathbb{R}^2\mid A\boldsymbol{x}=\boldsymbol{0}\}=\left\langle\begin{pmatrix}3\\1\end{pmatrix}\right\rangle$$

したがって，定理 (連立 1 次方程式の解と線形写像) より，連立 1 次方程式 (＊) が解をもつのは，$\boldsymbol{b}\in\left\langle\begin{pmatrix}1\\-2\end{pmatrix}\right\rangle$ のときであり，またそのときの解の自由度は $\dim\operatorname{Ker}(f_A)=1$ である。実際，$\boldsymbol{b}=\begin{pmatrix}b\\-2b\end{pmatrix}$ のときに具体的に計算してみると，$\begin{pmatrix}1 & -3\\ -2 & 6\end{pmatrix}\begin{pmatrix}x\\y\end{pmatrix}=\begin{pmatrix}b\\-2b\end{pmatrix}$ より，$\begin{pmatrix}x\\y\end{pmatrix}=\begin{pmatrix}b\\0\end{pmatrix}+t\begin{pmatrix}3\\1\end{pmatrix}$

(t は任意定数) となる。

第3節 線形写像と次元

ここではまず，前節で導入した線形写像の像と核の次元について成り立つ重要な性質について学ぶ。そこから，線形写像が同型写像になるための条件とベクトル空間と次元の関係についての性質が導かれることを解説する。

A 線形写像の像と核の次元

例8（230ページ）と232ページの補足で扱った等式

$\dim \mathrm{Ker}(f)=n-\mathrm{rank}\,A$ を見直してみよう。この等式がなぜ成り立ったのかは，例題8の解答の中で明らかにした。A を $m\times n$ 行列，Qを行列Aの簡約階段化行列とするとき，線形写像 $f_A:\mathbb{R}^n \longrightarrow \mathbb{R}^m$ に対して，

・「行列Qの階数」が $\mathrm{rank}\,A$

・「行列Qの段が落ちない列（主番号でない列）の数」が $\dim \mathrm{Ker}(f_A)$

であり，さらに「Qの階数（段の数）」=「Qの段の落ちる列の数」であることから，次が成り立つ。

「行列Qの列の数」=「行列Qの階数」+「行列Qの段が落ちない列の数」

したがって，$n=\mathrm{rank}\,A+\dim \mathrm{Ker}(f_A)$ が成り立つ。

この等式は一般の線形写像に対しても成り立つ。

定理　線形写像と次元

V，Wをベクトル空間とし，写像 $f:V\longrightarrow W$ を線形写像とするとき，次が成り立つ。

$$\dim V=\mathrm{rank}\,f+\dim \mathrm{Ker}(f)$$

補足　定義6-6（228ページ）より，$\mathrm{rank}\,f=\dim f(V)$ であったから，上の等式は次のようにも書ける。　$\dim V=\dim f(V)+\dim \mathrm{Ker}(f)$

すなわち，線形写像fの像の次元と核の次元の和は定義域Vの次元に等しい。

V，Wをベクトル空間とし，写像 $f:V\longrightarrow W$ を線形写像とする。ここでは，$\dim f(V)=2$ かつ $\dim \mathrm{Ker}(f)=2$ が成り立つならば，$\dim V=4$ であることを示そう。一般の場合も同様に示せる。

$\dim \mathrm{Ker}(f)=2$ より，2つのベクトルの組 $\{\boldsymbol{u}_1,\ \boldsymbol{u}_2\}$ を $\mathrm{Ker}(f)$ の基底とする。

また，$\dim f(V)=2$ より，2つのベクトルの組 $\{\boldsymbol{w}_1,\ \boldsymbol{w}_2\}$ を $f(V)$ の基底とする。ここで，$\boldsymbol{w}_1,\ \boldsymbol{w}_2 \in f(V)$ より，$f(\boldsymbol{v}_1)=\boldsymbol{w}_1,\ f(\boldsymbol{v}_2)=\boldsymbol{w}_2$ となる $\boldsymbol{v}_1,\ \boldsymbol{v}_2 \in V$ が存在する。このとき，$\{\boldsymbol{u}_1,\ \boldsymbol{u}_2,\ \boldsymbol{v}_1,\ \boldsymbol{v}_2\}$ が V の基底となることを示せば，$\dim V=4$ が示せる。

$\{\boldsymbol{u}_1,\ \boldsymbol{u}_2,\ \boldsymbol{v}_1,\ \boldsymbol{v}_2\}$ が V を生成することの証明

$\{\boldsymbol{w}_1,\ \boldsymbol{w}_2\}$ は $f(V)$ の基底であるから，任意の $\boldsymbol{v} \in V$ に対して，
$b_1,\ b_2 \in \mathbb{R}$ を用いて，$f(\boldsymbol{v})=b_1\boldsymbol{w}_1+b_2\boldsymbol{w}_2$ と書ける。このとき

$$f(\boldsymbol{v})=b_1\boldsymbol{w}_1+b_2\boldsymbol{w}_2=b_1f(\boldsymbol{v}_1)+b_2f(\boldsymbol{v}_2)=f(b_1\boldsymbol{v}_1+b_2\boldsymbol{v}_2)$$

よって　$\boldsymbol{0}_W=(b_1\boldsymbol{w}_1+b_2\boldsymbol{w}_2)-f(\boldsymbol{v})=f(b_1\boldsymbol{v}_1+b_2\boldsymbol{v}_2)-f(\boldsymbol{v})=f(b_1\boldsymbol{v}_1+b_2\boldsymbol{v}_2-\boldsymbol{v})$

ゆえに　$b_1\boldsymbol{v}_1+b_2\boldsymbol{v}_2-\boldsymbol{v} \in \mathrm{Ker}(f)$

さらに，$\{\boldsymbol{u}_1,\ \boldsymbol{u}_2\}$ は $\mathrm{Ker}(f)$ の基底なので，$a_1,\ a_2 \in \mathbb{R}$ を用いて，
$b_1\boldsymbol{v}_1+b_2\boldsymbol{v}_2-\boldsymbol{v}=a_1\boldsymbol{u}_1+a_2\boldsymbol{u}_2$ と書ける。

よって　$\boldsymbol{v}=-a_1\boldsymbol{u}_1-a_2\boldsymbol{u}_2+b_1\boldsymbol{v}_1+b_2\boldsymbol{v}_2$

したがって　$V=\langle \boldsymbol{u}_1,\ \boldsymbol{u}_2,\ \boldsymbol{v}_1,\ \boldsymbol{v}_2 \rangle$

$\{\boldsymbol{u}_1,\ \boldsymbol{u}_2,\ \boldsymbol{v}_1,\ \boldsymbol{v}_2\}$ が1次独立であることの証明

$p,\ q,\ r,\ s \in \mathbb{R}$ に対して，
$p\boldsymbol{u}_1+q\boldsymbol{u}_2+r\boldsymbol{v}_1+s\boldsymbol{v}_2=\boldsymbol{0}_V$ ……（＊）を考える。

このとき　$f(p\boldsymbol{u}_1+q\boldsymbol{u}_2+r\boldsymbol{v}_1+s\boldsymbol{v}_2)=f(\boldsymbol{0}_V)$

ここで　$f(p\boldsymbol{u}_1+q\boldsymbol{u}_2+r\boldsymbol{v}_1+s\boldsymbol{v}_2)=pf(\boldsymbol{u}_1)+qf(\boldsymbol{u}_2)+rf(\boldsymbol{v}_1)+sf(\boldsymbol{v}_2)$

$$f(\boldsymbol{0}_V)=\boldsymbol{0}_W$$

よって　$pf(\boldsymbol{u}_1)+qf(\boldsymbol{u}_2)+rf(\boldsymbol{v}_1)+sf(\boldsymbol{v}_2)=\boldsymbol{0}_W$

また，$\boldsymbol{u}_1,\ \boldsymbol{u}_2 \in \mathrm{Ker}(f)$，$f(\boldsymbol{v}_1)=\boldsymbol{w}_1$，$f(\boldsymbol{v}_2)=\boldsymbol{w}_2$ であるから

$$r\boldsymbol{w}_1+s\boldsymbol{w}_2=\boldsymbol{0}_W$$

$\{\boldsymbol{w}_1,\ \boldsymbol{w}_2\}$ は $f(V)$ の基底であるから，1次独立である。

よって　$r=s=0$

これを（＊）に代入すると　$p\boldsymbol{u}_1+q\boldsymbol{u}_2=\boldsymbol{0}_V$

$\{\boldsymbol{u}_1,\ \boldsymbol{u}_2\}$ は $\mathrm{Ker}(f)$ の基底であるから，1次独立である。

よって　$p=q=0$

したがって，（＊）は自明な1次関係に限られるから，
$\{\boldsymbol{u}_1,\ \boldsymbol{u}_2,\ \boldsymbol{v}_1,\ \boldsymbol{v}_2\}$ は1次独立である。■

以上より，$\{\boldsymbol{u}_1,\ \boldsymbol{u}_2,\ \boldsymbol{v}_1,\ \boldsymbol{v}_2\}$ は V の基底であるから　$\dim V=4$

例10 線形写像と次元

例題8の行列 $A=\begin{pmatrix} 2 & 1 & -2 & 0 & 4 \\ 3 & 2 & -3 & -1 & 4 \\ -1 & 0 & 1 & 1 & 2 \end{pmatrix}$ によって定まる線形写像

$f_A : \mathbb{R}^5 \longrightarrow \mathbb{R}^3$ を考える。このとき，$\dim \mathbb{R}^5=5$，また，例題8より $\dim \mathrm{Ker}(f_A)=2$ である。行列 A の簡約階段化行列は

$\begin{pmatrix} 1 & 0 & -1 & 0 & 1 \\ 0 & 1 & 0 & 0 & 2 \\ 0 & 0 & 0 & 1 & 3 \end{pmatrix}$ であるから　　$\mathrm{rank}\, A=3$

よって，$\mathrm{rank}\, f_A=\mathrm{rank}\, A=3$ となるので，確かに，定理（線形写像と次元）の通り，次の等式が成り立つ。

$$\dim \mathbb{R}^5=5=3+2=\mathrm{rank}\, f_A+\dim \mathrm{Ker}(f_A)$$

練習16　$A=\begin{pmatrix} 1 & 8 & -1 \\ 7 & 2 & 20 \\ 3 & 6 & 6 \\ -5 & -4 & -13 \end{pmatrix}$ とする。行列 A によって定まる線形写像

$f_A : \mathbb{R}^3 \longrightarrow \mathbb{R}^4$ について，$\mathrm{rank}\, f_A$，$\dim \mathrm{Ker}(f_A)$ をそれぞれ計算し，$\mathrm{rank}\, f_A+\dim \mathrm{Ker}(f_A)=3$ が成り立つことを示せ。

B　線形写像の単射・全射・全単射と次元

定理（線形写像と次元）（234 ページ）はさまざまな応用があるが，例えば，線形写像の単射・全射と次元の関係について，次の系が得られる。

系　単射・全射と次元

V，W をベクトル空間とし，写像 $f : V \longrightarrow W$ を線形写像とする。

[1]　f が単射ならば，$\dim V \leqq \dim W$
　　f が全射ならば $\dim V \geqq \dim W$　が成り立つ。

[2]　$\dim V=\dim W$ ならば，次の3つの条件は同値である。

(a)　f は単射である　　(b)　f は全射である。

(c)　f は全単射である（すなわち，同型写像である）。

ここでは [2] の証明を与える。

証明　(a)$\Longrightarrow$(b) を示す。

f が単射であるとすると，単射性と核の定理より，$\mathrm{Ker}(f)=\{\mathbf{0}_V\}$ なので，$\dim \mathrm{Ker}(f)=0$ である。

よって，定理（線形写像と次元）とその後の補足より，

$\dim V=\mathrm{rank}\, f=\dim f(V)$ である。一方，$f(V)$ は W の部分空間であるが，$\dim f(V)=\dim W$ なので，定理（ベクトル空間の部分空間の包含関係と次元）[2]（201 ページ）より　　$W=f(V)$

よって，f は全射である。

(b)$\Longrightarrow$(c) を示す。

f が単射であることを示せばよい。

f は全射なので，$f(V)=W$ である。

よって，$\mathrm{rank}\, f=\dim f(V)=\dim W=\dim V$ である。

ゆえに，定理（線形写像と次元）より $\dim \mathrm{Ker}(f)=0$ であるが，これは $\mathrm{Ker}(f)=\{\mathbf{0}_V\}$ であることを示している。

したがって，定理（単射性と核）（230 ページ）より，f は単射である。

(c)$\Longrightarrow$(a) は定義からわかる。■

例 11　線形写像の単射性と次元

系（単射・全射と次元）[1] の対偶を考えると，$\dim V>\dim W$ ならば線形写像 f は単射ではなく，$\dim V<\dim W$ ならば線形写像 f は全射ではないことがわかる。

例 10 の $A=\begin{pmatrix} 2 & 1 & -2 & 0 & 4 \\ 3 & 2 & -3 & -1 & 4 \\ -1 & 0 & 1 & 1 & 2 \end{pmatrix}$ について，行列 A によって定まる線形写像 $f_A:\mathbb{R}^5 \longrightarrow \mathbb{R}^3$ は，$\dim \mathbb{R}^5=5>3=\dim \mathbb{R}^3$ より単射ではない。

練習 16 の $B=\begin{pmatrix} 1 & 8 & -1 \\ 7 & 2 & 20 \\ 3 & 6 & 6 \\ -5 & -4 & -13 \end{pmatrix}$ ついて，行列 B によって定まる線形写像 $f_B:\mathbb{R}^3 \longrightarrow \mathbb{R}^4$ は，$\dim \mathbb{R}^3=3<4=\dim \mathbb{R}^4$ より全射ではない。

系（単射・全射と次元）の [1] の対偶を考えると，定義域と終域の次元が異なれば，その線形写像は全単射（同型写像）にならないことがわかる。すなわち，V，W をベクトル空間とするとき，$\dim V \neq \dim W$ ならば $V \not\cong W$ が成り立つ。逆に，次元が等しいベクトル空間の間には，全単射な線形写像（同型写像）が存在する。

定理　ベクトル空間の同型と次元

V，W をベクトル空間とするとき，$V \cong W$ が成り立つ，すなわち V と W の間に同型写像が存在するための必要十分条件は，$\dim V = \dim W$ が成り立つことである。

$V \cong W \Longrightarrow \dim V = \dim W$ は，その対偶を考え，全射・単射と次元の系 [1] により示せる。

$\dim V = \dim W \Longrightarrow V \cong W$ を示すために，写像 $f : V \longrightarrow W$ を具体的に構成し，それが同型写像であることを示せばよい。次で，$\dim V = \dim W = 2$ の場合の同型写像の構成法を説明する。

【写像 $f : V \longrightarrow W$ の構成】

$\dim V = 2$ より，V の基底を $\{\boldsymbol{v}_1, \boldsymbol{v}_2\}$ とする。$\dim W = 2$ より，W の基底を $\{\boldsymbol{w}_1, \boldsymbol{w}_2\}$ とする。写像を定めるために，$\boldsymbol{v} \in V$ の対応先である W のベクトルを次のように定める。

$\{\boldsymbol{v}_1, \boldsymbol{v}_2\}$ は V の基底であるから，任意の $\boldsymbol{v} \in V$ は，ある a，$b \in \mathbb{R}$ を用いて，$\boldsymbol{v} = a\boldsymbol{v}_1 + b\boldsymbol{v}_2$ と一通りに書ける。この a，$b \in \mathbb{R}$ を用いて，$\boldsymbol{v} \in V$ の対応先である W のベクトルを $a\boldsymbol{w}_1 + b\boldsymbol{w}_2$ と定める。このとき，V から W への写像が1つ定まる。これを $f : V \longrightarrow W$ とする。

このとき，$\{\boldsymbol{w}_1, \boldsymbol{w}_2\}$ は W の基底であるから，$f(V) = W$ が成り立つ。ゆえに，写像 $f : V \longrightarrow W$ は全射である。

後は，写像 $f : V \longrightarrow W$ が線形写像であることを示せば，写像 f は全単射であることがわかり，したがって，写像 $f : V \longrightarrow W$ は同型写像であることが示される。

写像 $f : V \longrightarrow W$ が線形写像であることを示すには，写像 $f : V \longrightarrow W$ が定義 6-4 （216ページ）の条件 (L1) と (L2) を満たすことを確かめればよい。

【(L1) についての証明】

$\boldsymbol{v}$, $\boldsymbol{v}'\in V$ が，ある p, q, r, $s\in\mathbb{R}$ を用いて，

$\boldsymbol{v}=p\boldsymbol{v}_1+q\boldsymbol{v}_2$, $\boldsymbol{v}'=r\boldsymbol{v}_1+s\boldsymbol{v}_2$ と表されているとする。このとき

$$
\begin{aligned}
f(\boldsymbol{v}+\boldsymbol{v}')&=f((p\boldsymbol{v}_1+q\boldsymbol{v}_2)+(r\boldsymbol{v}_1+s\boldsymbol{v}_2))\\
&=f((p+r)\boldsymbol{v}_1+(q+s)\boldsymbol{v}_2)\\
&=(p+r)\boldsymbol{w}_1+(q+s)\boldsymbol{w}_2\\
&=p\boldsymbol{w}_1+q\boldsymbol{w}_2+r\boldsymbol{w}_1+s\boldsymbol{w}_2\\
&=f(p\boldsymbol{v}_1+q\boldsymbol{v}_2)+f(r\boldsymbol{v}_1+s\boldsymbol{v}_2)\\
&=f(\boldsymbol{v})+f(\boldsymbol{v}')
\end{aligned}
$$

よって，写像 $f:V\longrightarrow W$ は (L1) を満たす。■

次の例題で，(L2) について示す。

例題 9 上で構成した写像 $f:V\longrightarrow W$ が，条件 (L2) を満たす，すなわち任意の $\boldsymbol{v}\in V$, $c\in\mathbb{R}$ について $f(c\boldsymbol{v})=cf(\boldsymbol{v})$ が成り立つことを示せ。

解答

$\boldsymbol{v}\in V$ がある a, $b\in\mathbb{R}$ を用いて，$\boldsymbol{v}=a\boldsymbol{v}_1+b\boldsymbol{v}_2$ と表されるとき，$c\in\mathbb{R}$ に対して

$$
\begin{aligned}
f(c\boldsymbol{v})&=f(c(a\boldsymbol{v}_1+b\boldsymbol{v}_2))=f(ca\boldsymbol{v}_1+cb\boldsymbol{v}_2)\\
&=ca\boldsymbol{w}_1+cb\boldsymbol{w}_2=c(a\boldsymbol{w}_1+b\boldsymbol{w}_2)=cf(\boldsymbol{v})
\end{aligned}
$$

この等式は f の構成法から従う。

よって，写像 $f:V\longrightarrow W$ は (L2) を満たす。■

この定理が意味することは，次元の等しいベクトル空間は（同型なので）同じものとみなすことができるということである。前に例としてあげた，関数からなるベクトル空間も，数列からなるベクトル空間も，数ベクトル空間も，次元さえ等しければ，すべて同型になり，線形代数学の中では全く同じように扱えるわけである。

例 12　数列からなるベクトル空間の次元

V を実数の数列全体のなすベクトル空間とし，$\{a_n\}$, $\{b_n\}$, $\{c_n\}\in V$ を $a_n=1$, $b_n=2n$, $c_n=n-1$ で定める。W を V の部分空間とし，$W=\langle\{a_n\}, \{b_n\}, \{c_n\}\rangle$ とするとき，195 ページの例 23 より，$\dim W=2$ であるから，W と $\mathbb{R}^2$ は同型である。

第4節　線形写像と表現行列

これまで線形写像のさまざまな性質について学んできたが，その中で現れてきた具体的な計算の多くは，数ベクトル空間の間の線形写像に関してであり，それを表す行列を用いて行ったものであった。

一般のベクトル空間の間の線形写像は，行列を用いて表すことができる。ここでは，その方法と応用を学ぶ。

A　線形写像の決定

線形写像を行列で表すために，まず，線形写像の決定条件について調べる。

定理　線形写像の決定

V，W をベクトル空間とし，$\{\boldsymbol{v}_1,\ \boldsymbol{v}_2,\ \cdots\cdots,\ \boldsymbol{v}_n\}$ を V の基底とする。このとき，W の任意の n 個のベクトルの組 $\{\boldsymbol{w}_1,\ \boldsymbol{w}_2,\ \cdots\cdots,\ \boldsymbol{w}_n\}$ に対して，$f(\boldsymbol{v}_i)=\boldsymbol{w}_i\ (i=1,\ 2,\ \cdots\cdots,\ n)$ を満たす線形写像 f が存在する。しかも，それはただ1つに定まる。

そのような線形写像が存在することは，238 ページの【写像 $f:V\longrightarrow W$ の構成】からわかる（$\{\boldsymbol{v}_1,\ \boldsymbol{v}_2,\ \cdots\cdots,\ \boldsymbol{v}_n\}$ が V の基底であるという仮定が重要である）。また，そうして構成された写像が線形写像であることも，239 ページの例題 9 などからわかる。さらに，その構成法から，任意の $\boldsymbol{v}\in V$ の対応先をただ1つに定めているので，その写像がただ1つに定まることも示せる[*]。

例 13　線形写像の一意性

V を任意のベクトル空間とするとき，線形写像 $\mathbb{R}\longrightarrow V$ は，$1\in K$ の行き先として V のベクトルを（任意に）1つ指定することで定まる。実際，任意のベクトル $\boldsymbol{v}\in V$ に対して，$a\in\mathbb{R}$ を $a\boldsymbol{v}\in V$ に写す写像を考えれば，それは線形写像であり，1を $\boldsymbol{v}$ に写す。

*）正確には，条件を満たす写像が2つあったとして，V の任意のベクトルに対して，その像が一致することを示せばよい。詳細はここでは省略する。

例 14　線形写像の決定

R^2 の標準的な基底 $\left\{\begin{pmatrix}1\\0\end{pmatrix}, \begin{pmatrix}0\\1\end{pmatrix}\right\}$ に対して，線形写像

$f:\mathrm{R}^2 \longrightarrow \mathrm{R}^2$ を $f\left(\begin{pmatrix}1\\0\end{pmatrix}\right)=\begin{pmatrix}1\\2\end{pmatrix}$，$f\left(\begin{pmatrix}0\\1\end{pmatrix}\right)=\begin{pmatrix}0\\-1\end{pmatrix}$ で定める。

このとき

$$\begin{aligned}f\left(\begin{pmatrix}x\\y\end{pmatrix}\right)&=f\left(x\begin{pmatrix}1\\0\end{pmatrix}+y\begin{pmatrix}0\\1\end{pmatrix}\right)\\&=xf\left(\begin{pmatrix}1\\0\end{pmatrix}\right)+yf\left(\begin{pmatrix}0\\1\end{pmatrix}\right)\\&=x\begin{pmatrix}1\\2\end{pmatrix}+y\begin{pmatrix}0\\-1\end{pmatrix}\\&=\begin{pmatrix}x\\2x-y\end{pmatrix}=\begin{pmatrix}1&0\\2&-1\end{pmatrix}\begin{pmatrix}x\\y\end{pmatrix}\end{aligned}$$

したがって，$A=\begin{pmatrix}1&0\\2&-1\end{pmatrix}$ とすると，線形写像 f は行列 A で定まる線形写像 f_A と一致する。

練習 17　R^3 の標準的な基底 $\left\{\begin{pmatrix}1\\0\\0\end{pmatrix}, \begin{pmatrix}0\\1\\0\end{pmatrix}, \begin{pmatrix}0\\0\\1\end{pmatrix}\right\}$ に対して，線形写像

$f:\mathrm{R}^3 \longrightarrow \mathrm{R}^2$ を $f\left(\begin{pmatrix}1\\0\\0\end{pmatrix}\right)=\begin{pmatrix}2\\3\end{pmatrix}$，$f\left(\begin{pmatrix}0\\1\\0\end{pmatrix}\right)=\begin{pmatrix}1\\-1\end{pmatrix}$，$f\left(\begin{pmatrix}0\\0\\1\end{pmatrix}\right)=\begin{pmatrix}0\\5\end{pmatrix}$ で定める。

このとき，線形写像 f は，ある行列によって定まる線形写像と一致する。その行列を求めよ。

上の例や練習のように考えると，数ベクトル空間の間の線形写像は，行列を用いて表されることがわかる。すなわち，次が成り立つ。

定理　数ベクトル空間の間の線形写像

任意の線形写像 $f:\mathrm{R}^n \longrightarrow \mathrm{R}^m$ に対して，$m\times n$ 行列 A が存在して，任意の $\boldsymbol{v}\in\mathrm{R}^n$ に対して $f(\boldsymbol{v})=A\boldsymbol{v}$ が成り立つ。しかも，そのような行列はただ 1 つに定まる。

この定理により，数ベクトル空間の間の線形写像は行列によって定まるものしかないことがわかる。

この定理は，例 14 と同様にして証明できる。すなわち，定義域の $\mathbb{R}^n$ の標準的な基底を考え，その f による像として得られるベクトルを列ベクトルとして並べた行列を A とすればよい。

B　線形写像の行列による表現

すべての数ベクトル空間の間の線形写像は，行列を用いて表されることがわかった。一般の線形写像も，定義域と終域の基底を定めておけば，行列を用いて表すことができる。そのため，まず次の定義を準備する。

定義 6-8　線形写像の表現行列

V，W をベクトル空間とし，$\dim V=n$，$\dim W=m$ として，V の基底 $\{\boldsymbol{v}_1,\ \boldsymbol{v}_2,\ \cdots\cdots,\ \boldsymbol{v}_n\}$，$W$ の基底 $\{\boldsymbol{w}_1,\ \boldsymbol{w}_2,\ \cdots\cdots,\ \boldsymbol{w}_m\}$ が与えられているとする。このとき，各 $\boldsymbol{v}_j\in V$ $(j=1,\ 2,\ \cdots\cdots,\ n)$ に対して，$f(\boldsymbol{v}_j)\in W$ であるから，$a_{1j},\ a_{2j},\ \cdots\cdots,\ a_{mj}\in\mathbb{R}$ を用いて

$$f(\boldsymbol{v}_j)=a_{1j}\boldsymbol{w}_1+a_{2j}\boldsymbol{w}_2+\cdots\cdots+a_{mj}\boldsymbol{w}_m \quad \cdots\cdots\ (*)$$

とただ一通りに表される。現れた mn 個の係数

$a_{11},\ a_{21},\ \cdots\cdots,\ a_{m1},\ a_{12},\ a_{22},\ \cdots\cdots,\ a_{m2},\ \cdots\cdots,\ a_{1n},\ a_{2n},\ \cdots\cdots,\ a_{mn}$ を並べてできる行列 $\begin{pmatrix} a_{11} & a_{12} & \cdots & a_{1n} \\ a_{21} & a_{22} & \cdots & a_{2n} \\ \vdots & \vdots & & \vdots \\ a_{m1} & a_{m2} & \cdots & a_{mn} \end{pmatrix}$ を，V の基底 $\{\boldsymbol{v}_1,\ \boldsymbol{v}_2,\ \cdots\cdots,\ \boldsymbol{v}_n\}$ と W の基底 $\{\boldsymbol{w}_1,\ \boldsymbol{w}_2,\ \cdots\cdots,\ \boldsymbol{w}_m\}$ に関する f の **表現行列** という。

注意　f の表現行列は，$(*)$ を連立 1 次方程式のようにみたときの係数行列の転置行列になっている。

上の定義において，$\{\boldsymbol{w}_1,\ \boldsymbol{w}_2,\ \cdots\cdots,\ \boldsymbol{w}_m\}$ が W の基底であり，特に 1 次独立であることから，各 $\boldsymbol{v}_j$ に対して $a_{1j},\ a_{2j},\ \cdots\cdots,\ a_{mj}\in\mathbb{R}$ がただ一通りに定まる。よって，行列 A がただ一通りに定まることがわかる。

逆に，V，W に基底が定められているとき，行列 A に対して，$(*)$ によって線形写像 $f: V \longrightarrow W$ がただ 1 つに定まることが，次ページの定理の [2] からわかる。

定理　線形写像の表現行列

V，W をベクトル空間とし，$\dim V=n$，$\dim W=m$ として，V の基底 $\{\boldsymbol{v}_1,\ \boldsymbol{v}_2,\ \cdots\cdots,\ \boldsymbol{v}_n\}$，$W$ の基底 $\{\boldsymbol{w}_1,\ \boldsymbol{w}_2,\ \cdots\cdots,\ \boldsymbol{w}_m\}$ が与えられているとする。

[1]　線形写像 $f：V \longrightarrow W$ に対して，V の基底 $\{\boldsymbol{v}_1,\ \boldsymbol{v}_2,\ \cdots\cdots,\ \boldsymbol{v}_n\}$ と W の基底 $\{\boldsymbol{w}_1, \boldsymbol{w}_2, \cdots\cdots, \boldsymbol{w}_m\}$ に関する表現行列はただ 1 つに定まる。

[2]　A を任意の $m\times n$ 行列とするとき，ある線形写像 $f：V \longrightarrow W$ が存在し，V の基底 $\{\boldsymbol{v}_1,\ \boldsymbol{v}_2,\ \cdots\cdots,\ \boldsymbol{v}_n\}$ と W の基底 $\{\boldsymbol{w}_1,\ \boldsymbol{w}_2,\ \cdots\cdots,\ \boldsymbol{w}_m\}$ に関する f の表現行列が行列 A に一致する。

[1] は上で述べたことを改めて書き下しただけである。

[2] は定理 (線形写像の決定) (240 ページ) を用いて示される。

$\{\boldsymbol{v}_1,\ \boldsymbol{v}_2,\ \cdots\cdots,\ \boldsymbol{v}_n\}$ を V の基底，$\{\boldsymbol{w}_1,\ \boldsymbol{w}_2,\ \cdots\cdots,\ \boldsymbol{w}_m\}$ を W の基底とし，

$A=\begin{pmatrix} a_{11} & a_{12} & \cdots & a_{1n} \\ a_{21} & a_{22} & \cdots & a_{2n} \\ \vdots & \vdots & & \vdots \\ a_{m1} & a_{m2} & \cdots & a_{mn} \end{pmatrix}$ とする。$\boldsymbol{v}_i \longmapsto a_{1i}\boldsymbol{w}_1+a_{2i}\boldsymbol{w}_2+\cdots\cdots+a_{mi}\boldsymbol{w}_m$

$(i=1,\ 2,\ \cdots\cdots,\ n)$ と対応させると，定理 (線形写像の決定) より，線形写像 f がただ 1 つ定まる。この f の V の基底 $\{\boldsymbol{v}_1,\ \boldsymbol{v}_2,\ \cdots\cdots,\ \boldsymbol{v}_n\}$ と W の基底 $\{\boldsymbol{w}_1,\ \boldsymbol{w}_2,\ \cdots\cdots,\ \boldsymbol{w}_m\}$ に関する表現行列は行列 A に一致する。

練習 18　$n=m=2$ のとき，次を示すことにより [1] を証明せよ。すなわち，定理 (線形写像の表現行列 [1]) の設定のもとで，$\{\boldsymbol{v}_1,\ \boldsymbol{v}_2\}$ を V の基底，$\{\boldsymbol{w}_1,\ \boldsymbol{w}_2\}$ を W の基底とし，$A=\begin{pmatrix} a_{11} & a_{12} \\ a_{21} & a_{22} \end{pmatrix}$，$B=\begin{pmatrix} b_{11} & b_{12} \\ b_{21} & b_{22} \end{pmatrix}$ とするとき，線形写像 f が，

$f(\boldsymbol{v}_i)=a_{1i}\boldsymbol{w}_1+a_{2i}\boldsymbol{w}_2$，$f(\boldsymbol{v}_i)=b_{1i}\boldsymbol{w}_1+b_{2i}\boldsymbol{w}_2$ $(i=1,\ 2)$ を満たすならば，$A=B$ であることを示せ。

補足　定義 6-8 において V の基底 $\{\boldsymbol{v}_1,\ \boldsymbol{v}_2,\ \cdots\cdots,\ \boldsymbol{v}_n\}$ と W の基底 $\{\boldsymbol{w}_1,\ \boldsymbol{w}_2,\ \cdots\cdots,\ \boldsymbol{w}_m\}$ に関する線形写像 $f：V \longrightarrow W$ の表現行列について，(∗) をまとめて書くと，

$\begin{cases} f(\boldsymbol{v}_1)=a_{11}\boldsymbol{w}_1+a_{21}\boldsymbol{w}_2+\cdots\cdots+a_{m1}\boldsymbol{w}_m \\ f(\boldsymbol{v}_2)=a_{21}\boldsymbol{w}_1+a_{22}\boldsymbol{w}_2+\cdots\cdots+a_{m2}\boldsymbol{w}_m \\ \qquad\vdots \\ f(\boldsymbol{v}_n)=a_{1n}\boldsymbol{w}_1+a_{2n}\boldsymbol{w}_2+\cdots\cdots+a_{mn}\boldsymbol{w}_m \end{cases}$ である。これを，形式的に次のように表すと，

行列の積の計算のように処理でき，便利である (あくまで形式上の表記である)。

$$\begin{pmatrix} f(\boldsymbol{v}_1) & f(\boldsymbol{v}_2) & \cdots & f(\boldsymbol{v}_n) \end{pmatrix}=\begin{pmatrix} \boldsymbol{w}_1 & \boldsymbol{w}_2 & \cdots & \boldsymbol{w}_m \end{pmatrix}\begin{pmatrix} a_{11} & a_{12} & \cdots & a_{1n} \\ a_{21} & a_{22} & \cdots & a_{2n} \\ \vdots & \vdots & & \vdots \\ a_{m1} & a_{m2} & \cdots & a_{mn} \end{pmatrix}$$

例 15　関数からなるベクトル空間が生成する線形写像と表現行列

Vを実数上の関数全体のなすベクトル空間とする。

f_1, f_2, $f_3 \in V$ をそれぞれ $f_1(x)=1$, $f_2(x)=x$, $f_3(x)=x^2$ で定める。

$W=\langle f_1,\ f_2,\ f_3 \rangle$ をVの部分空間とする。

188 ページの例 16 より，$\{f_1,\ f_2,\ f_3\}$ は 1 次独立であるから，Wの基底である。

218 ページの例 4 より，任意の $f \in W$ に対して，その x に対する導関数 $\dfrac{d}{dx}f(x)$ を対応させることにより，線形写像 $\dfrac{d}{dx}: W \longrightarrow W$ が得られる。

このとき

$$\frac{d}{dx}f_1(x)=0=0\cdot f_1(x)+0\cdot f_2(x)+0\cdot f_3(x)$$

$$\frac{d}{dx}f_2(x)=1=1\cdot f_1(x)+0\cdot f_2(x)+0\cdot f_3(x)$$

$$\frac{d}{dx}f_3(x)=2x=0\cdot f_1(x)+2\cdot f_1(x)+0\cdot f_3(x)$$

よって，線形写像 $\dfrac{d}{dx}$ の，Wの共通の基底 $\{f_1,\ f_2,\ f_3\}$ に関する表現行列は $\begin{pmatrix} 0 & 1 & 0 \\ 0 & 0 & 2 \\ 0 & 0 & 0 \end{pmatrix}$

練習 19　Vを $\{\boldsymbol{v}_1,\ \boldsymbol{v}_2,\ \boldsymbol{v}_3,\ \boldsymbol{v}_4,\ \boldsymbol{v}_5\}$ を基底にもつベクトル空間とし，Wを $\{\boldsymbol{w}_1,\ \boldsymbol{w}_2\}$ を基底にもつベクトル空間とする。線形写像 $f: V \longrightarrow W$ を，次で定義する。

$$f(\boldsymbol{v}_1)=3\boldsymbol{w}_1+\boldsymbol{w}_2,\quad f(\boldsymbol{v}_2)=\boldsymbol{w}_1+\boldsymbol{w}_2,\quad f(\boldsymbol{v}_3)=6\boldsymbol{w}_1+2\boldsymbol{w}_2$$

$$f(\boldsymbol{v}_4)=5\boldsymbol{w}_1+3\boldsymbol{w}_2,\quad f(\boldsymbol{v}_5)=\boldsymbol{w}_1+4\boldsymbol{w}_2$$

線形写像fの，Vの基底 $\{\boldsymbol{v}_1,\ \boldsymbol{v}_2,\ \boldsymbol{v}_3,\ \boldsymbol{v}_4,\ \boldsymbol{v}_5\}$ とWの基底 $\{\boldsymbol{w}_1,\ \boldsymbol{w}_2\}$ に関する表現行列を求めよ。

例 16　線形写像の表現行列

$A=\begin{pmatrix} a_{11} & a_{12} & a_{13} \\ a_{21} & a_{22} & a_{23} \end{pmatrix}$ とするとき，行列Aによって定まる線形写像 $f_A: \mathbb{R}^3 \longrightarrow \mathbb{R}^2$ を考える（すなわち，$\boldsymbol{v}\in\mathbb{R}^3$ に対して，$f_A(\boldsymbol{v})=A\boldsymbol{v}$ となっている）。$\mathbb{R}^3$ の標準的な基底を $\{\boldsymbol{e}_1,\ \boldsymbol{e}_2,\ \boldsymbol{e}_3\}$ と $\mathbb{R}^2$ の標準的な基底を $\{\boldsymbol{e}_1',\ \boldsymbol{e}_2'\}$ とすると

$$f_A(\boldsymbol{e}_1)=A\boldsymbol{e}_1=a_{11}\boldsymbol{e}_1'+a_{21}\boldsymbol{e}_2'$$
$$f_A(\boldsymbol{e}_2)=A\boldsymbol{e}_2=a_{12}\boldsymbol{e}_1'+a_{22}\boldsymbol{e}_2'$$
$$f_A(\boldsymbol{e}_3)=A\boldsymbol{e}_3=a_{13}\boldsymbol{e}_1'+a_{23}\boldsymbol{e}_2'$$

よって，定義 6-8（線形写像の表現行列）（242 ページ）より，$\mathbb{R}^3$ の標準的な基底 $\{\boldsymbol{e}_1,\ \boldsymbol{e}_2,\ \boldsymbol{e}_3\}$ と $\mathbb{R}^2$ の標準的な基底 $\{\boldsymbol{e}_1',\ \boldsymbol{e}_2'\}$ に関する表現行列は（文字通り）行列Aである。

注意　243 ページの補足で述べた形式的な書き方をすると，次のようになる。

$$\begin{pmatrix} f(\boldsymbol{e}_1) & f(\boldsymbol{e}_2) & f(\boldsymbol{e}_3) \end{pmatrix}=\begin{pmatrix} \boldsymbol{e}_1' & \boldsymbol{e}_2' \end{pmatrix}\begin{pmatrix} a_{11} & a_{12} & a_{13} \\ a_{21} & a_{22} & a_{23} \end{pmatrix}$$

両辺のベクトルを横に並べている部分を，列ベクトルを並べて得られる行列に書き直すと，次が得られる。

$$\begin{pmatrix} a_{11} & a_{12} & a_{13} \\ a_{21} & a_{22} & a_{23} \end{pmatrix}=\begin{pmatrix} 1 & 0 \\ 0 & 1 \end{pmatrix}\begin{pmatrix} a_{11} & a_{12} & a_{13} \\ a_{21} & a_{22} & a_{23} \end{pmatrix}$$

これは行列の等式として正しい等式であるので，数ベクトル空間の間の線形写像の表現行列に対して，243 ページの補足で述べた形式的な書き方が，正しい書き方（表し方）であることがわかる。

練習 20　恒等写像 $\mathrm{id}: \mathbb{R}^3 \longrightarrow \mathbb{R}^3$ の，$\mathbb{R}^3$ の標準的な基底に関する表現行列は 3 次単位行列であることを示せ。

さらに一般に，Vをベクトル空間とし，線形写像 $f: V \longrightarrow V$ を考え，定義域Vと終域Vにおいて，共通の基底をとる。このとき，その基底に関する線形写像fの表現行列が単位行列であるための必要十分条件は，fが恒等写像であることである。

練習 21　上の事実を証明せよ。

C　合成写像と表現行列

n次元数ベクトル空間の間の線形写像について，写像の合成と行列の積がうまく適合していることを，221，222 ページで示した。

一般の線形写像と表現行列についても，次ページの同様の定理が成り立つ。

定理　合成写像と表現行列

V，W をベクトル空間とし，写像 $f: V \longrightarrow W$ を線形写像とする。また，$\dim V=n$，$\dim W=m$ として，$\{\boldsymbol{v}_1, \boldsymbol{v}_2, \cdots\cdots, \boldsymbol{v}_n\}$ を V の基底，$\{\boldsymbol{w}_1, \boldsymbol{w}_2, \cdots\cdots, \boldsymbol{w}_m\}$ を W の基底とし，その基底に関する f の表現行列を A とする。

次に，U をベクトル空間とし，写像 $g: W \longrightarrow U$ を線形写像とする。また，$\dim U=\ell$ として，U の基底を $\{\boldsymbol{u}_1, \boldsymbol{u}_2, \cdots\cdots, \boldsymbol{u}_\ell\}$ とし，W の基底 $\{\boldsymbol{w}_1, \boldsymbol{w}_2, \cdots\cdots, \boldsymbol{w}_m\}$ と U の基底 $\{\boldsymbol{u}_1, \boldsymbol{u}_2, \cdots\cdots, \boldsymbol{u}_\ell\}$ に関する線形写像 g の表現行列を B とする。このとき，合成写像 $g\circ f$ の V の基底 $\{\boldsymbol{v}_1, \boldsymbol{v}_2, \cdots\cdots, \boldsymbol{v}_n\}$ と U の基底 $\{\boldsymbol{u}_1, \boldsymbol{u}_2, \cdots\cdots, \boldsymbol{u}_\ell\}$ に関する表現行列は BA である。

証明　ここでは，$n=m=\ell=2$ の場合の証明を与える。一般の場合も（変数は増えるが）同様に証明できる。

$A=\begin{pmatrix} a_{11} & a_{12} \\ a_{21} & a_{22} \end{pmatrix}$，$B=\begin{pmatrix} b_{11} & b_{12} \\ b_{21} & b_{22} \end{pmatrix}$ とすると，表現行列の定義より

$$f(\boldsymbol{v}_1)=a_{11}\boldsymbol{w}_1+a_{21}\boldsymbol{w}_2,\quad f(\boldsymbol{v}_2)=a_{12}\boldsymbol{w}_1+a_{22}\boldsymbol{w}_2$$
$$g(\boldsymbol{w}_1)=b_{11}\boldsymbol{u}_1+b_{21}\boldsymbol{u}_2,\quad g(\boldsymbol{w}_2)=b_{12}\boldsymbol{u}_1+b_{22}\boldsymbol{u}_2$$

が成り立つ。

したがって

$$\begin{aligned} g\circ f(\boldsymbol{v}_1) &= g(f(\boldsymbol{v}_1))=g(a_{11}\boldsymbol{w}_1+a_{21}\boldsymbol{w}_2)=a_{11}g(\boldsymbol{w}_1)+a_{21}g(\boldsymbol{w}_2) \\ &= a_{11}(b_{11}\boldsymbol{u}_1+b_{21}\boldsymbol{u}_2)+a_{21}(b_{12}\boldsymbol{u}_1+b_{22}\boldsymbol{u}_2) \\ &= (b_{11}a_{11}+b_{12}a_{21})\boldsymbol{u}_1+(b_{21}a_{11}+b_{22}a_{21})\boldsymbol{u}_2 \end{aligned}$$

$$\begin{aligned} g\circ f(\boldsymbol{v}_2) &= g(f(\boldsymbol{v}_2))=g(a_{12}\boldsymbol{w}_1+a_{22}\boldsymbol{w}_2)=a_{12}g(\boldsymbol{w}_1)+a_{22}g(\boldsymbol{w}_2) \\ &= a_{12}(b_{11}\boldsymbol{u}_1+b_{21}\boldsymbol{u}_2)+a_{22}(b_{12}\boldsymbol{u}_1+b_{22}\boldsymbol{u}_2) \\ &= (b_{11}a_{12}+b_{12}a_{22})\boldsymbol{u}_1+(b_{21}a_{12}+b_{22}a_{22})\boldsymbol{u}_2 \end{aligned}$$

よって，V の基底 $\{\boldsymbol{v}_1, \boldsymbol{v}_2\}$ と U の基底 $\{\boldsymbol{u}_1, \boldsymbol{u}_2\}$ に関する合成写像 $g\circ f$ の表現行列は

$$\begin{pmatrix} b_{11}a_{11}+b_{12}a_{21} & b_{11}a_{12}+b_{12}a_{22} \\ b_{21}a_{11}+b_{22}a_{21} & b_{21}a_{12}+b_{22}a_{22} \end{pmatrix}=\begin{pmatrix} b_{11} & b_{12} \\ b_{21} & b_{22} \end{pmatrix}\begin{pmatrix} a_{11} & a_{12} \\ a_{21} & a_{22} \end{pmatrix}=BA \quad ■$$

補足　定義 6-8 (242 ページ) は，245 ページの例 16 での計算のように，ベクトルの式から行列を作る際に，行と列が入れ替わる。これは不自然に感じられるかもしれないが，前ページの定理のように，写像の合成と行列の積がうまく適合することを考えると，自然な定義となっている。

補足　243 ページの補足で述べた形式的な書き方を利用すると，次のように自然に理解することができる。

$$(\ f(\boldsymbol{v}_1)\quad f(\boldsymbol{v}_2)\ )=(\ \boldsymbol{w}_1\quad \boldsymbol{w}_2\ )\begin{pmatrix} a_{11} & a_{12} \\ a_{21} & a_{22} \end{pmatrix},\quad (\ g(\boldsymbol{w}_1)\quad g(\boldsymbol{w}_2)\ )=(\ \boldsymbol{u}_1\quad \boldsymbol{u}_2\ )\begin{pmatrix} b_{11} & b_{12} \\ b_{21} & b_{22} \end{pmatrix}$$

よって

$$\begin{aligned}(\ g\circ f(\boldsymbol{v}_1)\quad g\circ f(\boldsymbol{v}_2)\ )&=(\ g(f(\boldsymbol{v}_1))\quad g(f(\boldsymbol{v}_2))\ )\\ &=(\ g(a_{11}\boldsymbol{w}_1+a_{21}\boldsymbol{w}_2)\quad g(a_{12}\boldsymbol{w}_1+a_{22}\boldsymbol{w}_2)\ )\\ &=(\ a_{11}g(\boldsymbol{w}_1)+a_{21}g(\boldsymbol{w}_2)\quad a_{12}g(\boldsymbol{w}_1)+a_{22}g(\boldsymbol{w}_2)\ )\\ &=(\ g(\boldsymbol{w}_1)\quad g(\boldsymbol{w}_2)\ )\begin{pmatrix} a_{11} & a_{12} \\ a_{21} & a_{22} \end{pmatrix}=(\ \boldsymbol{u}_1\quad \boldsymbol{u}_2\ )\begin{pmatrix} b_{11} & b_{12} \\ b_{21} & b_{22} \end{pmatrix}\begin{pmatrix} a_{11} & a_{12} \\ a_{21} & a_{22} \end{pmatrix}\end{aligned}$$

例 17　2 次導関数に対応する線形写像の表現行列

244 ページの例 15 の設定のもとで，合成写像 $\left(\dfrac{d}{dx}\right)^2 : W \longrightarrow W$，すなわち，2 次導関数を対応させる線形写像を考える。W の共通の基底 $\{f_1,\ f_2,\ f_3\}$ に関する線形写像 $\dfrac{d}{dx} : W \longrightarrow W$ の表現行列は $\begin{pmatrix} 0 & 1 & 0 \\ 0 & 0 & 2 \\ 0 & 0 & 0 \end{pmatrix}$ であるから，W の共通の基底 $\{f_1,\ f_2,\ f_3\}$ に関する合成写像 $\left(\dfrac{d}{dx}\right)^2 : W \longrightarrow W$ の表現行列は

$$\begin{pmatrix} 0 & 1 & 0 \\ 0 & 0 & 2 \\ 0 & 0 & 0 \end{pmatrix}\begin{pmatrix} 0 & 1 & 0 \\ 0 & 0 & 2 \\ 0 & 0 & 0 \end{pmatrix}=\begin{pmatrix} 0 & 0 & 2 \\ 0 & 0 & 0 \\ 0 & 0 & 0 \end{pmatrix}$$

実際，次が成り立つから，上の事実は確かめられる。

$$\frac{d^2}{dx^2}f_1(x)=(1)''=0=0\cdot f_1(x)+0\cdot f_2(x)+0\cdot f_3(x)$$

$$\frac{d^2}{dx^2}f_2(x)=(x)''=0=0\cdot f_1(x)+0\cdot f_2(x)+0\cdot f_3(x)$$

$$\frac{d^2}{dx^2}f_3(x)=(x^2)''=2=2\cdot f_1(x)+0\cdot f_2(x)+0\cdot f_3(x)$$

一般の線形写像を表現行列を用いて表すことにより，線形写像の写像としての性質を，行列の性質でいい換えられることがある。線形写像が同型写像であるための必要十分条件を，次のように簡潔に述べることができる。

定理　同型写像の表現行列

V，W を次元の等しいベクトル空間とし，$f: V \longrightarrow W$ を線形写像とする。また，$\dim V=\dim W=n$ として，$\{\boldsymbol{v}_1, \boldsymbol{v}_2, \cdots\cdots, \boldsymbol{v}_n\}$ を V の基底，$\{\boldsymbol{w}_1, \boldsymbol{w}_2, \cdots\cdots, \boldsymbol{w}_n\}$ を W の基底とし，V の基底
$\{\boldsymbol{v}_1, \boldsymbol{v}_2, \cdots\cdots, \boldsymbol{v}_n\}$ と W の基底 $\{\boldsymbol{w}_1, \boldsymbol{w}_2, \cdots\cdots, \boldsymbol{w}_n\}$ に関する f の表現行列を A とする。このとき，$f: V \longrightarrow W$ が同型写像であるための必要十分条件は行列 A が正則であることである。さらに $f: V \longrightarrow W$ が同型写像であるとき，$f: V \longrightarrow W$ の逆写像の，上の基底に関する表現行列は，行列 A の逆行列 A^{-1} である。

この定理の証明を2つに分けて与える。

写像 $f: V \longrightarrow W$ が同型写像であるならば，行列 A が正則であることの証明

写像 $f: V \longrightarrow W$ が同型写像であるとすると，その逆写像が存在する（逆写像の存在条件・一意性の定理 [1]（213ページ）より）。それを
$f^{-1}: W \longrightarrow V$ とすると，これは線形写像である（定理（合成写像と逆写像の線形性）（220ページ）より）。ここで，定義6-3（逆写像）（213ページ）から　$f \circ f^{-1}=\mathrm{id}_W$　かつ　$f^{-1} \circ f=\mathrm{id}_V$
よって，W の基底 $\{\boldsymbol{w}_1, \boldsymbol{w}_2, \cdots\cdots, \boldsymbol{w}_n\}$ と V の基底 $\{\boldsymbol{v}_1, \boldsymbol{v}_2, \cdots\cdots, \boldsymbol{v}_n\}$ に関する $f^{-1}: W \longrightarrow V$ の表現行列を B とすると，
$AB=E$ かつ $BA=E$ であるから，したがって B は A の逆行列であり，行列 A は正則である。 ■

行列 A が正則であるならば，写像 $f: V \longrightarrow W$ が同型写像であることの証明

行列 A が正則であるとして，その逆行列を A^{-1} とする。このとき，ある線形写像 $g: W \longrightarrow V$ が存在し，W の基底と V の基底に関する表現行列が行列 A^{-1} に一致する（定理（線形写像の表現行列 [2]）（243ページ）より）。

ここで，合成写像 $g\circ f: V \longrightarrow V$ を考えると，その定義域 V と終域 V の共通の基底に関する表現行列は　　$A^{-1}A=E$

よって　　$g\circ f=\mathrm{id}_V$　　（245 ページ練習 20 より）

同様に，合成写像 $f\circ g: W \longrightarrow W$ を考えると，その定義域 W と終域 W の共通の基底に関する表現行列は　　$AA^{-1}=E$

よって　　$f\circ g=\mathrm{id}_W$　　（245 ページ練習 20 より）

ゆえに，写像 $f: V \longrightarrow W$ は逆写像
$g: W \longrightarrow V$ をもつ。

以上より，定理（逆写像の存在条件・一意性 [1]）より，写像
$f: V \longrightarrow W$ は全単射であるから，したがって f は同型写像である。■

例 18　同型写像の表現行列

V を実数の数列全体からなるベクトル空間とし，$\{a_n\}$，$\{b_n\}\in V$ を，
$a_n=1$，$b_n=2n$ で定める。

また，W を V の部分空間とし，$W=\langle\{a_n\}, \{b_n\}\rangle$ とするとき，
$\{\{a_n\}, \{b_n\}\}$ は 1 次独立であるから，W の基底である。

$\{c_1, c_2, c_3, \cdots\cdots\}\in W$ に対して，$\{c_2, c_3, c_4, \cdots\cdots\}\in W$ を対応させる写像を $f: W \longrightarrow W$ とすると，これは線形写像であることが示せる。

ここで，線形写像 $f: W \longrightarrow W$ の，定義域 W と終域 W の共通の基底 $\{\{a_n\}, \{b_n\}\}$ に関する表現行列を A とする。

このとき　　$f(\{a_n\})=\{a_n\}$

また，$2n+2=2\cdot 1+2n$ より

$$f(\{b_n\})=2\{a_n\}+\{b_n\}$$

よって　　$A=\begin{pmatrix} 1 & 2 \\ 0 & 1 \end{pmatrix}$

このとき，$\det(A)=1\neq 0$ より，行列 A は正則であるから，写像
$f: W \longrightarrow W$ は同型写像である。

第 5 節　線形変換と表現行列

定義 6-4 (216 ページ) では，定義域と終域のベクトル空間が等しい (すなわち，$V=W$) のとき，線形写像 $f : V \longrightarrow V$ を線形変換と定義した。ここでは，前節の結果を線形変換に対してまとめ直し，さらに，それらを用いて基底の取り替えと線形変換の表現行列との関係について学ぶ。

A　線形変換と表現行列

Vをベクトル空間とし，$\{\boldsymbol{v}_1,\ \boldsymbol{v}_2,\ \cdots\cdots,\ \boldsymbol{v}_n\}$ をVの基底とする。定義域Vと終域Vである線形変換 $\varphi : V \longrightarrow V$ について，その基底 $\{\boldsymbol{v}_1,\ \boldsymbol{v}_2,\ \cdots\cdots,\ \boldsymbol{v}_n\}$ に関する表現行列を考えることができる。この表現行列に対して，前節の結果である以下の定理,

線形写像の表現行列 (243 ページ)，合成写像と表現行列 (246 ページ),

同型写像の表現行列 (248 ページ)

を線形変換に対する定理として書き直しておこう。

定理　線形変換の表現行列

Vをベクトル空間とし，$\{\boldsymbol{v}_1,\ \boldsymbol{v}_2,\ \cdots\cdots,\ \boldsymbol{v}_n\}$ をその基底とする。

[1]　Vの線形変換 $\varphi : V \longrightarrow V$ に対して，基底 $\{\boldsymbol{v}_1,\ \boldsymbol{v}_2,\ \cdots\cdots,\ \boldsymbol{v}_n\}$ に関するφの表現行列はただ 1 つに定まる。

[2]　Aを任意のn次正方行列とするとき，あるVの線形変換 $\varphi : V \longrightarrow V$ が存在して，Vの基底 $\{\boldsymbol{v}_1,\ \boldsymbol{v}_2,\ \cdots\cdots,\ \boldsymbol{v}_n\}$ に関する表現行列が行列Aに一致する。

定理　合成変換の表現行列

Vをベクトル空間，$\varphi : V \longrightarrow V$，$\psi : V \longrightarrow V$ を線形変換とする。$\{\boldsymbol{v}_1,\ \boldsymbol{v}_2,\ \cdots\cdots,\ \boldsymbol{v}_n\}$ をVの基底とするとき，線形変換 $\varphi : V \longrightarrow V$ の，Vの基底 $\{\boldsymbol{v}_1,\ \boldsymbol{v}_2,\ \cdots\cdots,\ \boldsymbol{v}_n\}$ に関する表現行列をA，Vの線形変換 $\psi : V \longrightarrow V$ の，Vの基底 $\{\boldsymbol{v}_1,\ \boldsymbol{v}_2,\ \cdots\cdots,\ \boldsymbol{v}_n\}$ に関するψの表現行列をBとする。このとき，合成写像 $g \circ f : V \longrightarrow V$ の，Vの基底 $\{\boldsymbol{v}_1,\ \boldsymbol{v}_2,\ \cdots\cdots,\ \boldsymbol{v}_n\}$ に関する表現行列は BA である。

一般のベクトル空間の同型写像に対応して，逆変換をもつVの線形変換 $\varphi: V \longrightarrow V$ をV上の **自己同型変換** またはV上の **可逆な 線形変換** という。

定理　自己同型変換の表現行列

Vをベクトル空間とし，$\varphi: V \longrightarrow V$ をVの線形変換とする。また，$\{\boldsymbol{v}_1, \boldsymbol{v}_2, \cdots\cdots, \boldsymbol{v}_n\}$ をVの基底とし，線形変換 $\varphi: V \longrightarrow V$ の，Vの基底 $\{\boldsymbol{v}_1, \boldsymbol{v}_2, \cdots\cdots, \boldsymbol{v}_n\}$ に関する表現行列をAとする。
このとき，Vの線形変換φがV上の自己同型変換であるための必要十分条件は行列Aが正則行列であることである。さらに，Vの線形変換φが自己同型変換であるとき，線形変換φの逆変換を φ^{-1} とすると，Vの基底 $\{\boldsymbol{v}_1, \boldsymbol{v}_2, \cdots\cdots, \boldsymbol{v}_n\}$ に関する φ^{-1} の表現行列は行列Aの逆行列 A^{-1} である。

注意　系 (単射・全射と次元) (236 ページ) より，Vの線形変換φがV上の自己同型変換であるための必要十分条件は線形変換φが単射であること，または，線形変換φが全射であることである。

例 16 (245 ページ) で確認したように，$\mathbb{R}^n$ については，Aをn次正方行列とするとき，行列Aによって定まる線形変換を f_A とすると，その $\mathbb{R}^n$ の標準的な基底に関する表現行列は，確かにAである。

例 19　自己同型変換の表現行列

$A=\begin{pmatrix} 2 & -1 & 0 \\ 0 & 3 & 1 \\ -1 & 0 & 0 \end{pmatrix}$ として，行列Aによって定まる線形変換

$\varphi_A: \mathbb{R}^3 \longrightarrow \mathbb{R}^3$ を考える。$\mathbb{R}^3$ の標準的な基底 $\left\{\begin{pmatrix} 1 \\ 0 \\ 0 \end{pmatrix}, \begin{pmatrix} 0 \\ 1 \\ 0 \end{pmatrix}, \begin{pmatrix} 0 \\ 0 \\ 1 \end{pmatrix}\right\}$ を考えると

$$\varphi_A\left(\begin{pmatrix} 1 \\ 0 \\ 0 \end{pmatrix}\right)=\begin{pmatrix} 2 & -1 & 0 \\ 0 & 3 & 1 \\ -1 & 0 & 0 \end{pmatrix}\begin{pmatrix} 1 \\ 0 \\ 0 \end{pmatrix}=\begin{pmatrix} 2 \\ 0 \\ -1 \end{pmatrix}$$
$$=2\begin{pmatrix} 1 \\ 0 \\ 0 \end{pmatrix}+0\cdot\begin{pmatrix} 0 \\ 1 \\ 0 \end{pmatrix}+(-1)\cdot\begin{pmatrix} 0 \\ 0 \\ 1 \end{pmatrix}$$

$$\varphi_A\left(\begin{pmatrix}0\\1\\0\end{pmatrix}\right)=\begin{pmatrix}2&-1&0\\0&3&1\\-1&0&0\end{pmatrix}\begin{pmatrix}0\\1\\0\end{pmatrix}$$

$$=\begin{pmatrix}-1\\3\\0\end{pmatrix}=(-1)\cdot\begin{pmatrix}1\\0\\0\end{pmatrix}+3\begin{pmatrix}0\\1\\0\end{pmatrix}+0\cdot\begin{pmatrix}0\\0\\1\end{pmatrix}$$

$$\varphi_A\left(\begin{pmatrix}0\\0\\1\end{pmatrix}\right)=\begin{pmatrix}2&-1&0\\0&3&1\\-1&0&0\end{pmatrix}\begin{pmatrix}0\\0\\1\end{pmatrix}$$

$$=\begin{pmatrix}0\\1\\0\end{pmatrix}=0\cdot\begin{pmatrix}1\\0\\0\end{pmatrix}+1\cdot\begin{pmatrix}0\\1\\0\end{pmatrix}+0\cdot\begin{pmatrix}0\\0\\1\end{pmatrix}$$

よって，基底 $\left\{\begin{pmatrix}1\\0\\0\end{pmatrix},\begin{pmatrix}0\\1\\0\end{pmatrix},\begin{pmatrix}0\\0\\1\end{pmatrix}\right\}$ に関する φ_A の表現行列は，確かに A である。

また，$\mathbb{R}^3$ の基底 $\left\{\begin{pmatrix}1\\0\\0\end{pmatrix},\begin{pmatrix}0\\1\\0\end{pmatrix},\begin{pmatrix}0\\0\\1\end{pmatrix}\right\}$ に関する合成変換 $\varphi_A\circ\varphi_A : V\longrightarrow V$ の表現行列は，$\varphi_A\circ\varphi_A=\varphi_{A^2}$ より，A^2 である。

$\det(A)\neq 0$ なので，定理（同型写像の表現行列）(248 ページ) より，φ_A は自己同型変換である。

さらに，φ_A の逆変換 $\varphi_A{}^{-1}$ はまた線形変換になり，その表現行列を B とすると，$\varphi_A\circ\varphi_A{}^{-1}=\mathrm{id}$ より両辺の表現行列を考えて $AB=E$ となることから，$B=A^{-1}$ となる。

よって，$\varphi_A{}^{-1}$ の表現行列は

$$A^{-1}=\begin{pmatrix}0&0&-1\\-1&0&-2\\3&1&6\end{pmatrix}$$

となる。

B 基底の変換

これまで線形写像の表現行列は，すべてベクトル空間の与えられた基底に対して求められていた。では，その基底を別の基底に取り替えたとき，どのようになるであろうか。

それを調べるために，ここではまず，2 つの基底を取り替えるような線形変換について考える。

そのような変換の表現行列について，次のように定義する。

定義 6-9 基底変換行列

Vをベクトル空間とし，$\dim V=n$ として，Vの 2 つの基底
$\{\boldsymbol{v}_1,\ \boldsymbol{v}_2,\ \cdots\cdots,\ \boldsymbol{v}_n\}$, $\{\boldsymbol{v}_1{}',\ \boldsymbol{v}_2{}',\ \cdots\cdots,\ \boldsymbol{v}_n{}'\}$ が与えられているとする。
このとき，各 $\boldsymbol{v}_i$ を $\boldsymbol{v}_i{}'$ に対応させることで，Vの線形変換 $\varphi : V \longrightarrow V$ が 1 つ定まる（定理（線形写像の決定の定理）（240 ページ））。
この線形変換 $\varphi : V \longrightarrow V$ の，Vの基底 $\{\boldsymbol{v}_1,\ \boldsymbol{v}_2,\ \cdots\cdots,\ \boldsymbol{v}_n\}$ とVの基底 $\{\boldsymbol{v}_1{}',\ \boldsymbol{v}_2{}',\ \cdots\cdots,\ \boldsymbol{v}_n{}'\}$ に関する表現行列を，Vの基底 $\{\boldsymbol{v}_1,\ \boldsymbol{v}_2,\ \cdots\cdots,\ \boldsymbol{v}_n\}$ からVの基底 $\{\boldsymbol{v}_1{}',\ \boldsymbol{v}_2{}',\ \cdots\cdots,\ \boldsymbol{v}_n{}'\}$ への **基底変換行列** または **変換行列** という。

すなわち，基底 $\{\boldsymbol{v}_1,\ \boldsymbol{v}_2,\ \cdots\cdots,\ \boldsymbol{v}_n\}$ から $\{\boldsymbol{v}_1{}',\ \boldsymbol{v}_2{}',\ \cdots\cdots,\ \boldsymbol{v}_n{}'\}$ への基底変換行列を
$$\begin{pmatrix} p_{11} & p_{12} & \cdots & p_{1n} \\ p_{21} & p_{22} & \cdots & p_{2n} \\ \vdots & \vdots & & \vdots \\ p_{n1} & p_{n2} & \cdots & p_{nn} \end{pmatrix}$$
とすると，次が成り立つ。
$$\boldsymbol{v}_i{}'=p_{1i}\boldsymbol{v}_1+p_{2i}\boldsymbol{v}_2+\cdots\cdots+p_{ni}\boldsymbol{v}_n \quad (i=1,\ 2,\ \cdots\cdots,\ n)$$

変換先の基底を元の基底の 1 次結合で表したときの係数を並べてできる行列の転置行列が基底変換行列である。

補足 さらに，$\{\boldsymbol{v}_1{}',\ \boldsymbol{v}_2{}',\ \cdots\cdots,\ \boldsymbol{v}_n{}'\}$ はVの基底であり，特にVを生成するので，Vは線形変換 φ は全射であり，系（全射・単射と次元 [2]）（236 ページ）より，線形変換 φ は自己同型変換である。よって，定理（自己同型変換の表現行列）（251 ページ）より，基底変換行列は正則である。

例20　R^3 の基底変換

$\left\{\begin{pmatrix} a_{11} \\ a_{21} \\ a_{31} \end{pmatrix}, \begin{pmatrix} a_{12} \\ a_{22} \\ a_{32} \end{pmatrix}, \begin{pmatrix} a_{13} \\ a_{23} \\ a_{33} \end{pmatrix}\right\}$ を R^3 の1つの基底とする。

このとき　$\begin{pmatrix} a_{1i} \\ a_{2i} \\ a_{3i} \end{pmatrix} = a_{1i}\begin{pmatrix} 1 \\ 0 \\ 0 \end{pmatrix} + a_{2i}\begin{pmatrix} 0 \\ 1 \\ 0 \end{pmatrix} + a_{3i}\begin{pmatrix} 0 \\ 0 \\ 1 \end{pmatrix}$　$(i=1,\ 2,\ 3)$

よって，$P=\begin{pmatrix} a_{11} & a_{12} & a_{13} \\ a_{21} & a_{22} & a_{23} \\ a_{31} & a_{32} & a_{33} \end{pmatrix}$ とすると，行列 P は R^3 の標準的な基底 $\left\{\begin{pmatrix} 1 \\ 0 \\ 0 \end{pmatrix}, \begin{pmatrix} 0 \\ 1 \\ 0 \end{pmatrix}, \begin{pmatrix} 0 \\ 0 \\ 1 \end{pmatrix}\right\}$ から基底 $\left\{\begin{pmatrix} a_{11} \\ a_{21} \\ a_{31} \end{pmatrix}, \begin{pmatrix} a_{12} \\ a_{22} \\ a_{32} \end{pmatrix}, \begin{pmatrix} a_{13} \\ a_{23} \\ a_{33} \end{pmatrix}\right\}$ への基底変換行列である。また，行列 P は R^3 の基底 $\left\{\begin{pmatrix} a_{11} \\ a_{21} \\ a_{31} \end{pmatrix}, \begin{pmatrix} a_{12} \\ a_{22} \\ a_{32} \end{pmatrix}, \begin{pmatrix} a_{13} \\ a_{23} \\ a_{33} \end{pmatrix}\right\}$ を並べて得られる3次正方行列である。よって，247ページの補足で述べたような書き方

$$(\boldsymbol{v}_1 \quad \boldsymbol{v}_2 \quad \boldsymbol{v}_3) = (\boldsymbol{e}_1 \quad \boldsymbol{e}_2 \quad \boldsymbol{e}_3)\begin{pmatrix} a_{11} & a_{12} & a_{13} \\ a_{21} & a_{22} & a_{23} \\ a_{31} & a_{32} & a_{33} \end{pmatrix}$$

において，両辺のベクトルを横に並べている部分を，列ベクトルを並べてできる行列とみなすと，$P=EP$ という正しい等式が得られる。ゆえに，245ページの注意で述べたように，数ベクトル空間の線形変換を考えているときは，243ページの補足で述べた形式的な書き方で正しい等式が得られる。

例題10　R^3 の基底 $\left\{\boldsymbol{v}_1=\begin{pmatrix} 1 \\ 2 \\ 2 \end{pmatrix},\ \boldsymbol{v}_2=\begin{pmatrix} 2 \\ 7 \\ 3 \end{pmatrix},\ \boldsymbol{v}_3=\begin{pmatrix} 1 \\ -2 \\ 3 \end{pmatrix}\right\}$ から，基底 $\left\{\boldsymbol{v}_1'=\begin{pmatrix} 1 \\ 2 \\ 3 \end{pmatrix},\ \boldsymbol{v}_2'=\begin{pmatrix} 1 \\ 3 \\ 6 \end{pmatrix},\ \boldsymbol{v}_3'=\begin{pmatrix} 1 \\ 4 \\ 10 \end{pmatrix}\right\}$ への変換行列 P を求めよ。

考え方▶数ベクトル空間の基底の変換なので，例20のように，形式的な書き方が正しい等式を導く。

解答 求める基底変換行列をPとする。数ベクトル空間 $\mathbb{R}^3$ の基底の変換なので，次の等式が成り立つ。

$$(\boldsymbol{v}_1' \quad \boldsymbol{v}_2' \quad \boldsymbol{v}_3')=(\boldsymbol{v}_1 \quad \boldsymbol{v}_2 \quad \boldsymbol{v}_3)P$$

ここで，両辺の行列は，それぞれの基底のベクトルを列ベクトルとして横に並べてできる行列で，次のようになる。

$$(\boldsymbol{v}_1' \quad \boldsymbol{v}_2' \quad \boldsymbol{v}_3')=\begin{pmatrix}1&1&1\\2&3&4\\3&6&10\end{pmatrix},\ (\boldsymbol{v}_1 \quad \boldsymbol{v}_2 \quad \boldsymbol{v}_3)=\begin{pmatrix}1&2&1\\2&7&-2\\2&3&3\end{pmatrix}$$

ここで，
$$\begin{vmatrix}1&2&1\\2&7&-2\\2&3&3\end{vmatrix}=1\cdot7\cdot3+2\cdot(-2)\cdot2+1\cdot2\cdot3$$
$$-1\cdot(-2)\cdot3-2\cdot2\cdot3-1\cdot7\cdot2$$
$$=-1\neq0$$

ゆえに，行列 $\begin{pmatrix}1&2&1\\2&7&-2\\2&3&3\end{pmatrix}$ は正則行列であり，逆行列が存在する。

逆行列の公式（157 ページ）より，行列 $\begin{pmatrix}1&2&1\\2&7&-2\\2&3&3\end{pmatrix}$ の逆行列は

$\begin{pmatrix}-27&3&11\\10&-1&-4\\8&-1&-3\end{pmatrix}$ であるから

$$P=\begin{pmatrix}-27&3&11\\10&-1&-4\\8&-1&-3\end{pmatrix}\begin{pmatrix}1&1&1\\2&3&4\\3&6&10\end{pmatrix}$$
$$=\begin{pmatrix}12&48&95\\-4&-17&-34\\-3&-13&-26\end{pmatrix}$$

練習 22 $\mathbb{R}^3$ の基底 $\left\{\begin{pmatrix}1\\-1\\1\end{pmatrix}, \begin{pmatrix}-4\\3\\-3\end{pmatrix}, \begin{pmatrix}6\\-2\\3\end{pmatrix}\right\}$ から，基底
$\left\{\begin{pmatrix}3\\3\\-2\end{pmatrix}, \begin{pmatrix}1\\3\\-1\end{pmatrix}, \begin{pmatrix}2\\1\\-3\end{pmatrix}\right\}$ への基底変換行列を求めよ。

C 基底の変換と表現行列

ここでは，前項の基底変換行列を用いて，基底の取り替えと線形写像の表現行列の関係を調べよう。V，W をベクトル空間とし，写像 $f : V \longrightarrow W$ を線形写像とする。また，$\dim V = n$，$\dim W = m$ として，V の 2 つの基底
$\{\boldsymbol{v}_1, \boldsymbol{v}_2, \cdots\cdots, \boldsymbol{v}_n\}$，$\{\boldsymbol{v}_1', \boldsymbol{v}_2', \cdots\cdots, \boldsymbol{v}_n'\}$ と，W の 2 つの基底
$\{\boldsymbol{w}_1, \boldsymbol{w}_2, \cdots\cdots, \boldsymbol{w}_m\}$，$\{\boldsymbol{w}_1', \boldsymbol{w}_2', \cdots\cdots, \boldsymbol{w}_m'\}$ が与えられているとする。

このとき，次の 4 つの行列が得られる。

- V の基底 $\{\boldsymbol{v}_1, \boldsymbol{v}_2, \cdots\cdots, \boldsymbol{v}_n\}$ から $\{\boldsymbol{v}_1', \boldsymbol{v}_2', \cdots\cdots, \boldsymbol{v}_n'\}$ への基底変換行列　P
- W の基底 $\{\boldsymbol{w}_1, \boldsymbol{w}_2, \cdots\cdots, \boldsymbol{w}_m\}$ から $\{\boldsymbol{w}_1', \boldsymbol{w}_2', \cdots\cdots, \boldsymbol{w}_m'\}$ への基底変換行列　Q
- V の基底 $\{\boldsymbol{v}_1, \boldsymbol{v}_2, \cdots\cdots, \boldsymbol{v}_n\}$ と W の基底 $\{\boldsymbol{w}_1, \boldsymbol{w}_2, \cdots\cdots, \boldsymbol{w}_m\}$ に関する f の表現行列　A
- V の基底 $\{\boldsymbol{v}_1', \boldsymbol{v}_2', \cdots\cdots, \boldsymbol{v}_n'\}$ と W の基底 $\{\boldsymbol{w}_1', \boldsymbol{w}_2', \cdots\cdots, \boldsymbol{w}_m'\}$ に関する f の表現行列　A'

この 4 つの行列の関係を調べる。

以下，V，W を数ベクトル空間とし，247 ページの補足のような表し方で考える。一般のベクトル空間についての証明としては正しくないが，同じことが成り立つことが証明できる。

まず，それぞれの行列が満たす等式を書き下してみると，次のようになる。

$$(\boldsymbol{v}_1' \ \ \boldsymbol{v}_2' \ \ \cdots \ \ \boldsymbol{v}_n') = (\boldsymbol{v}_1 \ \ \boldsymbol{v}_2 \ \ \cdots \ \ \boldsymbol{v}_n)P \quad \cdots\cdots ①$$
$$(\boldsymbol{w}_1' \ \ \boldsymbol{w}_2' \ \ \cdots \ \ \boldsymbol{w}_m') = (\boldsymbol{w}_1 \ \ \boldsymbol{w}_2 \ \ \cdots \ \ \boldsymbol{w}_m)Q \quad \cdots\cdots ②$$
$$(f(\boldsymbol{v}_1) \ \ f(\boldsymbol{v}_2) \ \ \cdots \ \ f(\boldsymbol{v}_n)) = (\boldsymbol{w}_1 \ \ \boldsymbol{w}_2 \ \ \cdots \ \ \boldsymbol{w}_m)A \quad \cdots\cdots ③$$
$$(f(\boldsymbol{v}_1') \ \ f(\boldsymbol{v}_2') \ \ \cdots \ \ f(\boldsymbol{v}_n')) = (\boldsymbol{w}_1' \ \ \boldsymbol{w}_2' \ \ \cdots \ \ \boldsymbol{w}_m')A' \quad \cdots\cdots ④$$

まず，④，② から

$$(f(\boldsymbol{v}_1') \ \ f(\boldsymbol{v}_2') \ \ \cdots \ \ f(\boldsymbol{v}_n')) = (\boldsymbol{w}_1' \ \ \boldsymbol{w}_2' \ \ \cdots \ \ \boldsymbol{w}_m')A' = (\boldsymbol{w}_1 \ \ \boldsymbol{w}_2 \ \ \cdots \ \ \boldsymbol{w}_m)QA' \quad \cdots\cdots ⑤$$

同じような式を作るために，$P=\begin{pmatrix} p_{11} & p_{12} & \cdots & p_{1n} \\ p_{21} & p_{22} & \cdots & p_{2n} \\ \vdots & \vdots & & \vdots \\ p_{n1} & p_{n2} & \cdots & p_{nn} \end{pmatrix}$ とすると，① から

$$\boldsymbol{v}_i{}'=p_{1i}\boldsymbol{v}_1+p_{2i}\boldsymbol{v}_2+\cdots\cdots+p_{ni}\boldsymbol{v}_n \quad (i=1,\ 2,\ \cdots\cdots,\ n)$$

このとき　$f(\boldsymbol{v}_i{}')=f(p_{1i}\boldsymbol{v}_1+p_{2i}\boldsymbol{v}_2+\cdots\cdots+p_{ni}\boldsymbol{v}_n)$

$$=p_{1i}f(\boldsymbol{v}_1)+p_{2i}f(\boldsymbol{v}_2)+\cdots\cdots+p_{ni}f(\boldsymbol{v}_n)\ (i=1,\ 2,\ \cdots\cdots,\ n)$$

よって　$(\,f(\boldsymbol{v}_1{}')\quad f(\boldsymbol{v}_2{}')\quad \cdots \quad f(\boldsymbol{v}_n{}')\,)=(\,f(\boldsymbol{v}_1)\quad f(\boldsymbol{v}_2)\quad \cdots \quad f(\boldsymbol{v}_n)\,)P$　…… ⑥

⑥，③ から　$(\,f(\boldsymbol{v}_1{}')\quad f(\boldsymbol{v}_2{}')\quad \cdots \quad f(\boldsymbol{v}_n{}')\,)=(\,f(\boldsymbol{v}_1)\quad f(\boldsymbol{v}_2)\quad \cdots \quad f(\boldsymbol{v}_n)\,)P$

$$=(\,\boldsymbol{w}_1\quad \boldsymbol{w}_2\quad \cdots \quad \boldsymbol{w}_m\,)AP \quad \cdots\cdots ⑦$$

ゆえに ⑤，⑦ から　$(\boldsymbol{w}_1\quad \boldsymbol{w}_2\quad \cdots \quad \boldsymbol{w}_m)AP=(\boldsymbol{w}_1\quad \boldsymbol{w}_2\quad \cdots \quad \boldsymbol{w}_m)QA'$　…… ⑧

$\{\boldsymbol{w}_1,\ \boldsymbol{w}_2,\ \cdots\cdots,\ \boldsymbol{w}_m\}$ は W の基底であり，特に 1 次独立である。

したがって，系 (数ベクトルの組の 1 次独立性と行列) (186 ページ) より，$(\,\boldsymbol{w}_1\quad \boldsymbol{w}_2\quad \cdots \quad \boldsymbol{w}_m\,)$ で表される行列は正則である。よって，その逆行列を ⑧ の両辺に左から掛けることにより，$AP=QA'$ が得られる。

これで，次の定理が証明された。

定理　基底の変換と表現行列

V，W をベクトル空間とし，写像 $f : V \longrightarrow W$ を線形写像とする。また，V の基底 $\{\boldsymbol{v}_1,\ \boldsymbol{v}_2,\ \cdots\cdots,\ \boldsymbol{v}_n\}$，$\{\boldsymbol{v}_1{}',\ \boldsymbol{v}_2{}',\ \cdots\cdots,\ \boldsymbol{v}_n{}'\}$ と，W の基底 $\{\boldsymbol{w}_1,\ \boldsymbol{w}_2,\ \cdots\cdots,\ \boldsymbol{w}_m\}$，$\{\boldsymbol{w}_1{}',\ \boldsymbol{w}_2{}',\ \cdots\cdots,\ \boldsymbol{w}_m{}'\}$ が与えられているとする。

このとき，次の 4 つの行列が得られる。

- V の基底 $\{\boldsymbol{v}_1,\ \boldsymbol{v}_2,\ \cdots\cdots,\ \boldsymbol{v}_n\}$ から $\{\boldsymbol{v}_1{}',\ \boldsymbol{v}_2{}',\ \cdots\cdots,\ \boldsymbol{v}_n{}'\}$ への基底変換行列　P
- W の基底 $\{\boldsymbol{w}_1,\ \boldsymbol{w}_2,\ \cdots\cdots,\ \boldsymbol{w}_m\}$ から $\{\boldsymbol{w}_1{}',\ \boldsymbol{w}_2{}',\ \cdots\cdots,\ \boldsymbol{w}_m{}'\}$ への基底変換行列　Q
- V の基底 $\{\boldsymbol{v}_1,\ \boldsymbol{v}_2,\ \cdots\cdots,\ \boldsymbol{v}_n\}$ と W の基底 $\{\boldsymbol{w}_1,\ \boldsymbol{w}_2,\ \cdots\cdots,\ \boldsymbol{w}_m\}$ に関する f の表現行列　A
- V の基底 $\{\boldsymbol{v}_1{}',\ \boldsymbol{v}_2{}',\ \cdots\cdots,\ \boldsymbol{v}_n{}'\}$ と W の基底 $\{\boldsymbol{w}_1{}',\ \boldsymbol{w}_2{}',\ \cdots\cdots,\ \boldsymbol{w}_m{}'\}$ に関する f の表現行列　A'

このとき，$AP=QA'$ が成り立つ。

さらに，行列 P，Q は基底変換行列なので正則であるから，次のようにも書ける。

$$A = QA'P^{-1} \qquad \text{または} \qquad A' = Q^{-1}AP$$

例題 11

$A = \begin{pmatrix} 2 & 3 & 0 \\ 0 & -1 & 1 \end{pmatrix}$ とするとき，行列Aによって定まる線形写像 $f_A : \mathbb{R}^3 \longrightarrow \mathbb{R}^2$ を考える。

$\mathbb{R}^3$ の基底 $\left\{ \begin{pmatrix} 0 \\ 1 \\ -1 \end{pmatrix}, \begin{pmatrix} 1 \\ -1 \\ 0 \end{pmatrix}, \begin{pmatrix} 1 \\ 0 \\ 1 \end{pmatrix} \right\}$ と $\mathbb{R}^2$ の基底 $\left\{ \begin{pmatrix} 0 \\ -1 \end{pmatrix}, \begin{pmatrix} 1 \\ -1 \end{pmatrix} \right\}$ に関する f_A の表現行列を求めよ。

解答

線形写像 f_A の，$\mathbb{R}^3$ の標準的な基底 $\left\{ \begin{pmatrix} 1 \\ 0 \\ 0 \end{pmatrix}, \begin{pmatrix} 0 \\ 1 \\ 0 \end{pmatrix}, \begin{pmatrix} 0 \\ 0 \\ 1 \end{pmatrix} \right\}$ と $\mathbb{R}^2$ の標準的な基底 $\left\{ \begin{pmatrix} 1 \\ 0 \end{pmatrix}, \begin{pmatrix} 0 \\ 1 \end{pmatrix} \right\}$ に関する表現行列は行列Aである（例16（245ページ）より）。

また，$\mathbb{R}^3$ の標準的な基底 $\left\{ \begin{pmatrix} 1 \\ 0 \\ 0 \end{pmatrix}, \begin{pmatrix} 0 \\ 1 \\ 0 \end{pmatrix}, \begin{pmatrix} 0 \\ 0 \\ 1 \end{pmatrix} \right\}$ から基底 $\left\{ \begin{pmatrix} 0 \\ 1 \\ -1 \end{pmatrix}, \begin{pmatrix} 1 \\ -1 \\ 0 \end{pmatrix}, \begin{pmatrix} 1 \\ 0 \\ 1 \end{pmatrix} \right\}$ への基底変換行列をPとすると（例20（254ページ）より）

$$P = \begin{pmatrix} 0 & 1 & 1 \\ 1 & -1 & 0 \\ -1 & 0 & 1 \end{pmatrix}$$

同様に，$\mathbb{R}^2$ の標準的な基底 $\left\{ \begin{pmatrix} 1 \\ 0 \end{pmatrix}, \begin{pmatrix} 0 \\ 1 \end{pmatrix} \right\}$ から基底 $\left\{ \begin{pmatrix} 0 \\ -1 \end{pmatrix}, \begin{pmatrix} 1 \\ -1 \end{pmatrix} \right\}$ への基底変換行列をQとすると

$$Q = \begin{pmatrix} 0 & 1 \\ -1 & -1 \end{pmatrix}$$

ここで　$Q^{-1}=\begin{pmatrix} -1 & -1 \\ 1 & 0 \end{pmatrix}$

よって，定理（基底の変換と表現行列）より，求める表現行列は

$$Q^{-1}AP=\begin{pmatrix} -1 & -1 \\ 1 & 0 \end{pmatrix}\begin{pmatrix} 2 & 3 & 0 \\ 0 & -1 & 1 \end{pmatrix}\begin{pmatrix} 0 & 1 & 1 \\ 1 & -1 & 0 \\ -1 & 0 & 1 \end{pmatrix}$$

$$=\begin{pmatrix} -1 & 0 & -3 \\ 3 & -1 & 2 \end{pmatrix}$$ ■

練習 23　V，W をベクトル空間とし，$\{\boldsymbol{v}_1,\ \boldsymbol{v}_2,\ \boldsymbol{v}_3,\ \boldsymbol{v}_4,\ \boldsymbol{v}_5\}$ を V の基底，$\{\boldsymbol{w}_1,\ \boldsymbol{w}_2\}$ を W の基底とし，練習 19 の線形写像 $f: V \longrightarrow W$ を考える。V の基底を入れ替えて，$\{\boldsymbol{v}_2,\ \boldsymbol{v}_3,\ \boldsymbol{v}_1,\ \boldsymbol{v}_5,\ \boldsymbol{v}_4\}$ を V の別の基底とする。また，$\{3\boldsymbol{w}_1+\boldsymbol{w}_2,\ \boldsymbol{w}_1+\boldsymbol{w}_2\}$ を W の別の基底とする。
V の基底 $\{\boldsymbol{v}_2,\ \boldsymbol{v}_3,\ \boldsymbol{v}_1,\ \boldsymbol{v}_5,\ \boldsymbol{v}_4\}$ と W の基底 $\{3\boldsymbol{w}_1+\boldsymbol{w}_2,\ \boldsymbol{w}_1+\boldsymbol{w}_2\}$ に関する f の表現行列を求めよ。

V をベクトル空間とするとき，V から V への線形変換について，定理（基底の変換と表現行列）（257 ページ）において $W=V$ として考えると，次の系が得られる。

系　線形変換の基底の変換と表現行列

V をベクトル空間とし，写像 $f: V \longrightarrow V$ を V の線形変換とする。また，V の 2 つの基底 $\{\boldsymbol{v}_1,\ \boldsymbol{v}_2,\ \cdots\cdots,\ \boldsymbol{v}_n\}$，$\{\boldsymbol{v}_1',\ \boldsymbol{v}_2',\ \cdots\cdots,\ \boldsymbol{v}_n'\}$ が与えられているとする。
このとき，次の 3 つの行列が得られる。

・V の基底 $\{\boldsymbol{v}_1,\ \boldsymbol{v}_2,\ \cdots\cdots,\ \boldsymbol{v}_n\}$ から $\{\boldsymbol{v}_1',\ \boldsymbol{v}_2',\ \cdots\cdots,\ \boldsymbol{v}_n'\}$ への基底変換行列　P
・V の基底 $\{\boldsymbol{v}_1,\ \boldsymbol{v}_2,\ \cdots\cdots,\ \boldsymbol{v}_n\}$ に関する f の表現行列　A
・V の基底 $\{\boldsymbol{v}_1',\ \boldsymbol{v}_2',\ \cdots\cdots,\ \boldsymbol{v}_n'\}$ に関する f の表現行列　A'

このとき，$AP=PA'$ が成り立つ。

前と同じように書くと　$A=PA'P^{-1}$　または　$A'=P^{-1}AP$

例 21　1次変換の場合の基底変換と表現行列

$A=\begin{pmatrix} -1 & 0 \\ 2 & -1 \end{pmatrix}$ として，行列Aによって定まる $\mathbb{R}^2$ の1次変換の，$\mathbb{R}^2$ の基底 $\left\{\begin{pmatrix} 1 \\ 2 \end{pmatrix}, \begin{pmatrix} 2 \\ 3 \end{pmatrix}\right\}$ に関する表現行列を求めてみよう。

$\mathbb{R}^2$ の標準的な基底 $\left\{\begin{pmatrix} 1 \\ 0 \end{pmatrix}, \begin{pmatrix} 0 \\ 1 \end{pmatrix}\right\}$ から基底 $\left\{\begin{pmatrix} 1 \\ 2 \end{pmatrix}, \begin{pmatrix} 2 \\ 3 \end{pmatrix}\right\}$ への基底変換行列をPとすると (例 20 (254 ページ) より)　$P=\begin{pmatrix} 1 & 2 \\ 2 & 3 \end{pmatrix}$

よって　$P^{-1}=\begin{pmatrix} -3 & 2 \\ 2 & -1 \end{pmatrix}$

したがって，系 (線形変換の基底の変換と表現行列) より，求める表現行列は

$$P^{-1}AP=\begin{pmatrix} -3 & 2 \\ 2 & -1 \end{pmatrix}\begin{pmatrix} -1 & 0 \\ 2 & -1 \end{pmatrix}\begin{pmatrix} 1 & 2 \\ 2 & 3 \end{pmatrix}$$
$$=\begin{pmatrix} 3 & 8 \\ -2 & -5 \end{pmatrix}$$

練習 24　$A=\begin{pmatrix} -3 & 1 & 4 \\ 2 & 2 & 3 \\ 3 & 4 & 6 \end{pmatrix}$ とするとき，行列Aによって定まる $\mathbb{R}^3$ の線形変換 $f_A: \mathbb{R}^3 \longrightarrow \mathbb{R}^3$ について，$\mathbb{R}^3$ の基底 $\left\{\begin{pmatrix} 1 \\ 4 \\ 3 \end{pmatrix}, \begin{pmatrix} 0 \\ 1 \\ 0 \end{pmatrix}, \begin{pmatrix} 0 \\ 2 \\ 1 \end{pmatrix}\right\}$ に関する f_A の表現行列を求めよ。

章末問題

1　W を $\mathbb{R}^3$ の部分空間とし，$W=\left\{\begin{pmatrix} x \\ y \\ z \end{pmatrix} \middle| \, 3x+2y+z=0\right\}$ とする。

$A=\begin{pmatrix} 1 & 0 \\ 0 & 1 \\ -3 & -2 \end{pmatrix}$ とするとき，行列 A によって定まる線形写像 $f_A : \mathbb{R}^2 \longrightarrow \mathbb{R}^3$ は $\mathbb{R}^2$ から W への同型写像であることを示せ。

2　$A=\begin{pmatrix} 2 & 0 & 2 & 4 & 6 \\ 0 & 3 & 2 & 3 & 2 \\ -1 & 3 & 1 & 1 & -1 \\ -2 & 3 & 0 & -1 & -4 \end{pmatrix}$ とするとき，行列 A によって定まる線形写像 $f_A : \mathbb{R}^5 \longrightarrow \mathbb{R}^4$ について，$f(\mathbb{R}^5)$ の基底を 1 組求めよ。

3　V，W をベクトル空間とし，$\dim V=6$，$\dim W=2$ とする。線形写像 $f : V \longrightarrow W$ について，$\dim \mathrm{Ker}(f)$ がとりうる値をすべて求めよ。

4　V を実数上の関数全体からなるベクトル空間とし，f_1，$f_2 \in V$ を，それぞれ $f_1(x)=\cos x$，$f_2(x)=\sin x$ で定める。また，W を V の部分空間とし，$W=\langle f_1,\ f_2 \rangle$ とする。

(1)　$\{f_1,\ f_2\}$ が W の基底であることを示せ。

(2)　任意の $f \in W$ に対して，その x の導関数 $\dfrac{d}{dx}f(x)$ を対応させることにより，線形写像 $\dfrac{d}{dx} : W \longrightarrow W$ が得られる。このとき，線形写像 $\dfrac{d}{dx}$ の，W の基底 $\{f_1,\ f_2\}$ に関する表現行列を求めよ。

(3)　任意の $f \in W$ に対して，その x の導関数 $\dfrac{d^2}{dx^2}f(x)$ を対応させることにより，線形写像 $\dfrac{d^2}{dx^2} : W \longrightarrow W$ が得られる。このとき，線形写像 $\dfrac{d^2}{dx^2}$ の，W の基底 $\{f_1,\ f_2\}$ に関する表現行列を求めよ。

5　次の問いに答えよ。

(1)　$\mathbb{R}^2$ の1次変換 $f: \mathbb{R}^2 \longrightarrow \mathbb{R}^2$ を，$f\left(\begin{pmatrix} x \\ y \end{pmatrix}\right)=\begin{pmatrix} 2x+4y \\ x+5y \end{pmatrix}$ で定める。このとき，$\mathbb{R}^2$ の基底 $\left\{\begin{pmatrix} 2 \\ 1 \end{pmatrix}, \begin{pmatrix} -1 \\ 1 \end{pmatrix}\right\}$ に関する f の表現行列を求めよ。

(2)　$\mathbb{R}$ 上の線形変換 $g: \mathbb{R}^3 \longrightarrow \mathbb{R}^3$ を，$g\left(\begin{pmatrix} x \\ y \\ z \end{pmatrix}\right)=\begin{pmatrix} 4x-2y+z \\ x-2y+z \\ 3x+2y+z \end{pmatrix}$ で定める。このとき，$\mathbb{R}^3$ の基底 $\left\{\begin{pmatrix} 1 \\ 1 \\ 1 \end{pmatrix}, \begin{pmatrix} 1 \\ 1 \\ 0 \end{pmatrix}, \begin{pmatrix} 1 \\ 0 \\ 0 \end{pmatrix}\right\}$ に関する g の表現行列を求めよ。

第 7 章　内積

高校で学んだ平面や空間の幾何ベクトルについては，有向線分としてベクトルの長さ（大きさ）やなす角という「幾何的な量」を考えることができた。そして，それらを計算するのに重要であったのが，ベクトルの内積であった。

この章では，ベクトル空間における（一般化された）内積を定義し，その性質を調べていく。内積が定義されたベクトル空間は，一般に「計量ベクトル空間」と呼ばれ，そこで展開される理論は，物理学・経済学・情報科学など多くの分野に応用され，重要である。

複素数体上のベクトル空間におけるエルミート内積の名称の由来となったシャルル・エルミートは，フランスの数学者である。
1873 年に自然対数の底 e が超越数である，すなわち，どんな代数方程式の解にもならないことを証明したことでも知られている。

エルミート，1822-1901

第1節　内積と計量ベクトル空間

ここでは，ベクトルの内積の概念を導入し，ベクトルの長さ，ベクトルとベクトルのなす角などの基本的概念を学ぶ。

A　内積とは

第0章では，高校で学んだように有向線分を用いて幾何ベクトルを定義した。高校でのベクトルの学習では，その基本的な性質などを学んだ後，内積について学習を進めた。その高校での学習におけるベクトル $\boldsymbol{a}$，$\boldsymbol{b}$ の内積の定義は

$$\boldsymbol{a}\cdot\boldsymbol{b}=|\boldsymbol{a}||\boldsymbol{b}|\cos\theta \quad \cdots\cdots ①$$

であった。ここで，$|\boldsymbol{a}|$，$|\boldsymbol{b}|$ はそれぞれのベクトルの大きさ，θ は2つのベクトル $\boldsymbol{a}$，$\boldsymbol{b}$ のなす角を表す。この幾何ベクトルの内積の定義は，例えば物理学（力学）における解釈と関連があり，重要である。

力学において，物体に一定の力 F [N] が作用して，F と角度 θ だけずれた方向に物体が x [m] 移動したとき，物体になされた仕事は $Fx\cos\theta$ [N·m] である。これは力 F と変位 x を幾何ベクトルとみなした場合の **内積** と一致する。

一方で，線形代数学では，このような物理的な解釈と離れて，数学的にベクトルの内積を定義し，その性質を調べていく。

まず上記の内積の概念を，n 次元数ベクトルに対して拡張しよう。① において，$\boldsymbol{a}=\boldsymbol{b}=\boldsymbol{v}$ とすると，$|\boldsymbol{v}|^2=\boldsymbol{v}\cdot\boldsymbol{v}$ が得られる。さらに，△OAB において，$\overrightarrow{\mathrm{OA}}=\boldsymbol{a}$，$\overrightarrow{\mathrm{OB}}=\boldsymbol{b}$ とすると　　$|\boldsymbol{b}-\boldsymbol{a}|^2=(\boldsymbol{b}-\boldsymbol{a})\cdot(\boldsymbol{b}-\boldsymbol{a})=|\boldsymbol{a}|^2+|\boldsymbol{b}|^2-2\boldsymbol{a}\cdot\boldsymbol{b}$

ここで，$\boldsymbol{a}$，$\boldsymbol{b}$ を平面ベクトルとして，$\boldsymbol{a}=\begin{pmatrix} a_1 \\ a_2 \end{pmatrix}$，$\boldsymbol{b}=\begin{pmatrix} b_1 \\ b_2 \end{pmatrix}$ とすると

$$|\boldsymbol{a}|^2=a_1{}^2+a_2{}^2,\ |\boldsymbol{b}|^2=b_1{}^2+b_2{}^2,\ |\boldsymbol{b}-\boldsymbol{a}|^2=(b_1-a_1)^2+(b_2-a_2)^2$$

よって　　
$$\begin{aligned}\boldsymbol{a}\cdot\boldsymbol{b}&=\frac{1}{2}\{(|\boldsymbol{a}|^2+|\boldsymbol{b}|^2)-|\boldsymbol{b}-\boldsymbol{a}|^2\}\\&=\frac{1}{2}[(a_1{}^2+a_2{}^2)+(b_1{}^2+b_2{}^2)-\{(b_1-a_1)^2+(b_2-a_2)^2\}]\\&=a_1b_1+a_2b_2\end{aligned}$$

これは空間ベクトルについても同様に成り立つ。

そこで，$\boldsymbol{a}$，$\boldsymbol{b}$ を n 次元数ベクトル $\boldsymbol{a}=\begin{pmatrix} a_1 \\ a_2 \\ \vdots \\ a_n \end{pmatrix}$，$\boldsymbol{b}=\begin{pmatrix} b_1 \\ b_2 \\ \vdots \\ b_n \end{pmatrix}$ とするとき，その内積を，$\boldsymbol{a}\cdot\boldsymbol{b}=a_1b_1+a_2b_2+\cdots\cdots+a_nb_n$ で定義する。これを $\mathbb{R}^n$ の **標準内積** という。この標準内積は，次の4つの性質を満たしていることが，計算により確かめられる。

$\boldsymbol{v}$，$\boldsymbol{v}'\in\mathbb{R}^n$，$\boldsymbol{w}$，$\boldsymbol{w}'\in\mathbb{R}^n$ と $a\in\mathbb{R}$ について

・$(\boldsymbol{v}+\boldsymbol{v}')\cdot\boldsymbol{w}=\boldsymbol{v}\cdot\boldsymbol{w}+\boldsymbol{v}'\cdot\boldsymbol{w}$，$(a\boldsymbol{v})\cdot\boldsymbol{w}=a(\boldsymbol{v}\cdot\boldsymbol{w})$

・$\boldsymbol{v}\cdot(\boldsymbol{w}+\boldsymbol{w}')=\boldsymbol{v}\cdot\boldsymbol{w}+\boldsymbol{v}\cdot\boldsymbol{w}'$，$\boldsymbol{v}\cdot(a\boldsymbol{w})=a(\boldsymbol{v}\cdot\boldsymbol{w})$

・$\boldsymbol{v}\cdot\boldsymbol{w}=\boldsymbol{w}\cdot\boldsymbol{v}$

・任意の $\boldsymbol{v}$ について $\boldsymbol{v}\cdot\boldsymbol{v}\geqq 0$ であり，$\boldsymbol{v}\cdot\boldsymbol{v}=0$ となるのは $\boldsymbol{v}=\boldsymbol{0}$ であるときに限る。

練習1　$\mathbb{R}^2$ の標準内積が，上の条件 (I1)～(I4) をすべて満たすことを示せ。

B　内積の定義

一般のベクトル空間における内積を，上の条件を満たすものとして定義する。

定義 7-1　内積

V をベクトル空間とする。任意の $\boldsymbol{v}$，$\boldsymbol{w}\in V$ に対して，$(\boldsymbol{v},\ \boldsymbol{w})\in\mathbb{R}$ を1つ対応させる関数を考える*)。この関数が次の条件 (I1)～(I4) を満たすとき，その関数を V 上の **内積** という。

$\boldsymbol{v}$，$\boldsymbol{v}'\in V$，$\boldsymbol{w}$，$\boldsymbol{w}'\in V$，$a\in\mathbb{R}$ について

(I1)　・$(\boldsymbol{v}_1+\boldsymbol{v}_2,\ \boldsymbol{w})=(\boldsymbol{v}_1,\ \boldsymbol{w})+(\boldsymbol{v}_2,\ \boldsymbol{w})$　　・$(a\boldsymbol{v},\ \boldsymbol{w})=a(\boldsymbol{v},\ \boldsymbol{w})$

この性質を，内積の第1成分についての線形性という。

(I2)　・$(\boldsymbol{v},\ \boldsymbol{w}_1+\boldsymbol{w}_2)=(\boldsymbol{v},\ \boldsymbol{w}_1)+(\boldsymbol{v},\ \boldsymbol{w}_2)$　　・$(\boldsymbol{v},\ a\boldsymbol{w})=a(\boldsymbol{v},\ \boldsymbol{w})$

この性質を，内積の第2成分についての線形性という。

(I3)　・$(\boldsymbol{v},\ \boldsymbol{w})=(\boldsymbol{w},\ \boldsymbol{v})$　この性質を，内積の対称性という。

(I4)　任意のベクトル $\boldsymbol{v}$ について $(\boldsymbol{v},\ \boldsymbol{v})\geqq 0$ であり，$(\boldsymbol{v},\ \boldsymbol{v})=0$ となるのは，$\boldsymbol{v}=\boldsymbol{0}$ であるときに限る。

---

*）集合の直積の概念を用いると $V\times V\longrightarrow\mathbb{R}$ と表される写像（関数）になる。集合の直積については『数研講座シリーズ　大学教養　微分積分の基礎』を参照。

本書では，ベクトル空間の2つのベクトル $\boldsymbol{v}$，$\boldsymbol{w}$ に対して，内積の値を $(\boldsymbol{v},\ \boldsymbol{w})$ で表す。また関数としての内積を（f などでなく）$(\ ,\ )$ で表す。すなわち，写像や関数を $f(\ )$ と書くように内積を $(\ ,\ )$ と書く（空いているところに定義域の要素を入れると値域の要素が定まる）。

注意 内積の記号は，書籍によって異なる。例えば，$\boldsymbol{v}\cdot\boldsymbol{w}$ や $\langle \boldsymbol{v},\ \boldsymbol{w}\rangle$ なども用いられる。

補足 内積の条件 (I1)，(I2) は **双線形性** と呼ばれる性質である。

例題 1 Vをベクトル空間とし，$\boldsymbol{v}_1$，$\boldsymbol{v}_2 \in V$，$\boldsymbol{w}_1$，$\boldsymbol{w}_2 \in V$，$\boldsymbol{a}_1$，$\boldsymbol{a}_2 \in \mathbb{R}$，$\boldsymbol{b}_1$，$\boldsymbol{b}_2 \in \mathbb{R}$ とする。このとき，V上の内積について次の等式が成り立つことを示せ。

$$(a_1\boldsymbol{v}_1+a_2\boldsymbol{v}_2,\ b_1\boldsymbol{w}_1+b_2\boldsymbol{w}_2)=a_1b_1(\boldsymbol{v}_1,\ \boldsymbol{w}_1)+a_1b_2(\boldsymbol{v}_1,\ \boldsymbol{w}_2)+a_2b_1(\boldsymbol{v}_2,\ \boldsymbol{w}_1)+a_2b_2(\boldsymbol{v}_2,\ \boldsymbol{w}_2)$$

解答 条件 (I1)，(I2) から

$$\begin{aligned}
&(a_1\boldsymbol{v}_1+a_2\boldsymbol{v}_2,\ b_1\boldsymbol{w}_1+b_2\boldsymbol{w}_2)\\
&=(a_1\boldsymbol{v}_1,\ b_1\boldsymbol{w}_1+b_2\boldsymbol{w}_2)+(a_2\boldsymbol{v}_2,\ b_1\boldsymbol{w}_1+b_2\boldsymbol{w}_2)\\
&=a_1(\boldsymbol{v}_1,\ b_1\boldsymbol{w}_1+b_2\boldsymbol{w}_2)+a_2(\boldsymbol{v}_2,\ b_1\boldsymbol{w}_1+b_2\boldsymbol{w}_2)\\
&=a_1\{(\boldsymbol{v}_1,\ b_1\boldsymbol{w}_1)+(\boldsymbol{v}_1,\ b_2\boldsymbol{w}_2)\}+a_2\{(\boldsymbol{v}_2,\ b_1\boldsymbol{w}_1)+(\boldsymbol{v}_2,\ b_2\boldsymbol{w}_2)\}\\
&=a_1\{b_1(\boldsymbol{v}_1,\ \boldsymbol{w}_1)+b_2(\boldsymbol{v}_1,\ \boldsymbol{w}_2)\}+a_2\{b_1(\boldsymbol{v}_2,\ \boldsymbol{w}_1)+b_2(\boldsymbol{v}_2,\ \boldsymbol{w}_2)\}\\
&=a_1b_1(\boldsymbol{v}_1,\ \boldsymbol{w}_1)+a_1b_2(\boldsymbol{v}_1,\ \boldsymbol{w}_2)+a_2b_1(\boldsymbol{v}_2,\ \boldsymbol{w}_1)+a_2b_2(\boldsymbol{v}_2,\ \boldsymbol{w}_2)
\end{aligned}$$ ■

練習 2 $\mathbb{R}^4$ の標準内積について，$\boldsymbol{a}=\begin{pmatrix}1\\2\\-2\\1\end{pmatrix}$，$\boldsymbol{b}=\begin{pmatrix}2\\-1\\1\\2\end{pmatrix}$ の内積を求めよ。

練習 3 Vをベクトル空間とし，$(\ ,\ )$ をV上の内積とする。$\boldsymbol{0}\in V$ をVの零ベクトルとするとき，任意の $\boldsymbol{v}\in V$ に対して，$(\boldsymbol{0},\ \boldsymbol{v})=(\boldsymbol{v},\ \boldsymbol{0})=0$ が成り立つことを示せ。

例 1 内積

(1) $\mathbb{R}^n$ の標準内積は，条件 (I1)～(I4) を満たすので，$\mathbb{R}^n$ 上の内積である。

例えば，$\boldsymbol{a}=\begin{pmatrix}a_1\\a_2\\\vdots\\a_n\end{pmatrix}$，$\boldsymbol{b}=\begin{pmatrix}b_1\\b_2\\\vdots\\b_n\end{pmatrix}$ とすると，条件 (I3) は次のように示せる。

$(\boldsymbol{a},\ \boldsymbol{b})=a_1b_1+a_2b_2+\cdots\cdots+a_nb_n=b_1a_1+b_2a_2+\cdots\cdots+b_na_n=(\boldsymbol{b},\ \boldsymbol{a})$

他の条件も同様に示せる。

(2) R^3 について，$\boldsymbol{a}=\begin{pmatrix}a_1\\a_2\\a_3\end{pmatrix}\in\mathrm{R}^3$，$\boldsymbol{b}=\begin{pmatrix}b_1\\b_2\\b_3\end{pmatrix}\in\mathrm{R}^3$ とするとき，

$(\boldsymbol{a},\ \boldsymbol{b})=7a_1b_1+7a_2b_2+7a_3b_3$ としても，内積を1つ定めることができる。

注意 この例から示唆されるように，一般のベクトル空間上の内積という概念は，条件(I1)～(I4) を満たすものであれば，基本的には何でもよい。つまり，1つのベクトル空間上には，一般には無限に多くの内積が存在しうる。例えば，1つの内積 (,) が入っているとき，それを一律に正の実数 $a>0$ によって a 倍したもの $a($, $)$ も内積である。また，内積のとり方を変えれば，後で定義するベクトルの大きさの概念も変わる。平面ベクトルの場合は，直観的に明らかな標準的なベクトルの長さの概念があったが，一般のベクトル空間においては，長さの概念は最初から与えられているものではなく，内積を導入することで，改めて定義する必要のあるものである。

補足 R^n の標準内積については，$\boldsymbol{a}$，$\boldsymbol{b}\in\mathrm{R}^n$ を $n\times1$ 行列（列ベクトル）とみなしたとき，転置行列を用いて，$(\boldsymbol{a},\ \boldsymbol{b})=(a_1\quad a_2\quad\cdots\quad a_n)\begin{pmatrix}b_1\\b_2\\\vdots\\b_n\end{pmatrix}={}^t\boldsymbol{a}\boldsymbol{b}$ のようにも表される。

このことから，例えば次がわかる。

A を n 次正方行列としたとき　$(\boldsymbol{a},\ A\boldsymbol{b})={}^t\boldsymbol{a}(A\boldsymbol{b})={}^t\boldsymbol{a}A\boldsymbol{b}={}^t({}^tA\boldsymbol{a})\boldsymbol{b}=({}^tA\boldsymbol{a},\ \boldsymbol{b})$

例2　$C^0([a,\ b])$ 上の内積

閉区間 $[a,\ b]$ 上で連続な関数全体からなるベクトル空間を $C^0([a,\ b])$ とする。$y=f(x)$，$y=g(x)$ で表されるベクトル $f\in C^0([a,\ b])$，$g\in C^0([a,\ b])$ に対して，$(f,\ g)=\int_a^b f(x)g(x)dx$ と定義すると，(,) は $C^0([a,\ b])$ 上の内積を定める。

練習4　上の (,) が内積の定義の条件 (I1)～(I4) を満たすことを示せ。

一般に，ベクトル空間には複数の内積を定めることができるが，そのうち1つが定められているベクトル空間を，次ページのように定義する。

定義 7-2 計量ベクトル空間

Vをベクトル空間とし，V上の内積 $(\cdot,\ \cdot)$ が1つ定められているとする。このように，内積を1つ定めたベクトル空間*) のことを，**計量ベクトル空間** または **内積空間** という。

例 3 計量ベクトル空間

$\mathbb{R}^n$ に，標準内積を定めたものは計量ベクトル空間である。また，$\mathbb{R}^n$ に，標準内積の正の定数倍を定めたものも計量ベクトル空間である。

発展 エルミート内積

これまで，すべてベクトルの成分や定数倍するときの定数として，$\mathbb{R}$の要素のみを考えてきた。しかし，実数とは限らない数の集合，さらには「体」と呼ばれる集合に対しても，同様の結果を得ることができる。これ以降の発展では，$\mathbb{R}$を複素数全体の集合$\mathbb{C}$でおき換えた場合の用語や定理についてまとめる。まず，複素数体$\mathbb{C}$上のベクトルの内積を，次のように定義する。

定義 7-3 エルミート内積

Vを$\mathbb{C}$上のベクトル空間とする。任意の $\boldsymbol{v}\in V$，$\boldsymbol{w}\in V$ に対して，複素数 $(\boldsymbol{v},\ \boldsymbol{w})\in\mathbb{C}$ が1つ対応し，次の条件 (H1)~(H4) を満たすとする。このとき，$\mathbb{C}$上のベクトル空間V上に **複素内積**，または **エルミート内積** $(\ ,\ )$ が1つ定義されたという。

(H1) $(\boldsymbol{v},\ \boldsymbol{w})$ は第1成分について，$\mathbb{C}$上線形である。

すなわち，$\begin{cases}(\boldsymbol{v}_1+\boldsymbol{v}_2,\ \boldsymbol{w})=(\boldsymbol{v}_1,\ \boldsymbol{w})+(\boldsymbol{v}_2,\ \boldsymbol{w}) & (a\in\mathbb{C})\\ (a\boldsymbol{v},\ \boldsymbol{w})=a(\boldsymbol{v},\ \boldsymbol{w}) & (a\in\mathbb{C})\end{cases}$ が成り立つ。

(H2) $\begin{cases}(\boldsymbol{v},\ \boldsymbol{w}_1+\boldsymbol{w}_2)=(\boldsymbol{v},\ \boldsymbol{w}_1)+(\boldsymbol{v},\ \boldsymbol{w}_2) & \\ (\boldsymbol{v},\ a\boldsymbol{w})=\overline{a}(\boldsymbol{v},\ \boldsymbol{w})^{*)} & (a\in\mathbb{C})\end{cases}$ が成り立つ。

(H3) $(\boldsymbol{v},\ \boldsymbol{w})=\overline{(\boldsymbol{w},\ \boldsymbol{v})}$

(H4) 任意の $\boldsymbol{v}\in V$ について $(\boldsymbol{v},\ \boldsymbol{v})\geqq 0$ であり，$(\boldsymbol{v},\ \boldsymbol{v})=0$ となるのは，$\boldsymbol{v}=\boldsymbol{0}$ であるときに限る。

注意 複素数aについては，$\overline{a}$ でその複素共役を表す。

*）ベクトル空間Vと内積 $(\ ,\ )$ の組 $(V,\ (\ ,\ ))$ のこと。

注意 条件 (H3) より，任意のベクトル $\boldsymbol{v}\in V$ について，$(\boldsymbol{v},\ \boldsymbol{v})=\overline{(\boldsymbol{v},\ \boldsymbol{v})}$ である。すなわち，$(\boldsymbol{v},\ \boldsymbol{v})$ は実数である。

例 4 エルミート内積

n 次元複素数ベクトル空間を $\mathbb{C}^n$ とする。$\boldsymbol{v}=\begin{pmatrix} a_1 \\ a_2 \\ \vdots \\ a_n \end{pmatrix}\in\mathbb{C}^n$, $\boldsymbol{w}=\begin{pmatrix} b_1 \\ b_2 \\ \vdots \\ b_n \end{pmatrix}\in\mathbb{C}^n$

について，$(\boldsymbol{v},\ \boldsymbol{w})={}^t\overline{\boldsymbol{w}}\boldsymbol{v}=a_1\overline{b_1}+a_2\overline{b_2}+\cdots\cdots+a_n\overline{b_n}$ と定義すると，これは $\mathbb{C}^n$ 上にエルミート内積を定める。このエルミート内積を，$\mathbb{C}^n$ の **標準内積** という。

$\mathbb{C}$上のベクトル空間にエルミート内積が定められているとき，そのベクトル空間を **複素計量ベクトル空間** という。これに対して，本文で扱う計量ベクトル空間を特に実計量ベクトル空間ということがある。

C ベクトルのノルム

高校では，有向線分としてのベクトル（幾何ベクトル）の大きさ（長さ）について，$|\boldsymbol{v}|=\sqrt{\boldsymbol{v}\cdot\boldsymbol{v}}$ が成り立つことを学んだ。これを一般化して，計量ベクトル空間におけるベクトルの大きさを次のように定義する。

定義 7-4 ベクトルのノルム

Vを計量ベクトル空間とし，その内積を（ , ）で表す。$\boldsymbol{v}\in V$ に対して，$\|\boldsymbol{v}\|=\sqrt{(\boldsymbol{v},\ \boldsymbol{v})}$ とするとき，この値を（この内積に関する）$\boldsymbol{v}$ の **ノルム** という。

注意 一般の計量ベクトル空間では，ベクトルのノルムに幾何的な意味はないが，元々の意味を含めて，ベクトルの大きさということもある。また，定義より，ベクトルのノルムはその内積に依存しているので，同じベクトル空間のベクトルでも内積を変えた場合，異なるノルムをもつ。

例 5 ノルム

$\mathbb{R}^4$ に標準内積を定め，$\boldsymbol{v}=\begin{pmatrix} 1 \\ -1 \\ 2 \\ -2 \end{pmatrix}\in\mathbb{R}^4$ としたとき，$\boldsymbol{v}$ のノルムは

$$\|\boldsymbol{v}\|=\sqrt{1^2+(-1)^2+2^2+(-2)^2}=\sqrt{10}$$

練習 5 $\mathbb{R}^{10}$ に標準内積を定め，$\boldsymbol{v}=\begin{pmatrix}1\\1\\\vdots\\1\end{pmatrix}\in\mathbb{R}^{10}$ とするとき，$\|\boldsymbol{v}\|=\sqrt{10}$ であることを示せ。

幾何ベクトルの大きさと同様に，一般のベクトルのノルムについても，次の性質が成り立つ。

定理　ノルムの性質

Vを計量ベクトル空間とするとき，そのベクトルのノルムについて，次が成り立つ。

[1]　任意の $\boldsymbol{v}\in V$ に対して，$\|\boldsymbol{v}\|\geqq 0$ であり，$\|\boldsymbol{v}\|=0$ となるのは，$\boldsymbol{v}=\boldsymbol{0}$ のときに限る（ただし，$\boldsymbol{0}$ はVの零ベクトル）。

[2]　任意の $\boldsymbol{v}\in V$，$c\in\mathbb{R}$ に対して　　$\|c\boldsymbol{v}\|=|c|\|\boldsymbol{v}\|$

[3]　任意の $\boldsymbol{v}$，$\boldsymbol{w}\in V$ に対して　　$|(\boldsymbol{v},\ \boldsymbol{w})|\leqq\|\boldsymbol{v}\|\|\boldsymbol{w}\|$

この不等式を **シュワルツの不等式** という。

[4]　任意の $\boldsymbol{v}$，$\boldsymbol{w}\in V$ に対して　　$\|\boldsymbol{v}+\boldsymbol{w}\|\leqq\|\boldsymbol{v}\|+\|\boldsymbol{w}\|$

この不等式を **三角不等式** という。

証明　[1] は内積の定義の条件 (I4) から，[2] は条件 (I1)，(I2) から導くことができる。

[3]　$\boldsymbol{v}=\boldsymbol{0}$ のときは等号が成り立つことから，$\boldsymbol{v}\neq\boldsymbol{0}$ とする。

$t\in\mathbb{R}$ に対して，ベクトル $t\boldsymbol{v}+\boldsymbol{w}$ を考えると

$$\|t\boldsymbol{v}+\boldsymbol{w}\|^2=(t\boldsymbol{v}+\boldsymbol{w},\ t\boldsymbol{v}+\boldsymbol{w})=\|\boldsymbol{v}\|^2t^2+2(\boldsymbol{v},\ \boldsymbol{w})t+\|\boldsymbol{w}\|^2$$

となる。

ここで，任意の $t\in\mathbb{R}$ に対して，$\|t\boldsymbol{v}+\boldsymbol{w}\|^2\geqq 0$ が成り立つことから，

$A=\|\boldsymbol{v}\|^2$，$B=2(\boldsymbol{v},\ \boldsymbol{w})$，$C=\|\boldsymbol{w}\|^2$ とすると，$A>0$ であるから

$$B^2-4AC=4\{(\boldsymbol{v},\ \boldsymbol{w})\}^2-4\|\boldsymbol{v}\|^2\|\boldsymbol{w}\|^2\leqq 0$$

とならなければならない。

よって，$\{(\boldsymbol{v},\ \boldsymbol{w})\}^2\leqq\|\boldsymbol{v}\|^2\|\boldsymbol{w}\|^2$ であり，両辺 0 以上として，

$|(\boldsymbol{v},\ \boldsymbol{w})|\leqq\|\boldsymbol{v}\|\|\boldsymbol{w}\|$ が得られた。

[4]　[3] から

$$(\|\boldsymbol{v}\|+\|\boldsymbol{w}\|)^2-\|\boldsymbol{v}+\boldsymbol{w}\|^2=(\|\boldsymbol{v}\|^2+2\|\boldsymbol{v}\|\|\boldsymbol{w}\|+\|\boldsymbol{w}\|^2)-\{\|\boldsymbol{v}\|^2+2(\boldsymbol{v},\ \boldsymbol{w})+\|\boldsymbol{w}\|^2\}$$
$$=2\{\|\boldsymbol{v}\|\|\boldsymbol{w}\|-(\boldsymbol{v},\ \boldsymbol{w})\}\geqq 0$$

$\|\boldsymbol{v}\|+\|\boldsymbol{w}\|\geqq 0$, $\|\boldsymbol{v}+\boldsymbol{w}\|\geqq 0$ であるから　　$\|\boldsymbol{v}+\boldsymbol{w}\|\leqq\|\boldsymbol{v}\|+\|\boldsymbol{w}\|$ ■

補足　[3] の不等式は，コーシーが 1821 年に数列に対して発見した。その後，1888 年にシュワルツが再発見したことから，この呼び名となった。

与えられたベクトルに対して，それと平行でノルムが 1 のベクトルは，次節以降でもたびたび扱われる重要なものである。Vを計量ベクトル空間とし，$\boldsymbol{v}\in V$ がVの零ベクトルでないとき，$\boldsymbol{w}=\dfrac{1}{\|\boldsymbol{v}\|}\boldsymbol{v}$ とすると

$$\|\boldsymbol{w}\|^2=\frac{1}{\|\boldsymbol{v}\|^2}\|\boldsymbol{v}\|^2=1$$

よって，$\|\boldsymbol{w}\|=1$ で，$\boldsymbol{w}$ は $\boldsymbol{v}$ と平行である（ベクトルの平行については，166 ページの補足も参照するとよい）。

このような，与えられたベクトルに対して，それと平行でノルムが 1 のベクトルについて，次のように定義をしておく。

定義 7-5　ベクトルの正規化

Vを計量ベクトル空間とし，$\boldsymbol{v}\in V$ がVの零ベクトルでないとき，$\boldsymbol{v}$ と平行でノルムが 1 のベクトルを $\boldsymbol{v}$ の **正規化（された）ベクトル** といい，それを作ることを，$\boldsymbol{v}$ を **正規化する** という。

練習 6　次の問いに答えよ。

(1)　$\mathbb{R}^3$ に標準内積を定めるとき，$\begin{pmatrix}-1\\-1\\1\end{pmatrix}\in\mathbb{R}^3$ を正規化せよ。

(2)　$\mathbb{R}^4$ に標準内積を定めるとき，$\begin{pmatrix}1\\5\\2\\-3\end{pmatrix}\in\mathbb{R}^4$ を正規化せよ。

(3)　$\mathbb{R}^5$ に標準内積を定めるとき，$\begin{pmatrix}2\\3\\-1\\-3\\1\end{pmatrix}\in\mathbb{R}^5$ を正規化せよ。

例 6　$C^0([a,\ b])$ のノルム

例 2 (267 ページ) で考えた計量ベクトル空間 $C^0([a,\ b])$ について，$a=0$, $b=1$ とし，$f\in C^0([0,\ 1])$ を，$f(x)=x$ で定めるとき

$$\|f\|=\sqrt{\int_0^1 x^2\,dx}=\sqrt{\left[\frac{x^3}{3}\right]_0^1}=\frac{1}{\sqrt{3}}$$

よって，f の正規化ベクトルは $\sqrt{3}\,f$ である。

練習 7　上の計量ベクトル空間 $C^0([0,\ 1])$ において，$g\in C^0([0,\ 1])$ を，$g(x)=ax^2+1$ $(a\in\mathrm{R})$ で定めるとき，g の正規化ベクトルを求めよ。

D　ベクトルのなす角

高校で学んだ有向線分としてのベクトル (幾何ベクトル) のなす角を一般化して，計量ベクトル空間におけるベクトルのなす角を次のように定義する。

定義 7-6　ベクトルのなす角

V を計量ベクトル空間とし，$\boldsymbol{v},\ \boldsymbol{w}\in V$ が V の零ベクトルでないとき

$$\frac{(\boldsymbol{v},\ \boldsymbol{w})}{\|\boldsymbol{v}\|\|\boldsymbol{w}\|}=\cos\theta\quad(0\leqq\theta\leqq\pi)$$

を満たす $\theta\in\mathrm{R}$ を，$\boldsymbol{v}$, $\boldsymbol{w}$ の **なす角** という。

シュワルツの不等式 (定理 (ノルムの性質 [3]) (270 ページ)) より

$$-|(\boldsymbol{v},\ \boldsymbol{w})|\leqq\|\boldsymbol{v}\|\|\boldsymbol{w}\|\leqq|(\boldsymbol{v},\ \boldsymbol{w})|$$

となるので，$\boldsymbol{v}$, $\boldsymbol{w}$ が V の零ベクトルでなければ $-1\leqq\dfrac{(\boldsymbol{v},\ \boldsymbol{w})}{\|\boldsymbol{v}\|\|\boldsymbol{w}\|}\leqq 1$ となり，θ が定義されることがわかる。

練習 8　次の問いに答えよ。

(1)　R^3 に標準内積を定め，$\boldsymbol{c}=\begin{pmatrix}1\\0\\-1\end{pmatrix}\in\mathrm{R}^3$, $\boldsymbol{d}=\begin{pmatrix}4\\2\\-2\end{pmatrix}\in\mathrm{R}^3$ とするとき，$(\boldsymbol{c},\ \boldsymbol{d})$, $\|\boldsymbol{c}\|$, $\|\boldsymbol{d}\|$ を求めよ。また，$\boldsymbol{c}$, $\boldsymbol{d}$ のなす角を求めよ。

(2)　R^4 に標準内積を定め，$\boldsymbol{e}=\begin{pmatrix}0\\1\\-1\\2\end{pmatrix}\in\mathrm{R}^4$, $\boldsymbol{f}=\begin{pmatrix}-1\\1\\-3\\1\end{pmatrix}\in\mathrm{R}^4$ とするとき，$(\boldsymbol{e},\ \boldsymbol{f})$, $\|\boldsymbol{e}\|$, $\|\boldsymbol{f}\|$ を求めよ。また，$\boldsymbol{e}$, $\boldsymbol{f}$ のなす角を求めよ。

なお，「なす角」といっても，（ノルムと同様に）一般的なベクトル空間においては幾何的な意味は特にない。しかし用語としては便利なので，幾何ベクトルの直交（すなわち，ベクトルのなす角が 90°）の概念も，次のように拡張しておく。

定義 7-7　ベクトルの直交

計量ベクトル空間の 2 つのベクトル $\boldsymbol{v}$, $\boldsymbol{w}$ が $(\boldsymbol{v},\ \boldsymbol{w})=0$ を満たすとき，$\boldsymbol{v}$ と $\boldsymbol{w}$ は **直交している** という。

注意　なお上の定義では，$\boldsymbol{v}=\boldsymbol{0}$ または $\boldsymbol{w}=\boldsymbol{0}$ の場合も含む。$\boldsymbol{v}\neq\boldsymbol{0}$ かつ $\boldsymbol{w}\neq\boldsymbol{0}$ の場合は，なす角が 90° であることと同値である。

例題 2

$\mathbb{R}^4$ に標準内積を定め，$\boldsymbol{v}=\begin{pmatrix}1\\0\\1\\-2\end{pmatrix}\in\mathbb{R}^4$，$\boldsymbol{w}=\begin{pmatrix}0\\-1\\0\\1\end{pmatrix}\in\mathbb{R}^4$ とするとき，$\boldsymbol{v}$，$\boldsymbol{w}-a\boldsymbol{v}$ が直交するように a の値を定めよ。

解答

$\|\boldsymbol{v}\|^2=1^2+0^2+1^2+(-2)^2=6$

$(\boldsymbol{v},\ \boldsymbol{w})=1\cdot0+0\cdot(-1)+1\cdot0+(-2)\cdot1=-2$

よって　$(\boldsymbol{v},\ \boldsymbol{w}-a\boldsymbol{v})=(\boldsymbol{v},\ \boldsymbol{w})-a\|\boldsymbol{v}\|^2$

$=-2-6a$

したがって，$(\boldsymbol{v},\ \boldsymbol{w}-a\boldsymbol{v})=0$ を満たすための条件は

$$-2-6a=0 \qquad \text{すなわち} \qquad a=-\frac{1}{3}$$

練習 9　例 2 で考えた計量ベクトル空間 $C^0([a,\ b])$ において，$f_1\in C^0([a,\ b])$，$f_2\in C^0([a,\ b])$ を，$f_1(x)=\sqrt{3}\,x+1$，$f_2(x)=-\sqrt{3}\,x+1$ で定めるとき，f_1，f_2 は直交することを示せ。

第2節　正規直交基底

これまでのさまざまなベクトルの議論において，$\mathbb{R}^n$ の標準的な基底を用いると，容易に計算ができていた。これは $\mathbb{R}^n$ に定めた標準内積について，基底を構成するベクトルが正規化されたベクトルであり，互いに直交するという，非常に有用な性質によるものである。そこで本節では，そのような基底の構成方法を学ぼう。

A　ベクトルの直交と基底

数ベクトル空間の標準的な基底の一般化を，次のように定義する。

定義 7-8　正規直交基底

V を計量ベクトル空間とし，$\boldsymbol{v}_1$，$\boldsymbol{v}_2$，……，$\boldsymbol{v}_n \in V$ とする。

$\{\boldsymbol{v}_1, \boldsymbol{v}_2, \cdots\cdots, \boldsymbol{v}_n\}$ が次の条件を満たすとき，$\{\boldsymbol{v}_1, \boldsymbol{v}_2, \cdots\cdots, \boldsymbol{v}_n\}$ を V の（$\mathbb{R}$ 上の）**直交基底** という。

(O1)　i，$j \in \mathbb{N}$ が $1 \leqq i \leqq n$，$1 \leqq j \leqq n$，$i \neq j$ を満たすとき，$(\boldsymbol{v}_i, \boldsymbol{v}_j)=0$

さらに，次の条件を満たす直交基底を V の（$\mathbb{R}$ 上の）**正規直交基底** という。

(O2)　$i \in \mathbb{N}$ が $1 \leqq i \leqq n$ を満たすとき，$\|\boldsymbol{v}_i\|=1$

例 7　正規直交基底

$\mathbb{R}^n$ に標準内積を定めると，標準的な基底は $\mathbb{R}^n$ の正規直交基底である。

例題 3

$\mathbb{R}^3$ に標準内積を定めると，$\mathbb{R}^3$ の基底 $\left\{\begin{pmatrix}1\\-1\\0\end{pmatrix}, \begin{pmatrix}1\\1\\4\end{pmatrix}, \begin{pmatrix}2\\-2\\1\end{pmatrix}\right\}$ は $\mathbb{R}^3$ の標準内積に関する直交基底であることを示せ。また，その直交基底を構成する各ベクトルを正規化し，$\mathbb{R}^3$ の標準内積に関する正規直交基底にせよ。ただし，与えた基底が $\mathbb{R}^3$ の基底であることはすでにわかっているものとする。

解答

$\boldsymbol{v}_1=\begin{pmatrix}1\\-1\\0\end{pmatrix}$, $\boldsymbol{v}_2=\begin{pmatrix}1\\1\\4\end{pmatrix}$, $\boldsymbol{v}_3=\begin{pmatrix}-2\\-2\\1\end{pmatrix}$ とすると

$$(\boldsymbol{v}_1,\ \boldsymbol{v}_2)=1\cdot1+(-1)\cdot1+0\cdot4=0$$
$$(\boldsymbol{v}_2,\ \boldsymbol{v}_3)=1\cdot(-2)+1\cdot(-2)+4\cdot1=0$$
$$(\boldsymbol{v}_3,\ \boldsymbol{v}_1)=(-2)\cdot1+(-2)\cdot(-1)+1\cdot0=0$$

よって，$\{\boldsymbol{v}_1,\ \boldsymbol{v}_2,\ \boldsymbol{v}_3\}$ は $\mathbb{R}^3$ の直交基底である。

また　$\|\boldsymbol{v}_1\|=\sqrt{1^2+(-1)^2+0^2}=\sqrt{2}$

$$\|\boldsymbol{v}_2\|=\sqrt{1^2+1^2+4^2}=\sqrt{18}=3\sqrt{2}$$
$$\|\boldsymbol{v}_3\|=\sqrt{(-2)^2+(-2)^2+1^2}=\sqrt{9}=3$$

であるから，$\mathbb{R}^3$ の標準内積に関する正規直交基底は

$$\left\{\frac{1}{\sqrt{2}}\begin{pmatrix}1\\-1\\0\end{pmatrix},\ \frac{1}{3\sqrt{2}}\begin{pmatrix}1\\1\\4\end{pmatrix},\ \frac{1}{3}\begin{pmatrix}-2\\-2\\1\end{pmatrix}\right\}$$ ■

練習 10　$\mathbb{R}^3$ に標準内積を定めると，$\mathbb{R}^3$ の基底 $\left\{\begin{pmatrix}1\\0\\2\end{pmatrix},\ \begin{pmatrix}2\\1\\-1\end{pmatrix},\ \begin{pmatrix}-2\\5\\1\end{pmatrix}\right\}$ は $\mathbb{R}^3$ の（標準内積に関する）直交基底であることを示せ。また，直交基底を構成する各ベクトルを正規化し，（標準内積に関する）正規直交基底にせよ。ただし，与えられた基底が $\mathbb{R}^3$ の基底であることはすでにわかっているものとする。

B　グラム・シュミットの直交化

前項では，数ベクトル空間の標準的な基底の一般化として，正規直交基底を導入した。しかし，一般の計量ベクトル空間には，そのような基底がいつでも存在するのであろうか。実は，どんな計量ベクトル空間にも正規直交基底が存在する。

定理　正規直交基底の存在

計量ベクトル空間には正規直交基底が存在する。

実際，定理（基底の存在）（192 ページ）より，任意のベクトル空間は基底をもつ。

そして，計量ベクトル空間の与えられた基底から，直交基底および正規直交基底を作り出すアルゴリズム（手続き）として，**グラム・シュミットの直交化**というものが知られている。これを，$\dim V=3$ の場合について，具体例で説明する。

一般の場合にも同様のアルゴリズムを考えれば，定理（正規直交基底の存在）を証明できる。

【正規直交基底の構成法（グラム・シュミットの直交化）】

Vを計量ベクトル空間として，$\dim V=3$ とし，$\{\boldsymbol{v}_1,\ \boldsymbol{v}_2,\ \boldsymbol{v}_3\}$ をVの1組の基底とする。これから，まずVの直交基底を作る（最後に直交基底を構成する各ベクトルを正規化すれば，Vの正規直交基底が得られる）。

[1]　$\boldsymbol{w}_1=\boldsymbol{v}_1$ とする（273ページの例題2も参照）。

[2]　$x_1\in\mathbb{R}$ として，$\boldsymbol{w}_2=\boldsymbol{v}_2-x_1\boldsymbol{w}_1$ とし，$(\boldsymbol{w}_2,\ \boldsymbol{w}_1)=0$ となるように，x_1 の値を定める。

ここで　$(\boldsymbol{w}_2,\ \boldsymbol{w}_1)=(\boldsymbol{v}_2-x_1\boldsymbol{w}_1,\ \boldsymbol{w}_1)=(\boldsymbol{v}_2,\ \boldsymbol{w}_1)-x_1\|\boldsymbol{w}_1\|^2$

よって，$(\boldsymbol{w}_2,\ \boldsymbol{w}_1)=0$ が成り立つとすると　$(\boldsymbol{v}_2,\ \boldsymbol{w}_1)-x_1\|\boldsymbol{w}_1\|^2=0$

したがって，$x_1=\dfrac{(\boldsymbol{v}_2,\ \boldsymbol{w}_1)}{\|\boldsymbol{w}_1\|^2}$ であるから，$\boldsymbol{w}_2=\boldsymbol{v}_2-\dfrac{(\boldsymbol{v}_2,\ \boldsymbol{w}_1)}{\|\boldsymbol{w}_1\|^2}\boldsymbol{w}_1$ とする。

[3]　$y_1,\ y_2\in\mathbb{R}$ として，$\boldsymbol{w}_3=\boldsymbol{v}_3-y_1\boldsymbol{w}_1-y_2\boldsymbol{w}_2$ とし，$(\boldsymbol{w}_3,\ \boldsymbol{w}_1)=0$，$(\boldsymbol{w}_3,\ \boldsymbol{w}_2)=0$ となるように，y_1，y_2 の値を定める。

ここで　$(\boldsymbol{w}_3,\ \boldsymbol{w}_1)=(\boldsymbol{v}_3-y_1\boldsymbol{w}_1-y_2\boldsymbol{w}_2,\ \boldsymbol{w}_1)=(\boldsymbol{v}_3,\ \boldsymbol{w}_1)-y_1\|\boldsymbol{w}_1\|^2$

$(\boldsymbol{w}_3,\ \boldsymbol{w}_2)=(\boldsymbol{v}_3-y_1\boldsymbol{w}_1-y_2\boldsymbol{w}_2,\ \boldsymbol{w}_2)=(\boldsymbol{v}_3,\ \boldsymbol{w}_2)-y_2\|\boldsymbol{w}_2\|^2$

よって，$(\boldsymbol{w}_3,\ \boldsymbol{w}_1)=0$，$(\boldsymbol{w}_3,\ \boldsymbol{w}_2)=0$ が成り立つとすると

$$(\boldsymbol{v}_3,\ \boldsymbol{w}_1)-y_1\|\boldsymbol{w}_1\|^2=0,\quad (\boldsymbol{v}_3,\ \boldsymbol{w}_2)-y_2\|\boldsymbol{w}_2\|^2=0$$

したがって，$y_1=\dfrac{(\boldsymbol{v}_3,\ \boldsymbol{w}_1)}{\|\boldsymbol{w}_1\|^2}$，$y_2=\dfrac{(\boldsymbol{v}_3,\ \boldsymbol{w}_2)}{\|\boldsymbol{w}_2\|^2}$ であるから，

$\boldsymbol{w}_3=\boldsymbol{v}_3-\dfrac{(\boldsymbol{v}_3,\ \boldsymbol{w}_1)}{\|\boldsymbol{w}_1\|^2}\boldsymbol{w}_1-\dfrac{(\boldsymbol{v}_3,\ \boldsymbol{w}_2)}{\|\boldsymbol{w}_2\|^2}\boldsymbol{w}_2$ とする。

以上から，Vのベクトルの組として，$\{\boldsymbol{w}_1,\ \boldsymbol{w}_2,\ \boldsymbol{w}_3\}$ が得られた。

作り方から，$\{\boldsymbol{w}_1,\ \boldsymbol{w}_2,\ \boldsymbol{w}_3\}$ は，$1\leqq i\leqq 3$，$1\leqq j\leqq 3$，$i\neq j$ のとき $(\boldsymbol{w}_i,\ \boldsymbol{w}_j)=0$ が成り立つ。

また，下の補題から $\{\boldsymbol{w}_1,\ \boldsymbol{w}_2,\ \boldsymbol{w}_3\}$ は 1 次独立であることがわかるから，$\dim V=3$ および定理（基底の判定）（196 ページ）より，$\{\boldsymbol{w}_1,\ \boldsymbol{w}_2,\ \boldsymbol{w}_3\}$ は V の基底である。

補題　ベクトルの直交と 1 次独立

V を計量ベクトル空間とし，$\boldsymbol{v}_1,\ \boldsymbol{v}_2,\ \cdots\cdots,\ \boldsymbol{v}_n \in V$ がいずれも V の零ベクトルでないとする。このとき

$$(\boldsymbol{v}_i,\ \boldsymbol{v}_j)=0 \quad (1 \leqq i \leqq n,\ 1 \leqq j \leqq n,\ i \neq j)$$

であるならば，$\{\boldsymbol{v}_1,\ \boldsymbol{v}_2,\ \cdots\cdots,\ \boldsymbol{v}_n\}$ は 1 次独立である。

証明　ここでは $n=3$ のときの証明を与える。一般の場合も同様に示せる。

$\boldsymbol{v}_1,\ \boldsymbol{v}_2,\ \boldsymbol{v}_3 \in V$ がいずれも V の零ベクトルでないとする。

$(\boldsymbol{v}_1,\ \boldsymbol{v}_2)=(\boldsymbol{v}_2,\ \boldsymbol{v}_3)=(\boldsymbol{v}_3,\ \boldsymbol{v}_1)=0$ であるならば，$\{\boldsymbol{v}_1,\ \boldsymbol{v}_2,\ \boldsymbol{v}_3\}$ は 1 次独立であることを示す。

$a_1,\ a_2,\ a_3 \in \mathbb{R}$ として，$a_1\boldsymbol{v}_1+a_2\boldsymbol{v}_2+a_3\boldsymbol{v}_3=\boldsymbol{0}$ とする。

このとき　　$(\boldsymbol{v}_1,\ a_1\boldsymbol{v}_1+a_2\boldsymbol{v}_2+a_3\boldsymbol{v}_3)=0$

$(\boldsymbol{v}_1,\ \boldsymbol{v}_2)=(\boldsymbol{v}_3,\ \boldsymbol{v}_1)=0$ という仮定から

$$a_1\|\boldsymbol{v}_1\|^2=0$$

$\boldsymbol{v}_1$ は V の零ベクトルでないから

$$\|\boldsymbol{v}_1\| \neq 0$$

よって　　$a_1=0$

同様にして，$a_2=0,\ a_3=0$ が得られるから

$$a_1=a_2=a_3=0$$

したがって，$\{\boldsymbol{v}_1,\ \boldsymbol{v}_2,\ \boldsymbol{v}_3\}$ は 1 次独立である。■

これで $\{\boldsymbol{w}_1,\ \boldsymbol{w}_2,\ \boldsymbol{w}_3\}$ が V の直交基底であることがわかり，基底 $\{\boldsymbol{v}_1,\ \boldsymbol{v}_2,\ \boldsymbol{v}_3\}$ から V の直交基底 $\{\boldsymbol{w}_1,\ \boldsymbol{w}_2,\ \boldsymbol{w}_3\}$ が得られたことになる。

さらに，$\boldsymbol{w}_1,\ \boldsymbol{w}_2,\ \boldsymbol{w}_3$ をそれぞれ正規化することにより，次の正規直交基底が得られる。

$$\left\{\frac{1}{\|\boldsymbol{w}_1\|}\boldsymbol{w}_1,\ \frac{1}{\|\boldsymbol{w}_2\|}\boldsymbol{w}_2,\ \frac{1}{\|\boldsymbol{w}_3\|}\boldsymbol{w}_3\right\}$$

例題 4 R^3 に標準内積を定めるとき，グラム・シュミットの直交化を利用して，$\left\{\begin{pmatrix}1\\-1\\0\end{pmatrix}, \begin{pmatrix}1\\0\\-1\end{pmatrix}, \begin{pmatrix}1\\2\\3\end{pmatrix}\right\}$ から R^3 の正規直交基底を作れ。

解答

[1] $\boldsymbol{v}_1{}'=\boldsymbol{v}_1=\begin{pmatrix}1\\-1\\0\end{pmatrix}$

[2] $\boldsymbol{v}_2{}'=\boldsymbol{v}_2-x_1\boldsymbol{v}_1{}'$ として，$(\boldsymbol{v}_2{}',\ \boldsymbol{v}_1{}')=1-2x_1=0$ とすると，

$x_1=\dfrac{1}{2}$ である。

よって

$$\boldsymbol{v}_2{}'=\boldsymbol{v}_2-\frac{1}{2}\boldsymbol{v}_1{}'=\frac{1}{2}\begin{pmatrix}1\\1\\-2\end{pmatrix}$$

[3] $\boldsymbol{v}_3{}'=\boldsymbol{v}_3-x_1\boldsymbol{v}_1{}'-x_2\boldsymbol{v}_2{}'$ とすると，$(\boldsymbol{v}_3{}',\ \boldsymbol{v}_1{}')=-1-2x_1=0$

および $(\boldsymbol{v}_3{}',\ \boldsymbol{v}_2{}')=-\dfrac{3}{2}-\dfrac{3}{2}x_2=0$ より，$x_1=-\dfrac{1}{2}$，$x_2=-1$ である。よって

$$\boldsymbol{v}_3{}'=\boldsymbol{v}_3+\frac{1}{2}\boldsymbol{v}_1{}'+\boldsymbol{v}_2{}'=\begin{pmatrix}2\\2\\2\end{pmatrix}$$

以上より，求める正規直交基底は

$$\left\{\frac{1}{\sqrt{2}}\begin{pmatrix}1\\-1\\0\end{pmatrix},\ \frac{1}{\sqrt{6}}\begin{pmatrix}1\\1\\-2\end{pmatrix},\ \frac{1}{\sqrt{3}}\begin{pmatrix}1\\1\\1\end{pmatrix}\right\}$$ ■

練習 11 (1) R^2 に標準内積を定めるとき，グラム・シュミットの直交化を利用して，$\left\{\begin{pmatrix}3\\2\end{pmatrix}, \begin{pmatrix}1\\1\end{pmatrix}\right\}$ から R^2 の正規直交基底を作れ。

(2) R^3 に標準内積を定めるとき，グラム・シュミットの直交化を利用して，

$\left\{\begin{pmatrix}-1\\1\\-1\end{pmatrix}, \begin{pmatrix}0\\3\\1\end{pmatrix}, \begin{pmatrix}3\\1\\3\end{pmatrix}\right\}$ から R^3 の正規直交基底を作れ。

研究　直交補空間

Vを計量ベクトル空間とし，$\{\boldsymbol{v}_1, \boldsymbol{v}_2, \cdots\cdots, \boldsymbol{v}_n\}$ をその正規直交基底とするとき，Vの部分空間 $\langle \boldsymbol{v}_2, \cdots\cdots, \boldsymbol{v}_n \rangle$ のすべてのベクトルは $\boldsymbol{v}_1$ と直交する。逆に，$\boldsymbol{v}_1$ と直交するベクトルは $\langle \boldsymbol{v}_2, \cdots\cdots, \boldsymbol{v}_n \rangle$ のベクトルである。

このように，Vの部分集合に対して，その部分集合に属するベクトルと直交するすべてのベクトルを要素とする集合はVの部分空間である。

定理　直交するベクトルのなす計量ベクトル空間の部分空間

Vを計量ベクトル空間とし，SをVの部分集合とする。Sのすべてのベクトルと直交するベクトルすべてを要素とする集合はVの部分空間になる。

よって，次のように定義することができる。

定義 7-9　直交補空間

Vを計量ベクトル空間とし，WをVの部分空間とする。Wのすべてのベクトルと直交するベクトルすべてを要素とするVの部分空間をWの **直交補空間** といい，$W^{\perp}$ と表す*)。

このとき，$W \cap W^{\perp} = \{\boldsymbol{0}\}$ であり，さらに次の定理が成り立つ**)。

定理　直交補空間による直和分解

Vを計量ベクトル空間とし，WをVの部分空間とするとき

$$V = W \oplus W^{\perp} \text{ (直和分解)}$$

が成り立つ（直和分解については，研究（直和と直和分解）（175ページ）を参照）。

---

*）⊥は垂直を示す記号である。

**）定理（直交補空間による直和分解）の証明などについては，『数研講座シリーズ　大学教養　線形代数』を参照。

このことから，任意の $\boldsymbol{v}\in V$ は，ある $\boldsymbol{w}\in W$，$\boldsymbol{w}'\in W^{\perp}$ を用いて，$\boldsymbol{v}=\boldsymbol{w}+\boldsymbol{w}'$ と一意的に分解される。このとき，次のように定義する。

定義　正射影・正射影作用素

Vを実計量ベクトル空間とし，WをVの部分空間とする。$\boldsymbol{v}\in V$ に対して，ある $\boldsymbol{w}\in W$，$\boldsymbol{w}'\in W^{\perp}$ を用いて，$\boldsymbol{v}=\boldsymbol{w}+\boldsymbol{w}'$ と書けるとき，$\boldsymbol{w}$を$\boldsymbol{v}$のWへの **正射影** という。
また，$\boldsymbol{v}\in V$ に対して，その正射影 $\boldsymbol{w}\in W$ に対応させる写像をVからWへの **正射影作用素** という。

さらに次の定理が成り立つ[***]。

定理　正射影作用素の線形性

Vを実計量ベクトル空間とし，WをVの部分空間とするとき，VからWへの正射影作用素は$\mathbb{R}$上の線形写像である。

＊＊＊）定理（正射影作用素の線形性）の証明などについては，『数研講座シリーズ　大学教養　線形代数』を参照。

第 3 節　グラム行列と対称行列

一般のベクトル空間の間の線形写像は，基底が与えられた一般のベクトル空間の間の線形写像は，行列を用いて表すことができた。基底が与えられた計量ベクトル空間の内積も，行列で表すことができる。ここではその方法と，その行列の性質を学ぶ。

A　グラム行列

基底が与えられた計量ベクトル空間の内積を表す行列として，次を導入する。

定義 7-10　グラム行列

Vを計量ベクトル空間とし，その内積を（ , ）で表し，$\{\boldsymbol{v}_1,\ \boldsymbol{v}_2,\ \cdots\cdots,\ \boldsymbol{v}_n\}$ をVの基底とする。

$$G=\begin{pmatrix} (\boldsymbol{v}_1,\ \boldsymbol{v}_1) & (\boldsymbol{v}_1,\ \boldsymbol{v}_2) & \cdots & (\boldsymbol{v}_1,\ \boldsymbol{v}_n) \\ (\boldsymbol{v}_2,\ \boldsymbol{v}_1) & (\boldsymbol{v}_2,\ \boldsymbol{v}_2) & \cdots & (\boldsymbol{v}_2,\ \boldsymbol{v}_n) \\ \vdots & \vdots & \ddots & \vdots \\ (\boldsymbol{v}_n,\ \boldsymbol{v}_1) & (\boldsymbol{v}_n,\ \boldsymbol{v}_2) & \cdots & (\boldsymbol{v}_n,\ \boldsymbol{v}_n) \end{pmatrix}$$ とするとき，行列GをVの基底

$\{\boldsymbol{v}_1,\ \boldsymbol{v}_2,\ \cdots\cdots,\ \boldsymbol{v}_n\}$ に関するVの内積（ , ）の **グラム行列** という。

注意　複素数体上の計量ベクトル空間と内積を考える場合，グラム行列の定義として別の定義の方が適切になる。詳しくは 285 ページの発展を参照。

このとき，まず次の定理が成り立つ。

定理　グラム行列

Vを計量ベクトル空間とし，その内積を（ , ）で表し，

$\{\boldsymbol{v}_1,\ \boldsymbol{v}_2,\ \cdots\cdots,\ \boldsymbol{v}_n\}$ をVの基底とする。$a_1,\ a_2,\ \cdots\cdots,\ a_n\in\mathbb{R}$,

$b_1,\ b_2,\ \cdots\cdots,\ b_n\in\mathbb{R}$ に対して，$\boldsymbol{v}=a_1\boldsymbol{v}_1+a_2\boldsymbol{v}_2+\cdots\cdots+a_n\boldsymbol{v}_n$,

$\boldsymbol{w}=b_1\boldsymbol{v}_1+b_2\boldsymbol{v}_2+\cdots\cdots+b_n\boldsymbol{v}_n$ とすると，次が成り立つ。

$$(\boldsymbol{v},\ \boldsymbol{w})=\sum_{i=1}^{n}\sum_{j=1}^{n}a_ib_j(\boldsymbol{v}_i,\ \boldsymbol{v}_j)$$

$$=(a_1\ \ a_2\ \ \cdots\ \ a_n)\begin{pmatrix} (\boldsymbol{v}_1,\ \boldsymbol{v}_1) & (\boldsymbol{v}_1,\ \boldsymbol{v}_2) & \cdots & (\boldsymbol{v}_1,\ \boldsymbol{v}_n) \\ (\boldsymbol{v}_2,\ \boldsymbol{v}_1) & (\boldsymbol{v}_2,\ \boldsymbol{v}_2) & \cdots & (\boldsymbol{v}_2,\ \boldsymbol{v}_n) \\ \vdots & \vdots & \ddots & \vdots \\ (\boldsymbol{v}_n,\ \boldsymbol{v}_1) & (\boldsymbol{v}_n,\ \boldsymbol{v}_2) & \cdots & (\boldsymbol{v}_n,\ \boldsymbol{v}_n) \end{pmatrix}\begin{pmatrix} b_1 \\ b_2 \\ \vdots \\ b_n \end{pmatrix}$$

証明　$n=2$ の場合を証明する。一般の場合も同様である。

$$(\boldsymbol{v},\ \boldsymbol{w})=(a_1\boldsymbol{v}_1+a_2\boldsymbol{v}_2,\ b_1\boldsymbol{v}_1+b_2\boldsymbol{v}_2)$$

$$=a_1b_1(\boldsymbol{v}_1,\ \boldsymbol{v}_1)+a_1b_2(\boldsymbol{v}_1,\ \boldsymbol{v}_2)+a_2b_1(\boldsymbol{v}_2,\ \boldsymbol{v}_1)+a_2b_2(\boldsymbol{v}_2,\ \boldsymbol{v}_2)$$

$$=\sum_{i=1}^{2}\sum_{j=1}^{2}a_ib_j(\boldsymbol{v}_i,\ \boldsymbol{v}_j)=\begin{pmatrix}a_1 & a_2\end{pmatrix}\begin{pmatrix}(\boldsymbol{v}_1,\ \boldsymbol{v}_1) & (\boldsymbol{v}_1,\ \boldsymbol{v}_2)\\(\boldsymbol{v}_2,\ \boldsymbol{v}_1) & (\boldsymbol{v}_2,\ \boldsymbol{v}_2)\end{pmatrix}\begin{pmatrix}b_1\\b_2\end{pmatrix}$$ ■

例8　標準基底に関する標準内積のグラム行列

R^n に標準内積を定め，R^n の標準的な基底を $\{\boldsymbol{e}_1,\ \boldsymbol{e}_2,\ \cdots\cdots,\ \boldsymbol{e}_n\}$ とする。このとき，R^n の標準的な基底 $\{\boldsymbol{e}_1,\ \boldsymbol{e}_2,\ \cdots\cdots,\ \boldsymbol{e}_n\}$ に関する標準内積のグラム行列は

$$\begin{pmatrix}(\boldsymbol{e}_1,\ \boldsymbol{e}_1) & (\boldsymbol{e}_1,\ \boldsymbol{e}_2) & \cdots & (\boldsymbol{e}_1,\ \boldsymbol{e}_n)\\(\boldsymbol{e}_2,\ \boldsymbol{e}_1) & (\boldsymbol{e}_2,\ \boldsymbol{e}_2) & \cdots & (\boldsymbol{e}_2,\ \boldsymbol{e}_n)\\\vdots & \vdots & \ddots & \vdots\\(\boldsymbol{e}_n,\ \boldsymbol{e}_1) & (\boldsymbol{e}_n,\ \boldsymbol{e}_2) & \cdots & (\boldsymbol{e}_n,\ \boldsymbol{e}_n)\end{pmatrix}$$

であり，これは n 次単位行列である。

より一般に，計量ベクトル空間の正規直交基底に関する内積のグラム行列も単位行列である。

練習12　計量ベクトル空間の正規直交基底に関する内積のグラム行列が単位行列であることを証明せよ。

例題5　R^2 に標準内積を定めるとき，R^2 の基底 $\left\{\begin{pmatrix}1\\-2\end{pmatrix},\ \begin{pmatrix}2\\-3\end{pmatrix}\right\}$ に関する標準内積のグラム行列を求めよ。

解答

$\boldsymbol{v}_1=\begin{pmatrix}1\\-2\end{pmatrix}$，$\boldsymbol{v}_2=\begin{pmatrix}2\\-3\end{pmatrix}$ とし，求めるグラム行列を G とする。

$(\boldsymbol{v}_1,\ \boldsymbol{v}_1)=1\cdot1+(-2)\cdot(-2)=5$，$(\boldsymbol{v}_1,\ \boldsymbol{v}_2)=1\cdot2+(-2)\cdot(-3)=8$，

$(\boldsymbol{v}_2,\ \boldsymbol{v}_1)=2\cdot1+(-3)\cdot(-2)=8$，$(\boldsymbol{v}_2,\ \boldsymbol{v}_2)=2\cdot2+(-3)\cdot(-3)=13$

よって　$G=\begin{pmatrix}5 & 8\\8 & 13\end{pmatrix}$ ■

練習13　R^3 に標準内積を定めるとき，R^3 の基底 $\left\{\begin{pmatrix}2\\-2\\1\end{pmatrix},\ \begin{pmatrix}3\\2\\1\end{pmatrix},\ \begin{pmatrix}1\\-1\\-1\end{pmatrix}\right\}$ に関する標準内積のグラム行列を求めよ。

以上の例からもわかるように，グラム行列は次の性質をもつ。

定理　グラム行列の性質

計量ベクトル空間の基底 $\{\boldsymbol{v}_1, \boldsymbol{v}_2, \cdots\cdots, \boldsymbol{v}_n\}$ に関する内積のグラム行列を G とするとき，${}^tG=G$ が成り立つ。

この定理は内積の定義 (265 ページ) の条件 (I3) より導き出すことができる。

注意　グラム行列のような性質を満たす行列はさまざまなよい性質をもつので，次項で説明する。

例 8 と例題 5 から，計量ベクトル空間の 1 つの内積に対しても，基底を変えると異なるグラム行列が得られる。そこで，基底変換により，グラム行列がどのように変わるか考えてみよう。

V を計量ベクトル空間として，$\dim V=2$ とし，$\{\boldsymbol{v}_1, \boldsymbol{v}_2\}$，$\{\boldsymbol{v}_1', \boldsymbol{v}_2'\}$ をそれぞれ V の基底とする。P を V の基底 $\{\boldsymbol{v}_1, \boldsymbol{v}_2\}$ から基底 $\{\boldsymbol{v}_1', \boldsymbol{v}_2'\}$ への基底変換行列とし，$P=\begin{pmatrix} p_{11} & p_{12} \\ p_{21} & p_{22} \end{pmatrix}$ とする。

定義 6-9 (253 ページ) より，次が成り立つ。

$$\boldsymbol{v}_1'=p_{11}\boldsymbol{v}_1+p_{21}\boldsymbol{v}_2,\quad \boldsymbol{v}_2'=p_{12}\boldsymbol{v}_1+p_{22}\boldsymbol{v}_2$$

ここで，基底 $\{\boldsymbol{v}_1, \boldsymbol{v}_2\}$ に関する内積 (,) のグラム行列を G とし，基底 $\{\boldsymbol{v}_1', \boldsymbol{v}_2'\}$ に関する内積 (,) のグラム行列を G' とする。定理（グラム行列）(281 ページ) の証明より，$i=1, 2$，$j=1, 2$ に対して

$$\begin{aligned}(\boldsymbol{v}_i', \boldsymbol{v}_j')&=(p_{1i}\boldsymbol{v}_1+p_{2i}\boldsymbol{v}_2,\ p_{1j}\boldsymbol{v}_1+p_{2j}\boldsymbol{v}_2)\\ &=\begin{pmatrix} p_{1i} & p_{2i} \end{pmatrix}\begin{pmatrix} (\boldsymbol{v}_1, \boldsymbol{v}_1) & (\boldsymbol{v}_1, \boldsymbol{v}_2) \\ (\boldsymbol{v}_2, \boldsymbol{v}_1) & (\boldsymbol{v}_2, \boldsymbol{v}_2) \end{pmatrix}\begin{pmatrix} p_{1j} \\ p_{2j} \end{pmatrix}\end{aligned}$$

したがって

$$\begin{aligned}G'&=\begin{pmatrix} (\boldsymbol{v}_1', \boldsymbol{v}_1') & (\boldsymbol{v}_1', \boldsymbol{v}_2') \\ (\boldsymbol{v}_2', \boldsymbol{v}_1') & (\boldsymbol{v}_2', \boldsymbol{v}_2') \end{pmatrix}\\ &=\begin{pmatrix} p_{11} & p_{21} \\ p_{12} & p_{22} \end{pmatrix}\begin{pmatrix} (\boldsymbol{v}_1, \boldsymbol{v}_1) & (\boldsymbol{v}_1, \boldsymbol{v}_2) \\ (\boldsymbol{v}_2, \boldsymbol{v}_1) & (\boldsymbol{v}_2, \boldsymbol{v}_2) \end{pmatrix}\begin{pmatrix} p_{11} & p_{12} \\ p_{21} & p_{22} \end{pmatrix}\\ &={}^tPGP\end{aligned}$$

一般の計量ベクトル空間についても同様の議論ができる。以上から，次ページの定理が成り立つ。

定理　基底変換とグラム行列

Vを計量ベクトル空間とし，$\{\boldsymbol{v}_1,\ \boldsymbol{v}_2,\ \cdots\cdots,\ \boldsymbol{v}_n\}$，$\{\boldsymbol{v}_1',\ \boldsymbol{v}_2',\ \cdots\cdots,\ \boldsymbol{v}_n'\}$をそれぞれ$V$の基底とする。また，基底$\{\boldsymbol{v}_1,\ \boldsymbol{v}_2,\ \cdots\cdots,\ \boldsymbol{v}_n\}$に関する$V$の内積のグラム行列を$G$，基底$\{\boldsymbol{v}_1',\ \boldsymbol{v}_2',\ \cdots\cdots,\ \boldsymbol{v}_n'\}$に関する$V$の内積のグラム行列を$G'$とする。さらに，$P$を$V$の基底$\{\boldsymbol{v}_1,\ \boldsymbol{v}_2,\ \cdots\cdots,\ \boldsymbol{v}_n\}$から基底$\{\boldsymbol{v}_1',\ \boldsymbol{v}_2',\ \cdots\cdots,\ \boldsymbol{v}_n'\}$への基底変換行列とする。このとき，$G'={}^tPGP$が成り立つ。

特に，正規直交基底を考えると，次の系が得られる。

系　グラム行列の性質

Vを計量ベクトル空間とし，$\{\boldsymbol{v}_1,\ \boldsymbol{v}_2,\ \cdots\cdots,\ \boldsymbol{v}_n\}$を$V$の基底とする。また，基底$\{\boldsymbol{v}_1,\ \boldsymbol{v}_2,\ \cdots\cdots,\ \boldsymbol{v}_n\}$に関する$V$の内積のグラム行列を$G$とするとき，次が成り立つ。

[1]　あるn次正則行列Pが存在して，$G={}^tPP$と書ける。

[2]　Gは正則であり，$\det(G)>0$が成り立つ。

[1] は，Vの正規直交基底から与えられた基底への基底変換を考えると，正規直交基底に関するVの内積のグラム行列が単位行列になることと定理（基底変換とグラム行列）より示される。また，[2] は [1] と基底変換行列が正則行列であること（253 ページの補足）と定理（転置行列と行列式）（144 ページ）を用いて，行列式を計算すればわかる。

練習 14　系（正規直交化とグラム行列）[1]，[2] を証明せよ。

さらに，数ベクトル空間の標準内積については，次も成り立つ。

系　数ベクトル空間のグラム行列

R^nに標準内積を定め，$\{\boldsymbol{v}_1,\ \boldsymbol{v}_2,\ \cdots\cdots,\ \boldsymbol{v}_n\}$を$\mathrm{R}^n$の基底とする。$\mathrm{R}^n$の基底$\{\boldsymbol{v}_1,\ \boldsymbol{v}_2,\ \cdots\cdots,\ \boldsymbol{v}_n\}$に関する$\mathrm{R}^n$の標準内積のグラム行列を$G$とする。また，$\boldsymbol{v}_1,\ \boldsymbol{v}_2,\ \cdots\cdots,\ \boldsymbol{v}_n$を列ベクトルとして並べて得られる$n$次正方行列を$P$とする。このとき，$G={}^tPP$が成り立つ。

この系は，基底変換とグラム行列の定理，$\mathbb{R}^n$ の標準的な基底に関する標準内積のグラム行列が単位行列であること，および，$\mathbb{R}^n$ の標準的な基底から与えられた基底 $\{\boldsymbol{v}_1, \boldsymbol{v}_2, \cdots\cdots, \boldsymbol{v}_n\}$ への基底変換行列が P であること（例 20（254 ページ））を用いることにより示せる。

練習 15　系（数ベクトル空間のグラム行列）を証明せよ。

発展　エルミート内積のグラム行列

複素計量ベクトル空間のエルミート内積のグラム行列を次のように定義する。

定義 7-11　エルミート内積のグラム行列

V を複素計量ベクトル空間とし，そのエルミート内積を（ , ）で表し，$\{\boldsymbol{v}_1, \boldsymbol{v}_2, \cdots\cdots, \boldsymbol{v}_n\}$ を V の基底とする。

$$G=\begin{pmatrix} \overline{(\boldsymbol{v}_1, \boldsymbol{v}_1)} & \overline{(\boldsymbol{v}_1, \boldsymbol{v}_2)} & \cdots & \overline{(\boldsymbol{v}_1, \boldsymbol{v}_n)} \\ \overline{(\boldsymbol{v}_2, \boldsymbol{v}_1)} & \overline{(\boldsymbol{v}_2, \boldsymbol{v}_2)} & \cdots & \overline{(\boldsymbol{v}_2, \boldsymbol{v}_n)} \\ \vdots & \vdots & \ddots & \vdots \\ \overline{(\boldsymbol{v}_n, \boldsymbol{v}_1)} & \overline{(\boldsymbol{v}_n, \boldsymbol{v}_2)} & \cdots & \overline{(\boldsymbol{v}_n, \boldsymbol{v}_n)} \end{pmatrix}$$

とするとき，行列 G を V の基底 $\{\boldsymbol{v}_1, \boldsymbol{v}_2, \cdots\cdots, \boldsymbol{v}_n\}$ に関する V の **エルミート内積のグラム行列** という。

エルミート内積においては，$\overline{(\boldsymbol{v}_i, \boldsymbol{v}_j)}=(\boldsymbol{v}_j, \boldsymbol{v}_i)$ なので，$g_{ij}=(\boldsymbol{v}_j, \boldsymbol{v}_i)$ で定義してもよい。

複素計量ベクトル空間では，定理（グラム行列）の結果も修正が必要である（成分がすべて実数の場合には，もちろん一致する）。具体的には次の通りである。

V を複素計量ベクトル空間とし，そのエルミート内積を（ , ）で表し，$\{\boldsymbol{v}_1, \boldsymbol{v}_2, \cdots\cdots, \boldsymbol{v}_n\}$ を V の基底とする。$a_1, a_2, \cdots\cdots, a_n \in \mathbb{C}$，$b_1, b_2, \cdots\cdots, b_n \in \mathbb{C}$ に対して，$\boldsymbol{v}=a_1\boldsymbol{v}_1+a_2\boldsymbol{v}_2+\cdots\cdots+a_n\boldsymbol{v}_n$，$\boldsymbol{w}=b_1\boldsymbol{v}_1+b_2\boldsymbol{v}_2+\cdots\cdots+b_n\boldsymbol{v}_n$ とすると，次が成り立つ。

$$(\boldsymbol{v}, \boldsymbol{w})=\sum_{i=1}^{n}\sum_{j=1}^{n} a_i\overline{b_j}(\boldsymbol{v}_i, \boldsymbol{v}_j)=\sum_{i=1}^{n}\sum_{j=1}^{n} a_i\overline{b_j}\,\overline{(\boldsymbol{v}_j, \boldsymbol{v}_i)}=\sum_{i=1}^{n}\sum_{j=1}^{n} \overline{b_i}a_j\overline{(\boldsymbol{v}_i, \boldsymbol{v}_j)}$$

$$=\begin{pmatrix} \overline{b_1} & \overline{b_2} & \cdots & \overline{b_n} \end{pmatrix}\begin{pmatrix} \overline{(\boldsymbol{v}_1, \boldsymbol{v}_1)} & \overline{(\boldsymbol{v}_1, \boldsymbol{v}_2)} & \cdots & \overline{(\boldsymbol{v}_1, \boldsymbol{v}_n)} \\ \overline{(\boldsymbol{v}_2, \boldsymbol{v}_1)} & \overline{(\boldsymbol{v}_2, \boldsymbol{v}_2)} & \cdots & \overline{(\boldsymbol{v}_2, \boldsymbol{v}_n)} \\ \vdots & \vdots & \ddots & \vdots \\ \overline{(\boldsymbol{v}_n, \boldsymbol{v}_1)} & \overline{(\boldsymbol{v}_n, \boldsymbol{v}_2)} & \cdots & \overline{(\boldsymbol{v}_n, \boldsymbol{v}_n)} \end{pmatrix}\begin{pmatrix} a_1 \\ a_2 \\ \vdots \\ a_n \end{pmatrix}$$

B　対称行列

定理（グラム行列の性質）（283 ページ）で示したグラム行列の性質を満たす行列は，後でも学習するように，いくつかのよい性質をもつ。

定義 7-12　対称行列

Aを正方行列とし，${}^{t}A=A$ を満たすとき，行列Aを **対称行列** という。

対称行列は，その名の通り，対角成分に対して成分が対称に配置された行列である。上三角部分または下三角部分が定まれば，行列全体が一意的に定まる。

例 9　対称行列

対角行列，単位行列，零行列は対称行列である。

例題 6　A，B を対称行列とするとき，$A+B$ は対称行列であることを示せ。

解答　A，B が対称行列であることから，行列 A，B の $(i,\ j)$ 成分をそれぞれ a_{ij}，b_{ij} とすると，$a_{ij}=a_{ji}$，$b_{ij}=b_{ji}$ である。このとき，

$A+B$ の $(i,\ j)$ 成分は　　$a_{ij}+b_{ij}=a_{ji}+b_{ji}$

よって　　${}^{t}(A+B)=A+B$

したがって，$A+B$ は対称行列である。■

練習 16　Aを対称行列とするとき，任意の $k\in\mathbb{R}$ に対して，kA は対称行列であることを示せ。

ただし，2つの対称行列の積は対称行列とは限らない。一方，正則な対称行列の逆行列は対称行列である。

例題 7　Aを正則な対称行列とするとき，その逆行列 A^{-1} が対称行列であることを示せ。

解答　行列Aが正則なので逆行列 A^{-1} が存在し，$A^{-1}A=E$ が成り立つ。

ここで　　${}^{t}(A^{-1}A)={}^{t}A\,{}^{t}(A^{-1})$　　一方で　　${}^{t}E=E$

よって　　${}^{t}A\,{}^{t}(A^{-1})=E$

Aは対称行列であるから ${}^{t}A=A$ より　　$A\,{}^{t}(A^{-1})=E$

両辺に左から A^{-1} を掛けると　　${}^{t}(A^{-1})=A^{-1}$

よって，A^{-1} も対称行列である。■

補足 Aが対称行列のとき，その余因子行列も対称行列である (定義 4-4 (155 ページ) も参照)。このことと，系 (逆行列と行列式) (142 ページ) からも，例題を示すことができる。

発展　エルミート行列

複素計量ベクトル空間に対するグラム行列は，実数を成分にもつ対称行列にはならない。

この場合は次に定義するような行列になる。

定義 7-13　エルミート行列
Aを複素数を成分にもつ行列とするとき，$\overline{{}^tA}$ を行列Aの **随伴行列** といい，A^* で表す。ここで，$\overline{A}$ は行列Aのすべての成分の共役をとった行列である。そして，$A^*=A$ を満たす行列Aを **エルミート行列** または **自己随伴行列** という。

このとき，発展 (エルミート内積のグラム行列) (285 ページ) から，複素計量ベクトル空間のグラム行列はエルミート行列である。

第4節　直交変換と直交行列

平面上で2本のベクトルの内積を保つ変換を考えると，それは2点間の距離となす角を保ち，写り合う2つの図形は合同になる。よって，そのような変換は幾何的に重要である。この節では，計量ベクトル空間で内積を保つ変換を考え，その性質を調べる。

A　直交変換

まず，内積を保つ線形変換を定義する。

定義 7-14　直交変換

Vを計量ベクトル空間として，その内積を $(\ ,\ )$ で表す。$\varphi : V \longrightarrow V$ をVの線形変換とし，線形変換φが次の条件を満たすとき，線形変換φは**直交変換**であるという。

(O)　任意の $\boldsymbol{v}$，$\boldsymbol{w} \in V$ に対して，$(\varphi(\boldsymbol{v}),\ \varphi(\boldsymbol{w}))=(\boldsymbol{v},\ \boldsymbol{w})$ が成り立つ。

例題 8　R^2 に標準内積を定めるとき，xy 平面上で x 軸に関する対称移動に対応する1次変換が直交変換であることを示せ。

解答

29ページから，$\varphi : \mathrm{R}^2 \longrightarrow \mathrm{R}^2$ を，xy 平面上で x 軸に関する対称移動に対応する1次変換とすると，φ は R^2 の標準的な基底に関して，行列 $\begin{pmatrix} 1 & 0 \\ 0 & -1 \end{pmatrix}$ によって定まる1次変換に一致する。

よって，$\begin{pmatrix} x \\ y \end{pmatrix} \in \mathrm{R}^2$ に対して　$\varphi\left(\begin{pmatrix} x \\ y \end{pmatrix}\right)=\begin{pmatrix} 1 & 0 \\ 0 & -1 \end{pmatrix}\begin{pmatrix} x \\ y \end{pmatrix}=\begin{pmatrix} x \\ -y \end{pmatrix}$

ゆえに，$\begin{pmatrix} x \\ y \end{pmatrix}$，$\begin{pmatrix} x' \\ y' \end{pmatrix} \in \mathrm{R}^2$ に対して

$$\left(\varphi\begin{pmatrix} x \\ y \end{pmatrix},\ \varphi\begin{pmatrix} x' \\ y' \end{pmatrix}\right)=\left(\begin{pmatrix} x \\ -y \end{pmatrix},\ \begin{pmatrix} x' \\ -y' \end{pmatrix}\right)=x\cdot x'+(-y)\cdot(-y')$$

$$=xx'+yy'=\left(\begin{pmatrix} x \\ y \end{pmatrix},\ \begin{pmatrix} x' \\ y' \end{pmatrix}\right)$$

したがって，R^2 の1次変換 $\varphi : \mathrm{R}^2 \longrightarrow \mathrm{R}^2$ は直交変換である。■

練習 17 例題 8 の設定のもとで，xy 平面上で原点に関する対称移動に対応する 1 次変換が直交変換であることを示せ。

練習 18 37 ページの研究で説明したように，xy 平面上の原点を中心として，反時計回りに角度 θ だけ回転する回転移動を 1 次変換とみなすことができ，その表現行列は $\begin{pmatrix} \cos\theta & -\sin\theta \\ \sin\theta & \cos\theta \end{pmatrix}$ である。$\mathbb{R}^2$ に標準内積を定め，上の 1 次変換を $\mathbb{R}^2$ 上の 1 次変換とみなすとき，その 1 次変換は直交変換であることを示せ。

直交変換は，ベクトルのノルムやなす角について，次のような性質をもつ。

定理　直交変換の性質

Vを計量ベクトル空間とし，$\varphi: V \longrightarrow V$ を，Vの直交変換とする。

[1]　任意の $\boldsymbol{v}\in V$ に対して，$\|\varphi(\boldsymbol{v})\|=\|\boldsymbol{v}\|$ が成り立つ。

[2]　任意の $\boldsymbol{v}$, $\boldsymbol{w}\in V$ に対して，$\boldsymbol{v}$, $\boldsymbol{w}$ のなす角と $\varphi(\boldsymbol{v})$, $\varphi(\boldsymbol{w})$ のなす角は等しい。

[3]　$\{\boldsymbol{v}_1, \boldsymbol{v}_2, \cdots\cdots, \boldsymbol{v}_n\}$ をVの正規直交基底とすると，$\{\varphi(\boldsymbol{v}_1), \varphi(\boldsymbol{v}_2), \cdots\cdots, \varphi(\boldsymbol{v}_n)\}$ もVの正規直交基底である。

[1]～[3]　いずれも φ が直交変換 (内積を保つ) ことから導くことができる。例えば，[1] は次のようにして得られる。

$$\|\varphi(\boldsymbol{v})\|=\sqrt{(\varphi(\boldsymbol{v}),\ \varphi(\boldsymbol{v}))}=\sqrt{(\boldsymbol{v},\ \boldsymbol{v})}=\|\boldsymbol{v}\|$$

次に，直交変換の表現行列についてみてみよう。

定理　直交変換の表現行列

Vを計量ベクトル空間とし，$\{\boldsymbol{v}_1, \boldsymbol{v}_2, \cdots\cdots, \boldsymbol{v}_n\}$ をVの基底とする。また，この基底に関するVの内積のグラム行列をGとする。さらに，$\varphi: V \longrightarrow V$ をVの線形変換とし，上の基底に関する φ の表現行列をUとする。このとき，次の 2 つの条件は同値である。

[1]　Vの線形変換 φ は直交変換である。

[2]　${}^tUGU=G$ が成り立つ。

次ページで，$n=2$ のときの証明を与える。一般の場合も同様である。

まず次のように，行列 U, G の準備をする。

Vの線形変換φの表現行列がUであるから，$U=\begin{pmatrix} u_{11} & u_{12} \\ u_{21} & u_{22} \end{pmatrix}$とすると

$$\varphi(\boldsymbol{v}_1)=u_{11}\boldsymbol{v}_1+u_{21}\boldsymbol{v}_2,\ \ \varphi(\boldsymbol{v}_2)=u_{12}\boldsymbol{v}_1+u_{22}\boldsymbol{v}_2$$

次に，定理（グラム行列）(281 ページ) より，$G=\begin{pmatrix} g_{11} & g_{12} \\ g_{21} & g_{22} \end{pmatrix}$とし，$V$の内積を（，）で表すと，$i=1,\ 2,\ j=1,\ 2$ に対して

$$(\varphi(\boldsymbol{v}_i),\ \varphi(\boldsymbol{v}_j))=\begin{pmatrix} u_{1i} & u_{2i} \end{pmatrix}\begin{pmatrix} g_{11} & g_{12} \\ g_{21} & g_{22} \end{pmatrix}\begin{pmatrix} u_{1j} \\ u_{2j} \end{pmatrix}\ \ \cdots\cdots\ (*)$$

[1] ならば [2] の証明

φが直交変換であるとすると，$(\varphi(\boldsymbol{v}_i),\ \varphi(\boldsymbol{v}_j))=(\boldsymbol{v}_i,\ \boldsymbol{v}_j)=g_{ij}$ であるから，(＊) において，$i=1,\ 2,\ j=1,\ 2$ に対して

$$g_{ij}=\begin{pmatrix} u_{1i} & u_{2i} \end{pmatrix}\begin{pmatrix} g_{11} & g_{12} \\ g_{21} & g_{22} \end{pmatrix}\begin{pmatrix} u_{1j} \\ u_{2j} \end{pmatrix}$$

よって　$$G=\begin{pmatrix} g_{11} & g_{12} \\ g_{21} & g_{22} \end{pmatrix}=\begin{pmatrix} u_{11} & u_{21} \\ u_{12} & u_{22} \end{pmatrix}\begin{pmatrix} g_{11} & g_{12} \\ g_{21} & g_{22} \end{pmatrix}\begin{pmatrix} u_{11} & u_{12} \\ u_{21} & u_{22} \end{pmatrix}$$
$$={}^tUGU$$ ■

[2] ならば [1] の証明

${}^tUGU=G$ が成り立つとすると，$i=1,\ 2,\ j=1,\ 2$ に対して

$$\begin{pmatrix} u_{1i} & u_{2i} \end{pmatrix}\begin{pmatrix} g_{11} & g_{12} \\ g_{21} & g_{22} \end{pmatrix}\begin{pmatrix} u_{1j} \\ u_{2j} \end{pmatrix}=g_{ij}$$

これと (＊) から，$i=1,\ 2,\ j=1,\ 2$ に対して

$$(\varphi(\boldsymbol{v}_i),\ \varphi(\boldsymbol{v}_j))=g_{ij}=(\boldsymbol{v}_i,\ \boldsymbol{v}_j)$$

これより，任意の $\boldsymbol{v},\ \boldsymbol{w}\in V$ に対して，$(\varphi(\boldsymbol{v}),\ \varphi(\boldsymbol{w}))=(\boldsymbol{v},\ \boldsymbol{w})$ が成り立つ。

よって，線形変換φが直交変換であることがわかる。 ■

定理（直交変換の表現行列）において，特に，$\{\boldsymbol{v}_1,\ \boldsymbol{v}_2,\ \cdots\cdots,\ \boldsymbol{v}_n\}$ が正規直交基底のときは，その基底に関するVの内積のグラム行列が単位行列なので，次ページの系が得られる。

系　正規直交基底に関する直交変換の表現行列

Vを計量ベクトル空間として，$\{\boldsymbol{v}_1,\ \boldsymbol{v}_2,\ \cdots\cdots,\ \boldsymbol{v}_n\}$ をVの正規直交基底とする。また，$\varphi: V \longrightarrow V$ をVの線形変換とし，Uを基底 $\{\boldsymbol{v}_1,\ \boldsymbol{v}_2,\ \cdots\cdots,\ \boldsymbol{v}_n\}$ に関する線形変換φの表現行列とする。このとき，次の 2 つの条件は同値である。

[1]　Vの線形変換φは直交変換である。

[2]　${}^tUU=E$ すなわち ${}^tU=U^{-1}$ が成り立つ。

例 10　正規直交基底に関する直交変換の表現行列

例題 8 の 1 次変換で，上の系が成り立つことを確かめる。この例題では，$\mathbb{R}^2$ に標準内積を定め，xy 平面上で x 軸に関する対称移動に対応する 1 次変換が直交変換であった。$\mathbb{R}^2$ の標準的な基底は正規直交基底であり，Uをその基底に関する線形変換の表現行列とすると　$U=\begin{pmatrix} 1 & 0 \\ 0 & -1 \end{pmatrix}$

よって　${}^tUU=E$

練習 19　$\mathbb{R}^3$ に標準内積を定め，$\{\boldsymbol{e}_1,\ \boldsymbol{e}_2,\ \boldsymbol{e}_3\}$ を $\mathbb{R}^3$ の標準的な基底とする。$\varphi: V \longrightarrow V$ をVの線形変換とし，$\varphi(\boldsymbol{e}_1)=\boldsymbol{e}_2$，$\varphi(\boldsymbol{e}_2)=\boldsymbol{e}_3$，$\varphi(\boldsymbol{e}_3)=\boldsymbol{e}_1$ で定めると，φは直交変換であることを示せ。また，$\mathbb{R}^3$ の標準的な基底 $\{\boldsymbol{e}_1,\ \boldsymbol{e}_2,\ \boldsymbol{e}_3\}$ に関するφの表現行列を求め，上の系が成り立つことを確かめよ。

発展　ユニタリ変換

直交変換に対して，複素計量ベクトル空間でエルミート内積を保つ変換は次のように呼ばれる。

定義 7-15　ユニタリ変換

Vを複素計量ベクトル空間とし，そのエルミート内積を (,) で表す。Vの線形変換 $\varphi: V \longrightarrow V$ が次の条件を満たすとき，φを **ユニタリ変換** という。

(U)　任意の $\boldsymbol{v},\ \boldsymbol{w} \in V$ に対して，$(\varphi(\boldsymbol{v}),\ \varphi(\boldsymbol{w}))=(\boldsymbol{v},\ \boldsymbol{w})$ が成り立つ。

ユニタリ変換についても，この節で得られた定理や系は（なす角に関するものを除いて)，すべて同様に成り立つ。

特に，系（正規直交基底に関する直交変換の表現行列）に対応して，正規直交基底に関する線形変換 $\varphi : V \longrightarrow V$ の表現行列をUとするとき，φがユニタリ変換であるための必要十分条件は $U^*U=E$ が成り立つことである（U^*は行列Uの随伴行列（すなわち，$U^*=\overline{{}^tU}$））。

B　直交行列

系（正規直交基底に関する直交変換の表現行列［2］）（291 ページ）で示した直交変換の表現行列の性質を満たす行列は，いくつかのよい性質をもつ。そこで，次のように定義しておく。

定義 7-16　直交行列

Uを正方行列とし，行列Uが ${}^tUU=E$ すなわち ${}^tU=U^{-1}$ を満たすとき，行列Uを **直交行列** という。

例 11　直交行列

Uを n 次正方行列とし，行列Uによって定まる R^n の線形変換を $\varphi_U : \mathrm{R}^n \longrightarrow \mathrm{R}^n$ とする。R^n の線形変換 φ_U が，R^n の標準内積に関して直交変換であるとき，行列Uは直交行列である。逆に，行列Uが直交行列であるならば，行列Uによって定まる R^n の線形変換 φ_U は直交変換である。

練習 20　直交行列の行列式は ±1 であることを示せ。

例 12　回転移動に対応する R^2 上の 1 次変換

xy 平面上の原点を中心として，反時計回りに角度 θ だけ回転する回転移動に対応する R^2 上の 1 次変換は，標準内積に関して直交変換であり，R^2 の標準的な基底に関するその変換の表現行列は $\begin{pmatrix} \cos\theta & -\sin\theta \\ \sin\theta & \cos\theta \end{pmatrix}$ である。$A=\begin{pmatrix} \cos\theta & -\sin\theta \\ \sin\theta & \cos\theta \end{pmatrix}$ とすると，行列Aが直交行列であることは，次のようにして確かめられる。

$$ {}^tAA=\begin{pmatrix} \cos\theta & \sin\theta \\ -\sin\theta & \cos\theta \end{pmatrix}\begin{pmatrix} \cos\theta & -\sin\theta \\ \sin\theta & \cos\theta \end{pmatrix}=\begin{pmatrix} \cos^2\theta+\sin^2\theta & 0 \\ 0 & \sin^2\theta+\cos^2\theta \end{pmatrix}=E $$

練習 21 $R_\theta=\begin{pmatrix}\cos\theta & \sin\theta \\ \sin\theta & -\cos\theta\end{pmatrix}$ とする。行列 R_θ が直交行列であることを示せ。

また，行列 R_θ によって定まる $\mathbb{R}^2$ の 1 次変換が直交変換であることを確かめよ。

ここで，与えられた行列が直交行列になるための条件について考えてみよう。

$\mathbb{R}^n$ に標準内積を定める。$\varphi:\mathbb{R}^n \longrightarrow \mathbb{R}^n$ を $\mathbb{R}^n$ の線形変換とし，線形変換 φ の標準的な基底に関する表現行列を U とする。行列 U が標準的な基底を基底 $\{\boldsymbol{v}_1,\ \boldsymbol{v}_2,\ \cdots\cdots,\ \boldsymbol{v}_n\}$ に写すとすると，行列 U は，「$\boldsymbol{v}_1,\ \boldsymbol{v}_2,\ \cdots\cdots,\ \boldsymbol{v}_n$ を列ベクトルとして並べて得られる n 次正方行列」と一致する（254 ページの例 20 参照)。

ここで，標準的な基底は正規直交基底であるから，系（正規直交基底に関する直交変換の表現行列）より，行列 U が直交行列であるのは，$\mathbb{R}^n$ の線形変換 φ が直交変換であるときである。一方で，$\mathbb{R}^n$ の標準的な基底は正規直交基底であるから，$\mathbb{R}^n$ の線形変換 φ が直交変換であるとき，基底 $\{\boldsymbol{v}_1,\ \boldsymbol{v}_2,\ \cdots\cdots,\ \boldsymbol{v}_n\}$ は正規直交基底である（定理（直交変換の性質 [3]）(289 ページ）より)。このことから，次の定理が成り立つ。

定理　直交行列と正規直交基底

U を n 次正方行列とするとき，次の 2 つの条件は同値である。

[1]　行列 U は直交行列である。

[2]　U の列ベクトルを $\boldsymbol{v}_1,\ \boldsymbol{v}_2,\ \cdots\cdots,\ \boldsymbol{v}_n$ とするとき，
　$\{\boldsymbol{v}_1,\ \boldsymbol{v}_2,\ \cdots\cdots,\ \boldsymbol{v}_n\}$ が $\mathbb{R}^n$ の標準内積に関する正規直交基底である。

例 13　直交行列と正規直交基底

例 12 の回転行列について，上の定理が成り立つことを確かめてみよう。

$U=\begin{pmatrix}\cos\theta & -\sin\theta \\ \sin\theta & \cos\theta\end{pmatrix}$ とすると，例 12 より，これは直交行列である。

一方，その列ベクトルとして，$\boldsymbol{v}_1=\begin{pmatrix}\cos\theta \\ \sin\theta\end{pmatrix}$，$\boldsymbol{v}_2=\begin{pmatrix}-\sin\theta \\ \cos\theta\end{pmatrix}$ とすると

$$\|\boldsymbol{v}_1\|=1,\ \|\boldsymbol{v}_2\|=1,\ (\boldsymbol{v}_1,\ \boldsymbol{v}_2)=0$$

よって，$\{\boldsymbol{v}_1,\ \boldsymbol{v}_2\}$ は $\mathbb{R}^2$ の標準内積に関する正規直交基底である。

発展　ユニタリ行列

Uを複素数を成分にもつ行列とするとき，発展（ユニタリ変換）(291ページ) で述べたように，$U^*U=E$，すなわち $U^*=U^{-1}$ を満たす行列Uが，直交行列に対応する。そのような行列Uを**ユニタリ行列**という。直交行列と正規直交基底の定理と同様に，行列Uがユニタリ行列であるための必要十分条件は，Uの列ベクトルを $\boldsymbol{v}_1$，$\boldsymbol{v}_2$，……，$\boldsymbol{v}_n$ とするとき，$\{\boldsymbol{v}_1, \boldsymbol{v}_2, \cdots\cdots, \boldsymbol{v}_n\}$ が，$\mathbb{C}^n$ の標準内積に関する正規直交基底であることである。

研究　ベクトルの外積

本章で扱ったベクトルの内積とは別に，ベクトルの外積（または，クロス積）と呼ばれる演算もある。これは，3次元数ベクトルに対してのみ定義される。内積が2つのベクトルに対して，1つの実数を対応させるのに対して，ベクトルの外積は2つのベクトルに対して，1つのベクトルを対応させる。

定義 7-17　ベクトルの外積

$\boldsymbol{v}=\begin{pmatrix} a_1 \\ a_2 \\ a_3 \end{pmatrix}$，$\boldsymbol{w}=\begin{pmatrix} b_1 \\ b_2 \\ b_3 \end{pmatrix}$ が与えられたとする。このとき，$\boldsymbol{v}$ と $\boldsymbol{w}$ の **ベクトルの外積** $\boldsymbol{v}\times\boldsymbol{w}$ を，$\boldsymbol{v}\times\boldsymbol{w}=\begin{pmatrix} a_2b_3-b_2a_3 \\ a_3b_1-b_3a_1 \\ a_1b_2-b_1a_2 \end{pmatrix}$ で定義する。

ベクトルの外積について，次の性質が成り立つ。

[1]（交代性）$\boldsymbol{v}\times\boldsymbol{w}=-\boldsymbol{w}\times\boldsymbol{v}$

[2]（線形性）$(a\boldsymbol{v}_1+b\boldsymbol{v}_2)\times\boldsymbol{w}=a\boldsymbol{v}_1\times\boldsymbol{w}+b\boldsymbol{v}_2\times\boldsymbol{w}$（ただし，$a$，$b$ は実数）

さらに，ベクトルの外積は，次の幾何的な性質をもつ*)。

定理　ベクトルの外積の幾何的性質

$\boldsymbol{v}$，$\boldsymbol{w}\in\mathbb{R}^3$ のベクトルの外積 $\boldsymbol{v}\times\boldsymbol{w}$ について，次が成り立つ。

[1]　$\boldsymbol{v}\times\boldsymbol{w}$ は $\boldsymbol{v}$ と $\boldsymbol{w}$ の両方に，標準内積に関して直交する。

[2]　$\|\boldsymbol{v}\times\boldsymbol{w}\|$ は，$\boldsymbol{v}$ と $\boldsymbol{w}$ によって生成される平行四辺形の面積に等しい。

*）定理の証明については，『数研講座シリーズ　大学教養　線形代数』を参照。

章末問題

1 次の問いに答えよ。

(1) $\mathbb{R}^2$ に標準内積を定めるとき，グラム・シュミットの直交化を利用して，$\mathbb{R}^2$ の基底 $\left\{\begin{pmatrix}1\\0\end{pmatrix}, \begin{pmatrix}1\\-1\end{pmatrix}\right\}$ から $\mathbb{R}^2$ の正規直交基底を作れ。

(2) $\mathbb{R}^3$ に標準内積を定めるとき，グラム・シュミットの直交化を利用して，$\mathbb{R}^3$ の基底 $\left\{\begin{pmatrix}1\\1\\1\end{pmatrix}, \begin{pmatrix}2\\1\\0\end{pmatrix}, \begin{pmatrix}1\\0\\2\end{pmatrix}\right\}$ から $\mathbb{R}^3$ の正規直交基底を作れ。

(3) $\mathbb{R}^3$ に標準内積を定め，W_1 を $\mathbb{R}^3$ の部分空間とし，

$W_1=\left\{\begin{pmatrix}x\\y\\z\end{pmatrix}\in\mathbb{R}^3 \,\middle|\, x+2y+z=0\right\}$ とするとき，W_1 の正規直交基底を作れ。

(4) $\mathbb{R}^4$ に標準内積を定め，W_2 を $\mathbb{R}^4$ の部分空間とし，

$W_2=\left\{\begin{pmatrix}x\\y\\z\\w\end{pmatrix}\in\mathbb{R}^4 \,\middle|\, x-6y-z-2w=0\right\}$ とするとき，W_2 の正規直交基底を作れ。

2 $C^0\left(\left[0, \frac{\pi}{2}\right]\right)$ を閉区間 $\left[0, \frac{\pi}{2}\right]$ 上で連続な関数全体からなるベクトル空間とする。$C^0\left(\left[0, \frac{\pi}{2}\right]\right)$ に，$(\ ,\ )$ を次のように定める。

$y=f(x)$，$y=g(x)$ で表される $f\in C^0\left(\left[0, \frac{\pi}{2}\right]\right)$，$g\in C^0\left(\left[0, \frac{\pi}{2}\right]\right)$ に対して，

$(f,\ g)=\int_0^{\frac{\pi}{2}} f(x)g(x)dx$。$f_1\in C^0\left(\left[0, \frac{\pi}{2}\right]\right)$，$f_2\in C^0\left(\left[0, \frac{\pi}{2}\right]\right)$ を，$f_1(x)=\sin x$，$f_2(x)=\cos x$ で定め，$\{f_1,\ f_2\}$ で生成される $C^0\left(\left[0, \frac{\pi}{2}\right]\right)$ の部分空間を V とすると，$\{f_1,\ f_2\}$ は V の基底である。V の基底 $\{f_1,\ f_2\}$ に関する $(\ ,\ )$ のグラム行列を求めよ。

3 次の問いに答えよ。

(1) 単位行列は直交行列であることを示せ。

(2) A，B を n 次の直交行列とするとき，行列 AB も n 次の直交行列であることを示せ。

(3) 直交行列の逆行列は直交行列であることを示せ。

4 V を計量ベクトル空間とし，その内積を $(\ ,\ )$ で表すこととする。$\boldsymbol{x}\in V$，$\boldsymbol{y}\in V$ とするとき，次の問いに答えよ。

(1) 等式 $\|\boldsymbol{x}+\boldsymbol{y}\|^2+\|\boldsymbol{x}-\boldsymbol{y}\|^2=2(\|\boldsymbol{x}\|^2+\|\boldsymbol{y}\|^2)$ が成り立つことを示せ。

(2) 等式 $\|\boldsymbol{x}\|^2+\|\boldsymbol{y}\|^2=\|\boldsymbol{x}+\boldsymbol{y}\|^2$ が成り立つための必要十分条件は $(\boldsymbol{x},\ \boldsymbol{y})=0$ が成り立つことであることを示せ。

5 V を計量ベクトル空間とし，$\boldsymbol{v}_1$，$\boldsymbol{v}_2$，……，$\boldsymbol{v}_n\in V$ は V の零ベクトルではないとする。このとき，次の不等式が成り立つことを証明せよ。

$$\|\boldsymbol{v}_1+\boldsymbol{v}_2+\cdots\cdots+\boldsymbol{v}_n\|\leqq\|\boldsymbol{v}_1\|+\|\boldsymbol{v}_2\|+\cdots\cdots+\|\boldsymbol{v}_n\|$$

第8章　固有値と固有ベクトル

平面上の1次変換を調べる際に重要な概念として，固有値と固有ベクトルというものがある。本章では，これを一般化して一般の線形写像や行列について，固有値，固有空間，固有ベクトルを定義し，その性質や計算方法を学んでいく。

一般に，与えられた行列または線形変換の固有値と固有ベクトルを求める問題を固有値問題といい，線形代数学の応用としてさまざまな分野で重要である。実際，弦の振動・熱の伝搬・電気回路，経済学（線形計画法）や量子力学，さらに，近年では人工知能の理論などに応用されている。

固有値や固有ベクトルを表す英単語 eigen value, eigen vector は，ドイツ語の eigen（「独特の」「特有の」）から導入された。
これらを最初に用いたのは，20世紀初めのドイツの数学者ヒルベルトである。

ヒルベルト，1862-1943

第 1 節　固有値，固有空間，固有ベクトル

この節では，ベクトル空間の線形変換を理解する上で，極めて重要な概念である固有値，固有空間，固有ベクトルという概念を導入し，その性質を学ぶ。

A　固有値とは

まず，1 次変換について見直してみよう。1 次変換を平面上の変換として（幾何的に）考える。実際に，1 次変換はどのように点を移しているのだろうか。

30 ページでは，まず対称移動や回転移動が 1 次変換であることを紹介した（37 ページの研究も参照）。これらの変換（移動）はこれまでにも学んできたものであり，幾何的にも理解しやすい。

次に，もう少し一般の 1 次変換を考えてみる。

例えば，$A=\begin{pmatrix}2 & 0\\ 0 & -1\end{pmatrix}$ として，行列 A によって定まる 1 次変換

$f_A: \mathrm{R}^2 \longrightarrow \mathrm{R}^2$ では　　$f_A\left(\begin{pmatrix}x\\ y\end{pmatrix}\right)=\begin{pmatrix}2 & 0\\ 0 & -1\end{pmatrix}\begin{pmatrix}x\\ y\end{pmatrix}=\begin{pmatrix}2x\\ -y\end{pmatrix}$

となるので，これはすなわち，x 軸方向に 2 倍し，y 軸方向に -1 倍の拡大変換を表している。

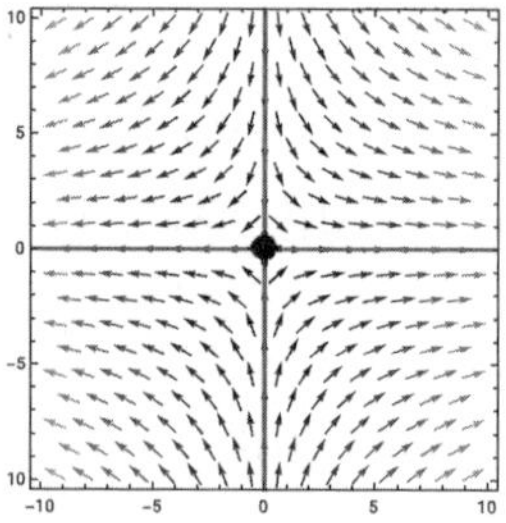

右図は，コンピュータを用いて，1 次変換 f_A による各点の移動の様子を有向線分（矢印）で表示したものである。特に，x 軸上の点は x 軸上に，y 軸上の点は y 軸上に移るので，x 軸と y 軸は変換によって不変である。またその近くの点は，それぞれの軸に沿って動く様子を確認することができる。

次に，$B=\begin{pmatrix}5 & -3\\ 6 & -4\end{pmatrix}$ として，行列 B によって定まる 1 次変換

$f_B: \mathrm{R}^2 \longrightarrow \mathrm{R}^2$ はどうであろうか。

$$f_B\left(\begin{pmatrix}x\\ y\end{pmatrix}\right)=\begin{pmatrix}5 & -3\\ 6 & -4\end{pmatrix}\begin{pmatrix}x\\ y\end{pmatrix}=\begin{pmatrix}5x-3y\\ 6x-4y\end{pmatrix}$$

上のように表しても，各点がどのように移るのか，全体としての様子を理解することは難しい。

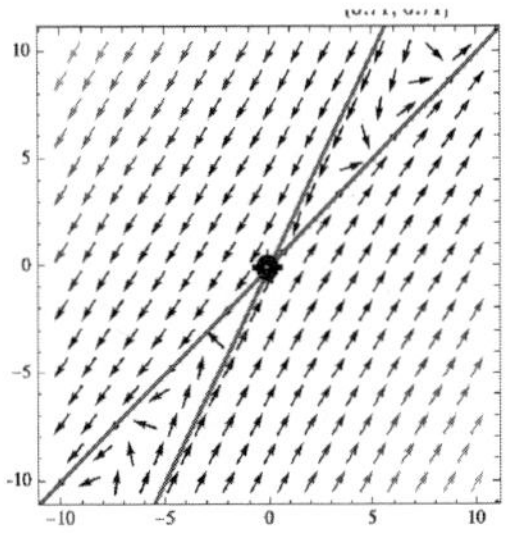

そこで，コンピュータを用いて，上の例と同様に，それぞれの点の移動の様子を表示させてみると，右図のようになる。

各点の移動を表す矢印をみると，右図のように，原点を通る 2 本の直線が変換によって不変になっており，またその近くの点は，それぞれの直線に沿って動く様子を確認することができる。

では，右上図の 2 本の直線はどのような直線であろうか。それがわかれば，全体の点の移動の様子が，ある程度わかったことになるであろう。

1 次変換 f_A に戻って考えると，f_A が x 軸と y 軸を不変にする理由は

$$f_A\left(\begin{pmatrix}1\\0\end{pmatrix}\right)=\begin{pmatrix}2\\0\end{pmatrix}=2\begin{pmatrix}1\\0\end{pmatrix},$$

$$f_A\left(\begin{pmatrix}0\\1\end{pmatrix}\right)=\begin{pmatrix}0\\-1\end{pmatrix}$$

が成り立つことであるとわかる。

そこで，1 次変換 f_B に対して，次の等式を満たす $\boldsymbol{v}\in\mathbb{R}^2$ を求めてみよう。

$$f_B(\boldsymbol{v})=\lambda\boldsymbol{v}\quad(\lambda\in\mathbb{R})$$

$\boldsymbol{v}=\begin{pmatrix}x\\y\end{pmatrix}$ として代入して計算すると

$$\begin{pmatrix}5x-3y\\6x-4y\end{pmatrix}=\begin{pmatrix}\lambda x\\\lambda y\end{pmatrix}$$

これを計算して，λ, $\begin{pmatrix}x\\y\end{pmatrix}$ を求めることもできるが，ここでは，(後の議論にもつながるので) 行列を用いて求める。

$f_B(\boldsymbol{v})=B\boldsymbol{v}$ から，次のように式変形を行う。

$$B\boldsymbol{v}=\lambda\boldsymbol{v}\qquad\text{から}\qquad B\boldsymbol{v}-\lambda\boldsymbol{v}=\boldsymbol{0}\qquad\text{すなわち}\qquad(B-\lambda E)\boldsymbol{v}=\boldsymbol{0}$$

ここで，行列 $B-\lambda E$ が正則行列であるとすると，その逆行列を左から掛けることにより，$\boldsymbol{v}=\boldsymbol{0}$ しか得られない。

そこで，行列 $B-\lambda E$ が正則でない場合を考える。すなわち，$\det(B-\lambda E)=0$ である場合を考える。

ここで　$\det(B-\lambda E)=\begin{vmatrix} 5-\lambda & -3 \\ 6 & -4-\lambda \end{vmatrix}$

$$=(5-\lambda)(-4-\lambda)-(-3)\cdot 6=\lambda^2-\lambda-2=(\lambda+1)(\lambda-2)$$

よって，$\det(B-\lambda E)=0$ を解くと，$(\lambda+1)(\lambda-2)=0$ から　$\lambda=-1,\ 2$

$\lambda=-1$ のとき，$B\boldsymbol{v}=-\boldsymbol{v}$ となるので，$\begin{pmatrix} 5x-3y \\ 6x-4y \end{pmatrix}=-\begin{pmatrix} x \\ y \end{pmatrix}$ より，$6x-3y=0$ が得られる。例えば，$\begin{pmatrix} x \\ y \end{pmatrix}=\begin{pmatrix} 1 \\ 2 \end{pmatrix}$ とすると，$B\boldsymbol{v}=-\boldsymbol{v}$ が満たされることがわかる。

$\lambda=2$ のとき，同様にして，例えば，$\begin{pmatrix} x \\ y \end{pmatrix}=\begin{pmatrix} 1 \\ 1 \end{pmatrix}$ とすると，$B\boldsymbol{v}=2\boldsymbol{v}$ が満たされることがわかる。

したがって，1次変換 f_B により，$\begin{pmatrix} 1 \\ 2 \end{pmatrix}$，$\begin{pmatrix} 1 \\ 1 \end{pmatrix}$ に平行な直線，すなわち直線 $y=2x$，$y=x$ が不変であることがわかる。これは299ページの図にもあっている。

B　固有値，固有空間，固有ベクトル

前項での解説から，Vをベクトル空間とし，Aを正方行列とするとき，行列Aによって定まるVの線形変換に対して，$A\boldsymbol{v}=\lambda\boldsymbol{v}$ を満たす $\lambda\in\mathbb{R}$ と $\boldsymbol{v}$が，その変換の様子を理解するのに有用であることがわかった。このことから，次のように定義する。

定義 8-1　固有値，固有空間，固有ベクトル

Vをベクトル空間とし，$\varphi: V\longrightarrow V$ をVの線形変換とする。$\lambda\in\mathbb{R}$ に対して，$W_\lambda\subset V$ を $W_\lambda=\{\boldsymbol{v}\in V\mid\varphi(\boldsymbol{v})=\lambda\boldsymbol{v}\}$ とする（W_λ はVの部分空間である）。
$W_\lambda\neq\{\boldsymbol{0}\}$ が成り立つとき，$\lambda\in\mathbb{R}$ をφの **固有値** という。また，$\lambda\in\mathbb{R}$ がVの線形変換φの固有値であるとき，W_λ をφの固有値λに対する **固有空間** といい，W_λ に属する零ベクトルでないベクトルを，φの固有値λに対する **固有ベクトル** という。

補足　$\lambda\in\mathbb{R}$ がVの線形変換φの固有値であるのは，$\boldsymbol{v}\in V$（$\boldsymbol{v}\neq\boldsymbol{0}$）が存在して，$\varphi(\boldsymbol{v})=\lambda\boldsymbol{v}$ が成り立つときである。

練習 1　Vをベクトル空間とし，φを線形変換 $\varphi: V \longrightarrow V$ とする。$\lambda \in \mathbb{R}$ に対して，$W_\lambda = \{\boldsymbol{v} \in V \mid \varphi(\boldsymbol{v}) = \lambda \boldsymbol{v}\}$ とする。このとき，W_λ がVの部分空間であることを示せ。

注意　W_λ がVの部分空間であることから，$\boldsymbol{v}$，$\boldsymbol{v}' \in W_\lambda$ ならば $\boldsymbol{v}+\boldsymbol{v}' \in W_\lambda$，および $\boldsymbol{v} \in W_\lambda$ ならば $c \in \mathbb{R}$ に対して $c\boldsymbol{v} \in W_\lambda$ が成り立つ。

例 1　固有値，固有空間，固有ベクトル

(1)　Vをベクトル空間とするとき，Vの恒等写像は固有値として 1 をもつ。Vの恒等写像の固有値 1 に対する固有空間はVであり，Vに属する零ベクトルでないすべてのベクトルは，Vの恒等写像の固有値 1 に対する固有ベクトルである。

(2)　298 ページの $A=\begin{pmatrix} 2 & 0 \\ 0 & -1 \end{pmatrix}$ によって定まる 1 次変換 $f_A: \mathbb{R}^2 \longrightarrow \mathbb{R}^2$ の固有値は -1，2 である。固有値 -1 に対する固有空間は $\left\langle \begin{pmatrix} 0 \\ 1 \end{pmatrix} \right\rangle$ であるから，例えば $\begin{pmatrix} 0 \\ 1 \end{pmatrix}$ は 1 次変換 f_A の固有値 -1 に対する固有ベクトルである。また，固有値 2 に対する固有空間は $\left\langle \begin{pmatrix} 1 \\ 0 \end{pmatrix} \right\rangle$ であるから，例えば $\begin{pmatrix} 1 \\ 0 \end{pmatrix}$ は 1 次変換 f_A の固有値 2 に対する固有ベクトルである。

(3)　298 ページの $B=\begin{pmatrix} 5 & -3 \\ 6 & -4 \end{pmatrix}$ によって定まる 1 次変換 $f_B: \mathbb{R}^2 \longrightarrow \mathbb{R}^2$ の固有値は -1，2 である。固有値 -1 に対する固有空間は $\left\langle \begin{pmatrix} 1 \\ 2 \end{pmatrix} \right\rangle$ であるから，例えば $\begin{pmatrix} 1 \\ 2 \end{pmatrix}$ は 1 次変換 f_B の固有値 -1 に対する固有ベクトルである。また，固有値 2 に対する固有空間は $\left\langle \begin{pmatrix} 1 \\ 1 \end{pmatrix} \right\rangle$ であるから，例えば $\begin{pmatrix} 1 \\ 1 \end{pmatrix}$ は 1 次変換 f_B の固有値 2 に対する固有ベクトルである。

上の例から，固有値が異なれば，それぞれ異なる固有ベクトルが得られることがわかる。実際，次ページの定理が成り立つ。

定理　固有ベクトルの1次独立性

Vをベクトル空間とし，$\varphi: V \longrightarrow V$ をVの線形変換とする。線形変換 φ の互いに相異なる固有値を λ_1, λ_2, ……, λ_r として（$i \neq j$ ならば $\lambda_i \neq \lambda_j$），線形変換 φ の固有値 λ_i に対する固有空間を W_{λ_i} とし，線形変換 φ の固有値 λ_i に対する固有ベクトルを $\boldsymbol{v}_i \in W_{\lambda_i}$ とする（$i=1, 2, \cdots\cdots, r$）。このとき，$\{\boldsymbol{v}_1, \boldsymbol{v}_2, \cdots\cdots, \boldsymbol{v}_r\}$ は1次独立である。

上の定理の証明には，次の補題を利用する（この補題にも重要な意味がある）。

補題　固有空間の和

Vをベクトル空間とし，$\varphi: V \longrightarrow V$ をVの線形変換とする。線形変換 φ の互いに相異なる固有値を λ_1, λ_2, ……, λ_r として（$i \neq j$ ならば $\lambda_i \neq \lambda_j$），線形変換 φ の固有値 λ_i に対する固有空間を W_{λ_i} とし，線形変換 φ の固有値 λ_i に対する固有ベクトルを $\boldsymbol{v}_i \in W_{\lambda_i}$ とする（$i=1, 2, \cdots\cdots, r$）。このとき，$\boldsymbol{v}_1+\boldsymbol{v}_2+\cdots\cdots+\boldsymbol{v}_r=\boldsymbol{0}_V$ が成り立つならば，$\boldsymbol{v}_1=\boldsymbol{v}_2=\cdots\cdots=\boldsymbol{v}_r=\boldsymbol{0}_V$ が成り立つ（$\boldsymbol{0}_V$ はVの零ベクトル）。

注意　上の補題は，互いに相異なる固有値 λ_1, λ_2, ……, λ_r について，Vの部分空間の和 $W_{\lambda_1}+W_{\lambda_2}+\cdots\cdots+W_{\lambda_r}$ が直和であることを意味している。このことから，定理（直和の条件）(175ページ) より，Vの部分空間の和 $W_{\lambda_1}+W_{\lambda_2}+\cdots\cdots+W_{\lambda_r}$ の任意のベクトルは $\boldsymbol{v}_1+\boldsymbol{v}_2+\cdots\cdots+\boldsymbol{v}_r$（$\boldsymbol{v}_i \in W_{\lambda_i}$, $i=1, 2, \cdots\cdots, r$）の形でただ1通りに表されることがわかる。

補題（固有空間の和）の証明

「$\boldsymbol{v}_1+\boldsymbol{v}_2+\cdots\cdots+\boldsymbol{v}_r=\boldsymbol{0}_V$ ならば $\boldsymbol{v}_1=\boldsymbol{v}_2=\cdots\cdots=\boldsymbol{v}_r=\boldsymbol{0}_V$」 …… ①

とし，① が成り立つことを自然数 r に関する数学的帰納法により証明する。

[1]　$r=1$ のとき，① は成り立つ。

[2]　$r=k$ のとき，① が成り立つと仮定し，$r=k+1$ のときを考える。

$\boldsymbol{v}_1+\boldsymbol{v}_2+\cdots\cdots+\boldsymbol{v}_k+\boldsymbol{v}_{k+1}=\boldsymbol{0}_V$ …… ② とする。

ここで　$\varphi(\boldsymbol{v}_1+\boldsymbol{v}_2+\cdots\cdots+\boldsymbol{v}_k+\boldsymbol{v}_{k+1})=\lambda_1\boldsymbol{v}_1+\lambda_2\boldsymbol{v}_2+\cdots\cdots+\lambda_k\boldsymbol{v}_k+\lambda_{k+1}\boldsymbol{v}_{k+1}$

$\varphi(\boldsymbol{0}_V)=\boldsymbol{0}_V$

よって　$\lambda_1\boldsymbol{v}_1+\lambda_2\boldsymbol{v}_2+\cdots\cdots+\lambda_k\boldsymbol{v}_k+\lambda_{k+1}\boldsymbol{v}_{k+1}=\boldsymbol{0}_V$ …… ③

②×λ_{k+1}−③ から

$$(\lambda_{k+1}-\lambda_1)\boldsymbol{v}_1+(\lambda_{k+1}-\lambda_2)\boldsymbol{v}_2+\cdots\cdots+(\lambda_{k+1}-\lambda_k)\boldsymbol{v}_k=\boldsymbol{0}_V$$

数学的帰納法の仮定から

$$(\lambda_{k+1}-\lambda_1)\boldsymbol{v}_1=(\lambda_{k+1}-\lambda_2)\boldsymbol{v}_2=\cdots\cdots=(\lambda_{k+1}-\lambda_k)\boldsymbol{v}_k=\boldsymbol{0}_V$$

$\lambda_{k+1}\neq\lambda_1$，$\lambda_{k+1}\neq\lambda_2$，……，$\lambda_{k+1}\neq\lambda_k$ より，

$\lambda_{k+1}-\lambda_1\neq 0$，$\lambda_{k+1}-\lambda_2\neq 0$，……，$\lambda_{k+1}-\lambda_k\neq 0$ であるから

$$\boldsymbol{v}_1=\boldsymbol{v}_2=\cdots\cdots=\boldsymbol{v}_k=\boldsymbol{0}_V$$

これを ② に代入すると　　$\boldsymbol{v}_{k+1}=\boldsymbol{0}_V$

したがって，$\boldsymbol{v}_1=\boldsymbol{v}_2=\cdots\cdots=\boldsymbol{v}_k=\boldsymbol{v}_{k+1}=\boldsymbol{0}_V$ であるから，$r=k+1$ のときも ① が成り立つ。

[1]，[2] から，① はすべての自然数 r に対して成り立つ。■

定理 (固有ベクトルの 1 次独立性) の証明

a_1，a_2，……，$a_r\in\mathbb{R}$ として，$a_1\boldsymbol{v}_1+a_2\boldsymbol{v}_2+\cdots\cdots+a_r\boldsymbol{v}_r=\boldsymbol{0}_V$ を考えると，各 W_{λ_i} $(i=1,\ 2,\ \cdots\cdots,\ r)$ は V の部分空間であるから

$$a_i\boldsymbol{v}_i\in W_{\lambda_i}\quad (i=1,\ 2,\ \cdots\cdots,\ r)$$

よって，補題 (固有空間の和) より　　$a_1\boldsymbol{v}_1=a_2\boldsymbol{v}_2=\cdots\cdots=a_r\boldsymbol{v}_r=\boldsymbol{0}_V$

また，各 $\boldsymbol{v}_i$ $(i=1,\ 2,\ \cdots\cdots,\ r)$ は W_{λ_i} の固有ベクトルであるから，定義より，$\boldsymbol{v}_i\neq\boldsymbol{0}_V$ である。したがって，$a_1=a_2=\cdots\cdots=a_r=0$ となり，$\{\boldsymbol{v}_1,\ \boldsymbol{v}_2,\ \cdots\cdots,\ \boldsymbol{v}_r\}$ は 1 次独立である。■

例 2　固有ベクトルの 1 次独立性

例 1 (3) の 1 次変換 f_B の固有値は -1，2 であり，1 次変換 f_B の固有値 -1 に対する固有ベクトルとして $\begin{pmatrix}1\\2\end{pmatrix}$，固有値 2 に対する固有ベクトルとして $\begin{pmatrix}1\\1\end{pmatrix}$ がとれた。a，$b\in\mathbb{R}$ として，$a\begin{pmatrix}1\\2\end{pmatrix}+b\begin{pmatrix}1\\1\end{pmatrix}=\begin{pmatrix}0\\0\end{pmatrix}$ とすると，

$a+b=0$ かつ $2a+b=0$ より，$a=b=0$ であるから，$\left\{\begin{pmatrix}1\\2\end{pmatrix},\ \begin{pmatrix}1\\1\end{pmatrix}\right\}$ は 1 次独立であることが確かめられた。

練習2 行列$\begin{pmatrix} 2 & 0 & 0 \\ 0 & -1 & 0 \\ 0 & 0 & 1 \end{pmatrix}$によって定まる線形変換$\varphi:\mathrm{R}^3 \longrightarrow \mathrm{R}^3$の固有値は$2$，$-1$，$1$である。$\varphi$の，これらの固有値に対する固有ベクトルを求め，定理（固有ベクトルの1次独立性）と補題（固有空間の和）が成り立つことを示せ。

ここまで，線形変換に対して，固有値，固有空間，固有ベクトルを定義し，その基本的な性質について学習してきた。一方で，定理（数ベクトル空間の間の線形写像）(241ページ）より，$f:\mathrm{R}^n \longrightarrow \mathrm{R}^n$を線形変換とするとき，$n$次正方行列$A$が存在して，$\boldsymbol{v}\in V$に対して$f(\boldsymbol{v})=A\boldsymbol{v}$が成り立ち，しかもそのような行列は一意的に存在するのであった。

このことから，n次正方行列に対しても，次のように固有値，固有空間，固有ベクトルが定義できる。

定義 8-2 行列の固有値，固有空間，固有ベクトル

Aをn次正方行列とし，$\varphi_A:\mathrm{R}^n \longrightarrow \mathrm{R}^n$を，$\boldsymbol{v}\in\mathrm{R}^n$に対して$\varphi_A(\boldsymbol{v})=\mathrm{A}\boldsymbol{v}$によって定まる線形変換とする。このとき，線形変換$\varphi$の固有値，固有空間，固有ベクトルを，それぞれ行列$A$の固有値，固有空間，固有ベクトルという。

例3 固有値，固有空間，固有ベクトル

例1（299ページ）(3)より，$B=\begin{pmatrix} 5 & -3 \\ 6 & -4 \end{pmatrix}$の固有値$\lambda$は$-1$，$2$である。

行列Bの固有値-1に対する固有空間は$\left\langle \begin{pmatrix} 1 \\ 2 \end{pmatrix} \right\rangle$であり，固有ベクトルとして$\begin{pmatrix} 1 \\ 2 \end{pmatrix}$がとれる。

同様に，行列Bの固有値2に対する固有空間は$\left\langle \begin{pmatrix} 1 \\ 1 \end{pmatrix} \right\rangle$であり，固有ベクトルとして$\begin{pmatrix} 1 \\ 1 \end{pmatrix}$がとれる。

練習3 行列$\begin{pmatrix} 3 & 2 \\ 3 & 4 \end{pmatrix}$の固有値と，それに対する固有空間を求めよ。

C　固有方程式と固有多項式

前項で導入した線形変換，および行列の固有値，固有空間，固有ベクトルの求め方を改めて考えてみよう。

A を n 次正方行列とするとき，$\varphi_A : \mathbb{R}^n \longrightarrow \mathbb{R}^n$ を $\boldsymbol{v} \in \mathbb{R}^n$ に対して $\varphi_A(\boldsymbol{v}) = A\boldsymbol{v}$ によって定まる線形変換とする。

$\lambda \in \mathbb{R}$ が行列 A の（すなわち，線形変換 φ_A の）固有値であるとき，$A\boldsymbol{v} = \lambda\boldsymbol{v}$ から

$$A\boldsymbol{v} - \lambda\boldsymbol{v} = \boldsymbol{0} \iff (A - \lambda E)\boldsymbol{v} = \boldsymbol{0}$$

したがって，行列 A の固有値 λ に対する固有空間は

$$\{\boldsymbol{v} \in \mathbb{R}^n \mid A\boldsymbol{v} = \lambda\boldsymbol{v}\}$$

これは，次の同次連立1次方程式の解空間である。

$$(A - \lambda E)\boldsymbol{x} = \boldsymbol{0} \quad \cdots\cdots \ (*)$$

（$\boldsymbol{x}$ は未知数 x_1，x_2，……，x_n を縦に並べた列ベクトル）

このことと，定理（同次連立1次方程式の解）（88ページ）と系（数ベクトルの組の1次独立性）（185ページ）より，次が成り立つ。

λ が行列 A の固有値である $\iff$ 同次連立1次方程式 $(*)$ が非自明な解をもつ

$\iff \operatorname{rank}(A - \lambda E) < n$

$\iff \det(A - \lambda E) = 0$

そこで，次のように定義する。

定義 8-3　固有方程式，固有多項式

A を n 次正方行列とするとき，変数 t についての方程式 $\det(tE - A) = 0$ を，行列 A の **固有方程式** という。固有方程式の左辺は，t についての n 次多項式である。これを A の **固有多項式** といい，$F_A(t) = \det(tE - A)$ と表す。

注意　固有方程式は，最高次の係数を $+1$ にするために $\det(tE - A) = 0$ と定義している。固有値を求めるためであれば $\det(A - tE) = 0$ を計算してもよい。

例 4　固有方程式

300ページの計算より，行列 $B = \begin{pmatrix} 5 & -3 \\ 6 & -4 \end{pmatrix}$ とすると，行列 B の固有方程式は $\det(tE - B) = 0$ より，$t^2 - t - 2 = 0$ である。

前ページの説明から次の定理が成り立つ。

定理　固有方程式と固有値

> A を n 次正方行列とするとき，行列 A の固有値は，固有方程式 $F_A(t)=0$（すなわち，$\det(tE-A)=0$）の解である。

特に，行列 A の固有値 λ が固有方程式 $F_A(t)=0$ の m 重解であるとき，この m を固有値 λ の **重複度** という（$m\geqq 1$）。

注意　固有方程式 $F_A(t)=0$ は実数係数の n 次方程式であるので，一般には複素数解（実数解と虚数解）をもつ。そのうち，実数解が実数を成分にもつ行列 A の固有値になる。また r 個の実数の固有値をもつ場合，$m_1+m_2+\cdots\cdots+m_r\leqq n$ が成り立ち，等号成立は固有値がすべて実数であるときである。なお，もし A が複素数を成分にもつ行列であるとすると，複素数係数の n 次方程式は必ず（重複も込めれば）n 個の複素数解をもつ*) ので，（重複度も込めれば）n 個の固有値をもつ。

例題 1　$\begin{pmatrix} 0 & 2 & -2 \\ 2 & 0 & 2 \\ 1 & -1 & 2 \end{pmatrix}$ の固有値を求めよ。また，それぞれの固有値に対する固有空間を求めよ。

解答

$A=\begin{pmatrix} 0 & 2 & -2 \\ 2 & 0 & 2 \\ 1 & -1 & 2 \end{pmatrix}$ とする。

$$\det(tE-A)=\begin{vmatrix} t & -2 & 2 \\ -2 & t & -2 \\ -1 & 1 & t-2 \end{vmatrix}$$

$$=t\cdot t\cdot(t-2)+(-2)\cdot(-2)\cdot(-1)+2\cdot(-2)\cdot 1$$
$$-t\cdot(-2)\cdot 1-(-2)\cdot(-2)\cdot(t-2)-2\cdot t\cdot(-1)=t^2(t-2)$$

よって，方程式 $\det(tE-A)=0$ を解くと，$t=0,\ 2$ であるから，行列 A の固有値は 0，2 である。

行列 A の固有値 0 に対する固有空間は同次連立 1 次方程式 $A\boldsymbol{x}=\boldsymbol{0}$ の解空間である。

行列 A を簡約階段化すると

$$\begin{pmatrix} 1 & 0 & 1 \\ 0 & 1 & -1 \\ 0 & 0 & 0 \end{pmatrix}$$

よって，230 ページの例題 8 のように考えると，行列 A の固有値 0 に対する固有空間は $\left\langle\!\!\left\langle \begin{pmatrix} -1 \\ 1 \\ 1 \end{pmatrix} \right\rangle\!\!\right\rangle$

行列 A の固有値 2 に対する固有空間は同次連立 1 次方程式 $(A-2E)\boldsymbol{x}=\boldsymbol{0}$ の解空間である。

また，行列 $(A-2E)$ を簡約階段化すると

$$\begin{pmatrix} 1 & -1 & 0 \\ 0 & 0 & 1 \\ 0 & 0 & 0 \end{pmatrix}$$

上と同様に，行列 A の固有値 2 に対する固有空間は $\left\langle\!\!\left\langle \begin{pmatrix} 1 \\ 1 \\ 0 \end{pmatrix} \right\rangle\!\!\right\rangle$

練習 4　次の行列の固有値と，それぞれの固有値に対する固有空間を求めよ。

(1) $\begin{pmatrix} -7 & -5 \\ 10 & 8 \end{pmatrix}$　(2) $\begin{pmatrix} -2 & 6 & 0 \\ -3 & 1 & -3 \\ 6 & -6 & 4 \end{pmatrix}$

行列の固有値，すなわちその行列によって定まる線形変換の固有値を計算するにあたり，行列式の性質をもとにした次の定理が便利である。

定理　固有多項式，固有空間と基底変換

A を n 次正方行列とし，P を n 次正則行列とする。

[1]　行列 A の固有多項式と行列 $P^{-1}AP$ の固有多項式は等しい。

すなわち　$F_A(t)=F_{P^{-1}AP}(t)$

したがって，行列 A の固有値は行列 $P^{-1}AP$ の固有値に一致する。

[2]　λ を行列 A，$P^{-1}AP$ の固有値としたとき，λ に対する A の固有空間 W_λ と，λ に対する $P^{-1}AP$ の固有空間 W_λ' について，行列 P^{-1} によって定まる線形変換 $\varphi_{P^{-1}}:\mathbb{R}^n \longrightarrow \mathbb{R}^n$ が，W_λ から W_λ' への同型写像を与える。よって，W_λ と W_λ' は同型であり，$\dim W_\lambda=\dim W_\lambda'$ が成り立つ。

＊）これを「代数学の基本定理」という。1799 年にドイツの数学者 C. F. ガウスが最初に証明を与えた。

証明 [1] 定理（行列の積と行列式）（141ページ）と系（逆行列と行列式）（142ページ）を利用する。

$$F_{P^{-1}AP}(t)=\det(tE-P^{-1}AP)=\det(tP^{-1}EP-P^{-1}AP)=\det(P^{-1}(tE-A)P)$$
$$=\det(P^{-1})\cdot\det(tE-A)\cdot\det(P)=\det(tE-A)=F_A(t)$$ ■

[2] 任意の $\boldsymbol{w}\in W_\lambda'$ に対して，$P^{-1}AP\boldsymbol{w}=\lambda\boldsymbol{w}$ であるから

$$AP\boldsymbol{w}=P(P^{-1}AP\boldsymbol{w})=P(\lambda\boldsymbol{w})=\lambda P\boldsymbol{w}$$

よって　$P\boldsymbol{w}\in W_\lambda$

このとき，任意の $\boldsymbol{w}\in W_\lambda'$ に対して，$P\boldsymbol{w}\in W_\lambda$ とすると

$$\varphi_{P^{-1}}(P\boldsymbol{w})=P^{-1}(P\boldsymbol{w})=\boldsymbol{w}$$

ゆえに，線形変換 $\varphi_{P^{-1}}$ は全射である。

また，任意の $\boldsymbol{v}$，$\boldsymbol{v}'\in W_\lambda$ に対して，$\varphi_{P^{-1}}(\boldsymbol{v})=\varphi_{P^{-1}}(\boldsymbol{v}')$ であるとする。

ここで　$\varphi_{P^{-1}}(\boldsymbol{v})=P^{-1}\boldsymbol{v}$，$\varphi_{P^{-1}}(\boldsymbol{v}')=P^{-1}\boldsymbol{v}'$

よって　$P^{-1}\boldsymbol{v}=P^{-1}\boldsymbol{v}'$

両辺に左から行列 P を掛けると　$\boldsymbol{v}=\boldsymbol{v}'$

よって，線形変換 $\varphi_{P^{-1}}$ は単射である。 ■

補足 系（線形変換の基底の変換と表現行列）（259ページ）より，行列 $P^{-1}AP$ は，P を基底変換行列として基底の変換をした後の φ_A の表現行列である。すなわち，上の定理が意味しているのは，基底変換によっても固有多項式・固有空間は変わらないということである。実際，f_A と $f_{P^{-1}AP}$ は，線形変換としては「同じ」変換を表していて，基底を取り替えたことにより異なってみえるだけである。したがって，固有値，固有ベクトルや次元は一致する。

例5　固有多項式，固有値と基底変換

298ページで扱った $B=\begin{pmatrix}5 & -3\\ 6 & -4\end{pmatrix}$ で決まる1次変換 $f_B：\mathrm{R}^2\longrightarrow\mathrm{R}^2$ について考えてみる。R^2 の標準的な基底 $\left\{\begin{pmatrix}1\\0\end{pmatrix},\begin{pmatrix}0\\1\end{pmatrix}\right\}$ から基底 $\left\{\begin{pmatrix}1\\1\end{pmatrix},\begin{pmatrix}1\\2\end{pmatrix}\right\}$ への基底変換を考えると，基底変換行列は $P=\begin{pmatrix}1 & 1\\ 1 & 2\end{pmatrix}$ であるから

$$P^{-1}BP=\begin{pmatrix}1 & 1\\ 1 & 2\end{pmatrix}^{-1}\begin{pmatrix}5 & -3\\ 6 & -4\end{pmatrix}\begin{pmatrix}1 & 1\\ 1 & 2\end{pmatrix}=\begin{pmatrix}2 & 0\\ 0 & -1\end{pmatrix}$$

が成り立つ。よって，A と B の固有多項式，固有値は確かに一致している。

練習 5　2 次正方行列 $\begin{pmatrix} 5 & 3 \\ 4 & 9 \end{pmatrix}$ の固有多項式と固有値を，$\mathbb{R}^2$ の標準的な基底 $\left\{ \begin{pmatrix} 1 \\ 0 \end{pmatrix}, \begin{pmatrix} 0 \\ 1 \end{pmatrix} \right\}$ から基底 $\left\{ \begin{pmatrix} -3 \\ 2 \end{pmatrix}, \begin{pmatrix} 1 \\ 2 \end{pmatrix} \right\}$ への基底変換を利用することにより，求めよ。

D　特別な形の行列の固有値，固有多項式

例 6　上三角行列の固有値，固有多項式

系 (上三角行列，下三角行列の行列式) (150 ページ) より

$$F_A(t) = \det(tE - A) = \begin{vmatrix} t-a_{11} & & & & \\ & t-a_{22} & & * & \\ & & \ddots & & \\ & \text{\huge 0} & & \ddots & \\ & & & & t-a_{nn} \end{vmatrix}$$

$$= (t-a_{11})(t-a_{22})\cdots\cdots(t-a_{nn})$$

よって，上三角行列 $A = \begin{pmatrix} a_{11} & & & & \\ & a_{22} & & * & \\ & & \ddots & & \\ & \text{\huge 0} & & \ddots & \\ & & & & a_{nn} \end{pmatrix}$ の固有多項式

$F_A(t)$ は，$F_A(t) = (t-a_{11})(t-a_{22})\cdots\cdots(t-a_{nn})$ で与えられる。

練習 6　下三角行列 $A = \begin{pmatrix} a_{11} & & & & \\ & a_{22} & & \text{\huge 0} & \\ & & \ddots & & \\ & * & & \ddots & \\ & & & & a_{nn} \end{pmatrix}$ の固有多項式 $F_A(t)$ は，

$F_A(t) = (t-a_{11})(t-a_{22})\cdots\cdots(t-a_{nn})$ で与えられることを示せ。

さらに，同様にして，対角行列については，次ページの定理が成り立つ。

定理　対角行列の固有多項式と固有値

Aをn次正方行列とし，対角成分がλ_1がm_1個，λ_2がm_2個，……，λ_rがm_r個，並んでいる対角行列とする。ただし，λ_1，λ_2，……，λ_rはすべて相異なっているとする（すなわち，$i \neq j$ならば$\lambda_i \neq \lambda_j$）。このとき，Aの固有多項式$F_A(t)$は次のようになる。

$$F_A(t)=(t-\lambda_1)^{m_1}(t-\lambda_2)^{m_2}\cdot\cdots\cdots\cdot(t-\lambda_r)^{m_r}$$

よって，行列Aの固有値は，λ_1，λ_2，……，λ_rであり，各固有値λ_iの重複度はm_iである（$i=1$，2，……，r）。

この定理は，系（行列式の性質(3)）（134 ページ）を用いて証明できる。

E　固有値の重複度と固有空間の次元

定義 8-1（300 ページ）で述べたように，Vをベクトル空間とするとき，Vの線形変換の固有空間はVの部分空間であり，その次元が定義される。その固有空間の次元と，306 ページで定義した固有値の重複度は，後で重要な役割を果たす。この間の関係について，触れておこう。

まず，固有空間の次元について考える。Aをn次正方行列とし，λを行列Aの固有値，W_λを行列Aの固有値λに対する固有空間とすると

$$W_\lambda=\{\boldsymbol{v}\in\mathbb{R}^n \mid A\boldsymbol{v}=\lambda\boldsymbol{v}\}$$

W_λは次の同次連立 1 次方程式の解空間である。

$$(A-\lambda E)\boldsymbol{x}=\boldsymbol{0} \quad \cdots\cdots \ (*)$$

よって，233 ページの例 9，232 ページの補足より，固有空間W_λの次元は

$$\dim W_\lambda=n-\mathrm{rank}(A-\lambda E)$$

よって，次の定理が成り立つ。

定理　固有空間の次元

Aをn次正方行列とし，λを行列Aの固有値，W_λを行列Aの固有値λに対する固有空間とすると，$\dim W_\lambda=n-\mathrm{rank}(A-\lambda E)$が成り立つ。

固有値の重複度と固有空間の次元については，次ページの定理が成り立つ。

定理　固有値の重複度と固有空間の次元

A を n 次正方行列，λ を行列 A の固有値，m を行列 A の固有値 λ の重複度とし，W_λ を行列 A の固有値 λ に対する固有空間とする。このとき，$1 \leqq \dim W_\lambda \leqq m$ が成り立つ。

$1 \leqq \dim W_\lambda$ が成り立つことは，λ が固有値であるから定義 8-1 より，$W_\lambda \neq \{\mathbf{0}\}$ であることと，194 ページの注意からわかる。

証明　$\dim W_\lambda \leqq m$ について，$n=4$，$\dim W_\lambda=2$ として $m \geqq 2$ を証明する。一般の場合も同様に示せる。

まず，$\dim W_\lambda=2$ より，固有空間 W_λ の基底として $\{\boldsymbol{w}_1,\ \boldsymbol{w}_2\}$ をとる。

次に定理（基底の存在）（192 ページ）の証明のようにして，ベクトル $\boldsymbol{v}_1$，$\boldsymbol{v}_2$ を追加して $\mathbb{R}^4$ の基底 $\{\boldsymbol{w}_1,\ \boldsymbol{w}_2,\ \boldsymbol{v}_1,\ \boldsymbol{v}_2\}$ を作る。ここで，$\mathbb{R}^4$ の標準的な基底を $\{\boldsymbol{w}_1,\ \boldsymbol{w}_2,\ \boldsymbol{v}_1,\ \boldsymbol{v}_2\}$ に写す線形変換を考える。

その表現行列（基底変換行列）は，254 ページの例 20 から，$\boldsymbol{w}_1$，$\boldsymbol{w}_2$，$\boldsymbol{v}_1$，$\boldsymbol{v}_2$ を列ベクトルとして並べて得られる 4 次正方行列になる。これを P とすると，系（線形変換の基底の変換と表現行列）（259 ページ）より，線形変換 φ_A の基底 $\{\boldsymbol{w}_1,\ \boldsymbol{w}_2,\ \boldsymbol{v}_1,\ \boldsymbol{v}_2\}$ に関する表現行列は $P^{-1}AP$ である。

このとき，$\varphi_A(\boldsymbol{w}_i)=\lambda\boldsymbol{w}_i$ $(i=1,\ 2)$ より，$P^{-1}AP$ は次のように表される（$*$ は実数の定数）。

$$P^{-1}AP=\begin{pmatrix} \lambda & 0 & * & * \\ 0 & \lambda & * & * \\ 0 & 0 & * & * \\ 0 & 0 & * & * \end{pmatrix}$$

したがって，定理（固有多項式，固有空間と基底変換）（307 ページ）と還元定理（148 ページ）より

$$F_A(t)=F_{P^{-1}AP}(t)$$

$$=\det(tE-P^{-1}AP)=\det\begin{pmatrix} t-\lambda & 0 & * & * \\ 0 & t-\lambda & * & * \\ 0 & 0 & * & * \\ 0 & 0 & * & * \end{pmatrix}=(t-\lambda)^2\cdot F(t)$$

ここで，$F(t)$ は 2 次以下の多項式である。

したがって，重複度の定義より，$m \geqq 2$ が示された。■

定理（固有空間の次元）（310 ページ）から，次の系が得られる。

系　固有値の重複度と固有空間

A を n 次正方行列，λ を行列 A の重複度 1 の固有値とし，W_λ を行列 A の固有値 λ に対する固有空間とする。このとき，$\dim W_\lambda=1$ が成り立つ。

例 7　固有値の重複度と固有空間

例題 1（306 ページ）の $A=\begin{pmatrix} 0 & 2 & -2 \\ 2 & 0 & 2 \\ 1 & -1 & 2 \end{pmatrix}$ の固有方程式は $t^2(t-2)=0$ であったから，行列 A の固有値は，0，2 であり，それらの重複度は順に 2，1 である。行列 A の固有値 0 に対する固有空間を W_0，行列 A の固有値 2 に対する固有空間を W_2 とすると，$\dim W_0=1$，$\dim W_2=1$ であるから，確かに系は成り立つ。

練習 7　行列 $\begin{pmatrix} 3 & 1 & 1 \\ 2 & 4 & 2 \\ 1 & 1 & 3 \end{pmatrix}$ について，定理（固有値の重複度と固有空間の次元）が成り立っていることを確かめよ。

さらに，次の系も得られる。

系　対角行列の固有値の重複度と固有空間の次元

A を n 次正方行列とし，対角成分が λ_1 が m_1 個，λ_2 が m_2 個，……，λ_r が m_r 個並んでいる対角行列とする（ただし，$i \neq j$ ならば $\lambda_i \neq \lambda_j$）。このとき，行列 A の固有値 λ_i に対する固有空間を W_{λ_i} とすると，$\dim W_{\lambda_i}=m_i$ である（$i=1, 2, \cdots\cdots, r$）。

A が n 次対角行列のとき，R^n の標準的な基底を構成するベクトルがそれぞれ固有ベクトルになる。そのうちの m_1 個が行列 A の固有値 λ_1 に対応する固有ベクトルであるが，それらの組は 1 次独立であるから，$\dim W_{\lambda_1} \geqq m_1$ である。よって，定理（固有値の重複度と固有空間の次元）と合わせると，$\dim W_{\lambda_1}=m_1$ が成り立つ。同様にして，上の系は証明される。

発展 エルミート行列の固有値

$\mathbb{C}$上のベクトル空間の線形変換，および複素数を成分にもつ正方行列についても，同様に固有値，固有空間，固有ベクトル，固有方程式，固有多項式は定義される。

この場合，一般には，固有値は複素数になるが，特にエルミート行列（定義7-13（287 ページ））に対しては，次が成り立つ*)。

定理 エルミート行列の固有値

Aがエルミート行列である，すなわち $A^*=A$ が成り立つとき，行列Aの固有値はすべて実数である。

さらに，エルミート行列Aが実数の成分のみをもつときは，$A^*={}^t\overline{A}={}^tA$ となるので，次の系が得られる*)。

系 対称行列の固有値

実数を成分とする対称行列の固有値はすべて実数である。

---

*）定理と系の証明については，『数研講座シリーズ　大学教養　線形代数』を参照。

第2節　正方行列の対角化

前節では，与えられた行列の固有多項式，固有値を求めるために，基底変換を用いて，対称行列に変換することを利用した。このように，与えられた行列を，正則行列を用いて，対角行列に変換することを **行列の対角化** という。行列の対角化は，さまざまな応用があり重要である。ここでは，行列の対角化を学ぶ。

A　正方行列の対角化

まず，いくつかの条件のもとで，正方行列が対角化できる様子を確認する。

$A=\begin{pmatrix} a_{11} & a_{12} & \cdots & a_{16} \\ a_{21} & a_{22} & \cdots & a_{26} \\ \vdots & \vdots & & \vdots \\ a_{61} & a_{62} & \cdots & a_{66} \end{pmatrix}$ とするとき，固有多項式 $F_A(t)$ は，実数を係数とする6次の多項式であり，行列 A は高々6個の相異なる固有値をもつ。

ここで，行列 A の固有多項式 $F_A(t)$ が，次のように因数分解されるとする（ただし， λ_1，λ_2，λ_3 は，互いに相異なる実数とする）。

$$F_A(t)=(t-\lambda_1)^3(t-\lambda_2)^2(t-\lambda_3)$$

このとき，行列 A は3個の固有値 λ_1，λ_2，λ_3 をもち，その重複度はそれぞれ順に3，2，1である。

次に，行列 A の各固有値 λ_i に対する固有空間を W_{λ_i} とし，次を仮定する（$i=1$，2，3）。　$\underline{\dim W_{\lambda_1}=3}$，$\underline{\dim W_{\lambda_2}=2}$，$\underline{\dim W_{\lambda_3}=1}$　…… ①

このとき，W_{λ_1}，W_{λ_2}，W_{λ_3} の基底を，それぞれ $\{\boldsymbol{w}_{11},\ \boldsymbol{w}_{12},\ \boldsymbol{w}_{13}\}$，$\{\boldsymbol{w}_{21},\ \boldsymbol{w}_{22}\}$，$\{\boldsymbol{w}_3\}$ ととる。さらに，定理（固有ベクトルの1次独立性）（304ページ）を用いると，ベクトルの組 $\{\boldsymbol{w}_{11},\ \boldsymbol{w}_{12},\ \boldsymbol{w}_{13},\ \boldsymbol{w}_{21},\ \boldsymbol{w}_{22},\ \boldsymbol{w}_3\}$ は $\mathbb{R}^6$ の基底であることがわかる（302ページの注意と定理（直和分解と次元）（205ページ）を用いてもわかる）。後は，定理（固有値の重複度と固有空間の次元）（310ページ）の証明と同様に考えればよい。

すなわち，$\mathbb{R}^6$ の標準的な基底を $\{\boldsymbol{w}_{11},\ \boldsymbol{w}_{12},\ \boldsymbol{w}_{13},\ \boldsymbol{w}_{21},\ \boldsymbol{w}_{22},\ \boldsymbol{w}_3\}$ に写す線形変換を考えると，その表現行列（変換行列）は，254ページの例20から，$\boldsymbol{w}_{11}$，$\boldsymbol{w}_{12}$，$\boldsymbol{w}_{13}$，$\boldsymbol{w}_{21}$，$\boldsymbol{w}_{22}$，$\boldsymbol{w}_3$ を列ベクトルとして並べて得られる6次正方行列である。

よって，それを P とすると，259 ページの系より，行列 A によって定まる $\mathbb{R}^6$ の線形変換 $\varphi_A : \mathbb{R}^6 \longrightarrow \mathbb{R}^6$ の基底 $\{\boldsymbol{w}_{11},\ \boldsymbol{w}_{12},\ \boldsymbol{w}_{13},\ \boldsymbol{w}_{21},\ \boldsymbol{w}_{22},\ \boldsymbol{w}_{3}\}$ に関する表現行列が $P^{-1}AP$ である。このとき，$\varphi_A(\boldsymbol{w}_{1i})=\lambda_1\boldsymbol{w}_{1i}$ $(i=1,\ 2,\ 3)$，$\varphi_A(\boldsymbol{w}_{2j})=\lambda_2\boldsymbol{w}_{2j}$ $(j=1,\ 2)$，$\varphi_{\mathrm{A}}(\boldsymbol{w}_3)=\lambda_3\boldsymbol{w}_3$ である。

よって
$$P^{-1}AP=\begin{pmatrix} \lambda_1 & 0 & 0 & 0 & 0 & 0 \\ 0 & \lambda_1 & 0 & 0 & 0 & 0 \\ 0 & 0 & \lambda_1 & 0 & 0 & 0 \\ 0 & 0 & 0 & \lambda_2 & 0 & 0 \\ 0 & 0 & 0 & 0 & \lambda_2 & 0 \\ 0 & 0 & 0 & 0 & 0 & \lambda_3 \end{pmatrix}$$

したがって，行列 A は行列 P を用いて対角化された。

また，仮定 ① が成り立つとき，次も成り立つ。

$$\dim W_{\lambda_1}+\dim W_{\lambda_2}+\dim W_{\lambda_3}=6 \quad \cdots\cdots \text{②}$$

実際，定理（固有値の重複度と固有空間の次元）（311 ページ）より，② が成り立つならば ① が成り立つので，この 2 条件は同値である。

以上の議論をもとにすると，次の定理が得られる。

定理　正方行列の対角化の条件

A を n 次正方行列とし，行列 A の固有値はすべて実数であると仮定する。その固有値のうち，互いに相異なるものを λ_1，λ_2，……，λ_r $(r \leqq n)$ とする。

また，行列 A の固有値 λ_1，λ_2，……，λ_r の重複度をそれぞれ m_1，m_2，……，m_r とする。さらに，行列 A の固有値 λ_i に対する固有空間を W_{λ_i} とする $(i=1,\ 2,\ \cdots\cdots,\ r)$。このとき，次は同値である。

[1]　行列 A は対角化可能である。すなわち，ある n 次正則行列 P が存在して $P^{-1}AP$ が対角行列になる。

[2]　$\dim W_{\lambda_1}+\dim W_{\lambda_2}+\cdots\cdots+\dim W_{\lambda_r}=n$ が成り立つ。

[3]　$\dim W_{\lambda_i}=m_i$ が成り立つ $(i=1,\ 2,\ \cdots\cdots,\ r)$。

前の説明で，[3] ならば [1] であること，および，[2]，[3] が同値であることについては説明した。上の定理を証明するためには，あと「[1] ならば [3]」が成り立つことを確かめればよい[*]。

例8 対角化の条件

(1) 行列$\begin{pmatrix} 5 & -3 \\ 6 & -4 \end{pmatrix}$は，例3（304ページ）から，固有値は -1，2で，ともに重複度は1，それぞれの固有値に対する固有空間の次元も1である。したがって，[2]，[3] は成り立っている。また，例5から対角化可能であり，[1] も成り立っている。

(2) 行列$\begin{pmatrix} 0 & 2 & -2 \\ 2 & 0 & 2 \\ 1 & -1 & 2 \end{pmatrix}$は，例題1（306ページ）から，固有方程式は $t^2(t-2)=0$ であり，その固有値は0，2である。固有値0の重複度は2，固有値2の重複度は1である。これら固有値に対する固有空間の次元はともに1であったから，[2] も [3] も成り立たない。すなわち，定理（正方行列の対角化の条件）より，対角化できない。

また，実際の計算で役立つ，次の系も得られる。

系 固有値と対角化可能条件

Aをn次正方行列とし，互いに相異なるn個の固有値をもつならば，行列Aは対角化可能である。すなわち，ある正則行列Pが存在して，$P^{-1}AP$ が対角行列になる。また，その対角行列の対角成分は，互いに相異なるn個の固有値である。

証明　行列Aが，互いに相異なるn個の固有値をもつとき，それらの重複度の和がnであるから，重複度はすべて1である。よって，系（固有値の重複度と固有空間）（312ページ）より，行列Aのそれぞれの固有値に対する固有空間の次元も1である。したがって，定理（正方行列の対角化の条件）[3] が成り立つので，行列Aは対角化可能である。さらに，314，315ページの議論より，そうして得られた対角行列の対角成分は互いに相異なるn個の固有値である。■

＊）前ページの定理の証明は，定理（固有多項式，固有空間と基底変換）（308ページ），定理（対角行列の固有多項式と固有値）（310ページ），系（対角行列の固有値の重複度と固有空間の次元）（311ページ）により示せる。また，『数研講座シリーズ　大学教養　線形代数』を参照するとよい。

これまでの説明から，与えられた行列を対角化する手順をまとめておこう。

n 次正方行列 A の対角化の手順

[1]　固有方程式 $F_A(t)=0$ を解いて，行列 A の固有値をすべて求める。

[2]　各固有値 λ について，同次連立 1 次方程式 $(A-\lambda E)\boldsymbol{x}=\boldsymbol{0}$ を解いて，固有空間 W_λ の基底を求める。

[3]　各固有空間の基底を並べて，$\mathbb{R}^n$ の基底にする（ここで，$\mathbb{R}^n$ の基底にならない（数が足りない）ならば，対角化不可能である）。

[4]　得られた基底のベクトル $\boldsymbol{v}_1$，$\boldsymbol{v}_2$，……，$\boldsymbol{v}_n$ を列ベクトルとして並べて，基底変換行列 P を作る。

[5]　$P^{-1}AP$ が求める対角行列である。

例題 2

行列 $\begin{pmatrix} 1 & 3 & 3 \\ 0 & 3 & 0 \\ 2 & 5 & 6 \end{pmatrix}$ が対角化可能であるか調べ，対角化可能ならば対角化せよ。

解答

$A=\begin{pmatrix} 1 & 3 & 3 \\ 0 & 3 & 0 \\ 2 & 5 & 6 \end{pmatrix}$ とする。

$$\det(tE-A)=\begin{vmatrix} t-1 & -3 & -3 \\ 0 & t-3 & 0 \\ -2 & -5 & t-6 \end{vmatrix}$$

$$=(t-1)\cdot(t-3)\cdot(t-6)-(-3)\cdot(t-3)\cdot(-2)$$

$$=t(t-3)(t-7)$$

よって，方程式 $\det(tE-A)=0$ を解くと，$t=0$，3，7 であるから，行列 A の固有値は 0，3，7 である。

行列 A の固有値 0 に対する固有空間を W_0 とすると，W_0 は同次連立 1 次方程式 $A\boldsymbol{x}=\boldsymbol{0}$ の解空間である。

行列 A を簡約階段化すると

$$\begin{pmatrix} 1 & 0 & 3 \\ 0 & 1 & 0 \\ 0 & 0 & 0 \end{pmatrix}$$

よって，230ページの例題8のように考えると，

$W_0=\left\langle\begin{pmatrix}-3\\0\\1\end{pmatrix}\right\rangle$ であるから，W_0 の基底は $\left\{\begin{pmatrix}-3\\0\\1\end{pmatrix}\right\}$ である。

行列Aの固有値3に対する固有空間を W_3 とすると，W_3 は同次連立1次方程式 $(A-3E)\boldsymbol{x}=\boldsymbol{0}$ の解空間である。

行列 $(A-3E)$ を簡約階段化すると

$$\begin{pmatrix}1 & 0 & -\frac{3}{8}\\ 0 & 1 & \frac{3}{4}\\ 0 & 0 & 0\end{pmatrix}$$

上と同様に，$W_3=\left\langle\begin{pmatrix}3\\-6\\8\end{pmatrix}\right\rangle$ であるから，W_3 の基底は $\left\{\begin{pmatrix}3\\-6\\8\end{pmatrix}\right\}$

である。

行列Aの固有値7に対する固有空間を W_7 とすると，W_7 は同次連立1次方程式 $(A-7E)\boldsymbol{x}=\boldsymbol{0}$ の解空間である。

行列 $(A-7E)$ を簡約階段化すると

$$\begin{pmatrix}1 & 0 & -\frac{1}{2}\\ 0 & 1 & 0\\ 0 & 0 & 0\end{pmatrix}$$

上と同様に，$W_7=\left\langle\begin{pmatrix}1\\0\\2\end{pmatrix}\right\rangle$ であるから，W_7 の基底は $\left\{\begin{pmatrix}1\\0\\2\end{pmatrix}\right\}$ である。

したがって，$\dim W_0=1$，$\dim W_3=1$，$\dim W_7=1$ であり，これらはそれぞれ行列Aの固有値0，3，7の重複度に等しいから，行列Aは対角化可能である。

実際，$P=\begin{pmatrix}-3 & 3 & 1\\ 0 & -6 & 0\\ 1 & 8 & 2\end{pmatrix}$ とすると，$P^{-1}AP=\begin{pmatrix}0 & 0 & 0\\ 0 & 3 & 0\\ 0 & 0 & 7\end{pmatrix}$ となる。

練習 8　行列 $\begin{pmatrix} 7 & 4 & 4 \\ -4 & -3 & -8 \\ 8 & 4 & 3 \end{pmatrix}$ が対角化可能かどうか調べ，対角化可能ならば対角化せよ。

行列の対角化にはさまざまな応用がある。いくつかを例としてあげる。

例 9　行列の対角化の応用（行列のべき乗）

例 5 （309 ページ） より，$B=\begin{pmatrix} 5 & -3 \\ 6 & -4 \end{pmatrix}$ として，$P=\begin{pmatrix} 1 & 1 \\ 1 & 2 \end{pmatrix}$ とすると，

$P^{-1}=\begin{pmatrix} 2 & -1 \\ -1 & 1 \end{pmatrix}$ より

$$P^{-1}BP=\begin{pmatrix} 2 & -1 \\ -1 & 1 \end{pmatrix}\begin{pmatrix} 5 & -3 \\ 6 & -4 \end{pmatrix}\begin{pmatrix} 1 & 1 \\ 1 & 2 \end{pmatrix}$$

$$=\begin{pmatrix} 2 & 0 \\ 0 & -1 \end{pmatrix}$$

と対角化される。これを利用して，行列 B のべき乗を計算してみよう。

定理（対角行列のべき乗）（53 ページ） により

$$(P^{-1}BP)^n=\begin{pmatrix} 2^n & 0 \\ 0 & (-1)^n \end{pmatrix}$$

一方で　$(P^{-1}BP)^n=(P^{-1}BP)(P^{-1}BP)\cdots\cdots(P^{-1}BP)$

$$=P^{-1}BEBE\cdots\cdots EBP=P^{-1}B^nP$$

よって　$P^{-1}B^nP=\begin{pmatrix} 2^n & 0 \\ 0 & (-1)^n \end{pmatrix}$

したがって

$$B^n=\begin{pmatrix} 1 & 1 \\ 1 & 2 \end{pmatrix}\begin{pmatrix} 2^n & 0 \\ 0 & (-1)^n \end{pmatrix}\begin{pmatrix} 2 & -1 \\ -1 & 1 \end{pmatrix}$$

$$=\begin{pmatrix} 2^{n+1}+(-1)^{n+1} & -2^n+(-1)^n \\ 2^{n+1}+2\cdot(-1)^{n+1} & -2^n+2\cdot(-1)^n \end{pmatrix}$$

練習 9　$A=\begin{pmatrix} 2 & 0 & -1 \\ 0 & 2 & 0 \\ -1 & 0 & 2 \end{pmatrix}$ とするとき，A^n を求めよ。

例 10 行列の対角化の応用（行列のべき乗と漸化式）

数列 $\{a_n\}$ を，$a_1=1$，$a_2=0$，3 項間漸化式 $a_{n+2}=3a_{n+1}-2a_n$ で定めるとき，数列 $\{a_n\}$ の一般項を，行列のべき乗を用いて求めてみよう。

まず，与えられた漸化式は，行列を用いると次のように表せる。

$$\begin{pmatrix} a_{n+1} \\ a_{n+2} \end{pmatrix}=\begin{pmatrix} 0 & 1 \\ -2 & 3 \end{pmatrix}\begin{pmatrix} a_n \\ a_{n+1} \end{pmatrix}$$

よって，$n \geqq 2$ のとき

$$\begin{pmatrix} a_n \\ a_{n+1} \end{pmatrix}=\begin{pmatrix} 0 & 1 \\ -2 & 3 \end{pmatrix}\begin{pmatrix} a_{n-1} \\ a_n \end{pmatrix}=\cdots\cdots=\begin{pmatrix} 0 & 1 \\ -2 & 3 \end{pmatrix}^{n-1}\begin{pmatrix} a_1 \\ a_2 \end{pmatrix}$$

$$=\begin{pmatrix} 0 & 1 \\ -2 & 3 \end{pmatrix}^{n-1}\begin{pmatrix} 1 \\ 0 \end{pmatrix}$$

となるので，$X=\begin{pmatrix} 0 & 1 \\ -2 & 3 \end{pmatrix}$ とおいて X のべき乗が計算できればよい。

【行列の対角化の手順】に沿って計算することにより

$P=\begin{pmatrix} 1 & 1 \\ 1 & 2 \end{pmatrix}$ とすると，$P^{-1}=\begin{pmatrix} 2 & -1 \\ -1 & 1 \end{pmatrix}$ であるから

$$P^{-1}XP=\begin{pmatrix} 2 & -1 \\ -1 & 1 \end{pmatrix}\begin{pmatrix} 0 & 1 \\ -2 & 3 \end{pmatrix}\begin{pmatrix} 1 & 1 \\ 1 & 2 \end{pmatrix}$$

$$=\begin{pmatrix} 1 & 0 \\ 0 & 2 \end{pmatrix}$$

よって，X のべき乗は，次のように求められる。

$$X^k=\begin{pmatrix} 1 & 1 \\ 1 & 2 \end{pmatrix}\begin{pmatrix} 1 & 0 \\ 0 & 2^k \end{pmatrix}\begin{pmatrix} 2 & -1 \\ -1 & 1 \end{pmatrix}$$

$$=\begin{pmatrix} 2-2^k & -1+2^k \\ 2-2^{k+1} & -1+2^{k+1} \end{pmatrix}$$

したがって，$n \geqq 2$ のとき

$$\begin{pmatrix} a_n \\ a_{n+1} \end{pmatrix}=\begin{pmatrix} 2-2^{n-1} & -1+2^{n-1} \\ 2-2^n & -1+2^n \end{pmatrix}\begin{pmatrix} 1 \\ 0 \end{pmatrix}$$

より

$$a_n=2-2^{n-1} \quad (n \geqq 2)$$

が得られる（これは $n=1$ のときも成り立つ）。

補足 上の解法は，n 項間漸化式に対しても適用できる。さらに，この方法を応用して，線形微分方程式といわれる微分方程式を解くことができる。

練習 10 数列 $\{a_n\}$ を $a_1=-2$，$a_2=0$，$a_3=10$，$a_{n+3}=6a_{n+2}-11a_{n+1}+6a_n$ で定めるとき，数列 $\{a_n\}$ の一般項を，行列の対角化を用いて求めよ。

研究 同時対角化

2 つの n 次正方行列 A，B に対して，ある n 次正則行列 P によって，$P^{-1}AP$ と $P^{-1}BP$ の両方をいっぺんに対角化することを，**同時対角化** という。A，B がともに対角化可能であっても，同時対角化が可能であるとは限らない。次の定理は，同時対角化ができる状況がどのようなものであるかを，完全に決定している[*)]。

定理 同時対角化定理

A，B を各々対角化可能な正方行列とするとき，次は同値である。

[1] 行列 A，B は同時対角化可能である。すなわち，ある正則行列 P が存在して，$P^{-1}AP$，$P^{-1}BP$ が同時に対角行列となる。

[2] 行列 A，B は可換である。すなわち，$AB=BA$ である。

*) 定理の証明は，『数研講座シリーズ 大学教養 線形代数』を参照。

発展　正方行列の三角化

定理（正方行列の対角化の条件）（315ページ）で示されたように，一般にはすべての n 次正方行列が対角化できるわけではない。次の定理が示すように，任意の正方行列は，（少なくとも $\mathbb{C}$ 上では）適当な基底変換によって，上三角行列によって表現することができる。これを行列の **三角化** という[*)]。

定理　正方行列の三角化

行列 A を複素数を成分にもつ n 次正方行列とし，次の条件が満たされるとする。

（$*$）　行列 A は $\mathbb{C}$ の中に，重複を込めて n 個の固有値 λ_1，λ_2，……，λ_n をもつ。

このとき，ある $\mathbb{C}$ 上の n 次正則行列 P が存在して，

$$P^{-1}AP=\begin{pmatrix} \lambda_1 & * & * & \cdots & * \\ & \lambda_2 & * & \cdots & * \\ & & \ddots & & \vdots \\ & & & \ddots & * \\ \text{\huge 0} & & & & \lambda_n \end{pmatrix}$$ となる。

すなわち，n 次正方行列で，その n 個の（重複を込めた）固有値すべてが $\mathbb{C}$ の中に入るものは，三角化可能である。

B　対称行列の対角化

前項で行列の対角化を学び，その応用例を扱った。しかし一般には，例8（316ページ）のように，対角化できない正方行列もある。一方で実は，対称行列は必ず対角化可能である。さらに，基底変換の行列として直交行列をとることができる。

定理　対称行列の対角化

A を n 次対称行列とする。このとき，ある直交行列 P が存在して，$P^{-1}AP$ が対角行列になる。さらに，その対角行列の対角成分は，行列 A の n 個の（重複を込めた）固有値である。

＊）定理の証明は，『数研講座シリーズ　大学教養　線形代数』を参照。

この定理の証明の概略を，次の 2 つに分けて考える。

(1) 対称行列は対角化可能であること。

(2) 対角化するための行列が直交行列であること。

さらに，得られた対角行列の対角成分が固有値になっていることは，以上のことから得られる。

(1) の証明の概略は研究として後で与えることにし，ここでは (1) を仮定して (2) を証明しよう。以下では，$\mathbb{R}^n$ に標準内積が与えられているとする。

A を n 次対称行列とし，対角化可能であるとする。λ_1，λ_2，……，λ_r を行列 A の固有値とし，それぞれの重複度を m_1，m_2，……，m_r とする。さらに，行列 A の固有値 λ_i に対する固有空間を W_{λ_i} とする $(i=1,\ 2,\ \cdots\cdots,\ r)$。

このとき，定理（正方行列の対角化の条件）（315 ページ）より

$\dim W_{\lambda_1}+\dim W_{\lambda_2}+\cdots\cdots+\dim W_{\lambda_r}=n$ および $\dim W_{\lambda_i}=m_i\ (i=1,2,\cdots\cdots,r)$

が成り立つ。そこで，$\{\boldsymbol{w}_{i1},\ \boldsymbol{w}_{i2},\ \cdots\cdots,\ \boldsymbol{w}_{im_i}\}$ を各 $W_{\lambda_i}\ (i=1,\ 2,\ \cdots\cdots,\ r)$ の正規直交基底とすると，それらをすべて集めた

$\{\boldsymbol{w}_{11},\ \boldsymbol{w}_{12},\ \cdots\cdots,\ \boldsymbol{w}_{1m_1},\ \boldsymbol{w}_{21},\ \boldsymbol{w}_{22},\ \cdots\cdots,\ \boldsymbol{w}_{2m_2},\ \cdots\cdots,\ \boldsymbol{w}_{r1},\ \boldsymbol{w}_{r2},\ \cdots\cdots,\ \boldsymbol{w}_{rm_r}\}$

が $\mathbb{R}^n$ の正規直交基底になることが，補題（ベクトルの直交と 1 次独立）（277 ページ）と定理（基底の判定）（196 ページ）と次の補題からわかる。

補題　対称行列の固有空間の直交性

A を n 次対称行列，λ，λ' を行列 A の異なる固有値とし，行列 A の固有値 λ，λ' に対する固有空間を W_λ，$W_\lambda{}'$ とする。このとき，任意の $\boldsymbol{w}\in W_\lambda$，$\boldsymbol{w}'\in W_\lambda{}'$ は $\mathbb{R}^n$ の標準内積に関して直交する。

証明　$\boldsymbol{w}$ と $\boldsymbol{w}'$ の標準内積を，267 ページの補足に載せた書き方で計算する。

A が対称行列なので，${}^tA=A$ が成り立つことから

$\lambda'(\boldsymbol{w},\ \boldsymbol{w}')=(\boldsymbol{w},\ \lambda'\boldsymbol{w}')=(\boldsymbol{w},\ A\boldsymbol{w}')=({}^tA\boldsymbol{w},\ \boldsymbol{w}')=(A\boldsymbol{w},\ \boldsymbol{w}')=(\lambda\boldsymbol{w},\ \boldsymbol{w}')=\lambda(\boldsymbol{w},\ \boldsymbol{w}')$

$\lambda\neq\lambda'$ であるから，$(\boldsymbol{w},\ \boldsymbol{w}')=0$ となる。■

後は，314 ページの前半の説明のように考えると，基底のベクトル

$\boldsymbol{w}_{11},\ \boldsymbol{w}_{12},\ \cdots\cdots,\ \boldsymbol{w}_{1m_1},\ \boldsymbol{w}_{21},\ \boldsymbol{w}_{22},\ \cdots\cdots,\ \boldsymbol{w}_{2m_2},\ \cdots\cdots,\ \boldsymbol{w}_{r1},\ \boldsymbol{w}_{r2},\ \cdots\cdots,\ \boldsymbol{w}_{rm_r}$ を

並べてできる行列 P によって A が対角化されることがわかる。この行列 P は，定理（直交行列と正規直交基底）（293 ページ）より，直交行列である。

改めて，対称行列を直交行列によって対角化する手順をまとめておこう。

対称行列の対角化の手順

[1]　317 ページの【n 次行列 A の対角化の手順】に従って，$P^{-1}AP$ が対角行列となる基底変換行列 P を求める。

[2]　グラム・シュミットの直交化（第 7 章第 2 節）によって基底 $\{\boldsymbol{v}_1,\ \boldsymbol{v}_2,\ \cdots\cdots,\ \boldsymbol{v}_n\}$ を直交化し，正規直交基底 $\{\boldsymbol{u}_1,\ \boldsymbol{u}_2,\ \cdots\cdots,\ \boldsymbol{u}_n\}$ を構成する。

[3]　得られた正規直交基底のベクトルを並べて，基底変換行列 U を作る。

[4]　U は対称行列であり，${}^tUAU$ が求める対角行列である。

例題 3　対称行列 $\begin{pmatrix} 2 & 1 & 1 \\ 1 & 2 & 1 \\ 1 & 1 & 2 \end{pmatrix}$ を，直交行列によって対角化せよ。

解答

$A=\begin{pmatrix} 2 & 1 & 1 \\ 1 & 2 & 1 \\ 1 & 1 & 2 \end{pmatrix}$ とする。

$$\det(tE-A)=\begin{vmatrix} t-2 & -1 & -1 \\ -1 & t-2 & -1 \\ -1 & -1 & t-2 \end{vmatrix}$$

$$=(t-2)\cdot(t-2)\cdot(t-2)+(-1)\cdot(-1)\cdot(-1)+(-1)\cdot(-1)\cdot(-1)$$
$$-(t-2)\cdot(-1)\cdot(-1)-(-1)\cdot(-1)\cdot(t-2)-(-1)\cdot(t-2)\cdot(-1)$$
$$=(t-1)^2(t-4)$$

よって，方程式 $\det(tE-A)=0$ を解くと，$t=1,\ 4$ であるから，行列 A の固有値は 1，4 である。

行列 A の固有値 1 に対する固有空間を W_1 とすると，W_1 は同次連立 1 次方程式 $(A-E)\boldsymbol{x}=\boldsymbol{0}$ の解空間である。

行列 $(A-E)$ を簡約階段化すると

$$\begin{pmatrix} 1 & 1 & 1 \\ 0 & 0 & 0 \\ 0 & 0 & 0 \end{pmatrix}$$

よって，230 ページの例題 8 のように考えると，

$W_1=\left\langle \begin{pmatrix} -1 \\ 1 \\ 0 \end{pmatrix}, \begin{pmatrix} -1 \\ 0 \\ 1 \end{pmatrix} \right\rangle$ であるから，W_1 の基底は $\left\{ \begin{pmatrix} -1 \\ 1 \\ 0 \end{pmatrix}, \begin{pmatrix} -1 \\ 0 \\ 1 \end{pmatrix} \right\}$

である。

行列 A の固有値 4 に対する固有空間を W_4 とすると，W_4 は同次連立 1 次方程式 $(A-4E)\boldsymbol{x}=\boldsymbol{0}$ の解空間である。

行列 $(A-4E)$ を簡約階段化すると

$$\begin{pmatrix} 1 & 0 & -1 \\ 0 & 1 & -1 \\ 0 & 0 & 0 \end{pmatrix}$$

同様に，$W_4=\left\langle \begin{pmatrix} 1 \\ 1 \\ 1 \end{pmatrix} \right\rangle$ であるから，W_4 の基底は $\left\{ \begin{pmatrix} 1 \\ 1 \\ 1 \end{pmatrix} \right\}$ である。

$\boldsymbol{v}_1=\begin{pmatrix} -1 \\ 1 \\ 0 \end{pmatrix}$，$\boldsymbol{v}_2=\begin{pmatrix} -1 \\ 0 \\ 1 \end{pmatrix}$，$\boldsymbol{v}_3=\begin{pmatrix} 1 \\ 1 \\ 1 \end{pmatrix}$ として，$\mathbb{R}^3$ の基底

$\{\boldsymbol{v}_1,\ \boldsymbol{v}_2,\ \boldsymbol{v}_3\}$ を直交化する。

補題 (対称行列の固有空間の直交性) (323 ページ) により，$\boldsymbol{v}_1$ と $\boldsymbol{v}_3$ および $\boldsymbol{v}_2$ と $\boldsymbol{v}_3$ は直交しているから，$\{\boldsymbol{v}_1,\ \boldsymbol{v}_2\}$ を直交化する。

$\boldsymbol{v}_1'=\boldsymbol{v}_1$ とすると　　$\boldsymbol{v}_1'=\begin{pmatrix} -1 \\ 1 \\ 0 \end{pmatrix}$

$\boldsymbol{v}_2'=\boldsymbol{v}_2-x_1\boldsymbol{v}_1$ として $(\boldsymbol{v}_2',\ \boldsymbol{v}_1')=0$ とすると　　$x_1=\dfrac{1}{2}$

このとき　　$\boldsymbol{v}_2'=\dfrac{1}{2}\begin{pmatrix} -1 \\ -1 \\ 2 \end{pmatrix}$

$\boldsymbol{v}_3'=\boldsymbol{v}_3$ として，$\boldsymbol{v}_1'$，$\boldsymbol{v}_2'$，$\boldsymbol{v}_3'$ を正規化したものをそれぞれ $\boldsymbol{w}_1$，$\boldsymbol{w}_2$，$\boldsymbol{w}_3$ とすると

$$\boldsymbol{w}_1=\frac{1}{\sqrt{2}}\begin{pmatrix} -1 \\ 1 \\ 0 \end{pmatrix},\ \boldsymbol{w}_2=\frac{1}{\sqrt{6}}\begin{pmatrix} -1 \\ -1 \\ 2 \end{pmatrix},\ \boldsymbol{w}_3=\frac{1}{\sqrt{3}}\begin{pmatrix} 1 \\ 1 \\ 1 \end{pmatrix}$$

$\{\boldsymbol{w}_1, \boldsymbol{w}_2, \boldsymbol{w}_3\}$ は R^3 の標準内積に関する正規直交基底であるから，

$U=\dfrac{1}{\sqrt{6}}\begin{pmatrix} -\sqrt{3} & -1 & \sqrt{2} \\ \sqrt{3} & -1 & \sqrt{2} \\ 0 & 2 & \sqrt{2} \end{pmatrix}$ とすると，行列 U は直交行列であり，次のようになる。　$U^{-1}AU={}^tUAU=\begin{pmatrix} 1 & 0 & 0 \\ 0 & 1 & 0 \\ 0 & 0 & 4 \end{pmatrix}$

練習 11　対称行列 $\begin{pmatrix} 1 & -4 & 4 \\ -4 & 1 & -4 \\ 4 & -4 & 1 \end{pmatrix}$ を，直交行列によって対角化せよ。

発展　エルミート行列の対角化

定理（対称行列の対角化）（322 ページ）の一般化として，複素数を成分とするエルミート行列については，次の定理が成り立つ*)。

定理　エルミート行列の対角化

A を n 次エルミート行列とする。このとき，あるユニタリ行列 P が存在して，$P^{-1}AP$ が対角行列になる。さらに，その対角行列の対角成分は，行列 A の n 個の（重複を込めた）固有値である。

さらに，エルミート行列の一般化として，次のような行列を考える。

定義 8-4　正規行列

A を n 次正方行列とし，行列 A が $AA^*=A^*A$ を満たすとき，行列 A は **正規行列** であるという。

このとき，次の定理が成り立つ*)。

定理　テプリッツの定理

A を正方行列とするとき，行列 A がユニタリ行列で対角化できるための必要十分条件は，行列 A が正規行列であることである。

*）これらの定理の証明は，『数研講座シリーズ　大学教養　線形代数』を参照。

研究　対称行列が対角化可能であることの証明の概略

「n 次対称行列が対角化可能である」……（$*$）とし，$n=k$ のとき（$*$）が成り立つと仮定し，$n=k+1$ のとき（$*$）が成り立つことの証明の流れを説明する。

A を $(k+1)$ 次対称行列とし，λ を行列 A の固有値の 1 つとする。また，行列 A の固有値 λ に対する固有空間を W とする。$\boldsymbol{w}\in W$ を 1 つとり，$\boldsymbol{v}=\dfrac{\boldsymbol{w}}{\|\boldsymbol{w}\|}$ とすると，$A\boldsymbol{v}=\lambda\boldsymbol{v}$，$\|\boldsymbol{v}\|=1$ が成り立つ。

さらに，$W'=\{\boldsymbol{x}\in\mathbb{R}^{k+1}\mid(\boldsymbol{v},\ \boldsymbol{x})=0\}$ とすると，W' は $\mathbb{R}^{k+1}$ の部分空間であり，$\dim W'=k$ である。

次に，任意の $\boldsymbol{x}\in W'$ に対して

$$(\boldsymbol{v},\ A\boldsymbol{x})=({}^tA\boldsymbol{v},\ \boldsymbol{x})=(A\boldsymbol{v},\ \boldsymbol{x})=(\lambda\boldsymbol{v},\ \boldsymbol{x})=\lambda(\boldsymbol{v},\ \boldsymbol{x})=0$$

よって，$A\boldsymbol{x}\in W'$ であるから，行列 A によって定まる線形変換 $\varphi_A:\mathbb{R}^{k+1}\longrightarrow\mathbb{R}^{k+1}$ について，$\varphi_A(W')=W'$ が成り立つ。

これらから，$\{\boldsymbol{w}_1,\ \boldsymbol{w}_2,\ \cdots\cdots,\ \boldsymbol{w}_k\}$ を W' の正規直交基底とすると，$\{\boldsymbol{v},\ \boldsymbol{w}_1,\ \boldsymbol{w}_2,\ \cdots\cdots,\ \boldsymbol{w}_k\}$ は $\mathbb{R}^{k+1}$ の正規直交基底である。

この $\boldsymbol{v}$，$\boldsymbol{w}_1$，$\boldsymbol{w}_2$，……，$\boldsymbol{w}_k$ を並べた行列を P とすると，B を k 次対称行列，$\boldsymbol{0}_1$ を $1\times k$ 零行列，$\boldsymbol{0}_2$ を $k\times 1$ 零行列として，$P^{-1}AP=\begin{pmatrix}\lambda & \boldsymbol{0}_1\\ \boldsymbol{0}_2 & B\end{pmatrix}$ のようになる。

数学的帰納法の仮定より，行列 B は対角化可能であるから，行列 B を対角化するための正則行列を Q として $R=\begin{pmatrix}1 & \boldsymbol{0}_1\\ \boldsymbol{0}_2 & Q\end{pmatrix}$ とすると，行列 PR によって，行列 A が対角化される，すなわち $R^{-1}P^{-1}APR$ は対角行列になる。

第3節　最小多項式と対角化

この節では，多項式に行列を代入するということを考える。さらに，行列の最小多項式というものを定義する。

A　固有多項式への行列の代入

まず，多項式に行列を代入するとはどのようなことか定義しよう。

定義 8-5　多項式への行列の代入

a_0, a_1, ……, a_{r-1}, $a_r \in \mathbb{R}$ として，

$f(t)=a_r t^r+a_{r-1}t^{r-1}+\cdots\cdots+a_1 t+a_0$ とする。A を n 次正方行列とするとき，**多項式 $f(t)$ への行列 A の代入** を次で定義する。

$$f(A)=a_r A^r+a_{r-1}A^{r-1}+\cdots\cdots+a_1 A+a_0 E$$

例 11　多項式への行列の代入

$f(t)=t^2-t+1$, $A=\begin{pmatrix}1 & -1\\ 1 & 0\end{pmatrix}$ とすると，$A^2=\begin{pmatrix}0 & -1\\ 1 & -1\end{pmatrix}$ から

$$f(A)=A^2-A+E=\begin{pmatrix}0 & -1\\ 1 & -1\end{pmatrix}-\begin{pmatrix}1 & -1\\ 1 & 0\end{pmatrix}+\begin{pmatrix}1 & 0\\ 0 & 1\end{pmatrix}=\begin{pmatrix}0 & 0\\ 0 & 0\end{pmatrix}$$

練習 12　$f(t)=(t-1)^n$ とするとき，$f(E)$ を求めよ。

多項式への行列の代入には，次のような性質がある。

定理　多項式への行列の代入の性質

A, B を n 次正方行列，$f(t)$, $g(t)$ を $\mathbb{R}$ 上の多項式とするとき，次が成り立つ。

[1]　$p(t)=f(t)+g(t)$ とするとき，$p(A)=f(A)+g(A)$ である。

[2]　$q(t)=f(t)g(t)$ とするとき，$q(A)=f(A)g(A)$ である。

[3]　P を n 次正則行列とするとき，$f(P^{-1}AP)=P^{-1}f(A)P$ である。

[4]　λ が行列 A の固有値ならば，$f(\lambda)$ は行列 $f(A)$ の固有値である。

[5]　行列 A, B が可換である，すなわち $AB=BA$ が成り立つならば，行列 $f(A)$, $f(B)$ も可換である，すなわち $f(A)f(B)=f(B)f(A)$ が成り立つ。

ここでは，[4] の証明を例題として与える。

例題 4 A を正方行列，$f(t)$ を $\mathbb{R}$ 上の多項式とし，λ を行列 A の固有値とするとき，$f(\lambda)$ は行列 $f(A)$ の固有値であることを示せ。

解答 $\boldsymbol{v}$ を行列 A の固有値 λ に対する固有ベクトルとすると，$k \geqq 1$ のとき　$A^k\boldsymbol{v} = A^{k-1}(A\boldsymbol{v}) = \lambda A^{k-1}\boldsymbol{v} = \cdots\cdots = \lambda^k\boldsymbol{v}$　…… (＊)

a_0，a_1，……，a_{r-1}，$a_r \in \mathbb{R}$ として，

$f(t) = a_r t^r + a_{r-1} t^{r-1} + \cdots\cdots + a_1 t + a_0$ とし，定理の [1]，[2] と (＊) を繰り返し用いることにより

$$\begin{aligned} f(A)\boldsymbol{v} &= (a_r A^r + a_{r-1} A^{r-1} + \cdots\cdots + a_1 A + a_0 E)\boldsymbol{v} \\ &= a_r A^r\boldsymbol{v} + a_{r-1} A^{r-1}\boldsymbol{v} + \cdots\cdots + a_1 A\boldsymbol{v} + a_0 E\boldsymbol{v} \\ &= a_r \lambda^r\boldsymbol{v} + a_{r-1}\lambda^{r-1}\boldsymbol{v} + \cdots\cdots + a_1\lambda\boldsymbol{v} + a_0\boldsymbol{v} \\ &= (a_r\lambda^r + a_{r-1}\lambda^{r-1} + \cdots\cdots + a_1\lambda + a_0)\boldsymbol{v} = f(\lambda)\boldsymbol{v} \end{aligned}$$

よって，$f(\lambda)$ は行列 $f(A)$ の固有値である。■

注意 上の証明からわかるように，$\boldsymbol{v}$ が行列 A の固有値 λ に対する固有ベクトルならば，$\boldsymbol{v}$ は行列 $f(A)$ の固有値 $f(\lambda)$ に対する固有ベクトルである。

練習 13 $f(t)$，$g(t)$ を $\mathbb{R}$ 上の 2 次多項式とするとき，多項式への行列の代入の性質の定理の [1]，[2]，[3]，[5] が成り立つことを示せ。

B　ケーリー・ハミルトンの定理

次の定理は，多項式への行列の代入の計算において，非常に有用である。

定理　ケーリー・ハミルトンの定理

A を n 次正方行列，$F_A(t)$ を A の固有多項式，O は零行列とするとき，次が成り立つ。　$F_A(A) = O$

ここでは，A が対角化可能な 3 次正方行列である場合の証明を与える。一般の場合は，複素数が成分の場合に拡張して，三角化を用いて証明される（三角化については，322 ページを参照）。A を対角化可能な 3 次正方行列とする。すなわち，行列 A の（重複を込めた）固有値を λ_1，λ_2，λ_3 とするとき，ある正則行列 P が存在して，$P^{-1}AP = \begin{pmatrix} \lambda_1 & 0 & 0 \\ 0 & \lambda_2 & 0 \\ 0 & 0 & \lambda_3 \end{pmatrix}$ とできると仮定する。

定理 (多項式への行列の代入の性質) (328 ページ) [3] より

$$F_A(A)=F_A(P(P^{-1}AP)P^{-1})=PF_A(P^{-1}AP)P^{-1}$$

ここで，$F_A(P^{-1}AP)$ を計算する。$P^{-1}AP$ は対角行列なので

$$(P^{-1}AP)^k=\begin{pmatrix}{\lambda_1}^k & 0 & 0\\ 0 & {\lambda_2}^k & 0\\ 0 & 0 & {\lambda_3}^k\end{pmatrix}$$

このことと，定理 (多項式への行列の代入の性質 [1], [2]) より，a_2，a_1，$a_0\in\mathbb{R}$ として $F_A(t)=t^3+a_2t^2+a_1t+a_0$ とすると

$$F_A(P^{-1}AP)=\begin{pmatrix}{\lambda_1}^3 & 0 & 0\\ 0 & {\lambda_2}^3 & 0\\ 0 & 0 & {\lambda_3}^3\end{pmatrix}+a_2\begin{pmatrix}{\lambda_1}^2 & 0 & 0\\ 0 & {\lambda_2}^2 & 0\\ 0 & 0 & {\lambda_3}^2\end{pmatrix}+a_1\begin{pmatrix}\lambda_1 & 0 & 0\\ 0 & \lambda_2 & 0\\ 0 & 0 & \lambda_3\end{pmatrix}+a_0\begin{pmatrix}1 & 0 & 0\\ 0 & 1 & 0\\ 0 & 0 & 1\end{pmatrix}$$

$$=\begin{pmatrix}F_A(\lambda_1) & 0 & 0\\ 0 & F_A(\lambda_2) & 0\\ 0 & 0 & F_A(\lambda_3)\end{pmatrix}=O$$

したがって　　$F_A(A)=PF_A(P^{-1}AP)P^{-1}=POP^{-1}=O$

例 12　多項式への行列の代入

$A=\begin{pmatrix}0 & 2 & -2\\ 2 & 0 & 2\\ 1 & -1 & 2\end{pmatrix}$ とすると，行列 A の固有多項式は $t^2(t-2)$ すなわち t^3-2t であった。

よって　　$A^3-2A=O$

練習 14　3 次の上三角行列について，ケーリー・ハミルトンの定理を証明せよ。

特に，2 次正方行列に対しては，次の系が成り立つ。

系　ケーリー・ハミルトンの定理 (2 次正方行列)

A を $\begin{pmatrix}a & b\\ c & d\end{pmatrix}$，$O$ を零行列とするとき，次が成り立つ。

$$A^2-(a+d)A+(ad-bc)E=O$$

証明 直接，代入して計算して確かめてもよいが，ここではケーリー・ハミルトンの定理を利用して証明する。

$$F_A(t)=\det(tE-A)=\begin{vmatrix} t-a & -b \\ -c & t-d \end{vmatrix}$$

$$=(t-a)(t-d)-bc=t^2-(a+d)t+ad-bc$$

したがって，ケーリー・ハミルトンの定理より $F_A(A)=O$

であるから $A^2-(a+d)A+(ad-bc)E=O$ ■

補足 $a+d=\mathrm{tr}(A)$ を用いると，$A^2-\{\mathrm{tr}(A)\}A+\{\det(A)\}E=O$ とも書ける。

補足 ケーリー・ハミルトンの定理と呼ばれている定理は，四元数の方程式の形でハミルトンにより 1853 年に最初に証明されたとされる。それは，行列の形でいえば 4 次正方行列に対しての証明になる。その後，ケーリーは，1858 年の論文の中で，2 次および 3 次正方行列に対して成り立つことを述べたが，証明は 2 次の場合のみしか与えなかった。一般の場合の証明は，1878 年にドイツの数学者フロベニウスが行った。

C 行列の最小多項式

前項のケーリー・ハミルトンの定理より，Aを正方行列とするとき，Aを代入するとO（零行列）となる実数係数の多項式が少なくとも 1 つ存在する。そこで，そのような多項式の全体がなす集合が考えられる。その中で「最小」となるものを考えてみよう。

定義 8-6 最小多項式

$I_A=\{f(t)\mid f(A)=O\}$ とする。I_A に属する 0 でない多項式で，次数が最小であり，最高次の係数が 1 であるものを行列Aの **最小多項式** といい，$p_A(t)$ と書く。

注意 先にも述べたように，$F_A(t)\in I_A$ なので，$I_A\neq\emptyset$ である。

行列の最小多項式について，次の定理が成り立つ。

定理 最小多項式の性質

Aをn次正方行列とするとき，次が成り立つ。

[1] $I_A=\{f(t)\mid f(A)=O\}=\{p_A(t)h(t)\mid h(t)$ は多項式$\}$

[2] 方程式 $p_A(t)=0$ は，行列Aのすべての固有値を解にもつ。

[1] の等式のうち，$I_A \supset \{p_A(t)h(t) \mid h(t)$ は多項式$\}$ は，$p_A(A)=O$ からわかる。$I_A \subset \{p_A(t)h(t) \mid h(t)$ は多項式$\}$ は，$p_A(t)$ の次数が最小であることから従うが，詳しくはここでは省略する*)。

証明　[2]　λ を行列 A の固有値とする。一般に，$f(t) \in I_A$ ならば，$f(\lambda)=0$ が成り立つことを示す。定理（多項式への行列の代入の性質）（328 ページ）[4] より，λ が行列 A の固有値ならば，$f(\lambda)$ は行列 $f(A)$ の固有値である。さらに，329 ページの注意より，$\boldsymbol{v}$ が行列 A の固有値 λ に対する固有ベクトルであるならば，$\boldsymbol{v}$ は，行列 $f(A)$ の $f(\lambda)$ に対する固有ベクトルである。すなわち　　$f(A)\boldsymbol{v}=f(\lambda)\boldsymbol{v}$

ここで，$f(t) \in I_A$ より，$f(A)=O$ であるから　　$f(\lambda)\boldsymbol{v}=\boldsymbol{0}$

$\boldsymbol{v}$ は A の固有ベクトルであるから　　$\boldsymbol{v} \neq \boldsymbol{0}$

よって　　$f(\lambda)=0$

特に，$p_A(t) \in I_A$ より　　$p_A(\lambda)=0$ ■

この定理（最小多項式の性質）を用いると，行列の最小多項式を求めることができる。

例 13　行列の最小多項式

$A=\begin{pmatrix} 2 & 3 & 3 \\ -1 & 4 & 2 \\ 1 & -5 & -3 \end{pmatrix}$ として，$p_A(t)$ を求める。

$$F_A(t)=\det(tE-A)=\begin{vmatrix} t-2 & -3 & -3 \\ 1 & t-4 & -2 \\ -1 & 5 & t+3 \end{vmatrix}=(t+1)(t-2)^2=t^3-3t^2+4$$

よって，$p_A(t)=(t+1)(t-2)$ または $p_A(t)=(t+1)(t-2)^2$ のどちらかである。$p(t)=(t+1)(t-2)$ とすると

$$p(A)=(A+E)(A-2E)=\begin{pmatrix} 3 & 3 & 3 \\ -1 & 5 & 2 \\ 1 & -5 & -2 \end{pmatrix}\begin{pmatrix} 0 & 3 & 3 \\ -1 & 2 & 2 \\ 1 & -5 & -5 \end{pmatrix}$$

$$=\begin{pmatrix} 0 & 0 & 0 \\ -3 & -3 & -3 \\ 3 & 3 & 3 \end{pmatrix} \neq O$$

ゆえに　　$p_A(t)=(t+1)(t-2)^2$

練習 15 次の行列の最小多項式を求めよ。

(1) $\begin{pmatrix} 3 & 2 \\ 4 & 1 \end{pmatrix}$　　(2) $\begin{pmatrix} 1 & 2 & 0 \\ -1 & 4 & 0 \\ 3 & -6 & 2 \end{pmatrix}$

次の定理により，行列が対角化可能かどうかを固有値や固有空間を求めずに判定できるので，定理（正方行列の対角化の条件）（315 ページ）よりも行列が対角化可能であるか判定することに適用しやすい。この定理は，系（固有値と対角化可能条件）（316 ページ）の一般化である＊）。

定理　最小多項式と対角化

A を n 次正方行列とするとき，以下は同値である。

[1]　行列 A は対角化可能である。

[2]　$p_A(t)$ は重解をもたない。

[3]　λ_1, λ_2, ……, λ_r を行列 A の相異なる固有値とするとき，$p_A(t)$ は，次のように因数分解される。

$$p_A(t)=(t-\lambda_1)(t-\lambda_2)\cdot\cdots\cdots\cdot(t-\lambda_r)$$

例 14　最小多項式と対角化

例題 2 （317 ページ）から，行列 $\begin{pmatrix} 1 & 3 & 3 \\ 0 & 3 & 0 \\ 2 & 5 & 6 \end{pmatrix}$ に対して，$p_A(t)=t(t-3)(t-7)$ であり，方程式 $p_A(t)=0$ は重解をもたないので，行列 A は対角化可能である。実際，例題 2 のように，$P=\begin{pmatrix} -3 & 3 & 1 \\ 0 & -6 & 0 \\ 1 & 8 & 2 \end{pmatrix}$ とすると

$P^{-1}AP=\begin{pmatrix} 0 & 0 & 0 \\ 0 & 3 & 0 \\ 0 & 0 & 7 \end{pmatrix}$ と対角化される。

練習 16 行列 $A=\begin{pmatrix} 1 & 3 & 2 \\ 0 & -1 & 0 \\ 1 & 2 & 0 \end{pmatrix}$ の最小多項式を求め，A が対角化不可能であることを確かめよ。

＊）証明は，『数研講座シリーズ　大学教養　線形代数』を参照。

研究　ジョルダン標準形

322ページの発展で述べたように，複素数を成分にもつ行列は（たとえ，対角化ができなくても）三角化可能である。しかし，対角化のように決まった形にいつでもなるわけではない（対角化できる場合は，対角成分に固有値が並ぶという意味で，決まった形になるといえる）。

実際，複素数を成分にもつ行列に対しては，以下のような「標準形」にすることができる。

$\lambda \in \mathbb{C}$ に対して，次の形の m 次正方行列を，固有値 λ の m 次 **ジョルダン細胞** といい，$J(\lambda,\ m)$ で表す。

$$J(\lambda,\ m)=\begin{pmatrix} \lambda & 1 & & & & \\ & \lambda & 1 & & \text{\Large 0} & \\ & & \lambda & 1 & & \\ & & & \ddots & \ddots & \\ & & & & \lambda & 1 \\ & \text{\Large 0} & & & & \lambda \end{pmatrix}$$

すなわち，ジョルダン細胞 $J(\lambda,\ m)$ とは，すべての対角成分が λ で，そのすぐ右上の成分が1であり，その他の成分はすべて0であるような m 次正方行列である。

固有値 λ_i の m_i 次ジョルダン細胞 $(i=1,\ 2,\ \cdots\cdots,\ r)$ が対角ブロックに並んだ正方行列

$$\begin{pmatrix} J(\lambda_1,\ m_1) & & & \text{\Large 0} \\ & J(\lambda_2,\ m_2) & & \\ & & \ddots & \\ \text{\Large 0} & & & J(\lambda_r,\ m_r) \end{pmatrix}$$

を，**ジョルダン行列** という。ここで，$\lambda_1=\lambda_2=\cdots\cdots=\lambda_r=\lambda$ である場合の

$$\begin{pmatrix} J(\lambda,\ m_1) & & & \text{\Large 0} \\ & J(\lambda,\ m_2) & & \\ & & \ddots & \\ \text{\Large 0} & & & J(\lambda,\ m_r) \end{pmatrix}$$

を，**固有値 λ のジョルダン行列** という。

定理　ジョルダン標準形定理

行列Aを複素数を成分とするn次正方行列とし，その相異なる固有値をλ_1，λ_2，……，λ_rとし，それらの重複度をそれぞれm_iとする。
また，$i=1,\ 2,\ \cdots\cdots,\ r$に対して，$l_{i1}$，$l_{i2}$，……，$l_{ir_i} \in \mathbb{N}$が
$l_{i1}+l_{i2}+\cdots\cdots+l_{ir_i}=m_i$を満たすとして，

$$J_i=\begin{pmatrix} J(\lambda_i,\ l_{i1}) & & & \text{\huge 0} \\ & J(\lambda_i,\ l_{i2}) & & \\ & & \ddots & \\ \text{\huge 0} & & & J(\lambda_i,\ l_{ir_i}) \end{pmatrix}$$

とする。このとき，あるn次正方行列Pが存在して，次のようになる。

$$P^{-1}AP=\begin{pmatrix} J_1 & & \text{\huge 0} \\ & J_2 & & \\ & & \ddots & \\ \text{\huge 0} & & & J_r \end{pmatrix}$$

さらに，$i=1,\ 2,\ \cdots\cdots,\ r$および$p=1,\ 2,\ \cdots\cdots,\ n$に対して，上で現れる$J(\lambda_i,\ p)$の個数は次に等しい。

$$\mathrm{rank}(A-\lambda_i E)^{p+1}-2\mathrm{rank}(A-\lambda_i E)^{p}+\mathrm{rank}(A-\lambda_i E)^{p-1}$$

よって，上の形はジョルダン細胞の並べ方を除いて，行列Aにより一意的に定まる。

上の$P^{-1}AP$のような形の行列を，**ジョルダン標準形**という[*)]。

---

*）ジョルダン標準形定理の証明は，『数研講座シリーズ　大学教養　線形代数』のインターネットサイトにある補助教材を参照。

章末問題

1 次の行列の固有値，および固有空間の基底を求め，対角化可能ならば対角化せよ。

(1) $\begin{pmatrix} 1 & 2 \\ 3 & 2 \end{pmatrix}$　(2) $\begin{pmatrix} 3 & 1 \\ -1 & 5 \end{pmatrix}$　(3) $\begin{pmatrix} 0 & 1 \\ -1 & 2 \end{pmatrix}$

(4) $\begin{pmatrix} 1 & 2 & 3 \\ 1 & 4 & 1 \\ 3 & 2 & 1 \end{pmatrix}$　(5) $\begin{pmatrix} -1 & 1 & 2 \\ 0 & 3 & 0 \\ 2 & 0 & 0 \end{pmatrix}$　(6) $\begin{pmatrix} 0 & -4 & 4 \\ 2 & 6 & -4 \\ 1 & 2 & 0 \end{pmatrix}$

(7) $\begin{pmatrix} 0 & 0 & -1 \\ 0 & -1 & 0 \\ -1 & 0 & 0 \end{pmatrix}$　(8) $\begin{pmatrix} 3 & 1 & 1 \\ 2 & 4 & 2 \\ 1 & 1 & 3 \end{pmatrix}$

2 次の対称行列を直交行列で対角化せよ。

(1) $\begin{pmatrix} 3 & 3 \\ 3 & 3 \end{pmatrix}$　(2) $\begin{pmatrix} 1 & 0 & -2 \\ 0 & 1 & 0 \\ -2 & 0 & 1 \end{pmatrix}$

(3) $\begin{pmatrix} 2 & 2 & -2 \\ 2 & 2 & 2 \\ -2 & 2 & 2 \end{pmatrix}$　(4) $\begin{pmatrix} 3 & 1 & -1 \\ 1 & 3 & 1 \\ -1 & 1 & 3 \end{pmatrix}$

3 $a \neq 0$，$b \neq 0$ として，$A=\begin{pmatrix} a & b & b \\ b & a & b \\ b & b & a \end{pmatrix}$ とする。

(1) 固有値，固有空間を求めよ。

(2) 行列 A を直交行列で対角化し，A^n を求めよ。

4 次の行列の固有多項式を求めよ。

$$\begin{pmatrix} 0 & 0 & 0 & -a \\ 1 & 0 & 0 & -b \\ 0 & 1 & 0 & -c \\ 0 & 0 & 1 & -d \end{pmatrix}$$

5 Vをベクトル空間とし，$\varphi : V \longrightarrow V$ をVの線形変換とする。λ，μを，線形変換φの異なる固有値とし，W_λ，W_μを，それぞれ変換φのλ，μに対する固有空間とする。このとき，$W_\lambda \cap W_\mu = \{\mathbf{0}\}$ であることを示せ。

6 n次対称行列が重複度nの固有値をもつならば，そのn次対称行列はn次単位行列の定数倍であることを示せ。

答 の 部

注意 各章ごとに，練習問題と章末問題の答の数値などを示した。証明は省略し「略」とした。

第1章 ベクトル，行列

第0節 数ベクトル

練習1 $\begin{pmatrix} 1 \\ -1 \\ 0 \end{pmatrix}$：0，$\begin{pmatrix} x \\ y \\ z \\ w \end{pmatrix}$：$z$　**練習2** (1) $\begin{pmatrix} 4 \\ 3 \\ 3 \\ 12 \end{pmatrix}$ (2) $\begin{pmatrix} 5 \\ -5 \\ -12 \\ 8 \end{pmatrix}$

練習3 略　**練習4** 略

第1節 行列とは

練習5 行列　行ベクトル：$(3 \quad -4)$，$(1,\ 5)$，列ベクトル：$\begin{pmatrix} 3 \\ 1 \end{pmatrix}$，$\begin{pmatrix} -4 \\ 5 \end{pmatrix}$

行列　行ベクトル：$(1 \quad 2 \quad 3)$，$(4 \quad 5 \quad 6)$，$(7 \quad 8 \quad 9)$，列ベクトル：$\begin{pmatrix} 1 \\ 4 \\ 7 \end{pmatrix}$，$\begin{pmatrix} 2 \\ 5 \\ 8 \end{pmatrix}$，$\begin{pmatrix} 3 \\ 6 \\ 9 \end{pmatrix}$

練習6 $a=-2$，$b=1$，$c=-1$，$d=1$

練習7 (1) $\begin{pmatrix} 12 & -5 \\ -5 & 2 \end{pmatrix}$ (2) $\begin{pmatrix} \frac{5}{6} & 0 \\ 0 & -\frac{1}{2} \end{pmatrix}$　**練習8** 略

補充問題1 $(2,\ 3)$ 成分：3，$(4,\ 1)$ 成分：-1

補充問題2 $a=1$，$b=3$，$c=-\dfrac{1}{2}$，$d=-2$

補充問題3 (1) $\begin{pmatrix} 0 & 3 \\ 2 & 3 \end{pmatrix}$ (2) $\begin{pmatrix} -2 & 3 \\ -5 & -5 \end{pmatrix}$　**補充問題4** $X=\begin{pmatrix} -2 & -3 \\ 1 & -1 \end{pmatrix}$

第2節 行列の積

練習9 y 軸に関する対称移動：$\begin{pmatrix} -1 & 0 \\ 0 & 1 \end{pmatrix}$，原点Oに関する対称移動：$\begin{pmatrix} -1 & 0 \\ 0 & -1 \end{pmatrix}$

練習10 略，$\begin{pmatrix} 0 & -1 \\ -1 & 0 \end{pmatrix}$　**練習11** $AB=(ap+br)$，$CD=(cs+dt+eu)$

練習12 (1) $\begin{pmatrix} 13 \\ 11 \end{pmatrix}$ (2) $\begin{pmatrix} -9 \\ 11 \\ -13 \end{pmatrix}$　**練習13** (1) $(11,\ -2)$ (2) $(-2,\ -1)$

練習14 (1) $\begin{pmatrix} 9 & 16 \\ 8 & 17 \end{pmatrix}$ (2) $\begin{pmatrix} 7 & 3 \\ 13 & 9 \end{pmatrix}$　**練習15** (例) $A=\begin{pmatrix} 1 & 0 \\ 0 & 1 \end{pmatrix}$，$B=\begin{pmatrix} 1 & 1 \\ 1 & 1 \end{pmatrix}$

練習16 (1) $\begin{pmatrix} 18 & 18 & 18 \\ 48 & 45 & 42 \\ 22 & 18 & 14 \end{pmatrix}$ (2) $\begin{pmatrix} 0 & 1 \\ 6 & 3 \\ 8 & 1 \\ 0 & 0 \end{pmatrix}$　**練習17** (1) $\begin{pmatrix} 8 \\ 5 \\ 1 \end{pmatrix}$ (3) $\begin{pmatrix} 4 & 8 & 12 \\ 5 & 10 & 15 \\ 6 & 12 & 18 \end{pmatrix}$

練習 18 $\begin{pmatrix} -8 & 0 \\ 2 & -3 \end{pmatrix}$ **練習 19** $AB=\begin{pmatrix} 2 & 6 & 1 \\ -1 & 4 & 3 \\ 5 & 3 & -6 \end{pmatrix}$, $BA=\begin{pmatrix} -2 & -5 & 14 \\ -1 & 1 & 0 \\ 2 & 0 & 1 \end{pmatrix}$, $AB \neq BA$

練習 20 (1) $A^2-AB-BA+B^2$ (2) $3A^2+B^2+C^2+3AB+3BA-BC-CB-CA-AC$

練習 21 略

補充問題 1 $\begin{pmatrix} 1 & -1 & -1 \\ 7 & 5 & 8 \\ -21 & -7 & -22 \end{pmatrix}$ **補充問題 2** $a=-4$, $b=-4$

第 3 節 いろいろな行列

練習 22 略

練習 23 (1) $\begin{pmatrix} -4 & 1 & 28 \\ 20 & -15 & -20 \\ 22 & -14 & -14 \end{pmatrix}$ (2) $\begin{pmatrix} 1 & -4 & 10 \\ -4 & -5 & 36 \\ 0 & -6 & 7 \end{pmatrix}$ (3) $\begin{pmatrix} -18 & 20 & -24 \\ 0 & -8 & 0 \\ 24 & 4 & -18 \end{pmatrix}$

練習 24 略 **練習 25** (1) もつ, $\begin{pmatrix} 1 & -1 \\ 1 & 0 \end{pmatrix}$ (2) もつ, $\begin{pmatrix} 1 & -1 & -1 \\ 2 & -1 & -2 \\ 0 & 1 & 1 \end{pmatrix}$

練習 26 略 **練習 27** 略 **練習 28** 略

練習 29 行列 A ：存在する, $\begin{pmatrix} -\frac{5}{2} & \frac{3}{2} \\ 2 & -1 \end{pmatrix}$ 行列 B ：存在しない

練習 30 略 **練習 31** 略 **練習 32** 略 **練習 33** 略 **練習 34** 略

章末問題

1 略 **2** 略

3 (1) (例) $A=(1 \quad 2)$, $B=(3 \quad 4)$ (2) (例) $A=(1 \quad 2)$, $B=\begin{pmatrix} 3 & 4 \\ 5 & 6 \end{pmatrix}$

(3) (例) $A=(1 \quad 2)$, $B=\begin{pmatrix} 3 & 4 \\ 5 & 6 \end{pmatrix}$ (4) (例) $A=\begin{pmatrix} 1 & 0 \\ 0 & 0 \end{pmatrix}$, $B=\begin{pmatrix} 0 & 1 \\ 0 & 0 \end{pmatrix}$

4 略 **5** 略 **6** 略 **7** 略

8 (1) $\begin{pmatrix} a^3 & 3a^2 & 3a \\ 0 & a^3 & 3a^2 \\ 0 & 0 & a^3 \end{pmatrix}$ (2) $\begin{pmatrix} a^{100} & 100a^{99} & 4950a^{98} \\ 0 & a^{100} & 100a^{99} \\ 0 & 0 & a^{100} \end{pmatrix}$ **9** すべての n 次対角行列

第 2 章 連立 1 次方程式

第 1 節 連立 1 次方程式と行列

練習 1 (1) $\begin{pmatrix} 1 & 1 \\ 2 & -1 \end{pmatrix}\begin{pmatrix} x \\ y \end{pmatrix}=\begin{pmatrix} 2 \\ 1 \end{pmatrix}$ (2) $\begin{pmatrix} 3 & -1 & 2 \\ -1 & 4 & -1 \end{pmatrix}\begin{pmatrix} x \\ y \\ z \end{pmatrix}=\begin{pmatrix} 0 \\ 2 \end{pmatrix}$

(3) $\begin{pmatrix} 1 & 2 & 1 \\ 2 & -1 & 3 \\ 3 & -5 & 7 \end{pmatrix}\begin{pmatrix} x \\ y \\ z \end{pmatrix}=\begin{pmatrix} -4 \\ 1 \\ 6 \end{pmatrix}$

練習 2，練習 3 $\begin{cases} x=6 \\ y=9 \\ z=-7 \end{cases}$

補充問題 1 (1) $\begin{pmatrix} 1 & 3 & -1 \\ -2 & -1 & 3 \end{pmatrix}\begin{pmatrix} x \\ y \\ z \end{pmatrix}=\begin{pmatrix} 0 \\ -4 \end{pmatrix}$ (2) $\begin{pmatrix} -1 & 2 & 0 \\ 1 & -1 & 3 \\ 3 & 1 & -2 \end{pmatrix}\begin{pmatrix} x \\ y \\ z \end{pmatrix}=\begin{pmatrix} 0 \\ -1 \\ 0 \end{pmatrix}$

補充問題 2 (1) $\begin{cases} x=2 \\ y=9 \\ z=2 \end{cases}$ (2) $\begin{cases} x=1 \\ y=-1 \\ z=2 \end{cases}$ (3) $\begin{cases} x=1 \\ y=2 \\ z=-2 \\ w=1 \end{cases}$

第 2 節　行基本変形と行列の階数

練習 4 (1) $\begin{pmatrix} 1 & 2 & 3 \\ 3 & 4 & -1 \\ 0 & 8 & 13 \end{pmatrix}$ (2) $\begin{pmatrix} 1 & 0 \\ 0 & -1 \\ 0 & 2 \end{pmatrix}$　**練習 5**　略　**練習 6**　略

練習 7 $\begin{pmatrix} 1 & 2 & -7 \\ 0 & 1 & 4 \\ 0 & 0 & 0 \end{pmatrix}$：主番号は 1，2，主番号 1 の主列ベクトルは $\begin{pmatrix} 1 \\ 0 \\ 0 \end{pmatrix}$ で主成分は 1，

主番号 2 の主列ベクトルは $\begin{pmatrix} 2 \\ 1 \\ 0 \end{pmatrix}$ で主成分は 1

$\begin{pmatrix} 4 & 8 & 1 \\ 0 & 0 & 2 \\ 0 & 0 & 0 \end{pmatrix}$：主番号は 1，3，主番号 1 の主列ベクトルは $\begin{pmatrix} 4 \\ 0 \\ 0 \end{pmatrix}$ で主成分は 4，

主番号 3 の主列ベクトルは $\begin{pmatrix} 1 \\ 2 \\ 0 \end{pmatrix}$ で主成分は 2

$\begin{pmatrix} 0 & 5 & 3 \\ 0 & 0 & 1 \\ 0 & 0 & 0 \end{pmatrix}$：主番号は 2，3，主番号 2 の主列ベクトルは $\begin{pmatrix} 5 \\ 0 \\ 0 \end{pmatrix}$ で主成分は 5，

主番号 3 の主列ベクトルは $\begin{pmatrix} 3 \\ 1 \\ 0 \end{pmatrix}$ で主成分は 1

$\begin{pmatrix} -1 & -1 & 0 \\ 0 & 0 & 0 \\ 0 & 0 & 0 \end{pmatrix}$：主番号は 1，主番号 1 の主列ベクトルは $\begin{pmatrix} -1 \\ 0 \\ 0 \end{pmatrix}$ で主成分は -1

練習 8 $\begin{pmatrix} 4 & 8 & 1 \\ 0 & 0 & 2 \\ 0 & 0 & 0 \end{pmatrix}$：2，$\begin{pmatrix} 0 & 5 & 3 \\ 0 & 0 & 1 \\ 0 & 0 & 0 \end{pmatrix}$：2，$\begin{pmatrix} -1 & -1 & 0 \\ 0 & 0 & 0 \\ 0 & 0 & 0 \end{pmatrix}$：1

練習 9　略　**練習 10**　(例) $\begin{pmatrix} 1 & 1 \\ 0 & 1 \\ 0 & 0 \end{pmatrix}$, $\begin{pmatrix} 1 & 0 \\ 0 & 2 \\ 0 & 0 \end{pmatrix}$

練習 11　$\begin{pmatrix} 2 & 0 & 4 \\ 0 & 1 & 5 \\ 0 & 0 & 1 \end{pmatrix}$：簡約階段形でない，主成分がすべて 1 であるという条件，各主列における主成分の上下の成分がすべて 0 であるという条件を満たしていない。

$\begin{pmatrix} 1 & 2 & -7 \\ 0 & 1 & 4 \\ 0 & 0 & 0 \end{pmatrix}$：簡約階段形でない，各主列における主成分の上下の成分がすべて 0 であるという条件を満たしていない。

$\begin{pmatrix} 4 & 8 & 1 \\ 0 & 0 & 2 \\ 0 & 0 & 0 \end{pmatrix}$：簡約階段形でない，主成分がすべて 1 であるという条件，各主列における主成分の上下の成分がすべて 0 であるという条件を満たしていない。

$\begin{pmatrix} 0 & 5 & 3 \\ 0 & 0 & 1 \\ 0 & 0 & 0 \end{pmatrix}$：簡約階段形でない，主成分がすべて 1 であるという条件，各主列における主成分の上下の成分がすべて 0 であるという条件を満たしていない。

$\begin{pmatrix} -1 & -1 & 0 \\ 0 & 0 & 0 \\ 0 & 0 & 0 \end{pmatrix}$：簡約階段形でない，主成分がすべて 1 であるという条件を満たしていない。

練習 12　(1) $\begin{pmatrix} 1 & 0 & -1 \\ 0 & 1 & 5 \end{pmatrix}$　(2) $\begin{pmatrix} 1 & 0 & 0 \\ 0 & 1 & 0 \\ 0 & 0 & 1 \end{pmatrix}$　(3) $\begin{pmatrix} 1 & 0 & 0 & 0 \\ 0 & 1 & 0 & 0 \\ 0 & 0 & 1 & 0 \\ 0 & 0 & 0 & 1 \end{pmatrix}$　(4) $\begin{pmatrix} 1 & 0 & 0 & 0 & -7 \\ 0 & 1 & 0 & 0 & 5 \\ 0 & 0 & 1 & 0 & 7 \\ 0 & 0 & 0 & 1 & -3 \end{pmatrix}$

練習 13　(1) 2　(2) 2　(3) 2　(4) 4　**練習 14**　$a=1, 2$ のとき 2，$a \neq 1, 2$ のとき 3

補充問題 1　$a=\frac{1}{2}$ かつ $b=4$ のとき 1，「$a=\frac{1}{2}$ かつ $b \neq 4$」または「$a \neq \frac{1}{2}$ かつ $b=4$」のとき 2，$a \neq \frac{1}{2}$ かつ $b \neq 4$ のとき 3

補充問題 2　4

第3節　連立1次方程式とその解

練習 15 $\begin{cases} x=1 \\ y=1 \end{cases}$　**練習 16**　解なし　**練習 17** $\begin{cases} x=2-3c \\ y=c \\ z=-1 \end{cases}$ （c は任意定数）

練習 18　(1)　解をもつ　(2)　解をもたない　(3)　解をもたない

練習 19　(1)　$a\neq 30$, $\begin{cases} x=-\dfrac{2a+36}{a-30} \\ y=-\dfrac{a+2}{a-30} \\ z=\dfrac{16}{a-30} \end{cases}$　(2)　$a=12$, $\begin{cases} x=-2c-4d \\ y=8+c \\ z=c \\ u=1+d \\ v=d \end{cases}$ （c, d は任意定数）

練習 20　$c=1$, $\dfrac{7}{3}$

補充問題　$a\neq-\dfrac{4}{3}$, $\begin{cases} x=\dfrac{3a+24}{3a+4} \\ y=\dfrac{a+38}{3a+4} \\ z=\dfrac{a+8}{3a+4} \\ w=-\dfrac{10}{3a+4} \end{cases}$

章末問題

1　(1)　$\begin{pmatrix} 1 & 0 & -1 & -2 \\ 0 & 1 & 2 & 3 \end{pmatrix}$　(2)　$\begin{pmatrix} 1 & 0 & 0 \\ 0 & 1 & 0 \\ 0 & 0 & 1 \end{pmatrix}$　(3)　$\begin{pmatrix} 1 & 0 & 1 & 0 \\ 0 & 1 & 0 & 1 \\ 0 & 0 & 0 & 0 \\ 0 & 0 & 0 & 0 \end{pmatrix}$　(4)　$\begin{pmatrix} 1 & 0 & 0 & 0 & -5 \\ 0 & 1 & 0 & 0 & 0 \\ 0 & 0 & 1 & 0 & -8 \\ 0 & 0 & 0 & 1 & 14 \end{pmatrix}$

2　(1)　$\begin{cases} x=2-5c \\ y=1-2c \\ z=c \end{cases}$ （c は任意定数）　(2)　$\begin{cases} x=-5 \\ y=7 \\ z=3 \end{cases}$　(3)　$\begin{cases} x=-2 \\ y=3 \\ z=1 \\ w=-1 \end{cases}$

(4)　$\begin{cases} x=6-19c \\ y=-2+14c \\ z=2-3c \\ w=2c \end{cases}$ （c は任意定数）　(5)　$\begin{cases} x=4-c+2d \\ y=3-2c+3d \\ z=c \\ w=d \end{cases}$ （c, d は任意定数）

(6)　$\begin{cases} x=15+3c-6d \\ y=-32-7c+14d \\ z=-20-5c+9d \\ u=c \\ v=d \end{cases}$ （c, d は任意定数）

3　(1)　$a+b-c=0$ かつ $a-b-d=0$　(2)　$6p-4q-3r=0$ かつ $2p-q-s=0$

4 $a \neq 0,\ 5,$ $\begin{cases} x = \dfrac{5a^2-12a+7}{a^2-5a} \\ y = -\dfrac{3a-7}{a^2-5a} \\ z = -\dfrac{5a+7}{a^2-5a} \end{cases}$

5 (1) 2 (2) 3 (3) 3 (4) 2 (5) 3 (6) 3 (7) 4 (8) 5

6 (1) $x=0,\ \pm\sqrt{2}$ のとき 2，$x \neq 0,\ \pm\sqrt{2}$ のとき 3

(2) $x=1$ のとき 1，$x=-2$ のとき 2，$x \neq 1,\ -2$ のとき 3

(3) $x=1$ のとき 1，$x=-1$ のとき 3，$x \neq \pm 1$ のとき 4

(4) $x=1$ のとき 1，$x=-1$ のとき 3，$x \neq \pm 1$ のとき 4

第 3 章　基本変形と基本行列

第 1 節　行列の標準形

練習 1 (1) $\begin{pmatrix} 1 & 3 & 2 & 1 \\ -4 & 2 & 1 & -1 \end{pmatrix}$ (2) $\begin{pmatrix} 1 & 3 & -2 \\ 0 & -7 & 7 \end{pmatrix}$

(3) $\begin{pmatrix} 1 & 2 & 3 \\ 0 & 7 & 7 \\ 3 & -1 & 2 \end{pmatrix}$ (4) $\begin{pmatrix} 2 & 1 & 2 & 3 \\ 2 & 1 & -1 & 2 \\ 1 & -2 & -3 & 0 \end{pmatrix}$

練習 2 $P_1\left(\dfrac{1}{7}\right)P_{31}(-2)P_2(-1)P_{13}A$　　**練習 3** 略

練習 4 (1) $\begin{pmatrix} b & a \\ d & c \end{pmatrix}$ (2) $\begin{pmatrix} 1 & 2 & -3 \\ 0 & -1 & 2 \end{pmatrix}$ (3) $\begin{pmatrix} 1 & 0 & 3 \\ 3 & -2 & -1 \\ -2 & 8 & 7 \end{pmatrix}$

練習 5 (1) $\begin{pmatrix} b & a \\ d & c \end{pmatrix}$ (2) $\begin{pmatrix} 1 & 2 & -3 \\ 0 & -1 & 2 \end{pmatrix}$ (3) $\begin{pmatrix} 1 & 0 & 3 \\ 3 & -2 & -1 \\ -2 & 8 & 7 \end{pmatrix}$

練習 6 $AP_{13}P_{13}(-2)P_2(-1)P_3\left(\dfrac{1}{7}\right)P_{31}(3)$

練習 7 (1) 簡約階段形：$\begin{pmatrix} 1 & 0 & -1 \\ 0 & 1 & 5 \end{pmatrix}$，標準形：$\begin{pmatrix} 1 & 0 & 0 \\ 0 & 1 & 0 \end{pmatrix}$

(2) 簡約階段形：$\begin{pmatrix} 1 & 0 & 4 \\ 0 & 1 & 2 \\ 0 & 0 & 0 \end{pmatrix}$，標準形：$\begin{pmatrix} 1 & 0 & 0 \\ 0 & 1 & 0 \\ 0 & 0 & 0 \end{pmatrix}$

(3) 簡約階段形：$\begin{pmatrix} 1 & 0 & 0 & 1 \\ 0 & 1 & 0 & 0 \\ 0 & 0 & 1 & 0 \end{pmatrix}$，標準形：$\begin{pmatrix} 1 & 0 & 0 & 0 \\ 0 & 1 & 0 & 0 \\ 0 & 0 & 1 & 0 \end{pmatrix}$

補充問題 1　(1)　$P_{23}(-2)P_{13}(-1)P_{32}(1)P_{31}(-2)P_{21}(2)A$　(2)　$AP_{13}(-3)P_{23}P_{23}(2)$

補充問題 2　(1)　簡約階段形：$\begin{pmatrix} 1 & 0 & \frac{1}{2} \\ 0 & 1 & \frac{1}{2} \end{pmatrix}$,　標準形：$\begin{pmatrix} 1 & 0 & 0 \\ 0 & 1 & 0 \end{pmatrix}$

(2)　簡約階段形：$\begin{pmatrix} 1 & 0 & 1 \\ 0 & 1 & 1 \\ 0 & 0 & 0 \end{pmatrix}$,　標準形：$\begin{pmatrix} 1 & 0 & 0 \\ 0 & 1 & 0 \\ 0 & 0 & 0 \end{pmatrix}$

(3)　簡約階段形：$\begin{pmatrix} 1 & 0 & 0 & -1 \\ 0 & 1 & 0 & 0 \\ 0 & 0 & 1 & 1 \end{pmatrix}$,　標準形：$\begin{pmatrix} 1 & 0 & 0 & 0 \\ 0 & 1 & 0 & 0 \\ 0 & 0 & 1 & 0 \end{pmatrix}$

第 2 節　行列の正則性

練習 8　$\begin{pmatrix} 1 & 3 \\ 2 & 5 \end{pmatrix}\begin{pmatrix} x \\ y \end{pmatrix}=\begin{pmatrix} -1 \\ 4 \end{pmatrix}$,　$\begin{pmatrix} -5 & 3 \\ 2 & -1 \end{pmatrix}$,　$\begin{cases} x = 17 \\ y = -6 \end{cases}$

練習 9　略　　**練習 10**　略

第 3 節　逆行列

練習 11　$P_3(-1)P_{23}(-2)P_{13}$　　**練習 12**　$\begin{pmatrix} -\frac{3}{23} & -\frac{1}{23} & \frac{12}{23} \\ -\frac{1}{23} & -\frac{8}{23} & \frac{4}{23} \\ \frac{6}{23} & \frac{2}{23} & -\frac{1}{23} \end{pmatrix}$

練習 13　略　　**練習 14**　$\begin{pmatrix} 1 & -1 & -1 \\ 2 & -1 & -2 \\ 0 & 1 & 1 \end{pmatrix}$

練習 15　(1)　正則である；$\begin{pmatrix} -1 & -1 & 1 \\ -1 & 0 & \frac{1}{2} \\ 1 & 1 & -\frac{1}{2} \end{pmatrix}$　(2)　正則である；$\begin{pmatrix} -\frac{1}{8} & \frac{3}{8} & \frac{1}{8} \\ -\frac{11}{32} & \frac{17}{32} & -\frac{13}{32} \\ -\frac{1}{16} & \frac{3}{16} & -\frac{7}{16} \end{pmatrix}$

(3)　正則でない

補充問題　(1)　$\begin{pmatrix} 2 & 1 & 0 \\ 1 & 1 & 1 \\ 0 & 1 & 1 \end{pmatrix}$　(2)　$\begin{pmatrix} \frac{1}{6} & \frac{1}{2} & -\frac{5}{6} \\ -\frac{1}{6} & \frac{1}{2} & -\frac{7}{6} \\ -\frac{1}{12} & \frac{1}{4} & -\frac{1}{12} \end{pmatrix}$　(3)　$\begin{pmatrix} 2 & 1 & 1 \\ 1 & -1 & 2 \\ -3 & 2 & 2 \end{pmatrix}$

章末問題

1 (1) 簡約階段形：$\begin{pmatrix} 1 & 0 & 3 \\ 0 & 1 & -7 \end{pmatrix}$，標準形：$\begin{pmatrix} 1 & 0 & 0 \\ 0 & 1 & 0 \end{pmatrix}$

(2) 簡約階段形：$\begin{pmatrix} 1 & 0 & 3 \\ 0 & 1 & 0 \\ 0 & 0 & 0 \end{pmatrix}$，標準形：$\begin{pmatrix} 1 & 0 & 0 \\ 0 & 1 & 0 \\ 0 & 0 & 0 \end{pmatrix}$

(3) 簡約階段形：$\begin{pmatrix} 1 & 0 & 0 & 0 \\ 0 & 1 & 0 & 9 \\ 0 & 0 & 1 & -3 \end{pmatrix}$，標準形：$\begin{pmatrix} 1 & 0 & 0 & 0 \\ 0 & 1 & 0 & 0 \\ 0 & 0 & 1 & 0 \end{pmatrix}$

(4) 簡約階段形：$\begin{pmatrix} 1 & 0 & 3 & 0 \\ 0 & 1 & 0 & 0 \\ 0 & 0 & 0 & 1 \\ 0 & 0 & 0 & 0 \end{pmatrix}$，標準形：$\begin{pmatrix} 1 & 0 & 0 & 0 \\ 0 & 1 & 0 & 0 \\ 0 & 0 & 1 & 0 \\ 0 & 0 & 0 & 0 \end{pmatrix}$

(5) 簡約階段形：$\begin{pmatrix} 1 & 0 & 0 & 0 & -19 \\ 0 & 1 & 0 & 0 & -14 \\ 0 & 0 & 1 & 0 & -111 \\ 0 & 0 & 0 & 1 & 59 \end{pmatrix}$，標準形：$\begin{pmatrix} 1 & 0 & 0 & 0 & 0 \\ 0 & 1 & 0 & 0 & 0 \\ 0 & 0 & 1 & 0 & 0 \\ 0 & 0 & 0 & 1 & 0 \end{pmatrix}$

(6) 簡約階段形：$\begin{pmatrix} 1 & 0 & 0 & 0 & 0 & 4 \\ 0 & 1 & 0 & 0 & 0 & -2 \\ 0 & 0 & 1 & 0 & 0 & 1 \\ 0 & 0 & 0 & 1 & 0 & 1 \\ 0 & 0 & 0 & 0 & 1 & 0 \end{pmatrix}$，標準形：$\begin{pmatrix} 1 & 0 & 0 & 0 & 0 & 0 \\ 0 & 1 & 0 & 0 & 0 & 0 \\ 0 & 0 & 1 & 0 & 0 & 0 \\ 0 & 0 & 0 & 1 & 0 & 0 \\ 0 & 0 & 0 & 0 & 1 & 0 \end{pmatrix}$

2 (1) 正則である；$\begin{pmatrix} 1 & -1 & -1 \\ 2 & -3 & -2 \\ 0 & 1 & 1 \end{pmatrix}$ (2) 正則でない

(3) 正則である；$\begin{pmatrix} -\frac{5}{12} & \frac{1}{4} & \frac{1}{3} \\ \frac{7}{12} & \frac{1}{4} & -\frac{2}{3} \\ \frac{1}{12} & -\frac{1}{4} & \frac{1}{3} \end{pmatrix}$ (4) 正則でない

(5) 正則である；$\begin{pmatrix} \frac{4}{9} & -\frac{2}{9} & -\frac{1}{3} \\ \frac{1}{9} & \frac{1}{9} & 0 \\ \frac{2}{9} & -\frac{1}{9} & \frac{1}{3} \end{pmatrix}$ (6) 正則である；$\begin{pmatrix} -\frac{1}{2} & \frac{1}{2} & \frac{1}{2} \\ -\frac{3}{4} & \frac{1}{4} & \frac{3}{4} \\ \frac{1}{4} & -\frac{1}{12} & \frac{1}{12} \end{pmatrix}$

(7) 正則である；$\begin{pmatrix} -1 & -1 & \frac{1}{2} & \frac{1}{2} \\ -1 & 1 & -\frac{1}{2} & \frac{1}{2} \\ \frac{3}{4} & -\frac{3}{4} & \frac{1}{4} & -\frac{1}{4} \\ \frac{3}{4} & \frac{3}{4} & -\frac{1}{4} & -\frac{1}{4} \end{pmatrix}$ (8) 正則でない

(9) 正則である；$\begin{pmatrix} 1 & -1 & 1 & 3 \\ 1 & -1 & 2 & 0 \\ -1 & 2 & 2 & -1 \\ 1 & -1 & 2 & 1 \end{pmatrix}$

3 (1) $a=\pm\frac{\sqrt{2}}{2}$ のとき正則でない，$a\neq\pm\frac{\sqrt{2}}{2}$ のとき正則である；

$$\begin{pmatrix} \frac{1-a^2}{1-2a^2} & -\frac{1}{1-2a^2} & \frac{a}{1-2a^2} \\ -\frac{1}{1-2a^2} & \frac{2}{1-2a^2} & -\frac{2a}{1-2a^2} \\ \frac{a}{1-2a^2} & -\frac{2a}{1-2a^2} & \frac{1}{1-2a^2} \end{pmatrix}$$

(2) $a=1,\ 3$ のとき正則でない；$a\neq1,\ 3$ のとき正則である；

$$\begin{pmatrix} \frac{1}{1-a} & -\frac{1}{1-a} & 0 \\ -\frac{1}{1-a} & \frac{2}{3-4a+a^2} & \frac{1}{3-a} \\ 0 & \frac{1}{3-a} & -\frac{a}{9-3a} \end{pmatrix}$$

4 略　　**5** 略

第4章　行列式

第1節　行列式とは

練習 1 $\begin{pmatrix} -\frac{d}{bc} & \frac{1}{c} \\ \frac{1}{b} & 0 \end{pmatrix}$　**練習 2** $\begin{pmatrix} \sin\theta & \cos\theta \\ -\cos\theta & \sin\theta \end{pmatrix}$　**練習 3** 38

練習 4 $x=-11,\ y=5$　**練習 5** (1) 13 (2) $-\sin^2\theta-1$

練習 6 $a=-6$　**練習 7** (1) 3 (2) 10 (3) 0 (4) 0

補充問題 1 (1) 1 (2) $-\sin 2x$

補充問題 2 (1) $x=2,\ y=-1$ (2) $x=-\frac{3}{17},\ y=\frac{19}{17}$

補充問題 3 (1) $a=\frac{7}{3}$ (2) $b=\pm2\sqrt{2}$

第2節　行列式の計算

練習 8　(1)　0　(2)　0　　**練習 9**　(1)　234　(2)　9　(3)　-72

補充問題 1　(1)　14　(2)　$(x+y+z)(x^2+y^2+z^2-xy-yz-zx)$

補充問題 2　略　　**補充問題 3**　略

第4節　行列の性質と行列式

練習 10　$a \neq 3$　　**練習 11**　略

第5節　還元定理と余因子展開

練習 12　(1)　3　(2)　-6　(3)　462　　**練習 13**　略　　**練習 14**　(1)　180　(2)　24　(3)　16

練習 15　略　　**練習 16**　-102　　**練習 17**　略

補充問題　(1)　36　(2)　3　(3)　-25

章末問題

1　(1)　-11　(2)　12　(3)　$-\dfrac{1}{225}$　(4)　$6\sqrt{3}$　(5)　12

(6)　$(\lambda+1)^2(\lambda-1)$　(7)　-32　(8)　4　(9)　$r^2\sin\alpha$

2　(1)　0　(2)　0　(3)　$4abc$　(4)　$(a-x)(b-y)(c-z)$

(5)　$(a+b+c+d)(a+b-c-d)(a-b+c-d)(a-b-c+d)$　(6)　$2(ab+bc+ca)^3$

(7)　$4(a^2+b^2)(c^2+d^2)$　(8)　$(b-a)(c-a)(d-a)(c-b)(d-b)(d-c)(a+b+c+d)$

3　略　　**4**　略　　**5**　略

第5章　ベクトル空間

第1節　ベクトル空間とベクトル空間の部分空間

練習 1　略　　**練習 2**　略　　**練習 3**　略　　**練習 4**　略　　**練習 5**　略　　**練習 6**　略

練習 7　略　　**練習 8**　W は $F(\mathbb{R})$ の部分空間でない。

練習 9　略　　**練習 10**　(1)　$\mathbb{R}^3$ の部分空間でない　(2)　$\mathbb{R}^3$ の部分空間である

練習 11　略　　**練習 12**　略

第2節　1次結合と1次従属・1次独立

練習 13　略　　**練習 14**　略　　**練習 15**　略

練習 16　(1)　1次従属である　(2)　1次独立である　(3)　1次従属である

練習 17　(1)　$\begin{pmatrix} 2 \\ 1 \end{pmatrix} = -2\begin{pmatrix} -1 \\ 2 \end{pmatrix} - 5\begin{pmatrix} 0 \\ -1 \end{pmatrix}$　(2)　略　　**練習 18**　略　　**練習 19**　$a=\dfrac{4}{9}$

練習 20　略　　**練習 21**　略

第3節　基底と次元

練習 22　略　　**練習 23**　略　　**練習 24**　略

練習 25　(例)　$\left\{\begin{pmatrix} 1 \\ 1 \\ 0 \end{pmatrix}, \begin{pmatrix} 0 \\ -1 \\ 1 \end{pmatrix}\right\}$　　**練習 26**　略　　**練習 27**　(例)　$\left\{\begin{pmatrix} 2 \\ 0 \\ 0 \end{pmatrix}, \begin{pmatrix} 0 \\ 1 \\ 0 \end{pmatrix}, \begin{pmatrix} 0 \\ 0 \\ 1 \end{pmatrix}\right\}$，略

練習 28　2　　**練習 29**　2　　**練習 30**　W の基底である

練習 31　$a \neq 1,\ -2$　　**練習 32**　(例)　$\left\{\begin{pmatrix} -3 \\ 2 \\ 1 \end{pmatrix}, \begin{pmatrix} 1 \\ -2 \\ 1 \end{pmatrix}\right\}$　　**練習 33**　略

章末問題

1 略　**2** (1) $a=1$ (2) $a=0,\ \pm\sqrt{2}$

3 (1) 解空間の基底は $\left\{\begin{pmatrix} 2 \\ -3 \\ 1 \\ 0 \end{pmatrix}, \begin{pmatrix} -3 \\ 2 \\ 0 \\ 1 \end{pmatrix}\right\}$, 解空間の次元は 2

(2) 解空間の基底は例えば, $\left\{\begin{pmatrix} 2 \\ -4 \\ 5 \end{pmatrix}\right\}$, 解空間の次元は 1

(3) 解空間の基底は例えば, $\left\{\begin{pmatrix} -1 \\ 2 \\ 1 \\ 0 \end{pmatrix}, \begin{pmatrix} 2 \\ -3 \\ 0 \\ 1 \end{pmatrix}\right\}$, 解空間の次元は 2

(4) 解空間の基底は例えば, $\left\{\begin{pmatrix} 2 \\ -4 \\ 5 \\ 0 \\ 0 \end{pmatrix}, \begin{pmatrix} 8 \\ -6 \\ 0 \\ 5 \\ 5 \end{pmatrix}\right\}$, 解空間の次元は 2

4 略　**5** 略

6 (1) R^3 の基底は $\{\boldsymbol{x}_1,\ \boldsymbol{x}_2,\ \boldsymbol{x}_4\}$, 非自明な 1 次関係式は $2\boldsymbol{x}_1-3\boldsymbol{x}_2+\boldsymbol{x}_3+0\cdot\boldsymbol{x}_4=\boldsymbol{0}$

(2) R^4 の基底は $\{\boldsymbol{y}_1,\ \boldsymbol{y}_2,\ \boldsymbol{y}_3,\ \boldsymbol{y}_5\}$, 非自明な 1 次関係式は $3\boldsymbol{y}_1+4\boldsymbol{y}_2-5\boldsymbol{y}_3-\boldsymbol{y}_4+0\cdot\boldsymbol{y}_5=\boldsymbol{0}$

(3) R^4 の基底は $\{\boldsymbol{z}_1,\ \boldsymbol{z}_2,\ \boldsymbol{z}_4,\ \boldsymbol{z}_6\}$, 非自明な 1 次関係式は

$\boldsymbol{z}_1-3\boldsymbol{z}_2+\boldsymbol{z}_3+0\cdot\boldsymbol{z}_4+0\cdot\boldsymbol{z}_5+0\cdot\boldsymbol{z}_6=\boldsymbol{0}$, $\boldsymbol{z}_1+\boldsymbol{z}_2+0\cdot\boldsymbol{z}_3-2\boldsymbol{z}_4-\boldsymbol{z}_5+0\cdot\boldsymbol{z}_6=\boldsymbol{0}$

(4) R^5 の基底は $\{\boldsymbol{v}_1,\ \boldsymbol{v}_2,\ \boldsymbol{v}_4,\ \boldsymbol{v}_5,\ \boldsymbol{v}_7\}$, 非自明な 1 次関係式は

$5\boldsymbol{v}_1-3\boldsymbol{v}_2+\boldsymbol{v}_3+0\cdot\boldsymbol{v}_4+0\cdot\boldsymbol{v}_5+0\cdot\boldsymbol{v}_6+0\cdot\boldsymbol{v}_7=\boldsymbol{0}$, $\boldsymbol{v}_1+0\cdot\boldsymbol{v}_2+0\cdot\boldsymbol{v}_3-3\boldsymbol{v}_4+\boldsymbol{v}_5-\boldsymbol{v}_6+0\cdot\boldsymbol{v}_7=\boldsymbol{0}$

7 略

第 6 章　線形写像

準備　写像について

練習 1 (1) R から R への写像になる (2) R から R への写像でない

(3) R から R への写像でない

練習 2 略　**練習 3** $f(\{b,\ c\})=\{p,\ s\}$, $f^{-1}(\{p,\ q\})=\{c,\ e\}$　**練習 4** 略

第 1 節　線形写像とは

練習 5 (1) 線形写像である (2) 線形写像でない (3) 線形写像でない

(4) 線形写像でない

練習 6 (1) 線形写像である (2) 線形写像である (3) 線形写像である

(4) 線形写像でない

練習 7 略 **練習 8** (1) $A=\begin{pmatrix} 3 & -2 \\ 0 & 1 \end{pmatrix}$ (2) $A=\begin{pmatrix} 1 & 1 \\ 1 & 0 \end{pmatrix}$ (3) $A=\begin{pmatrix} 0 & 0 \\ 0 & 1 \end{pmatrix}$

練習 9 略 **練習 10** (1) $A=\begin{pmatrix} 1 & 1 & 1 \\ 1 & -1 & -1 \\ 1 & 1 & -1 \end{pmatrix}$ (2) 略 (3) 略

練習 11 略 **練習 12** 略

第 2 節 線形写像とベクトル空間の部分空間

練習 13 略 **練習 14** (例) $f_A(\mathrm{R}^5)$ の基底は例えば, $\left\{\begin{pmatrix} 1 \\ 0 \\ 1 \\ 2 \end{pmatrix}, \begin{pmatrix} 0 \\ 3 \\ -3 \\ 3 \end{pmatrix}\right\}$, $\operatorname{rank} f_A=2$

練習 15 (例) $\left\{\begin{pmatrix} -9 \\ 4 \\ 3 \\ 0 \\ 0 \end{pmatrix}, \begin{pmatrix} -6 \\ 1 \\ 0 \\ 3 \\ 0 \end{pmatrix}, \begin{pmatrix} -3 \\ 2 \\ 0 \\ 0 \\ 3 \end{pmatrix}\right\}$

第 3 節 線形写像と次元

練習 16 $\operatorname{rank} f_A=2$, $\dim \operatorname{Ker}(f_A)=1$

第 4 節 線形写像と表現行列

練習 17 $\begin{pmatrix} 2 & 1 & 0 \\ 3 & -1 & 5 \end{pmatrix}$ **練習 18** 略 **練習 19** $\begin{pmatrix} 3 & 1 & 6 & 5 & 1 \\ 1 & 1 & 2 & 3 & 4 \end{pmatrix}$

練習 20 略 **練習 21** 略

第 5 節 線形変換と表現行列

練習 22 $\begin{pmatrix} -11 & 5 & -30 \\ -2 & 4 & -11 \\ 1 & 2 & -2 \end{pmatrix}$ **練習 23** $\dfrac{1}{2}\begin{pmatrix} 0 & 4 & 2 & -3 & 2 \\ 2 & 0 & 0 & 11 & 4 \end{pmatrix}$ **練習 24** $\begin{pmatrix} 13 & 1 & 6 \\ -29 & -4 & -9 \\ -2 & 1 & -4 \end{pmatrix}$

章末問題

1 略 **2** (例) $f_A(\mathrm{R}^5)$ の基底は $\left\{\begin{pmatrix} 2 \\ 0 \\ -1 \\ -2 \end{pmatrix}, \begin{pmatrix} 0 \\ 3 \\ 3 \\ 3 \end{pmatrix}\right\}$

3 4, 5, 6 **4** (1) 略 (2) $\begin{pmatrix} 0 & 1 \\ -1 & 0 \end{pmatrix}$ (3) $\begin{pmatrix} -1 & 0 \\ 0 & -1 \end{pmatrix}$

5 (1) $\begin{pmatrix} 5 & 2 \\ 2 & 2 \end{pmatrix}$ (2) $\begin{pmatrix} 6 & 5 & 3 \\ -6 & -6 & -2 \\ 3 & 3 & 3 \end{pmatrix}$

第7章　内積

第1節　内積と計量ベクトル空間

練習1　略　　**練習2**　0　　**練習3**　略　　**練習4**　略　　**練習5**　略

練習6　(1) $\dfrac{1}{\sqrt{3}}\begin{pmatrix}-1\\-1\\1\end{pmatrix}$　(2) $\dfrac{1}{\sqrt{39}}\begin{pmatrix}1\\5\\2\\-3\end{pmatrix}$　(3) $\dfrac{1}{2\sqrt{6}}\begin{pmatrix}2\\3\\-1\\-3\\1\end{pmatrix}$

練習7　p は $p(x)=\sqrt{\dfrac{15}{3a^2+10a+15}}\,(ax^2+1)$ で定まる関数

練習8　(1)　$(\boldsymbol{c},\ \boldsymbol{d})=6$, $\|\boldsymbol{c}\|=\sqrt{2}$, $\|\boldsymbol{d}\|=2\sqrt{6}$, $\dfrac{\pi}{6}$

(2)　$(\boldsymbol{e},\ \boldsymbol{f})=6$, $\|\boldsymbol{e}\|=\sqrt{6}$, $\|\boldsymbol{f}\|=2\sqrt{3}$, $\dfrac{\pi}{4}$

練習9　略

第2節　正規直交基底

練習10　略, $\left\{\dfrac{1}{\sqrt{5}}\begin{pmatrix}1\\0\\2\end{pmatrix},\ \dfrac{1}{\sqrt{6}}\begin{pmatrix}2\\1\\-1\end{pmatrix},\ \dfrac{1}{\sqrt{30}}\begin{pmatrix}-2\\5\\1\end{pmatrix}\right\}$

練習11　(1) $\left\{\dfrac{\sqrt{13}}{13}\begin{pmatrix}3\\2\end{pmatrix},\ \dfrac{\sqrt{13}}{13}\begin{pmatrix}-2\\3\end{pmatrix}\right\}$　(2) $\left\{\dfrac{\sqrt{3}}{3}\begin{pmatrix}-1\\1\\-1\end{pmatrix},\ \dfrac{\sqrt{78}}{78}\begin{pmatrix}2\\7\\5\end{pmatrix},\ \dfrac{\sqrt{26}}{26}\begin{pmatrix}4\\1\\-3\end{pmatrix}\right\}$

第3節　グラム行列と対称行列

練習12　略　　**練習13**　$\begin{pmatrix}9&3&3\\3&14&0\\3&0&3\end{pmatrix}$　　**練習14**　略　　**練習15**　略　　**練習16**　略

第4節　直交変換と直交行列

練習17　略　　**練習18**　略　　**練習19**　$\begin{pmatrix}0&0&1\\1&0&0\\0&1&0\end{pmatrix}$, 略　　**練習20**　略　　**練習21**　略

章末問題

1　(1) $\left\{\begin{pmatrix}1\\0\end{pmatrix},\ \begin{pmatrix}0\\-1\end{pmatrix}\right\}$　(2) $\left\{\dfrac{\sqrt{3}}{3}\begin{pmatrix}1\\1\\1\end{pmatrix},\ \dfrac{\sqrt{2}}{2}\begin{pmatrix}1\\0\\-1\end{pmatrix},\ \dfrac{\sqrt{6}}{6}\begin{pmatrix}1\\-2\\1\end{pmatrix}\right\}$

(3)（例）$\left\{\dfrac{\sqrt{2}}{2}\begin{pmatrix}1\\0\\-1\end{pmatrix},\ \dfrac{\sqrt{3}}{3}\begin{pmatrix}-1\\1\\-1\end{pmatrix}\right\}$　(4)（例）$\left\{\dfrac{\sqrt{2}}{2}\begin{pmatrix}1\\0\\1\\0\end{pmatrix},\ \dfrac{\sqrt{19}}{19}\begin{pmatrix}3\\1\\-3\\0\end{pmatrix},\ \dfrac{\sqrt{399}}{399}\begin{pmatrix}1\\-6\\-1\\19\end{pmatrix}\right\}$

2　$\dfrac{1}{4}\begin{pmatrix}\pi&2\\2&\pi\end{pmatrix}$　　**3**　略　　**4**　略　　**5**　略

第8章　固有値と固有ベクトル

第1節　固有値，固有空間，固有ベクトル

練習1　略

練習2　固有値2に対する固有ベクトル：$\begin{pmatrix} 1 \\ 0 \\ 0 \end{pmatrix}$,

固有値 −1 に対する固有ベクトル：$\begin{pmatrix} 0 \\ 1 \\ 0 \end{pmatrix}$, 固有値1に対する固有ベクトル：$\begin{pmatrix} 0 \\ 0 \\ 1 \end{pmatrix}$；略

練習3　固有値1，6；固有値1に対する固有空間：$\left\langle \begin{pmatrix} -1 \\ 1 \end{pmatrix} \right\rangle$,

固有値6に対する固有空間：$\left\langle \begin{pmatrix} 2 \\ 3 \end{pmatrix} \right\rangle$

練習4　(1)　固有値：−2，3；

固有値 −2 に対する固有空間の基底：$\left\{ \begin{pmatrix} -1 \\ 1 \end{pmatrix} \right\}$,

固有値3に対する固有空間の基底：$\left\{ \begin{pmatrix} -1 \\ 2 \end{pmatrix} \right\}$

(2)　固有値：1，−2，4；

固有値1に対する固有空間の基底：$\left\{ \begin{pmatrix} -2 \\ -1 \\ 2 \end{pmatrix} \right\}$, 固有値 −2 に対する固有空間の基底：$\left\{ \begin{pmatrix} -1 \\ 0 \\ 1 \end{pmatrix} \right\}$, 固有値4に対する固有空間の基底：$\left\{ \begin{pmatrix} -1 \\ -1 \\ 2 \end{pmatrix} \right\}$

練習5　固有多項式：$(t-3)(t-11)$；固有値3，11　　**練習6**　略　　**練習7**　略

第2節　正方行列の対角化

練習8　対角化可能である；$A=\begin{pmatrix} 7 & 4 & 4 \\ -4 & -3 & -8 \\ 8 & 4 & 3 \end{pmatrix}$ とし，$P=\begin{pmatrix} -1 & 1 & 2 \\ 2 & -2 & -3 \\ 0 & 1 & 2 \end{pmatrix}$ とすると

$P^{-1}AP=\begin{pmatrix} -1 & 0 & 0 \\ 0 & 3 & 0 \\ 0 & 0 & 5 \end{pmatrix}$

練習9　$A^n=\dfrac{1}{2}\begin{pmatrix} 1+3^n & 0 & 1-3^n \\ 0 & 2^{n+1} & 0 \\ 1-3^n & 0 & 1+3^n \end{pmatrix}$　　**練習10**　$a_n=-1-2^{n+1}+3^n$

練習 11 $A=\begin{pmatrix}1&-4&4\\-4&1&-4\\4&-4&1\end{pmatrix}$ とし，$U=\dfrac{1}{6}\begin{pmatrix}3\sqrt{2}&-\sqrt{6}&2\sqrt{3}\\3\sqrt{2}&\sqrt{6}&-2\sqrt{3}\\0&2\sqrt{6}&2\sqrt{3}\end{pmatrix}$ とすると

$$U^{-1}AU=\begin{pmatrix}-3&0&0\\0&-3&0\\0&0&9\end{pmatrix}$$

第 3 節　最小多項式と対角化

練習 12 $f(E)=O$　　**練習 13** 略　　**練習 14** 略

練習 15 (1) $(t+1)(t-5)$ (2) $(t-2)(t-3)$　　**練習 16** $(t+1)^2(t-2)$，略

章末問題

1 (1) 固有値：-1，4；固有値 -1 に対する固有空間の基底：$\left\{\begin{pmatrix}-1\\1\end{pmatrix}\right\}$，固有値 4 に対する固有空間の基底：$\left\{\begin{pmatrix}2\\3\end{pmatrix}\right\}$；対角化可能である；$A=\begin{pmatrix}1&2\\3&2\end{pmatrix}$ とし，$P_1=\begin{pmatrix}-1&2\\1&3\end{pmatrix}$ とすると

$P_1{}^{-1}AP_1=\begin{pmatrix}-1&0\\0&4\end{pmatrix}$

(2) 固有値：4；固有値 4 に対する固有空間の基底：$\left\{\begin{pmatrix}1\\1\end{pmatrix}\right\}$；対角化不可能である

(3) 固有値：1；固有値 1 に対する固有空間の基底：$\left\{\begin{pmatrix}1\\1\end{pmatrix}\right\}$；対角化不可能である

(4) 固有値：-2，2，6；固有値 -2 に対する固有空間の基底：$\left\{\begin{pmatrix}-1\\0\\1\end{pmatrix}\right\}$，固有値 2 に対する固有空間の基底：$\left\{\begin{pmatrix}1\\-1\\1\end{pmatrix}\right\}$，固有値 6 に対する固有空間の基底：$\left\{\begin{pmatrix}1\\1\\1\end{pmatrix}\right\}$；対角化可能である；$D=\begin{pmatrix}1&2&3\\1&4&1\\3&2&1\end{pmatrix}$ とし，$P_4=\begin{pmatrix}-1&1&1\\0&-1&1\\1&1&1\end{pmatrix}$ とすると $P_4{}^{-1}DP_4=\begin{pmatrix}-2&0&0\\0&2&0\\0&0&6\end{pmatrix}$

(5) 固有値：0，1，9；固有値 0 に対する固有空間の基底：$\left\{\begin{pmatrix}2\\-1\\2\end{pmatrix}\right\}$，固有値 1 に対する固有空間の基底：$\left\{\begin{pmatrix}-1\\0\\1\end{pmatrix}\right\}$，固有値 9 に対する固有空間の基底：$\left\{\begin{pmatrix}1\\4\\1\end{pmatrix}\right\}$；対角化可能である；

$G=\begin{pmatrix}1&2&0\\2&8&2\\0&2&1\end{pmatrix}$ とし，$P_5=\begin{pmatrix}2&-1&1\\-1&0&4\\2&1&1\end{pmatrix}$ とすると $P_5{}^{-1}GP_5=\begin{pmatrix}0&0&0\\0&1&0\\0&0&9\end{pmatrix}$

(6) 固有値：2；固有値 2 に対する固有空間の基底：$\left\{\begin{pmatrix}-2\\1\\0\end{pmatrix}, \begin{pmatrix}2\\0\\1\end{pmatrix}\right\}$；対角化不可能である

(7) 固有値：-1, 1；固有値 -1 に対する固有空間の基底：$\left\{\begin{pmatrix}1\\0\\1\end{pmatrix}, \begin{pmatrix}0\\1\\0\end{pmatrix}\right\}$, 固有値 1 に対する固有空間の基底：$\left\{\begin{pmatrix}-1\\0\\1\end{pmatrix}\right\}$；対角化可能である；$I=\begin{pmatrix}0&0&-1\\0&-1&0\\-1&0&0\end{pmatrix}$ とし，

$P_7=\begin{pmatrix}1&0&-1\\0&1&0\\1&0&1\end{pmatrix}$ とすると $P_7{}^{-1}IP_7=\begin{pmatrix}-1&0&0\\0&-1&0\\0&0&1\end{pmatrix}$

(8) 固有値：2, 6；固有値 2 に対する固有空間の基底：$\left\{\begin{pmatrix}-1\\1\\0\end{pmatrix}, \begin{pmatrix}-1\\0\\1\end{pmatrix}\right\}$, 固有値 6 に対する固有空間の基底：$\left\{\begin{pmatrix}1\\2\\1\end{pmatrix}\right\}$；対角化可能である；$J=\begin{pmatrix}3&1&1\\2&4&2\\1&1&3\end{pmatrix}$ とし，

$P_8=\begin{pmatrix}-1&-1&1\\1&0&2\\0&1&1\end{pmatrix}$ とすると $P_8{}^{-1}JP_8=\begin{pmatrix}2&0&0\\0&2&0\\0&0&6\end{pmatrix}$

2 (1) $A=\begin{pmatrix}3&3\\3&3\end{pmatrix}$ とし，$U_1=\dfrac{\sqrt{2}}{2}\begin{pmatrix}-1&1\\1&1\end{pmatrix}$ とすると $U_1{}^{-1}AU_1=\begin{pmatrix}0&0\\0&6\end{pmatrix}$

(2) $B=\begin{pmatrix}1&0&-2\\0&1&0\\-2&0&1\end{pmatrix}$ とし，$U_2=\dfrac{\sqrt{2}}{2}\begin{pmatrix}1&0&-1\\0&\sqrt{2}&0\\1&0&1\end{pmatrix}$ とすると

$U_2{}^{-1}BU_2=\begin{pmatrix}-1&0&0\\0&1&0\\0&0&3\end{pmatrix}$

(3) $C=\begin{pmatrix}2&2&-2\\2&2&2\\-2&2&2\end{pmatrix}$ とし，$U_3=\dfrac{1}{6}\begin{pmatrix}2\sqrt{3}&3\sqrt{2}&-\sqrt{6}\\-2\sqrt{3}&3\sqrt{2}&\sqrt{6}\\2\sqrt{3}&0&2\sqrt{6}\end{pmatrix}$ とすると

$U_3{}^{-1}CU_3=\begin{pmatrix}-2&0&0\\0&4&0\\0&0&4\end{pmatrix}$

(4) $D=\begin{pmatrix}3&1&-1\\1&3&1\\-1&1&3\end{pmatrix}$ とし，$U_4=\dfrac{1}{6}\begin{pmatrix}2\sqrt{3}&3\sqrt{2}&-\sqrt{6}\\-2\sqrt{3}&3\sqrt{2}&\sqrt{6}\\2\sqrt{3}&0&2\sqrt{6}\end{pmatrix}$ とすると

$U_4{}^{-1}DU_4=\begin{pmatrix}1&0&0\\0&4&0\\0&0&4\end{pmatrix}$

3 (1) 固有値：$a-b$, $a+2b$；固有値 $a-b$ に対する固有空間の基底：$\left\{\begin{pmatrix}-1\\1\\0\end{pmatrix}, \begin{pmatrix}-1\\0\\1\end{pmatrix}\right\}$,

固有値 $a+2b$ に対する固有空間の基底：$\left\{\begin{pmatrix}1\\1\\1\end{pmatrix}\right\}$

(2) $U=\dfrac{1}{6}\begin{pmatrix}-3\sqrt{2} & -\sqrt{6} & 2\sqrt{3}\\ 3\sqrt{2} & -\sqrt{6} & 2\sqrt{3}\\ 0 & 2\sqrt{6} & 2\sqrt{3}\end{pmatrix}$ とすると $U^{-1}AU=\begin{pmatrix}a-b & 0 & 0\\ 0 & a-b & 0\\ 0 & 0 & a+2b\end{pmatrix}$；

$$A^n=\frac{1}{3}\begin{pmatrix}2(a-b)^n+(a+2b)^n & -(a-b)^n+(a+2b)^n & -(a-b)^n+(a+2b)^n\\ -(a-b)^n+(a+2b)^n & 2(a-b)^n+(a+2b)^n & -(a-b)^n+(a+2b)^n\\ -(a-b)^n+(a+2b)^n & -(a-b)^n+(a+2b)^n & 2(a-b)^n+(a+2b)^n\end{pmatrix}$$

4 $t^4+dt^3+ct^2+bt+a$

5 略　　**6** 略

索 引

〈定義〉

〈定理，系〉

〈用 語〉

第 1 刷　2021 年 12 月 1 日　発行
第 2 刷　2023 年 3 月 1 日　発行

●カバーデザイン　株式会社麒麟三隻館

●見返し写真

後　Computer Neural Network Concept Image/gettyimages

ISBN978-4-410-15489-8

数研講座シリーズ

大学教養

線形代数の基礎

著　者　市原一裕

発行者　星野 泰也

発行所　**数研出版株式会社**

〒101-0052　東京都千代田区神田小川町 2 丁目 3 番地 3
〔振替〕00140-4-118431

〒604-0861　京都市中京区烏丸通竹屋町上る大倉町205番地
〔電話〕代表 (075)231-0161

ホームページ　https://www.chart.co.jp

印刷　創栄図書印刷株式会社

230202

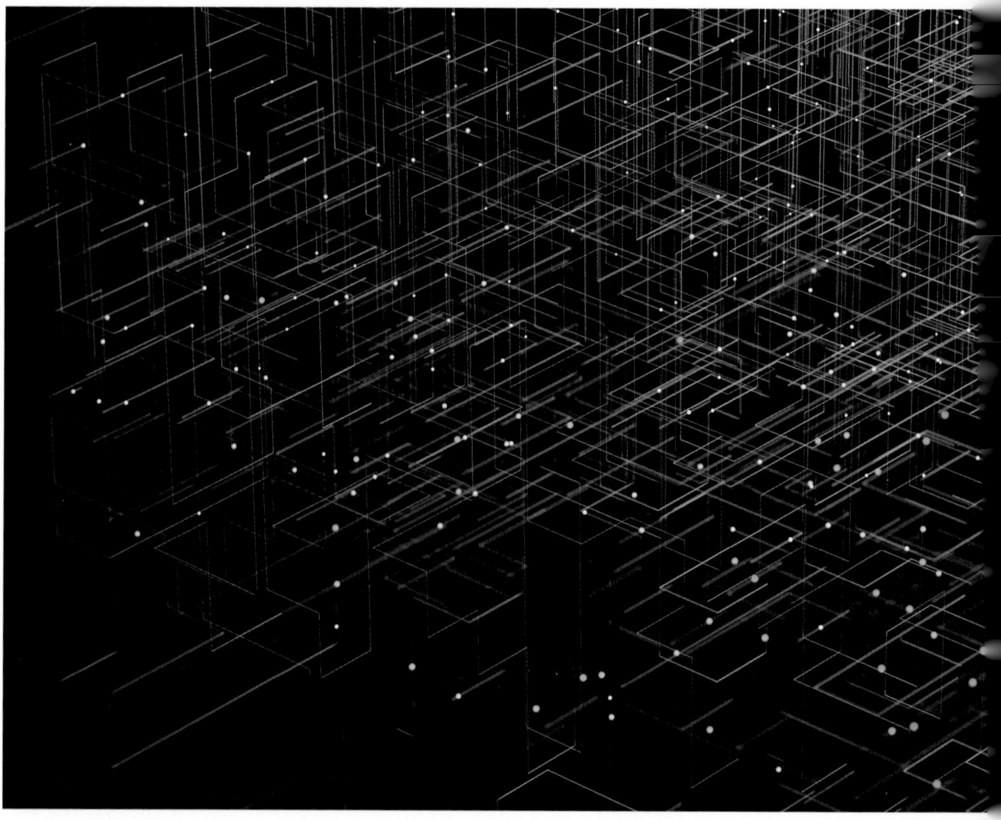

ニューラルネットワーク